U0255543

国家出版基金项目
NATIONAL PUBLICATION FOUNDATION

"十三五"国家重点图书出版规划项目
现代马业出版工程
中国马业协会"马上学习"出版工程重点项目

马兽医诊断技术

第 2 版

Diagnostic Techniques in Equine Medicine

Second Edition

适用于学生和马医的针对成年马匹临床诊断技术的教科书

[英] 弗兰克·G.R.泰勒 (Frank G.R. Taylor)

[英] 蒂姆·J.布拉齐尔 (Tim J. Brazil)　编著

[英] 马克·H.希利尔 (Mark H. Hillyer)

孙凌霜　李守军　主译

中国农业出版社
北　京

图书在版编目（CIP）数据

马兽医诊断技术：第2版 /（英）弗兰克·G.R.泰勒
（Frank G.R.Taylor），（英）蒂姆·J.布拉齐尔
（Tim J.Brazil），（英）马克·H.希利尔
（Mark H.Hillyer）编著；孙凌霜，李守军主译. —北
京：中国农业出版社，2019.6
现代马业出版工程　国家出版基金项目
ISBN 978-7-109-23857-2

Ⅰ.①马…　Ⅱ.①弗…②蒂…③马…④孙…⑤李
…　Ⅲ.①马病—兽医学—诊断学　Ⅳ.①S858.21

中国版本图书馆CIP数据核字（2018）第011313号

合同登记号：图字01-2017-2600

马兽医诊断技术
MA SHOUYI ZHENDUAN JISHU

中国农业出版社出版
地址：北京市朝阳区麦子店街18号楼
邮编：100125
责任编辑：张艳晶　神翠翠
版式设计：杨　婧　责任校对：刘丽香
印刷：北京通州皇家印刷厂
版次：2019年6月第1版
印次：2019年6月北京第1次印刷
发行：新华书店北京发行所
开本：787mm×1092mm　1/16
印张：25.25　插页：2
字数：600千字
定价：135.00元

版权所有·侵权必究
凡购买本社图书，如有印装质量问题，我社负责调换。
服务电话：010 - 59195115　010 - 59194918

ELSEVIER

Elsevier (Singapore) Pte Ltd.
3 Killiney Road, #08-01 Winsland House I, Singapore 239519
Tel: (65) 6349-0200; Fax: (65) 6733-1817

Diagnostic Techniques in Equine Medicine, Second edition
First edition © WB Saunders Company Ltd 1997
Second edition © 2010, Elsevier Limited. All rights reserved.
ISBN-13: 978-0-7020-2792-5

This translation of Diagnostic Techniques in Equine Medicine, Second edition by Frank G.R. Taylor, Tim J. Brazil, Mark H.Hillyer was undertaken by China Agriculture Press Co., Ltd. and is published by arrangement with Elsevier (Singapore) Pte Ltd.
Diagnostic Techniques in Equine Medicine, Second edition by Frank G.R. Taylor, Tim J. Brazil, Mark H.Hillyer 由中国农业出版社进行翻译，并根据中国农业出版社与爱思唯尔（新加坡）私人有限公司的协议约定出版。

《马兽医诊断技术》（第 2 版）（孙凌霜　李守军　主译）
ISBN: 978-7-109-23857-2

Copyright © 2019 by Elsevier (Singapore) Pte Ltd. and China Agriculture Press Co., Ltd.
All rights reserved. No part of this publication may be reproduced or transmitted in any form or by any means, electronic or mechanical, including photocopying, recording, or any information storage and retrieval system, without permission in writing from Elsevier (Singapore) Pte Ltd and China Agriculture Press Co., Ltd.

声　明

本译本由中国农业出版社完成。相关从业及研究人员必须凭借其自身经验和知识对文中描述的信息数据、方法策略、搭配组合、实验操作进行评估和使用。由于医学科学发展迅速，临床诊断和给药剂量尤其需要经过独立验证。在法律允许的最大范围内，爱思唯尔、译文的原文作者、原文编辑及原文内容提供者均不对译文或因产品责任、疏忽或其他操作造成的人身及／或财产伤害及／或损失承担责任，亦不对由于使用文中提到的方法、产品、说明或思想而导致的人身及／或财产伤害及／或损失承担责任。

Printed in China by China Agriculture Press Co., Ltd. under special arrangement with Elsevier (Singapore) Pte Ltd. This edition is authorized for sale in the People's Republic of China only, excluding Hong Kong SAR, Macau SAR and Taiwan. Unauthorized export of this edition is a violation of the contract.

丛书译委会

主　任　贾幼陵

委　员（按姓氏笔画排序）

王　勤　王　煜　王晓钧

白　煦　刘　非　孙凌霜

李　靖　张　目　武旭峰

姚　刚　高　利　黄向阳

熊惠军

本书译者

主　译　孙凌霜　李守军

参　译　贾　坤　王　衡　远立国
　　　　潘家强　诸文颖　吕正春
　　　　谢太深　郭剑英　胡莲美
　　　　杨　振　齐　岩

主　审　丁伯良　王英珍　陈怀涛

前　言

　　诊断是对患马进行合理治疗和保证马匹健康的基础。虽然市面上已有很多优秀的临床教科书，但是，似乎很少有书对于临床检测在实践中的应用进行充分而准确地解释，如应采用哪种临床病理学检测方法或检测技术，或应怎样应用。本书的第一版旨在为兽医在马病医疗实践中提供一个图文并茂的实用检测技术指南。该书为第二版，由该领域的知名专家在第一版的基础上修订并更新而成。与第一版一样，本书涵盖了成年马匹的诊断技术，专门供在读和刚毕业的兽医专业学生及一些对马匹诊断技术和方法不熟悉的非专业马兽医工作者等使用。近年来，随着科技的进步，出现了新的、更加专业的检测技术，尤其是超声技术，该版本将对这些技术进行重点描述。

　　本书对检测技术的操作描述得足够细致，以期读者能够通过遵循本书描述的步骤完成临床检测的全过程。对一些技术的描述，本书在恰当位置进行了优缺点的评价，并对如何对该技术检测的结果进行解释作了指导。本着实用性的目的，本书将各种检测技术以器官系统疾病为基础进行分章节描述。另外，一些章节还含有附录，这些附录对该章所描述的技术在一系列特殊临床状况检测中的应用进行了描述，如对贫血、多尿/烦渴、鼻分泌物等临床状况的检测。在马病的诊断过程中，发现临床症状至关重要，相关的临床症状也会在本书提到。

　　希望实践能够证明本书对马兽医有用，对患马有益。

F.G.R.泰勒

T.J.布拉齐尔

M.H.希利尔

2009年于布里斯托尔

致　谢

感谢我的妻子Sabine和我们的孩子Anna，
James和Max，感谢他们在准备这本书的过程
中所表现出的耐心。

弗兰克·泰勒

原 著 编 者

Chapter 1: Submission of laboratory samples and interpretation of results
Professor Sidney Ricketts LVO BSc BVSc DESM DipECEIM FRCPath FRCVS
Rossdale & Partners, Beaufort Cottage Laboratories, High Street, Newmarket, Suffolk, UK

Chapter 2: Alimentary diseases
Professor Anthony T Blikslager DVM PhD DipACVS
Equine Surgery & Gastrointestinal Biology, North Carolina State University, Raleigh, North Carolina, USA

Chapter 3: Chronic wasting
Kristopher J Hughes BVSc FACVSc DipECEIM MRCVS **Professor Sandy Love** BVMS PhD MRCVS
Division of Companion Animal Sciences, Faculty of Veterinary Medicine, University of Glasgow, Glasgow, UK

Chapter 4: Liver diseases
Mr Andrew Durham BSc BVSc CertEP DEIM DipECEIM MRCVS
The Liphook Equine Hospital, Forest Mere, Liphook, Hants, UK

Chapter 5: Endocrine diseases
Professor Philip J Johnson BVSc MS DipACVIM DipECEIM MRCVS
Professor of Equine Internal Medicine, Department of Veterinary Medicine & Surgery, College of Veterinary Medicine, University of Missouri, Columbia, Missouri, USA

Chapter 6: Urinary diseases
Professor Thomas J Divers DVM DipACVIM DipACVECC
Department of Clinical Sciences, College of Veterinary Medicine, Cornell University, Ithaca, New York, USA

Chapter 7: Genital diseases, fertility and pregnancy
Dr Carlos RF Pinto Med.Vet PhD DipACT
Associate Professor of Theriogenology & Reproductive Medicine, Department of Veterinary Clinical Sciences, College of Veterinary Medicine, The Ohio State University, Columbus, Ohio, USA
Dr Grant S Frazer BVSc MS DipACT
Associate Professor of Theriogenology & Reproductive Medicine, Department of Veterinary Clinical Sciences, College of Veterinary Medicine, The Ohio State University, Columbus, Ohio, USA

Chapter 8: Blood disorders
Professor Michelle Barton DVM PhD DipACVM
Department of Large Animal Medicine, University of Georgia, Athens, Georgia, USA

Chapter 9: Cardiovascular diseases
Dr Lesley E Young BVSc PhD DipECEIM DVC MRCVS
Specialist Equine Cardiology Services, Ousden, Newmarket, Suffolk, UK

Chapter 10: Lymphatic diseases
Amanda M House DVM DACVIM
Assistant Professor, Large Animal Clinical Sciences, University of Florida College of Veterinary Medicine, Gainesville, Florida, USA

Chapter 11: Fluid, electrolyte and acid−base balance
Dr Louise Southwood
Assistant Professor, Emergency Medicine & Critical Care, School of Veterinary Medicine, New Bolton Center, Philadelphia, Pennsylvania, USA

Chapter 12: Respiratory diseases
Dr TS Mair BVSc PhD DipECEIM DEIM DESTS MRCVS
Bell Equine Veterinary Clinic, Mereworth, Maidstone, Kent, UK

Chapter 13: Musculoskeletal diseases
Professor ARS Barr MA VetMB PhD DVR CertSAO DEO DipECVS MRCVS
Department of Clinical Veterinary Science, University of Bristol, Langford House, Langford, North Somerset, UK

Chapter 14: Neurological diseases
Philip AS Ivens MA VetMB Cert EM (Int Med) MRCVS
Richard J Piercy VetMB MA DipACVIM MRCVS
Comparative Neuromuscular Diseases Laboratory, The Royal Veterinary College, Hawkshead Lane, North Mymms, Hatfield, Herts, UK

Chapter 15: Ocular diseases
Dennis E Brooks DVM PhD DipACVO
Professor of Ophthalmology, University of Florida, Gainesville, Florida, USA

Chapter 16: Fat diseases
Professor Michel Levy DVM DipACVIM
Associate Professor, Large Animal Internal Medicine, School of Veterinary Medicine, Purdue University, West Lafayette, Indiana, USA

Chapter 17: Skin diseases
Hilary Jackson BVM & S DVD DipACVD
Dermatology Referral Service, Glasgow, Lanarkshire, UK

Chapter 18: Post–mortem examination
Dr Frank GR Taylor BVSc PhD MRCVS
Head of the School of Clinical Veterinary Science, University of Bristol, Langford House, Langford, North Somerset, UK

Chapter 19: Sudden and unexpected death
Dr Frank GR Taylor BVSc PhD MRCVS
Head of the School of Clinical Veterinary Science, University of Bristol, Langford House, Langford, North Somerset, UK
Dr Tim J Brazil BVSc PhD CertEM (Int Med) DECEIM MRCVS
Equine Medicine on the Move, Moreton-in-Marsh, Gloucestershire, UK

目　　录

第十九章　猝死和意外死亡

实验室样本的送检及结果的解释

第一节　实验室样本的送检

临床病理学可用于帮助缩小鉴别诊断范围、确诊或辅助诊断的系统推理。实验室检查不能替代全面的病史和临床检查，它们可作为一个补充，提供进一步的信息。但是，在马匹预防医学及性能评估／表现评估中，实验室检查可发挥筛选作用。常规的临床病理学研究包括：

- 血液学。
- 血清／血浆／其他体液的生物化学。
- 内分泌学。
- 寄生虫学。
- 微生物学。
- 细胞病理学。
- 组织病理学。

虽然很多马场都已经或正在建立自己的实验室设施，但是，多数情况下，将样本送至专业马临床病理学实验室进行检查是必要的。影响试验质量的主要因素之一是送检样本的适合性。所以，在提交材料前，要考虑如下因素：

- 试验的选择。
- 样本对预期试验的适合性。
- 样本信息的标注。
- 样本包装、邮寄或运输的适宜性。

一、试验的选择

关于试验的选择，必须与患马所涉及的器官或临床表现相关，并为诊断提供相应的信息。本书的目的之一是：提供一系列可用于检测马不同器官系统的临床病理试验方法。本书试验方法选择的指导要求是：临床医生选择最可能证实或者基于病史和临床检查所得诊断结论的试验方法。一系列错误的试验不仅花销巨大，且缺乏或无法提供任何可用信息。在试验的选择上，如遇到任何疑问应通过电话咨询临床病理学家。临床医生和临床病理学家之间的交流必将增强最终试验结果的准确性。

二、样本对目的试验的适合性

样本采集时，量必须足，应放入合适的容器内并尽快提交实验室。实验室建议，应采集5mL抗凝血样本用于血液学分析和10mL凝血样本用于生化分析。出现溶血或脂血的样本以及脱水马匹的血液样本不适合做试验分析使用，因其血液学和血清生物化学的检测参数可能升高。

不同试验采集的样本应用不同容器存放，如表1-1所示。但是，个别实验室对样本的存储容器可能有特殊要求。有些实验室可能会提供他们自己要求的容器、包装及标签。目前兽医临床常用的血液采集管有真空管（Becton Dickinson公司）和Monovette管（Sarstedt公司）2种（表1-1、图1-1），临床医生和实验室因其个人喜好而有不同的选择。

表1-1　两种最常见的马临床病理血液样本采集系统

试验	抗凝剂	Monovette管（Sarstedt）	真空管（BD）
血液学	EDTA	4.5mL（蓝色）	10mL（紫色）
血清生化、内分泌学	无／血凝分离球或胶	9mL（棕色）	10mL（红色）
凝血功能／血浆纤维蛋白原	枸橼酸钠	3mL（绿色）	4.5mL（蓝色）
葡萄糖	氟化草酸	5.5mL（黄色）	4.5mL（灰色）
血浆生化、内分泌学	肝素锂	9mL（橙色）	10mL（绿色）

（一）血液学样本

EDTA是最适合用于血液学样本采集的抗凝剂。肝素可能引起白细胞凝结，以此改变白细胞的染色特性。可以使用EDTA处理的样本，对血浆纤维蛋白原进行评价。但是，其仅适用于热沉淀试验技术检测血浆纤维蛋白原。对血浆纤维蛋白原的评估，凝血酶凝集试验更加准确，但是，该方法的检测需要样本用枸橼酸钠处理。在进行血液凝集试验（如前凝血酶时间、部分凝血酶时间的检测）检测时，应采用枸橼酸钠储存全血样本。通常，出于马临床病理试验的目的，用3种采血管进行血液样本的采集是明智的，即：

- 用于血液学研究的EDTA管。

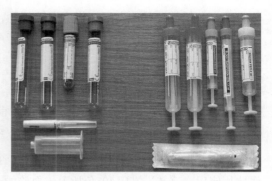

图1-1　（彩图1）适合采集马特异性血样本的不同采血管（表1-1）

（左）Becton Dickinson公司的真空管；

（右）Sarstedt公司的Monovette管。

- 用于血清纤维蛋白原评价的枸橼酸钠管。
- 用于血清生化研究的空管或血凝分离管。

对血糖评估时，应将血液放入一个含草酸钾/氟化钠的抗凝管中。

进行血液样本的采集时，应在马匹安静状态下，从颈静脉采血。如果可能，应使马匹处于非兴奋状态。若待检马匹疑似处于兴奋状态时，为了将胰萎缩的影响降到最低，则应先采血液学检测用样本。如果马匹明显处于兴奋状态或刚刚运动过后，应在实验室送检表格上注明。血液样本需充满采血管，并多次翻转混合。

使用注射器和采血针进行采血时，应留心如下注意事项：

- 血液不能在注射器内存留超过90s，否则易形成血凝。
- 在向采样管中转移血液前，应将注射器上的针头拔掉，否则易出现溶血。
- 为确保EDTA的工作浓度，转移血液量应达到采血管的刻度线。过高的EDTA浓度会引起红细胞大小变化，导致结果不准确；而低浓度的EDTA则易诱发凝血。
- 血液必须立即与抗凝剂轻轻翻转混合。

血液学样本最好立即处理，短期储存则需低温存放。马血液不推荐4℃冷藏。空气干燥的血涂片需要在采血后立即制作，因为EDTA会改变细胞形态，使白细胞难于鉴别。血涂片可以不经染色与血液样本一起送至实验室。可使用特殊载玻片盒运送血涂片（图1-2）。但是，大多数情况下，小心采集、EDTA适当混合的包装良好的马血液样本，在第二天运送到实验室时，一般都会状态良好。样本运输问题，多出现在天气热及运输延误超过24h的情况下。

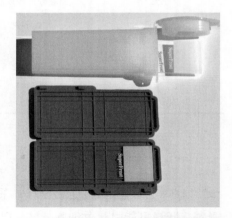

图1-2 适合运输血涂片的聚丙烯储存盒

血涂片的制备

用于制作血涂片的载玻片必须严格清洁。理想状态下，载玻片需要储存于酒精中并在使用前用纸擦干。将血液样本轻轻翻转混合均匀，用移液器取出，滴一滴在水平放置的载玻片的一端。将另一个载玻片作抹片使用，将其一端以40°角放置于血滴的前面（图1-3）。将抹片先轻轻向后移动，使其与血滴接触，并通过毛细管作用，使血液分散于抹片的边缘。当血滴

图1-3 血涂片的制备

完全沿抹片边缘分散后，将抹片一次性稳定向前移动，使血抹在载玻片长轴上。然后，将抹好的载玻片在空气中轻轻煽动，使其干燥。可以在载玻片的磨砂区或中间用铅笔标记，其不影响接下来的染色和分类计数。

抹片的制作技术很容易掌握，仅需要加以练习。差劣的抹片通常是由如下某个或多个错误造成：

- 使用脏的和/或有缺口的载玻片。
- 血滴过量。
- 抹片角度不够。
- 抹片向前推的速度过快。
- 抹片向前的推动速度过慢或速度不均匀。

（二）生化样本

用作生化检测的样本可以是血清、血浆或其他体液。在大多数实验室，血液生化和内分泌学试验样本都要求用血清。血清对血液学试验（抗体滴度检测）、电泳和马绒毛促性腺激素的检测都是必不可少的。与血清相比，在派送前，血浆易于从全血沉淀中/离心分离。但是，血浆对一些电解质和酶的评估并不适用。另外，血浆储存效果并不令人满意。如果可能，尽量送检血凝样本。若检测实验室可以接受血浆样本，血液采集时需使用肝素锂抗凝。通用容器要求见表1-2。

无论使用凝集还是肝素化的血液样本，都需要将血清或者是血浆从凝集或红细胞中尽快分离出来，以免二者相互作用。样本的溶血可能影响酶、电解质及矿物质的测量。通过如下方法可以尽量降低血液样本的溶血：使用干净干燥的器具；避免采集血管外周的血液；采集及之后的过程中，避免损伤样本。在气温过高或过低的天气运送全血样本，极易产生溶血。

表1-2　适用于临床病理学试验的样本及其容器

试验	样本	容器/介质
血液学		
血细胞分类计数	全血	EDTA
血浆纤维蛋白原	因实验室不同：	
	全血（热沉淀）	EDTA或肝素
	血浆（凝血酶凝集）	枸橼酸钠
凝集试验PT/PPT	全血	枸橼酸钠
血液酶		
多数酶	因实验室不同：	
	通常最好使用血清	平面玻璃器皿
	血浆也可接受	肝素
谷胱甘肽过氧化物酶	全血	肝素
LDH	血清	平面玻璃管

（续）

试验	样本	容器/介质
血液电解质		
血清电解质	最好使用血清	平面玻璃管
	血浆电解质也可接受	肝素
其他生化		
尿液	血清（最好）或血浆	平面玻璃管或肝素
肌酐	血清（最好）或血浆	平面玻璃管或肝素
总蛋白	血清	平面玻璃管
白蛋白（和球蛋白）	血清	平面玻璃管
蛋白电泳	血清	平面玻璃管
葡萄糖	血浆	氟化草酸
总胆红素	血清（最好）或血浆	平面玻璃管或肝素
总血清胆汁酸	血清	平面玻璃管
血清甘油三酯	血清	平面玻璃管
血液激素		
皮质醇	血清（偏好）或血浆	平面玻璃管或肝素
甲状腺素	血清（最好）或血浆	平面玻璃管或肝素
三碘甲状腺氨酸	血清（最好）或血浆	平面玻璃管或肝素
孕酮	血清（最好）或血浆	平面玻璃管或肝素
睾酮	血清（最好）或血浆	平面玻璃管或肝素
雌二醇	血清（最好）或血浆	平面玻璃管或肝素
雌酮硫酸盐	血清（最好）或血浆	平面玻璃管或肝素
绒毛膜促性腺激素	血清	平面玻璃管
血液培养		
血液有氧/无氧培养	全血	有氧和无氧瓶或单独
血清学		
血液细菌/病毒抗体检测	血清	平面玻璃管
尿液		
尿液分析（尿检）	尿液	干净无泄漏的容器
尿液电解质排泄比值	尿液和血清（最好）或血浆	干净无泄漏的容器和平面玻璃器皿或肝素
尿液培养试验	中段尿液	无菌无泄漏的容器
雌激素（库保尼妊娠试验）	尿液	干净无泄漏的容器
体液		
细胞学	体液	EDTA
生物化学	体液	平面容器
体液培养	体液	平面无菌器皿
粪便		
粪便虫卵计数	粪便	干净无泄漏的容器
粪便幼虫计数	粪便	干净无泄漏的容器
粪便培养	粪便	干净无泄漏的容器

血清的制备

用一个简单的真空管、Monovette管或含有凝集球的管采血，并在保温袋或37℃保温箱中运输，以最大程度形成血液凝集，从而产生并获得最大量的血清。当血液已凝集后，用长无菌棉签将贴于玻璃或塑料管壁的血凝块剥离，以便于其完全凝集收缩。使用含有凝集分离球或胶的采血管，在离心后，可直接倒出血清，进行分离。采用下面哪一种方法进行血清的分离取决于采血用的方法：血清直接倒入一个干净的容器或经离心沉淀细胞和凝块。现在，为运输中样本的安全中转，很多参考实验室建议使用不易破损的聚丙烯管进行采血。

如果无法立即分离血清，为了降低酶、代谢产物、电解质及矿物质在细胞和液体间的交换，样本应冷藏（4℃），直至发送。但是，多数情况下，包装良好的马血液样本可在第二天抵达实验室时，保存良好。

（三）尿液样本

尿液分析有助于肾和膀胱病理检测，以及细菌性肾炎、膀胱炎或尿道炎等病例诊断。应在不使用利尿激素或α-2受体颉颃剂类镇静剂（其可改变尿液组成成分）的情况下，采集中段尿液样本，并放入无菌的空的通用样品瓶。应警惕畜主在将样本倒入样品瓶前使用果酱罐或牛奶瓶收集尿液，因为其可导致假性糖尿和细菌培养阳性的检测结果。对微量尿液电解质和矿物质清除率的测量，应同一时间采集成对血液和血清样本，或两样本间的采集间隔时间不超过30min（见第六章泌尿系统疾病）。

（四）粪便样本

粪便分析是指分析粪便中寄生虫虫卵数量。该方法有助于寄生虫的监测和控制、腹泻和细菌性小肠结肠炎病例检查。马匹新排出的粪便或直肠粪便样本，应放入一个干净的倒置的直肠套里面，以使环境污染和变化对样本的影响降到最小。同时，要做好粪便样本与对应马匹的标记。水样稀粪应放入有螺旋盖子的无菌样品瓶中，同时，用无菌棉签采集样本并将棉签浸入艾米斯（Amies）木炭转运培养液中。如果患马疑似患有小肠性结肠炎，多采集固体粪便成分的样本可能更有诊断价值。

（五）微生物学样本

样本的采集，应尽可能在患马使用抗生素前，且应小心避免污染。本书的相应部分将给出适当的注意事项。

装在无菌容器内的送检样本量应充足。样本体积和运输容器直接影响是否能够获得阳性结果。总之，用于微生物培养的理想样本应是无菌采集的脓汁、分泌物、粪便、尿液或组织液，并存放在螺旋盖密封的无菌容器内。通常的无菌液体样本，如血液和胸腔、腹膜腔和关节液，应在无菌条件下采集。这些液体应放入含有血液培养基的瓶中（Medical Wire & Equipment公司），以尽量增加实验室病原分离率。用于细菌培养的血液样本，应通过无菌静脉采血，并放入血液培养基内。如下操作将有助于培养结果的鉴定和解释：①用于革兰氏阳性染色的样本，应在采集时制作、固定和涂片；②用于核化细胞（nucleated cell）计数的液体送检样本，应存于EDTA；③用于细胞病理学评估的送检样本，应使用同等体积的细胞固定液（细胞离心涂片器采集液）进行固定。

送检细菌的棉拭子，应完全浸入一个合适的运输液中，否则棉拭子干燥、细菌死亡，导致细菌量不足。棉拭子可用于结膜、新鲜破裂的皮肤脓疱样本、深创和软组织感染样本的采集。用于细菌学筛选的最佳运输液是艾米斯木炭转运培养液（Medical Wire & Equipment公司）。例如，在对种公马和母马进行潜在性病感染的筛查时，英国赛马博彩征费局的实务守则［Betting Levy Board's Code of Practice Scheme（UK）］对此有明确规定。若要从鼻咽拭子中分离病毒，对运输培养基的选择也极其重要，临床医生应向合适的实验室征询意见。

用于厌氧菌培养的样本，必须隔绝空气。因为，多数具有重要临床意义的专性厌氧菌，在环境有氧空气中短暂暴露即可死亡。可以将棉拭子样本完全浸入合适的运输培养基中，或将样本完全注满容器以减少空气空隙，达到隔绝空气的目的。

抗生素敏感性试验

通常，在获得敏感性测试结果前，有必要对患马进行抗生素治疗。此时，可根据临床经验选择抗生素。应在尽可能的情况下，在治疗前采集一个样本，用于致病微生物的分离。在实验室，有些细菌可用革兰氏染色和培养进行鉴别，这些细菌的药敏谱是可推测的，没有必要进行药敏试验。其他细菌，如革兰氏阴性菌、兼性需氧菌（大肠杆菌、沙门菌等），则没有可预测的药敏谱。多数实验室采用直接抗生素敏感性试验，进行样本的药敏试验。该方法是将抗生素浸润片放在培养或传代培养的培养皿上。虽然该技术可相对快速地提供检测结果。但是，该方法具有经验依赖性，且不如精湛、昂贵的稀释技术好用。因为后者可提供某适用抗生素的最小抑制剂量（MIC）。提供检测报告时，要与微生物学家讨论某一分离菌的意义及其药敏谱。

（六）细胞病理学样本

用于细胞病理学检测的样本（涂片或液体样本），应按照参考实验室介绍的方法妥善处理。涂片应通过直接按压或拭子（如子宫内膜拭子）小心地涂在一个干净或明胶包被的玻片上（明胶可帮助防止在制备过程中细胞的脱落）。然后，将涂片用合适的细胞固定液［如细胞固定液（非气雾）或气雾/喷式固定液（德国瑟金帕斯公司）］固定，并放入玻片盒中送检。应使用末端具有毛玻璃的载玻片制作涂片，以便用铅笔在涂片的边上做合适的标记。

一般，用于核化细胞计数的液体样本（如关节液、腹水、胸膜积液、气管吸出液及支气管盥洗液），应存于EDTA。为了特殊的细胞学处理，应使用合适的细胞固定液固定。同时，将一管未稀释且未固定的样本无菌容器一并送检，进行细菌培养，这些样本包括液体样本、浸于转运液中的棉拭子样本、或存于血液培养基中的样本（特别是关节液，应存于血液培养基中）。有时，一些特殊处理过程，需要样本使用特殊的固定液。

（七）组织病理学样本

组织病理学样本（活组织或尸检组织）用于疑似肿瘤的病理组化检测。样本应具有待检组织或损伤组织的代表性，组织样本的采集应在正常和非正常组织交界处。对皮肤和皮下肿块，应采集全层厚度的楔形活组织或完整的损伤部分。因为，这样的组织比抽吸或活组织穿刺采集的组织样本更具有原发病理学（primary pathology）代表性。活组织穿刺适用于内部器官样本的采集，如肝脏、肺脏和肾脏等。在操作过程中，超声辅助采样并提供额外可视化诊断信息非常关键。

样本应用10%的甲醛生理盐水中固定。样本应足够小，以便于固定液迅速渗透。通常，样本直径小于1cm、厚度小于5mm最好，但这并不适用于所有样本。用于固定的组织体积与固定液体积比应小于1∶10，且两者均应放入一个结实、广口的密封容器中。某些组织需用特殊固定液，如子宫内膜活组织应用Bouin氏液固定，因为生殖器官组织具有水分高的特点。使用该固定液比用甲醛生理盐水固定效果好，对样本造成的组织缩水的影响小。

三、样本的信息

很多实验室，都要求送检样本附带样本信息表，为样本的处理和结果的最佳解读提供必要的信息。一般情况下，样品信息表都是实验室自制的。详细的临床病史信息能够提供初步诊断结果，尤其在组织病理学检查中，所以，是必不可少的。临床鉴别诊断信息也有助于实验室检查，这些信息有助于对实验室检测结果的解释，并对进一步的检测提供建议。

四、送检样本的包装

对多数试验来说，不超过48h运输的样本，通常不会明显影响检测结果。但是，样本最好隔天邮到，并避免周末送检。在大量样本的送检或紧急情况下，可采用快递，以确保样本的准时到达。如果实验室在待检样本的运输距离范围内，送检方可能倾向于个人与有关实验室联系，并自行运送样本。但是，样本的检测结果和意义，参考实验室将首先与转诊兽医进行讨论。

送检人员必须保证包装符合法律要求，并保证不会给任何人造成危险。在英国，皇家邮局要求任何邮寄样本必须打开检查，否则包装可能被拆开，且邮寄人可能被起诉。关于其他国家邮寄物品的包装与要求，应与相应邮寄部门协商。作为指南，在英国，皇家邮局允许如下邮寄操作：

- 主容器：应是一个封闭的容器，如真空玻璃或聚乙烯采血管，应包裹在一个能够吸收所有可能泄漏的液体的吸水材料中。将其放入防漏塑料袋中封好，任何容器不能超过50mL容量，但是特殊的多样本包裹是允许的。只要将每一样本单独放入一个容器，与其他分开，并用充足的吸收物包好即可（图1-4）。

- 第二个容器：原始包装必须放入下面其中之一的包装内：一个结实的带有深盖子的硬纸盒；一个可用胶带封合的、有凹槽的双片聚乙烯盒子；一个带旋盖的柱状轻金属容器；或聚丙烯卡式容器（图1-5）。

- 外包装的要求：以上包裹随后放入一个合适大小的有内部防震垫的袋子（图1-6）。

- 标签的书写要求：包裹必须清晰标明"病理学样本"及"易碎品——小心轻放"的警示字样（图1-6）。同时要在包裹上写明实验室、收件人和地址。

在美国，州间病原物邮寄的标记和包装是根据联邦法规第42章第72节进行政府调控的。其包括对生物制品、诊断样本及病原物的定义，并提供对州间样本的运输进行包装和标记的规定。

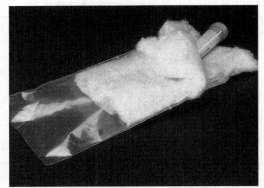

图1-4 样本的原始包装
样品管包裹在可吸收材料里，并用塑料袋封裹好。

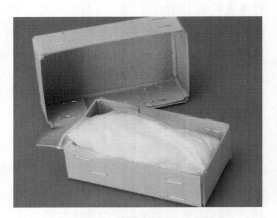

图1-5 样本包裹的第二个容器
将原始包装放入一个带有深盖子的硬纸盒。

图1-6 完整的包装放在一个含有防震垫的袋内，并标明危险标志

图1-7给出了一个不符合要求的送检样本包装，由于该样本没有用可吸水材料封存，且未用第二层包装盒包裹，外部防震袋未能起到保护作用，致使经手人接触到病理性材料。

图1-7 不合适包装导致包装污染和采血管破碎

第二节 结果的解释

疾病的病程是个动态过程，包括初期、中期和晚期。然而即便是由病程中获得可靠的试验结果，也只能反映该病程中某点的情况，因此限制了对结果的解释。这就好比从一个电影片段揭示整个电影的故事情节一样。通常，多个连续样本的结果会为我们的推测提供更多的信息。而该"选段"应该用于指导人们对血液学和生化报告结果的解释。

通常，基于临床病史和检查选择的试验结果都会指向其预期的解释。当出现非正常结果时，则应重复送检样本，以确诊或推翻原有推测。评价实验室数据时，应谨防对缺乏或无结果的信息进行过分的解释和推理。通常病理情况都与明显可见的变化相一致，但是，微小变化可能提示疾病早期变化，因此，需重复检测。

一、实验室参考值范围

在对试验结果进行任何解释前，都应先考虑参数的范围。通常每个实验室都会提供参数的正常范围。但是，"正常"一词在定义动物健康与疾病上很难有实际意义，因为健康与疾病是一个介于作用和反作用的动态平衡过程，而其通常临床表现不明显，因此，"正常"一词应避免使用。在临床病理学数据中，私人实验室多喜欢使用健康马群中参数与平均值相差在正负2个标准差（±2标准差）的马匹数据作为"参考"范围。但是，这种定义从"正常"马匹的参考值范围中排除了5%的样本，如2.5%的"正常"样本，将被判定为高于参考范围，而2.5%的"正常"样本则被判定为低于参考范围的值。同时，该方法通常偏好使用95%的可信区间生成参考值范围，其要求结果在均值两侧呈正态分布，然而很少有实际情况符合。因此，很难从一不熟悉的病马的单一样本获得的结果，来确定其是某病的可靠指示，除非该参数值极其异常。

总之，实验室将会如此报告：结果"低于""属于"或"高于"可接受范围。但是，因为后续的分析过程的不同和产生该参考范围所使用的马群的不同，各实验室间参考范围有差异是不可避免的。该差异常显著表现在血清酶活性的定量检测上，同一样本送检不同实验室将产生不同的结果。鉴于此，血清学和生化结果必须在实验室提供参考范围的前提下进行判读和解释。

二、血液学结果的解释

血液学数据可能因动物和品种及其训练的不同时期而显著不同（见下文）。因为试验技术和自动化细胞计数的设置不同，不同实验室之间结果也会有差异。对于马血样本，自动血液学计数必须进行适当的校准，否则，将会得到假性结果。

（一）红细胞参数

成年马红细胞参数受很多身体因素影响，并影响实验室检查结果，这种情况很重要。这些影响因素包括品种、采样时运动状况和马匹的活动或兴奋状态。

- 品种：温血马（轻型马、阿拉伯马和纯血马）的血细胞比容（PCV）、红细胞数（RBC）和血红蛋白浓度（Hb）等红细胞参数都高于冷血马（国产矮马和役用马）。杂交马匹，处于两者之间。如表1-3所示，通过给出不同种群马匹典型的红细胞数范围，解释了该现象。
- 健康状况：与静止状态或不运动的马匹相比，运动的马匹呈现较高的PCV、RBC、Hb。因此，从事赛马运动的纯血马的各参数最高。当运动马匹红细胞检测结果处于参考范围最低值的边缘时，则应疑似其不正常。
- 活跃或兴奋状态：采样时，马匹处于近期运动过后或运动状态，因脾收缩将明显增加PCV、RBC和Hb的值。临床医生在采样时应使动物保持安静和镇定（尤其是赛马和表演马匹）。这就要求临床医生去马棚，在马匹安静时采样。

表1-3　不同品种成年马匹红细胞参数范围*

参数	纯血马	猎马	矮马
PCV（%）	40～46	35～40	33～37
RBC（×10^12个/L）	7.2～9.6	6.2～8.9	6.0～7.5
Hb（g/dL）	13.3～16.5	12.0～14.6	11.0～13.4
MCHC（g/dL）	34～36	34～36	33～36
MCV（fL）	48～58	45～57	44～55
MCH（pg）	14.1～18.1	15.1～19.3	16.7～19.3

*数据由布里斯托大学临床兽医科学系临床病理诊断服务部提供。

通常，健康马匹红细胞参数每天都存在变化，但其变化应全部在相应马种的范围内。非健康马匹，在非运动状态下，如果出现红细胞参数高出参考范围，则表明其脱水（血液浓稠）。低于参考值表明贫血（见第八章血液疾病）。但是贫血马匹低红细胞参数可能因运动下采样而被脾收缩所掩盖。

除马匹的品种、种类和管理会影响红细胞参数外，血液学参数范围还会因马匹年龄不同而异。因此，经常监测特殊马群的临床医生，通常被要求在其实验室或与标准实验室联合制作自己的一系列针对该马群的参考值范围。

1．血细胞比容（PCV）

血细胞比容检测的是红细胞容量占全血容量的百分率。检测方法很容易，仅需将一管血液离心，将细胞成分从血浆中分离。比容细胞所占的容量通过其占全容量的百分数表示（PCV%）。其检测简单，是对病程中脱水诊断的最有用的检测标志。

2．红细胞数（RBC）

红细胞数是指每升全血中红细胞的数量（RBC×10^{12}个/L）。在非运动马匹中，其高于参考范围提示血液浓稠，而低于参考范围则提示贫血。

3．血红蛋白（Hb）

全血血红蛋白含量是指每分升（100mL，dL）全血中血红蛋白的浓度，由克/分升表示（g/dL）。超过参考值提示血液浓稠，而低于参考值则提示贫血。

4．平均红细胞血红蛋白浓度（MCHC）

MCHC是指血红蛋白在每100mL压积红细胞中的浓度，以g/dL表示。由全血血红蛋白浓度（Hb，g/dL）乘以血细胞比容系数（100/PCV%）获得。

5．平均红细胞容积（MCV）

MCV代表每分升（dL）血液中红细胞的平均容积，等于每升血液中血细胞比容（PCV%×10）除以每升血液中红细胞数量（RBC×10^{12}个/L）。据报道，MCV不同，细胞呈现小红细胞性、正常红细胞性、巨红细胞性的变化。但与其他种属动物不同的是，该特性在马中不能用作再生性和非再生性贫血的判定标准，因为即使在红细胞大量生成的情况下，马红细胞仍然是在骨髓中而非血液循环中成熟。因此，MCV可随时间呈现进行性升高或降低，但其通常保持在一定范围内。也就是说，通常失血情况下，可见巨红细胞性贫血，包括肠道寄生虫疾病；病毒感染和侵袭可见正常红细胞性贫血；慢性炎症和退行性疾病通常呈现小红细胞性贫血。判定马匹是再生性还是非再生性贫血的指标是骨髓穿刺活体采样，检测其MCV（见第八章血液疾病）。

6．平均血红蛋白量（MCH）

该指标是指单一红细胞的平均血红蛋白含量（pg），等于每升血液中血红蛋白量（Hbg/dL×10）除以每升血液中红细胞的数量（RBC个/L）。MCH高于参考范围则指示红细胞溶血。

(二) 白细胞参数

与红细胞相似，对白细胞的检测也有很多生理参数。通常，恐慌、应激或近期运动会引发白细胞增多。

1. 白细胞 (WBC) 数量

健康马匹白细胞数量通常介于 (6.0~12.0) ×10⁹个/L，且安静状态下中性粒细胞与淋巴细胞比值约为60∶40。可能出现少量单核和/或嗜酸性粒细胞，但是他们通常不超过总白细胞数的5%。但是，当使用自动分析仪时，"正常"参考范围对单核细胞结果的判读非常重要。

白细胞减少症是指白细胞数量低于白细胞参考范围的最低限，通常在马匹急性感染或炎症反应期（亚临床感染）、内毒素性血症和/或菌血症时出现白细胞减少。因此，引发毒血症的严重性小肠疾病（结肠炎/盲肠炎）或严重的细菌病早期（肺炎、腹膜炎、沙门菌病）通常出现白细胞减少现象，出现毒性中性粒细胞（见涂片检查）可能是其特点。通常在白细胞增多超过2~3d之后，出现白细胞减少的变化。例如，马白细胞对病毒感染/攻毒反应呈现动态变化，如图1-8所示，该暂时性的变化对于理解结果的判读和解释非常重要。

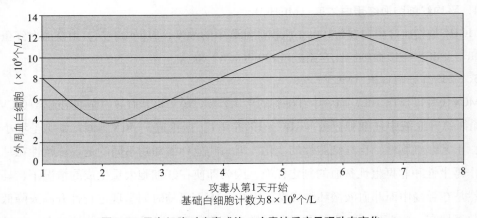

图1-8 马白细胞对病毒感染/攻毒辣反应呈现动态变化

白细胞增多症是指白细胞数量超过参考范围的上限，是急性和慢性炎症的特征。

2. 中性粒细胞

在炎性反应、应激或反复使用皮质激素时，出现中性粒细胞增多。急性炎症的白细胞增多，以中性粒细胞增多为特点。严重时，中性粒细胞出现幼稚型带（核左移）。长期毒血症时，中性粒细胞的细胞质不能完全成熟，称为"泡沫样细胞"。

3. 淋巴细胞

通常在病毒感染早期，出现淋巴细胞和中性粒细胞减少。淋巴细胞增多是由于淋巴细胞在淋巴组织中积聚所引起。通常几天后其数量即可恢复，随后相对增加。当白细胞总数恢复至"正常"范围时，淋巴细胞呈现增多现象。淋巴细胞数量也可因应激或重复使用皮质激素而降低。

4．单核细胞

单核细胞几乎不出现在健康马匹的细胞分类计数中，其在急性病时减少。但通常在慢性炎症时，伴随白细胞增多而增多。

5．嗜酸性粒细胞

健康马匹细胞分类技术中，嗜酸性粒细胞比率通常较低。在病毒感染早期呈现白细胞减少症的马中最常见到嗜酸性粒细胞。嗜酸性粒细胞增多也可能是由于寄生虫移行引发的超敏反应所引起。但嗜酸性粒细胞增多不能作为超敏反应或寄生虫病的特异性指征，严重寄生虫感染的马匹也不会出现嗜酸性粒细胞增多。马偶尔可见特发性嗜酸性粒细胞增多。

6．嗜碱性粒细胞

嗜碱性粒细胞很少在健康马匹细胞分类计数中出现。在其他种属动物中，它被认为是循环血中的肥大细胞，但其出现在病马循环血液中的作用还未知。嗜碱性粒细胞偶尔出现在高脂血症中，有时出现在疝痛马匹的恢复期。

7．血小板

与其他家畜相比，马的血小板数量较低。血小板增多有时出现在慢性细菌感染，尤其是马驹的慢性细菌感染。血小板减少则可提示血小板生产不足、消耗／破坏过大或与各种干扰因素有关，如给药、样本的冷凝集或血小板的EDTA凝结。若怀疑EDTA凝结，应同时采集EDTA和枸橼酸钠抗凝血的血液样本，进行计数。如果枸橼酸钠管的检测结果经稀释度纠正后，血小板数量明显高于其在EDTA抗凝管中的检测数，则表明"血小板减少"很可能是EDTA采集导致的假性结果。血小板减少可能是肿瘤形成或骨髓毒性侵袭所引起。血小板减少也可出现在马弥漫性血管内凝血（DIC）一种严重的内毒素血症并发症。在马中，偶尔可见自发性血小板减少，其可能与免疫介导有关。

（三）血浆纤维蛋白原浓度

虽然有些实验室为了方便，在血液学检测中采用热沉淀技术对EDTA全血中纤维蛋白浓度进行测定。但大多数实验室采用凝血酶凝集技术对其进行检测，该技术更准确且重复性好，其样品的采集需使用枸橼酸钠抗凝。

血浆纤维蛋白原是一种急性期蛋白，其在血液循环中的浓度在炎症反应开始后增加，在其后的48～72h内出现峰值。与血液白细胞计数相比，纤维蛋白原浓度是判定马败血症性炎症更加敏感的指标，尤其是其与血清淀粉样蛋白A（SAA）共同使用时，对疾病过程的监测更加可靠（图1-9）。对这些急性期蛋白的检测，用来监控机体对抗生素治疗的作用。即使

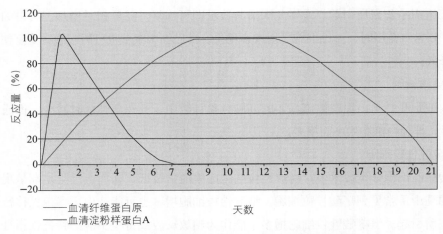

—— 血清纤维蛋白原
—— 血清淀粉样蛋白A

天数

图1-9 炎症反应时马急性期蛋白的动力学变化模式

机体出现正常的白细胞和分类计数情况，持续性纤维蛋白原和血清淀粉样蛋白A（SAA）浓度的增加仍与进行性细菌感染及炎症呈现一致性。

三、血液生化结果的解释

通过使用商业化试剂盒（通过不同反应温度优化），从而进行血清酶浓度（IU/L）的估测。不同的实验室可以使用不同的试剂盒，结果和相应的参考数值不同。因此，临床医生通过参考实验室提供的酶浓度参考数值，对检测结果进行临床意义的解释非常关键。实验室通过质量控制过程，能确保其参考数值的精确性。非酶类血液成分有绝对浓度，如g/L、mmoL/L，相对不受分析条件的影响，但即便如此，检测结果也会发生变化。当临床医生交流或讨论测试结果时，应引用实验室参考数值。

在本书很多章节中，对不同组织器官的生化结果都给出了结果说明和特别提示。下面的内容仅作为对马血液生化结果解释的一个简要的总体参考。

（一）血清蛋白

血清总蛋白（g/L）是对血清白蛋白和球蛋白总浓度的测定。连续几天或几周总蛋白逐渐增加的情况，通常是由于感染和/或炎症反应所引发。血清总蛋白的突然增加，可能是由于脱水或兴奋引起马匹暂时性的白蛋白和球蛋白水平的升高。然而，许多与进行性脱水有关的疾病，也可能伴随着白蛋白丢失（如胃肠、肝和肾衰竭等）。在这些情况下，总蛋白不是脱水的一项敏感指标。正因为如此，同时进行PCV检测有助于判断病马脱水情况。

1. 白蛋白

白蛋白由肝脏合成，其血清浓度的增加可能与脱水有关。但白蛋白减少大多与肠道疾病导致蛋白丢失有关。因此，白蛋白减少提示消化道疾病。由于渗出丢失（如腹膜炎、胸膜炎）引起的马低蛋白血症并不常见。而由肾小球性肾病或肝功能衰竭引发的白蛋白减少的可能性则非常小。

2. 球蛋白

除脱水外，如下情况也可能引起总球蛋白浓度的升高：急性炎症过程引发急性期蛋白（α-2球蛋白）浓度升高；慢性炎症过程引发免疫球蛋白（γ球蛋白）浓度升高；大型圆线虫病引发β-1球蛋白浓度升高。部分兽医实验室提供β-1球蛋白电泳分析（见下文）。若β-1球蛋白水平超出参考范围，则显示大型或混合性圆线虫移行活动。但是，即使β-1球蛋白水平"正常"，也不能排除肠道有寄生虫感染的可能性。因为，该试验对圆线虫检测的敏感性和特异性较低。β-2球蛋白及γ球蛋白的升高与肝功能的衰竭有关。

3. 白蛋白/球蛋白比率

健康状态下，白蛋白/球蛋白（A/G）比值大约为1.0或更高。许多病理状态都可引起该比值的改变。但是，该信息缺乏特异性。由于白蛋白的降低和球蛋白的升高引起的比值的降低，可能归因于炎性肠病、渗出性积液（如腹膜炎、胸膜炎）、圆线虫病或肝功能衰竭。即使白蛋白浓度保持正常，球蛋白浓度增加的任何慢性炎症过程也将引起该比值的降低。要对这些可能性疾病进行鉴别，临床医生除了要了解临床症状外，还要对血清蛋白进行电泳分析和血清酶分析。

4. 血清蛋白电泳

马血清蛋白分子量的大小不同，从而在电泳中的迁移率不同。因此，琼脂糖凝胶电泳可将其分为4个条带。条带经染色鉴定为白蛋白并分为α、β、γ球蛋白亚型。一旦知道总蛋白浓度，实验室即可通过光密度法确定每个条带中蛋白的浓度。因为分离技术的不同，马血清电泳结果通常在不同实验室间不具备可比性。因此，作为结果，在不同实验室间的各种蛋白成分的"正常"浓度范围之间，有时会出现相互矛盾的数据。因此，建议临床医生应选择检测实验室提供的参考数据，对蛋白变化进行说明。表1-4提供了基于经验对蛋白变化进行解释的例子。

表1-4　对琼脂糖电泳中血清蛋白变化的经验性解读

疾病	白蛋白	α-2球蛋白	β-1球蛋白	β-2球蛋白	γ球蛋白
急性感染	正常	++（APPs）	正常	正常	正常
慢性感染	正常	+（APPs）	+（IgG$_T$）	+（Igs）	++（Igs）
病毒感染	正常	正常	+（IgG$_T$）	+（Igs）	++（Igs）
肠道寄生虫	降低（PLE）	++（APPs）	++（IgG$_T$）	正常	正常
肝衰竭	降低	正常	正常	+++（Igs）	+++（Igs）

APPs，急性期蛋白；IgG$_T$，免疫球蛋白G（T亚型）；Igs，免疫球蛋白；PLE，蛋白丢失性肠病。

多数实验室认为，电泳中特异性球蛋白成分的增加具有代表意义：

- α-2球蛋白的增加，反映急性期炎症蛋白的产生。
- β-球蛋白的增加，能反映大圆线虫（普通圆线虫）和混合圆线虫虫卵的活动。
- β-2球蛋白的增加，反映肝脏疾病和（肝素锂抗凝血浆样本）纤维蛋白原的反应。
- γ球蛋白的增加，反映免疫球蛋白（抗体）对细菌和病毒感染的反应。
- 小圆线虫病（cyathostominosis）通常引起白蛋白浓度降低和α-2球蛋白（急性期炎性反应蛋白）浓度升高。马匹脓肿也会出现α-2球蛋白和γ球蛋白的反应。

马的全身淋巴瘤或浆细胞性骨髓瘤，偶尔呈现总蛋白和球蛋白水平明显升高，血清蛋白电泳呈现大量离散的"火箭样"峰，提示单克隆淋巴瘤蛋白的产生。

5. 血清淀粉样蛋白A（SAA）

SAA是一种高度敏感、迅速反应的急性期炎性反应蛋白。SAA的监测，对马匹早期感染和治疗反应非常有用。在大多数正常马匹中，难以检测到SAA。在急性炎症情况下，尤其是败血症性炎症，SAA血清浓度在24h内迅速上升并高于20mg/L，有时超过100mg/L。同样，其浓度随着抗生素对感染的治愈而迅速下降。

6. 免疫球蛋白G（IgG）

血清IgG试验用于评估新生马驹对被动免疫性母源免疫球蛋白的摄取是否充足。该试验的最佳检测时间在马驹出生后的12～36h内，IgG＞4g/L表明初乳免疫球蛋白摄取量充足；2～4g/L表明免疫球蛋白的摄取不充分；＜2g/L表明免疫球蛋白的摄取失败。此时，马驹处于高度感染危险期，应尽早接受高免血浆注射，并在24h后进行IgG检测。若注射后，IgG浓度仍未增加或出现下降的情况，则怀疑败血症感染病，需进一步的调查。

（二）血清酶

细胞正常消亡代谢会产生细胞内酶类成分，因此，健康马匹循环血液中含有低水平的酶类。疾病状态下，酶类从损伤的细胞中释放，从而增加其在循环血液中的浓度。根据器官特异性酶的种类不同，用于诊断器官疾病或损伤细胞的种类。有些酶类广泛存在于各类细胞，还有一些酶类很不稳定，这是对血清酶检测结果进行解释的主要问题所在。因酶活性在样品收集和试验间的迅速消失而产生不稳定性的结果，所以，应避免提供高易变性样本进行检测，如山梨醇脱氢酶。若样本运输耽搁不可避免，则应送检分离的血清样本以便提高检测结果的质量。

1. 碱性磷酸酶（SAP/ALP）

ALP可能是由肠道上皮、肝胆道、骨损伤所释放。很多实验室可通过区分肠道碱性磷酸酶（IAP）亚型而缩小鉴别诊断范围。ALP浓度的增加与肠道损伤（寄生虫或其他炎症）、胆道阻塞或骨代谢增加有关。循环血中SAP浓度随年龄而变化，在马匹骨成形稳定前的马驹中和骨骼不成熟的马匹中SAP浓度较高，血清ALP在运输中较稳定。

2．淀粉酶和脂肪酶

健康马匹血清淀粉酶和脂肪酶浓度非常低。在胰腺坏死情况下，其浓度可在血清、腹水和尿液中大幅度升高。在急性顽固性疝痛时很少出现该情况。但是，由于其少见，在急性疝痛的诊断中通常不做胰腺炎的鉴别性诊断，其诊断通常在尸体剖检中进行。淀粉酶和脂肪酶在血清中非常稳定。

3．天冬酰胺转移酶（AST或AAT）

谷草转氨酶（GOT）是该酶的曾用名，现在偶尔可在旧文献中见到。该酶通常在一些软组织的细胞被破坏后释放，如肝脏、骨骼肌和心肌。当该酶浓度增加时，需交叉检查一种血清中肌肉特异性酶的浓度，来确定损伤的源器官是不是肌肉，最方便的就是对肌酸激酶的检测。通常运动后该酶有微量的增加。在肌病发生24～48h后，出现AST浓度的峰值，并在10～21d恢复至基础值，则认为没有发生更进一步的损伤（见第十三章肌肉骨骼疾病）。在常温下运输3d，10%的AST活性会丢失。

4．肌酸磷酸激酶（CPK或CK）

该酶在骨骼肌、心肌和脑组织中浓度最高。该酶在剧烈运动时，浓度将适度增高，在循环血中大量增加总是与肌肉损伤有关（横纹肌溶解或肌肉病变）。若CK水平在运动后4～6h达到峰值，并于3～4d后恢复至基础值，则表明没有进一步的肌肉病变发生。在对肌肉疾病治疗效果的检测中，其与AST同时进行检测（见上述），对两者出现异常增高的时间长度及两者对治疗反应的监测非常有用。然而，AST浓度升高至峰值及随后恢复正常值所需要的时间更长。血清CPK在运输中稳定性较好。

5．γ谷氨酰转移酶（GGT或γGT）

该酶存在于马的胆管、肾小管和胰腺中。该酶在循环血中浓度的升高，绝大多数情况下与肝脏疾病有关。其浓度的升高通常提示胆汁性或胆汁淤积性疾病。马的肾小管性肾病很少见且通常不会引起明显的GGT浓度升高，但是，尿中GGT与肌酐比值却会增加（＞4.0）。马的胰腺炎极其少见。慢性双稠吡咯啶生物碱中毒（美狗舌草中毒）引起胆道增生和胆汁淤积，因此，引起典型的血中GGT和SAP浓度的升高。

特发性GGT升高在马匹训练中较常见，可提示该马运动性能不佳。虽然植物和霉菌性肝毒素是怀疑因素，但是，引起GGT浓度增加的真正原因还尚未定论。多数情况下，其他肝脏酶与尿素和肌酐一样均在正常范围内，且肝脏活检显示无明显组织病变。血清GGT在运输中极其稳定。

6．谷氨酸脱氢酶（GLDH）

GLDH是肝脏特异性酶，其在血清中的升高表明急性或进行性肝细胞损伤。GLDH是一种线粒体酶，主要存在于肝脏、心肌和肾脏。该酶相对比较稳定，在室温下储存3d

仅损失15%的活性。因此，在运输样本中，其可作为山梨醇脱氢酶（SDH）的替代酶（见下文）。

7. 谷胱甘肽过氧化物酶（GSH-Px）

GSH-Px是一种红细胞酶，可从肝素化的全血中分离到。但称其为血清酶便于理解，其是食用硒的敏感性指示剂。GSH-Px酶的活性随着马厩的不同而变化（如不同饲养方案），但应全年保持不变。

8. 乳酸脱氢酶（LDH）

LDH广泛存在于所有组织内，包括肌肉、肝脏和肠道等。因此，其在循环系统中的浓度增加不具有特殊的诊断意义，除非与其他肝脏或者肌肉酶结果同时进行解读。对于LDH5种同工酶的相对浓度的评估更加有用，因为它们更具有器官特异性。

- LD同工酶1型在血管内溶血情况下急剧升高。
- LD同工酶2型在一些心脏病理学中升高（提示需要做心脏肌钙蛋白试验，见下文）。
- LD同工酶3型在马中还未知与任何疾病相关。
- LD同工酶4型通常在肠道病理情况下升高。
- LD同工酶5型浓度的增加可见于骨骼肌病及肝病时，需进一步通过肌酸激酶和肝脏酶类试验进行鉴别诊断（见下文）。

血清LDH的运输稳定性可达3d。

9. 山梨醇脱氢酶（SDH）

SDH本质上属于肝脏特异性酶类，用于检测急性或进行性肝损伤。SDH的半衰期很短，因此一旦肝脏损伤渐渐停止，其浓度则下降至正常范围内。但是，SDH在血液中不稳定，需要在样品采集后24h内迅速进行检测。在常温下3d，血清SDH活性将丢失50%。因此，其不适于对邮寄样本的检测，多数商业化临床病理学实验室提供GLDH评估用于替代对SDH的检测（见上文）。

（三）胆汁酸

与胆红素试验（见下文）相比，胆汁酸试验可对肝胆功能状态提供更好的指导。高胆汁酸浓度在肝功能受损时出现，是马匹肝脏功能紊乱的诊断指示物（见第四章肝脏疾病）。

（四）心肌钙蛋白（cTnI）

正常马匹临床血清I型心肌钙蛋白的浓度低于0.2ng/mL。基于经验，cTnI的浓度高于0.3ng/mL视为异常，反映心肌存在病理变化。当马匹cTnI浓度在0.9～5.4ng/mL时，通过心超声检查，可以确定是否患心肌病。

（五）血液尿素和肌酐

循环血液中尿素和肌酐浓度的升高与肾衰竭有关。在马匹氮血症的症状明显出现前，大约75%的肾小球功能丧失，因此，血液尿素和肌酐不是肾衰竭的敏感指示剂。然而，一旦尿素和肌酐浓度升高则反映肾小球滤过率的改善或恶化，因此，它是疾病进程中很有用的监测指标。

仅血液尿素浓度少量增加（尿素浓度以2倍量增加，肌酐浓度保持在正常范围内），通常伴随脱水和/或组织代谢增加有关的消耗性疾病。饲料高蛋白也可导致轻度的血液尿素浓度升高。因此，马匹尿液分析是用于指征血液尿素浓度增加显著性的分析。

（六）血液葡萄糖

血液样本的采集对于测量血液葡萄糖浓度非常重要。血液葡萄糖高于参考范围是短暂的，但相对是常见的。胰岛素耐受性（应激、妊娠和/或肥胖）和皮质类固醇或α-2类颉颃剂的使用都可引起高血糖。持续性高血糖在马匹中并不常见，通常由垂体中间部功能障碍/库兴氏症候群（PPID）（常称为"马库兴氏病"）或肾上腺皮质功能亢进（见第五章内分泌疾病）所引起。低血糖症在成年马匹中非常少见，可与共济失调或肝脏衰竭有关。筛查和监测调整新生马驹的低血糖，是马驹重症监护的关键之一。

（七）血清胆红素

总全胆红素浓度升高引起的黏膜发绀，见于各种马病，如溶血、肝病、阻塞性疝痛和任何引发与食欲减退有关的疾病。但是血清胆红素浓度在马肝病中很少见到升高，一旦升高即具有诊断意义。在空腹或食欲不振时，出现肝细胞内胆红素转运性降低。在任何情况下，厌食症都是最常见的引起马匹高胆红素血症和黏膜黄疸的可能原因。

（八）电解质

在血清或血浆中可以监测钠、钾、氯、钙、镁和无机磷浓度。全血样本应在采集后迅速分离血浆或血清。因为任何程度的溶血将改变血浆或血清中电解质的浓度。快速"病患"电解质分析仪是对马监控的一个关键组成部分，包括对麻醉马匹、成年马匹和新生马驹的重症监控，以及对耐力赛马训练和比赛的监控。一系列样本的采集并迅速提供结果，比单一样本和"既往史"结果更加有用。与单一血液电解质监测相比，尿液电解质清除率（见第六章泌尿系统疾病中的电解质分段排泄）是更有用的马匹全身电解质和矿物质状态的检测方法。但是，该检测以肾脏功能正常为假设前提。

1．钠

钠是细胞外液中最主要的阳性离子，主要负责维持调节体液的渗透压。但是，实验室评估血清和血浆中钠浓度，不应以血液中缺乏或过多这种绝对数量表示。因为其在任何时间的浓度取决于机体可交换血液的存储量，钠离子和钾离子可进出细胞并使血清或血浆中钠浓度产生变化。

低钠血症（<135mmol/L）通常在腹泻时伴有大量液体和电解质流失，并在大量饮水和补充部分丢失的液体的情况下出现。高钠血症（>145mmol/L）很少见，但可能与水分丢失高于电解质丢失的急性脱水有关。在输液治疗中，过多补充钠也将造成高钠血症。

2．钾

钾是细胞内液中主要的阳性离子成分，与全身钾量相比，血清和血浆中钾离子的浓度非常有限。

低钾血症（<3.3mmol/L）通常与腹泻或食物摄入过少有关。正常情况下，大量的钾离子由马肾脏排出。所以，当马匹摄入钾离子量减少时，迅速出现钾缺乏。明显的低钾血症通常提示碱中毒，表现细胞对钾离子摄入增多并释放氢离子。

马的高钾血症（>5mmol/L）很少见，出现在溶血、肾脏功能受损、肌肉损伤或严重的酸中毒的患马。在酸中毒情况下，钾离子流出细胞与氢离子交换，以致循环血中钾离子浓度增加。当血液样本发生溶血时，钾离子从红细胞中泄漏，可能会引起假性高钾血症。在可能的情况下，高钾血症的确诊需要通过第二次血样评估来确定。显然，实验室对操作延迟的全血样本的检测结果不尽如人意。

3．氯

氯离子大量存在于细胞外液中，所以，其在血浆或血清中浓度的改变直接反映其全身状态。

低氯血症（<93mmol/L）通常是胃肠道内容物丢失（腹泻或高位阻塞）或长时间出汗。细胞外液中氯离子的浓度与碳酸氢根浓度呈负相关，因此，低氯血症通常伴随代谢性碱中毒。

高氯血症（>103mmol/L）可能与水分丢失超过电解质丢失的急性脱水或代谢性酸中毒有关。

4．钙

在血液中，钙以三种形式存在，即离子、螯合物、与蛋白质结合的形式。通常情况下，通过对以上三种形式钙的含量的检测，进行马匹血清或血浆钙量的评价。但是，须特别指出的是，只有以离子形式存在于血清或血浆中的钙才具备生物学活性。

多数情况下，低钙血症（<2.86mmol/L）与采食量的下降有关。当钙离子的循环浓度降低到低于自体平衡要求的最低值时，临床上才会发展成为低钙血症。在这种情况下，

病畜可能会出现较低的总血清/血浆钙浓度，但这并不是一种可靠有效的生物学离子钙的测量。

持续性高钙血症是马中少见的内分泌失调症，它的出现往往意味着内分泌调节出现了问题（见第五章内分泌疾病中的"高钙血症"）。

血钙浓度可能受肾脏疾病的影响，但这种影响在马中并非一成不变的。急性或慢性肾脏疾病可能伴有低、正常或高血钙水平。

5．镁

血清或血浆镁离子浓度很少出现异常的情况。低镁浓度可能伴随着低钙血症。就其本身而言，可能与神经肌肉的兴奋性以及肌肉的强直（抽搐）有关。

6．无机磷

对血清或血浆中磷浓度的检测几乎没有临床诊断价值，除非在急性条件下，比如临床上的低钙血症。即使全身出现异常，这些矿物质元素的循环浓度却常处在"正常"的参考值之内。

7．甘油三酯

在营养吸收合理的健康马匹当中，血清甘油三酯浓度通常小于1mmol/L，短时间的禁食可能会引起生理学上的高脂血症，这是可逆并且不会造成临床后果的。在高脂血症状态下，甘油三酯浓度超过5mmol/L，并且血清或血浆可能出现明显的混浊。在极端情况下还会出现絮状、乳状的外观，这表明该样本已不适合做任何生物化学或血液学分析。

四、血清生化报告

在成本优势大于单项试验的情况下，大多数临床病理学实验室会提供马的生物化学报告。临床医生对生化指标的选择总是有目的的，生化报告由一些可作为全面病史及临床检查的补充性实验室检测结果组成，而非"搜罗"报告。即使临床检查没有诊断结论，生化报告也有助于确定进一步的研究调查方法。如表1-5就是一个典型的报告，以及对异常情况的试探性解释和对进一步研究的建议。

表1-5　血清生化学报告的初步解释，以及原因分析和需进一步做的检查

试验	结果	可能的原因和需进一步做的检查
尿素	尿毒症	脱水：检查PCV及总血清蛋白
		组织分解代谢：检查核对炎性反应指标
		高蛋白饮食
		肾衰竭：比较血清肌酸酐浓度

（续）

试验	结果	可能的原因和需进一步做的检查
总蛋白	高	脱水：检查PCV
		高球蛋白：检查SPE
		α-2球蛋白升高：急性炎症
		β-1球蛋白：寄生虫感染
		γ-球蛋白：慢性炎症
白蛋白	低	肠道疾病导致的蛋白缺失
		腹泻：对排泄物进行细菌分离培养，肠毒素试验，排泄物幼体及SPE检查（马圆虫病），直肠活检
		无腹泻：检查圆线虫病活性（FEC和SPE）；SAP（或IAP），口服葡萄糖吸收试验（见第二章消化系统疾病）
		炎性渗出物：腹部或胸部的穿刺术检查
		肾脏疾病：尿液和肌酐酸检查；尿常规分析
		肝功能衰竭：检查肝脏酶和胆汁酸
球蛋白	高	寄生虫感染：检查SPE
		慢性炎症：检查SPE
		肝衰竭：检查肝酶与胆汁酸
AST	高	软组织损伤：检查炎症反应指示剂
		急性或渐进性肝脏疾病：肝脏特殊酶及胆汁酸检查
		肌病：检查肌酸磷酸激酶（CPK）活性
GGT	高	肝脏疾病：检查其他肝酶和胆汁酸
SAP	高	肝胆管疾病：检查肝脏特殊酶；功能测试
		内脏损伤：检查SAP或IAP活性；血清白蛋白浓度
		骨骼损伤

注：AST，天门冬氨酸氨基转移酶；CPK，肌酸磷酸激酶；FEC，排泄物卵子计数；GGT，谷酰基转肽酶；IAP，肠道碱性磷酸酶；PCV，血细胞比容；SAP，血清碱性磷酸酶；SPE，血清蛋白电泳。

五、内分泌学检测结果的解释

（一）妊娠试验

1. 血清促性腺激素的检测

在母马的功能性子宫内膜杯中可检测到马绒毛膜促性腺激素（eCG）。为了得到准确的结果，血清样本必须在距离母马最后一次交配后的45～95d采集。在这段时期内，假阴性结果很少见。但是，可以出现eCG水平在参考临界水平之下的罕见情况。相对来说，假阳性试验结果更为常见，并可能发生在早期胎儿死亡、死胎留在子宫杯的时期。在这种情况下，可能因为子宫杯的功能，导致母马血清eCG检测为阳性的结果，有时候这种阳性结果甚至会持续超过100d。

2．硫酸雌酮的检测

母马妊娠期超过120d，才能在血清/血浆中检测到硫酸雌酮。在此阶段，其浓度常大于100ng/mL（未妊娠母马常维持在0～25ng/mL）。大部分硫酸雌酮的峰值源自胎儿的性腺，所以，该检测有助于胎儿发育能力及妊娠的判定。硫酸雌酮的水平会在妊娠的最后几周下降。

3．尿液雌二醇检测

母马怀胎150d后，可在尿液中检测到胎盘源的雌二醇。然而，这项试验并无血清硫酸雌酮的检测试验可靠。

4．孕酮的检测

血清孕酮水平的检测，对母马发情周期或不规则发情的诊断与治疗具有很好的指导作用。若未孕母马孕酮水平大于2ng/L（6.3nmol/L），预示着功能性黄体组织的存在，假如黄体存在4d以上，则表明前列腺素治疗能引起黄体溶解。

在妊娠的母马中，尚无证实孕酮浓度完全与妊娠有关。孕酮水平低于2ng/mL的母马，不太可能妊娠。多数情况下妊娠母马的孕酮水平大于4ng/mL，但这当中有相当大的日常变数及个体差异。孕酮试验绝不是一个精确的妊娠试验，但该试验有助于对屡配不孕病史的母马进行发情监测。

（二）隐睾

对年龄超过3岁的马匹（驴除外），可采用硫酸雌酮试验进行隐睾症或"去势"的检测（表1-6）。而年龄小于3岁的马和驴，应采用睾酮刺激试验（表1-6）进行检测。睾酮水平的检测，常采用血清或肝素化的血浆样本来测量。应注意的是，采样前应提前30min静脉注射6 000IU的人绒毛膜促性腺激素（hCG）。去势失败的公马常指持续表现典型公马行为或"去势样"行为的阉割去势的骟马。

表1-6　隐睾症试验结果

试验		正常公马	隐睾症公马	去势失败的公马
硫酸雌酮试验		10～50ng/mL	0.1～10ng/mL	0～0.02ng/mL
睾酮刺激试验	第一次测量	5～30nmol/L	0.3～4.3nmol/L	0.03～0.15nmol/L
	第二次测量	5～30nmol/L	1.0～12.9nmol/L	0.05～0.19nmol/L

（三）甲状腺功能检测

本试验对马血清样本中甲状腺激素的浓度进行检测，包括对甲状腺素（T_4）和三碘化甲腺氨酸（T_3）的检测。考虑到昼夜分泌节律，必须在两个时间段采集血液样本：清晨和傍晚。甲状腺激素水平过低（在成年马中$T_4<7.7nmol/L$，$T_3<0.48nmol/L$）可表明甲状腺功能减退，这种情况经常出现在易患蹄叶炎的超重、嗜睡的马和矮马中。但单一测试结果并不能说明甲状腺激素减退现象就是由这一病因引起（见第五章内分泌疾病）。

（四）垂体功能检测

对"库兴氏综合征"患马进行垂体功能的评价最为常见。该综合征与马垂体中间部的腺瘤形成有关（见第五章内分泌疾病）。

六、尿液分析结果的解释

尿样的检测应包括颜色、浓稠度，以及其中是否含有血液（新鲜的或变质的）、脓液或结晶体。马的尿液颜色有很大的变化范围，从很浅的金色到棕色，且其浓度、浑浊度、黏度也各有不同。尿样的相对密度（成年马1.008～1.040，小马驹1.001～1.025）必须使用折光仪来测量。通常用试纸来测量尿样的pH（成年马正常范围为7.5～8.5，小马驹为5.5～8.0）和其他异常检测。尿样的pH反映了马的日常饮食，牧场放养的马，尿样通常呈碱性，而谷类喂食的马，尿样则呈酸性。罕见的肾小管病状会导致蛋白尿。患库兴氏综合征的老龄马或矮马则可能会排出糖尿。外伤性损伤及肾或膀胱结石则会导致血尿或血红蛋白尿。溶血性疾病也会导致血红蛋白尿。肌肉疾病会导致肌红蛋白尿。离心后沉淀物作镜检可用于检测尿圆柱（蛋白质和细胞团），观察到尿圆柱说明有肾小管病状；有白细胞则说明患有炎症或传染病；用革兰氏染色法在白细胞上看到细菌，则说明有感染；有红细胞则说明体内出血。

马尿基本上是碳酸钙的过饱和溶液，且通常会含有数量不等的碳酸钙晶体。当碳酸钙过量时，通常需要进一步确诊，包括膀胱和肾脏触诊法、超声波扫描和膀胱镜检测法（见第六章泌尿系统疾病）。

七、寄生虫学检测结果的解释

粪便虫卵数量/计数

这种计数是马的肠道寄生虫监测和控制方案有效性的基础，但这并不总是评价单匹马体内的寄生虫情况的可靠方法。

各个实验室的检测方法各不相同。虫卵富集测试法（SynBiotics公司，圣地亚哥，加利福尼亚州）是一种浮选法，特别适用于检测马的粪便样本，因为该方法检测少量的圆线虫属寄生虫及相关种类寄生虫的虫卵非常灵敏。蛔虫属和粪线虫属的虫卵也能检测到。通过使用Ovassay技术，在完善的寄生虫控制方案下，马匹可以做到在粪便中检测不出圆线虫属寄生虫虫卵。

绦虫有时可以在马的粪便中用肉眼观测到，且通过外科手术，可经常见到其出现在患有绦虫肠套叠病症的马的盲肠中。一种血清试验（酶联免疫吸附试验，ELISA）可以检测到马是否受到绦虫感染。叶状裸头绦虫特殊抗体的浓度与该寄生虫在马的肠道的浓度密切相关。

粪便肺线虫幼虫计数

通过贝曼漏斗法可在被寄生的马的粪便中检测到安氏网尾线虫的幼虫，但这种虫通常是罕见的。一种相关的且通常很严重的嗜酸粒细胞性支气管炎，可通过气管样本的细胞学检测法检测到（见第十二章呼吸系统疾病）。

拓展阅读

Jain N C. 1986. The horse: normal haematology with comments on the response to disease. In: Schalm's veterinary hematology, 4th edn. Lea & Febiger, Philadelphia, 140-177.

Ricketts S W. 2004. Hematologic and biochemical abnormalities in athletic horses. In: Hinchcliffe K W, Kaneps A J, Geor R J, Bayly W (eds). Equine sports medicine and surgery. Saunders, Edinburgh, 949-966.

附表1-1　成年非纯种马的血液学及生物化学参考值

检测项目	缩写	单位	均值	参考范围
红细胞	RBC	$\times 10^{12}$个/L	8.2	6.2～10.2
血细胞比容	PCV	L/L	0.37	0.31～0.43
血红蛋白	Hb	g/dL	13.5	11.1～15.9
平均红细胞体积	MCV	fL	46.0	40.0～50.0
平均红细胞血红蛋白浓度	McHc	g/dL	36.1	33.5～38.7
红细胞平均血红蛋白量	McH	pg	16.6	15.2～19.0
总白细胞	WBC	$\times 10^{9}$个/L	7.5	6.0～10.0
分叶中性粒细胞	Segs	$\times 10^{9}$个/L	4.4	3.4～5.4
	Segs	%	58	51～65
淋巴细胞	Lymphs	$\times 10^{9}$个/L	2.6	2.0～3.2
	Lymphs	%	35	29～41

（续）

检测项目	缩写	单位	均值	参考范围
单核细胞	Monos	$\times 10^9$个/L	0.3	0.2～0.4
	Monos	%	4	2～6
嗜酸性粒细胞	Eos	$\times 10^9$个/L	0.2	0～0.4
	Eos	%	2	1～3
血小板	Plts	$\times 10^9$个/L	156	100～250
血浆黏稠度	PV	mPa	1.50	1.45～1.55
总蛋白	TSP	g/L	63	53～73
白蛋白	Alb	g/L	35	29～41
球蛋白	Glob	g/L	28	18～38
α-1球蛋白	$\alpha_1$glob	g/L	1.2	0.4～2.0
α-2球蛋白	$\alpha_2$glob	g/L	5.8	3.2～8.4
β-1球蛋白	$\beta_1$glob	g/L	7.4	4.0～10.8
β-2球蛋白	$\beta_2$glob	g/L	5.3	1.7～8.9
γ球蛋白	γglob	g/L	9.0	4.6～13.4
血浆纤维蛋白原	Fib	g/L	2.1	0.3～3.9
血清淀粉样蛋白A	SAA	mg/L	1.3	0～20
天门冬氨酸氨基转移酶	AST	IU/L	263	102～350
肌酐激酶	CK	IU/L	186	110～250
乳酸脱氢酶	LD	IU/L	525	225～700
LD同工酶1	LD1	%总LD	14	10～18
LD同工酶2	LD2	%总LD	26	22～30
LD同工酶3	LD3	%总LD	38	34～42
LD同工酶4	LD4	%总LD	18	13～23
LD同工酶5	LD5	%总LD	4	1～7
γ-谷氨酰基转移酶	GGT	IU/L	16	1～40
谷氨酸脱氢酶	GLDH	IU/L	3	1～10
血清碱性磷酸酶	SAP	IU/L	204	147～261
肠道碱性磷酸酶	IAP	IU/L	47	13～87
	IAP	%总SAP	22.6	10～34
尿素	Urea	mmol/L	5.2	2.5～10.0
肌酐	Creat	μmol/L	125	85～165
血糖	Glu	mmol/L	4.9	4.3～5.5

检测项目	缩写	单位	均值	参考范围
总胆红素	TBili	μmol/L	20	13～34
直接胆红素/结合胆红素	DBili	μmol/L	9	4～16
胆汁酸	BAcids	μmol/L	5.1	1～8.5
甘油三酯	Trigs	mmol/L	0.7	0.2～1.2
脂肪酶	Lip	mmol/L	30	8～50
淀粉酶	Amyl	IU/L	9	3～15
钙	Ca	mmol/L	3.1	2.9～3.3
部分尿清除率	Ca	%	6.2	2.6～15.5
磷酸盐	PO_4	mmol/L	1.4	0.9～1.9
部分尿清除率	PO_4	%	0.3	0.02～0.53
镁	Mg	mmol/L	0.8	0.6～1.0
部分尿清除率	Mg	%	11.7	3.8～21.9
血清铜	Cu	μmol/L	18.2	14.0～22.0
血浆铜	Cu	μmol/L	23.0	18.0～28.0
锌	Zn	μmol/L	12.7	10.0～15.0
钠	Na	mmol/L	138	134～142
部分尿清除率	Na	%	0.09	0.02～1.0
钾	K	mmol/L	4.0	3.0～5.0
部分尿清除率	K	%	32.8	15～65
氯	Cl	mmol/L	99	95～103
部分尿清除率	Cl	%	0.72	0.04～1.6
三碘甲状腺原氨酸	T_3	nmol/L	1.0	0.48～1.46
甲状腺素	T_4	nmol/L	22.7	7.7～42.8
心肌肌钙蛋白	cTnI	ng/mL	0.1	0.05～0.2

第二章

消化系统疾病

第一节 诊疗技术

一、口腔检查

最常见的需要进行口腔检查的是牙齿疾病。这类疾病经常伴随着咀嚼困难或者牙龈、上腭或脸颊的炎症。另外，如果在骑乘时发现马匹经常甩头和难以控制、过量地流口水及吞咽困难，这种情况也需要检查口腔。如果马匹进食减少和/或体重减轻都应检查口腔。

（一）保定

理想的保定包括一套保定架，但是在实际操作中大部分马匹都是在马厩里进行检查。其中一个方法是斜着让马倒退到墙角，这样可以防止马向后移动。一个能干的助手应面朝前站在马匹头部旁边。使用坚固的马笼头，但鼻子和下颌部位的笼头要足够松弛以便嘴可以张大。有些马匹不喜欢有人在它的口腔里捣弄，这时可能要用镇静剂。如果用了较强的镇静剂，最好是用保定架或者用可以把马头吊起来合适高度的马笼头。操作者要清楚知道由于他/她站在马的前方，容易受到马前腿的袭击和咬伤。

（二）外部检查

对马匹的口腔进行外部检查时，操作者应面朝马站在一侧，用双手分开上、下唇，露出嘴唇的黏膜和门齿。除了要注意黏膜的颜色，同时也要注意出现的异常症状，如出血点或出血斑。对门齿的检查可以发现咬合异常（如鹦鹉嘴）、乳牙、额外牙，或因为饲料槽啃咬或不当放牧（长期啃吃靠近地表的部分）导致的过度磨损。通过触摸外面面颊可感知上腭部牙齿的尖利边缘，相应局部的疼痛也可检查到。

（三）内部检查

可以利用马匹的舌头作为开口器来打开口腔，做进一步细致的检查，或者也可用专门的开口器代替。

1. 利用舌头

兽医站在马的一侧，把手伸进马的犬齿间隙抓住舌头前端，把马的舌头拉出并竖起来放在犬齿间隙使口张开（图2-1）。操作过程需小心，拉扯舌头不应太用力，以免伤到舌腹侧的小系带。兽医还应注意到在操作过程中不要让犬齿刺伤舌头。如果抓着舌头的小手指能够勾住马的笼头，这个控制就更加稳固了。

兽医的另外一只手就可以拿着笔形电筒查看对侧口腔的牙齿和软组织。在这一侧的牙齿也可以小心地伸手进去检查。把舌头放在相反侧的牙齿之间，由于担心咬到自己的舌头，马匹一般不会咬检查者的手。然而，为了能够充分、安全地检查所有的牙齿，不使兽医或者马受到伤害，强烈建议使用开口器和手电筒或专门的兽用帽灯。

把舌头放开，再抓起来放到另一侧的犬齿间隙，重复上述过程检查另一半的口腔。在检查过程中不应忽略对舌头本身的检查。发现舌头无力暗示舌头麻痹。

2. 小开口器的使用

小开口器撑开口腔一侧的牙齿，使得兽医可以检查另一侧。它有各种不同的型号，使用简单，相对安全（图2-2）。

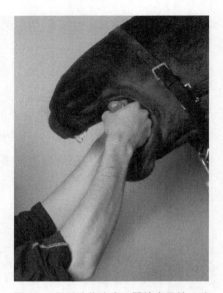

图2-1　用舌头作为张口器检查马的口腔

兽医通过上述方法把舌头移到一侧，把开口器塞入对侧的牙齿之间，才能把口腔打开（图2-3）。

开口器可以由站在旁边的助手握住或者固定在笼头的圆环上，具体方法可以根据设计而定。

3. 大开口器的使用

这是一种更加先进的器械，可以固定在戴笼头的位置（图2-4）。两块金属薄片套在切齿的牙面上，通过棘齿结构，可以把上下颌强行打开到需要的位置并且固定住（图2-5）。

图2-2　楔形张口器（Swale型）

马的大开口器为口腔检查和/或口腔内的操作提供了最大的空间，而且很容易松开取走。它的缺点是当器械调节的时候如果马匹变得急躁暴怒，大开口器没有完全在位置上时会危及人员安全。使用镇静剂，调整好开口器，这种情况就可以避免。调整开口器的位置可以先合上切齿面的金属薄片，收紧皮带并扣好，就可以使开口器固定在位置上。

注释

- 口腔检查应包括检查口腔异味——一股发臭的异味表明牙齿的坏死，或尚未被注意到的软组织的严重损伤。
- 有时候，只有对马匹做短暂的全麻，才能使口

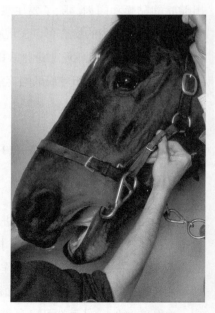

图2-3　开口器的安置位置

腔检查取得令人满意的结果。

二、上消化道影像学检查

对上消化道进行全面的X线照相和透视应采用专门设备将其局限于中心部位。然而，对成年马牙齿，咽和食管可以使用60kV30mA至90kV15mA范围的便携式装置来获得优质的影像学诊断。当然，这是在假定严格的安全预防措施符合当前的电离辐射规定的前提下。使用数字X线照相可在低辐射量下获得诊断影像。

图2-4 大开口器（Haussman型开口器）

（一）牙齿影像学检查

影像学对于确定病牙牵涉的牙周组织的范围非常有用。最好是在深度镇静或短时间全身麻醉的情况下进行影像学诊断，这也方便进行详细的检查。使用切齿开口器分开马的上下颌，把片盒放在靠近病变牙齿的一侧，摄取侧面和斜的X线片。要获得单独病根部的影像最好采取45°的照射角度，这样能防止病变部位和正常部位形成叠加图像。要获得上颌颊齿的X线影像，射线束应从鼻腔侧照射，而获得下颌颊齿的X线影像，射线束应从下颌骨侧照

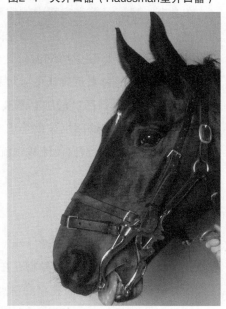

图2-5 大开口器的应用

射。如有可能，最好转诊到能进行计算机断层扫描（CT）的中心，因为这样可以获得更高解析度且不重叠的图像，以便正确定位病齿。如果最后牙齿要拔掉，这会特别有用。

（二）口咽部影像学检查

咽部的外侧平片影像可显现出肉眼可见的病变，如咽后大团块或喉囔肿大（血液、脓液或气体），它们会压迫咽部。在极罕见的情况下，这种方法可以诊断舌骨骨折。正如在牙齿影像中描述过的，当怀疑喉囊有问题时，采集背、腹部和倾斜方向的影像是非常有用的，因为它可以辅助确定哪一侧被感染。

方法

通常在动物意识清醒站立时可得到咽部外侧位影像。对于烦躁的马匹或许需要使用镇静剂，但为了保持头颈部在较低的位置，其他的马匹也可用。

使用无金属扣件的马笼头。牵马者应站在马的前面控制马匹，用戴着铅手套的手托住马的头部或许对操作有帮助。这也使得马头的高度控制和固定在X线中心范围内。即使穿着保护装置，助手身体的任何一部分都不应出现在X线中心范围内。

暗盒应使用一个机械装置把持，而不是用手拿着。一种实际使用的装置设计成盒状，把暗盒插入其中，用长管子把持。把暗盒贴着马头部侧面，放在怀疑部位的中心，与手持管子成一条线。将X线的中心瞄准下颌骨垂直支的尾端边缘，背侧喉头刚开始处，就可获得标准口咽部影像。

在鼻咽、喉、气管和喉囊中的空气与相邻的软组织的影像差异明显。设定到暗盒较短的距离（1.0~1.3m），可以减少曝光的时间，因此可将任何移动造成的X线片模糊减到最少。需要根据马的大小设定kV/mA。

虽然使用平片检查可确认肉眼可见的病变，更细微的软组织问题需要对比造影。用导管注射器（60mL）口服硫酸钡混悬液，这将会显示出口咽、外侧食物通道和前段食管的轮廓。阻塞物如会厌下的团块或食管憩室/狭窄可以很容易地识别。在吞咽困难的病例（如咽麻痹），试图吞咽时通常会使硫酸钡流入鼻咽部、喉及气管。在咽部完全不动的病例，没有造影剂进入食管。

（三）食管影像学检查

由于正常空虚的食管是贴在一起，因此在X线影像中模糊不清。只有当食管中有空气、液体、食物或X线不能穿透的异物存在时，才能在影像上显现清楚的轮廓。因此，只有当怀疑吞咽障碍，或食管阻塞或狭窄的患畜才进行食管影像诊断。

对于大多数成年马，颈段食管的影像可使用便携式设备拍摄，但检查胸廓入口段和肩段的食管需要使用功率更强的设备。然而，使用便携设备也可看到肩膀后胸段的食管。

方法

在马匹清醒站立时就可获得食管影像。如果需要，可以使用镇静剂，虽然这会改变食管的蠕动性。如前面口咽部影像所描述的，把暗盒放在靠近马食管的侧面。

为了覆盖整个食管的长度需要进行多次曝光。曝光值也要随不同位置处食管的软组织厚薄变化而调整。把每次曝光光束的中心放在颈胸部已知的食管走向上。一个粗略的指导是，标准的食管影像应包括颈椎脊柱和背部肺区域。

正常的食管是一条管腔贴在一起的软组织管，因为该区域内其他软组织的密度结构一致，因此正常的食管在普通X线片是不可见的。然而，管腔在病理状态下或使用造影剂可被显现出来。在发生阻塞时，沿着食管可见到被压紧的食物，在巨食管症病例中可见空气。

使用造影剂拍摄X线片更能确定食管的异常。将60~180mL硫酸钡混悬液用导管注射器口服或将鼻胃管通到颈部食管灌服。使用上面的两种方式，都可用纯的或加了温水的悬浮

液。要检查中下段的食管，需要通过胃管灌服更多的造影剂。

使用造影剂后，正常食管影像呈现贴合状态，其纵向黏膜褶皱可被显现出来。食管内的任何障碍物会打乱造影剂的流动，从而产生一个异物的射线透明的轮廓。如食管炎，随着阻塞物的清除，可能造成纵向黏膜褶皱的增厚，由于蠕动障碍形成造影剂沉积。食管憩室也可使用造影摄影检查。

明暗差异形成的圆柱形状表示狭窄，肿瘤或食管旁肿块的外力挤压，而一个"沙漏"形状表示前、后狭窄扩张。注意，在曝光时抓拍到的一个正常的蠕动收缩可能会与食管狭窄相混淆。这种情况可在同一位置再拍一次片检查。

造影剂的广泛散开和汇集于某一部位表明为巨食管症，这往往伴随着马牧草病的肠道淤积和胃扩张，但这不能作为特异性的诊断症状。

双重造影检查（造影剂和空气）可用来诊断一些食管问题。做法是通过胃管先打进一大团空气，然后灌服造影剂。双重造影检查对诊断马疑似食管壁病变特别有帮助，因为空气会扩张食管，造影剂将会显现出黏膜的轮廓。

（四）食管的通过时间

对食管通过时间的评估可通过对造影悬浮剂通过食管时的连续X线摄影实现。造影剂必须使用导管注射器而不是鼻胃管给予。另一种可选择的方法是，对通过的食物团，如混合了造影剂的食物团做连续的X线摄影。

正常的马匹，一口水从咽进入胃的时间是很快的，只有5～10s，而非流质的食物只慢几秒钟。液体造影剂不会在正常的食管积聚，在混合造影剂的食物通过后，只有少量的造影剂残留。与此相反，大多数食管病变明显需要较长的清空时间，从几分钟到几小时。清除阻塞后的食道炎、狭窄和所有的蠕动障碍都会造成通过时间延长，在连续X线摄影上混合了造影剂的食物只有很小的移动。

注释
- 正常的食管蠕动会造成拍摄时狭窄或扩张的假象。在造影检查中，应要记住，吞咽（介质）时会触发蠕动波。如果对解释存在疑问，再照一次。
- 使用数码影像设备的动态检查，对于评估吞咽反射和介质通过食管到胃的速度可提供更可靠和更翔实的信息。然而，只有专科中心才有这些技术。
- 在呼吸困难的马匹，可能在食管见到游离的气体。这通常是由于费力呼吸的原因。

三、上消化道的内镜检查

对吞咽困难的病例，内镜检查应作为对鼻、咽、喉和食管上部部位的常规检查手段。

对吞咽的直接观察能够对咽的功能进行评估。此外，对异物，炎症组织及上腭、咽和喉的缺陷通常容易识别。

（一）鼻咽部内镜检查

大部分年轻的马在背咽隐窝都会出现致密的聚合淋巴组织（淋巴组织增生）。有时，斑状淋巴组织向下延伸至鼻咽顶部。6岁以上马匹的鼻咽黏膜比较光滑（见第十二章呼吸系统疾病）。

软腭缺陷很容易识别。最常见的是延伸通到软腭的中线裂。用导管或镊子线（从内镜的活检通道插入）触碰一匹健康马匹的鼻咽部通常会刺激产生吞咽动作，看到升起的软腭，同时可见两侧喉囊瓣的开启。在喉偏瘫的情况下，一侧的喉（通常是马的左侧）会在吞咽时显示不同程度的麻木。此外，咽可能会受到麻痹的影响；完全瘫痪的咽部完全不动，软腭会永久地移置到会厌上面（图2-6）。在这种情况下，经常在软腭上和喉内及周围看到食物。

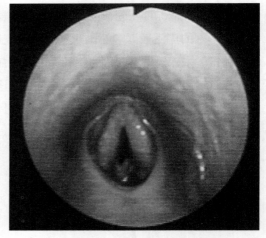

图2-6　内镜观察咽麻痹病例，软腭移位至会厌上

注释
- 一些健康的马匹可能不愿意吞咽。此外，在对健康马匹的内镜检查过程中，软腭可能会被移置到会厌上。因此，对需要反复刺激才能产生吞咽动作的马匹的咽麻痹诊断必须小心。应强调的是，诊断和评估麻痹的程度最好是在专科中心的跑步机上（马匹插着内镜）进行。

（二）食管内镜检查

内镜可导向食管入口，像插胃管一样进入食管。这可在马匹清醒时施行最简单的保定下实施。食管内镜检查可作为对食道X线影像的补充，但它对食管黏膜组织的检查有其独特的价值，特别是在清除阻塞物后。经内镜的操作（如活检、异物清除和激光手术）只限于在专科中心中进行。

检查成年马整条食管至少需要2m长的内镜。对胃进行检查时最好也一起检查食管，因为胃的病变通常伴有食管不适。然而，常见内镜的长度无法做到这一点，只能检查近端食管。充分查看胃，需要3m长的内镜。

因为正常的食管紧张会使食管壁贴着内镜，因此在检查过程中必须吹入空气使食管膨胀（吹气法）。最好在内镜完全插入后，注入空气使食管膨胀，才开始边回撤边检查黏膜。

1. 正常外观

黏膜表面粉红色，布满纵行的褶皱，在食管远端更加明显。在咽后，胸入口，心脏基部段和终端段食管各有一个自然狭窄的管腔。

2. 异常外观

炎症（食管炎）是显而易见的，不管管壁有无溃疡或穿孔。在某处管腔不能扩张表明食管狭窄或有外部压迫。在充气状态下出现的横向黏膜皱襞是管壁病变的特异性症状，但必须与内镜通过贴合的食管时产生的褶皱加以区别。食管远端的线性黏膜溃疡，往贲门方向逐渐增多，这与返流性食管炎有关，特别是马牧草病时。在一些病例中可能看到胃液的倒流。

注释

- 很难通过内镜充分检查颅颈部食管，因为反复刺激产生的吞咽反射会使内镜的前端被移置到上面。这个区域的结构异常可通过用导管注射器口服硫酸钡混悬液然后X线照相。
- 在发生阻塞性病变的食管，食物可能在病变部位上部堆积，使得内镜不能确定问题的根本原因。在这些情况下禁食24h可允许鉴别一部分阻塞。如果不是，X线照相会更有帮助。
- 食管疾患往往最好通过X线照相或内镜检查进行评估，在许多病例中，完整的检查需要同时应用这两种技术。

四、腹部听诊

肠音反映了肠道的活动性，腹部听诊最大的作用是判断疝痛。作为常规步骤，至少要听诊4个部位：两侧腰椎旁的凹陷和两侧下腹部。

（一）正常听诊音

腹部的声音大部分是由盲肠和大结肠所产生。听诊一般会有两种声音：微弱的声音与局部肠管收缩（混合食糜）有关，响亮的液体的声音或腹鸣与蠕动（向前推进食糜）相关。在每个听诊部位的听诊1min即可听到以上一种或两种声音。

在右腰椎旁的凹陷处听到的声音反映了盲（也可能是盲结）瓣的活动，与其他部位听到的声音不同。在这里，每分钟可以听到一次或两次的肠道隆隆声，那是由于瓣膜打开，液体从回肠急冲进盲肠，撞击气/液界面产生的声音。

（二）异常听诊音

健康肠道的堵塞，会引起相邻肠道段的过度蠕动。最好的例子是肠痉挛，所有部位均能持续听到比平常强的声音。

与此相反，由于发炎和局部缺血，肠音会有所降低。因此，没有肠音或偶尔只听到强度很低的声音，可能发生腹膜炎或肠道缺血。然而，在肠绞窄导致局部缺血的情况下，最初由于肠道反射性增加蠕动以推动堵塞，所以听到的肠音较强。一匹患疝痛的马匹如果临床症状逐渐恶化（见下文），以及逐步减少的肠音，表明有肠道缺血的危险发生。肠音消失还与在术后肠梗阻和马的牧草病引起消化系统麻痹相关。回盲音的强度和频率的减少，有时伴有回盲肠套叠。

当发生肠管胀气时（臌气），听到的是声调低的"叮叮当当"的声音，这可能是其他肠道音叠加的结果。例如，当发生臌气并伴有肠痉挛时。在大结肠发生胀气时，可通过对腹壁的叩诊和听诊所察知。当大量的气体顶在体壁时会有一个与众不同的"空心"音。这个区域可被"描绘"在体壁的一侧，以确定其范围。在右侧腰椎旁的凹陷听诊的时候，可很容易地找到盲肠的基部。

也可听到胃肠道中沙子的声音，特别是检查下腹部区域时会比较容易听到。沙粒趋向于积聚在右侧肠道，听起来像缓慢旋转纸袋里沙子发出的声音。也可联想到海浪冲刷海边沙子的声音。这些检查结果只是初步的，应检查粪便中的含沙量的多少（见下文）。也可通过X线照相看到腹部的沙子，但需要在转诊中心有功率足够强大的装置。

在评估疝痛的病程或疝痛手术后恢复过程中，监听肠音是特别有用的。重新恢复正常频率和强度的肠音是预后良好的表现。已发现，在每个听诊部位用简单的强度分级的方法记录这些肠音非常有用。0、±、+或++分别表示没有、减弱、正常或增强的肠音。

注释

- 在评估疝痛患马时，肠音的意义必须结合所有其他的临床症状进行评估。在恢复正常肠音的情况下，预后可能良好，而对于肠音的减弱或消失的后果是难以预测的。

五、直肠检查

直肠检查是临床中对患疝痛病马的一种非常重要的检查手段。在直检前，应先了解相关的病史和体检报告，大概知道自己要探查什么，并把实际的发现与之前的预想进行比较。对于经验不足者，应密切监测脉搏频率以评估疝痛的严重性，以及是否需要快速转诊。

尽管直肠检查在问题不严重的病例诊断中有相当大的作用（如原发性的大结肠阻塞和臌气，以及由肠痉挛引起的肠机能亢进），但是在辨认那些需要手术治疗的病例中显得更为重要。在病情恶化前或腹水明显可见前，这些病例均可通过直肠检查来诊断。这些病例的早期诊断和转诊能显著改善预后，并减少术后并发症的发生。因此，所有马疝痛病例都应尽可能进行直肠检查，但必须在认识到它的价值和风险的情况下实施。

（一）保定

为了保护马匹或检查人员，适当的保定是必要的。当在马厩或马舍进行直肠检查时，可以使用以下的保定方式：鼻捻器、镇静剂（如甲苯噻嗪、静松灵）或抓起一条前腿。用右手检查时，把马匹带到一个角落，让马匹的右侧腹部靠墙，助手站在马头的左侧控制马匹。这样就限制了马匹向前和向右的移动。如果使用左手，那就反过来。使用保定架可防止被马踢伤，比较安全，但检查者必须始终小心马匹会突然蹲下。

（二）方法

操作者背对着马头，站在尾根部的侧面，靠近马的臀部。这样可以最大限度地减少马突然蹬踢带来的伤害。用另一只手抓住并提高尾部，充分润滑戴着直检手套的手，手指和拇指捏在一起，形成一个锥形，慢慢地通过肛门括约肌。通常当手指指节进入肛门后括约肌就会放松。应注意不能将尾毛带入直肠。在开始深入探查前，可触及的粪便必须全部清除。此后，手指和拇指聚拢形成锥形，慢慢深入。在手指和拇指分开的情况下不应进行触诊，否则容易造成直肠受损。如果出现一个强力的蠕动波，手指应恢复圆锥形状并准备往回撤。

如果前臂进入后马匹比较安静，检查人员可移动到马匹的正后方，以便他/她的手臂能充分伸入。一旦手臂全部伸入，最好静止30s，这样结肠可以放松下来。对直检特别困难的马匹，可在直肠内注入60mL利多卡因或在直检手套涂抹上利多卡因凝胶会有帮助。

现在可以开始有系统地检查了，但要记住，探查的只能是腹后部大概40%的范围，即使受检者是小型马和矮种马。手指应贴着肠壁移行以探查腹部和盆腔内的结构，而不是通过肠壁抓取肠后的任何组织。在每次检查结束时都应看看手套上是否有带血的粪便或血液。如果怀疑发生直肠撕裂，可戴上塑料袖套，再套上外科手套，这样探查受损部位更为敏感。关键是要确定是否有直肠损伤，并进一步检查损伤的位置和程度。如果担心直肠撕裂伤到黏膜下，快速运送到转诊中心是必要的，以确认创伤的程度。这可通过内镜很容易确诊。如果直肠损伤已深入到黏膜下，那至少会损伤到肌肉层，这将需要手术才能挽救马匹的生命。

（三）正常结构

在左上背侧区可触摸到的正常结构包括脾、左肾的尾端和肾脾韧带（图2-7）。移向右侧，沿着脊柱下中线向前探查，可摸到前肠系膜根部，然而在体型大的马比较难摸到。明确分辨特殊动脉也是不可能的，通常在盲肠底比较容易找到盲肠动脉，而近端的前肠系膜动脉比较难找。

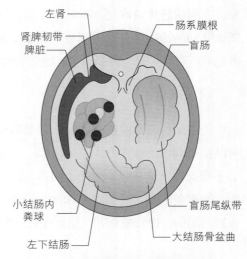

图2-7 通过直检摸到的正常结构分布

在右上背侧区，可摸到盲肠的基部。通常，盲肠都无胀满，从背侧走向腹侧的远侧和内侧的纵带相当松弛，可用手指钩住一条或多条纵带，从而实施盲肠的无痛牵引。

手从腹下部移动到盆腔边缘，稍为靠左侧，通常可摸到含有软食糜的大结肠骨盆曲。沿着骨盆曲往近端摸去是左下大结肠，肠管管径较大，有非常清楚的纵带，旁边是肠管光滑，管径较小的左上大结肠。然而，试图分辨出大结肠的不同部位需要丰富的经验。

在左侧大结肠的上方和盲肠的左侧区域通常由小肠和小结肠占据。通常，小肠是摸不到的，除非刚好摸到时在收缩，而小结肠由于包含一个个球形的粪球，很容易辨别出。

在公马的两侧骨盆开口耻骨边缘可摸到腹股沟管。当膀胱充盈时，会限制对它近端器官的触诊。这个问题可通过导尿，或把马拉到垫着干净垫料的马厩里刺激它排尿来解决。

一般情况下，手臂容易伸入，触诊有正常的粪便、放松的腹部和有足够的手臂活动空间，往往可以排除严重病变。然而，在骨盆入口和腹腔上部摸到充满气体和液体的紧张疼痛的肠管，表明存在严重梗阻。

（四）异常结构

尽管在直肠检查结果的基础上可做出具体的诊断，但更多的时候检查人员只能确定一段臌气的肠段或某一不正常的肠管位置，表明有阻塞的发生。

（五）其他异常团块组织

胃的疾病很难通过直肠检查发现。在直检中摸到脾的后移不代表胃扩张，脾脏肿大很常见，其临床表现类似胃扩张。

小肠阻塞或麻痹性肠梗阻产生肠臌气，可见为一个或多个膨胀的肠管，里面包含气体和液体。绞窄性病变通常会使肠管更为膨胀。可触诊到多少有问题的肠管主要取决于其性质、持续时间和损伤的位置。在梗阻的早期阶段，在发现一段膨胀的肠管之前，可能需要在一段时间内连续做几次仔细耐心的直肠检查。由于小肠继续膨胀，使肠管相互折叠形成手风琴般的折叠（图2-8）。这些肠管可垂直分布或水平分布，并且可能分布在腹腔的任何一个区域，但最终紧张膨胀的肠管堵塞在骨盆入口使得检查较为困难。发现小肠膨胀，几乎都需要手术治疗。及早确诊可大大提高复原的机会。

前段小肠肠炎（近端十二指肠空肠肠炎）时，十二指肠膨大，可在右侧盲肠底的上方很容易摸到（图2-9）。部分的空肠可能也会膨大，但不像阻塞时胀得那么紧张。

早期发生的回肠阻塞可在盲肠底的内侧摸到一条直径12～16cm的坚实的管状结构（图2-10）。然而不是总可以摸到。回肠阻塞的一个代表性标志是立刻在盲肠旁出现两个或三个膨胀的肠管，虽然这不是特殊病征。在回肠阻塞的后期阶段，大部分空肠会膨胀，并妨碍对回肠的触诊。

回盲套叠是一种坚实、肿大、管状或螺旋状结构（根据内套叠的长度），在右背侧的盲肠底内（图2-11）。这可以通过B超检查来证实。

在公马，直检时必须检查腹股沟环。在绞窄性腹股沟疝，由于睾丸充血而导致阴囊肿大，在与肿大的阴囊处于同一侧的腹股沟环可以摸到胀痛的小肠（图2-12）。

慢性阻塞导致间歇性发作的疝痛，常表现体重减轻，可能是由于肠套叠引起的小肠腔内部分阻塞，肌肥大或肌壁间肿瘤所致。由于需要增加食糜通过狭窄肠管的推动力，因此继发性地导致狭窄处肠管近端发生肌肥大。其结果是，数米长的肠管扩张至直径为10cm或更大，并形成了加厚的肠壁（图2-13）。单条肠管会被误认为骨盆曲，但有其他相同肠管同时存在，以及当肠收缩时这些肠管像"固体"一样有助于区分。

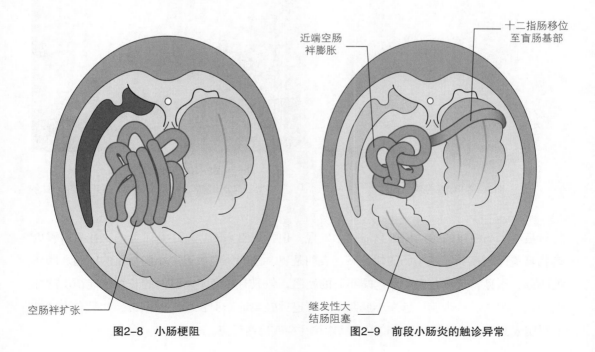

图2-8 小肠梗阻　　　　图2-9 前段小肠炎的触诊异常

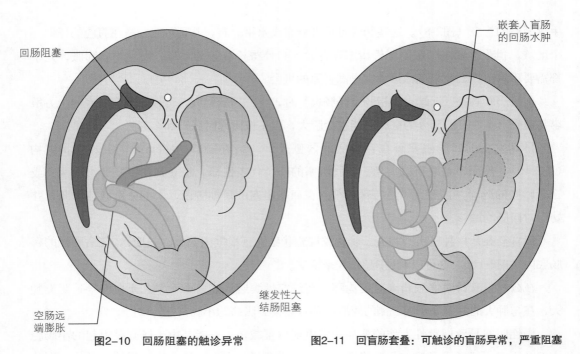

回肠阻塞

嵌套入盲肠的回肠水肿

空肠远端膨胀

继发性大结肠阻塞

图2-10　回肠阻塞的触诊异常

图2-11　回盲肠套叠：可触诊的盲肠异常，严重阻塞

腹股沟环处小肠膨气

小肠嵌闭性环

静脉和淋巴管阻塞引起的睾丸肿大

图2-12　绞窄性腹股沟疝

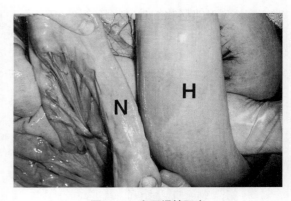

图2-13　小肠慢性阻塞

H.靠近部分阻塞部位的增厚的空肠　N.正常空肠

　　虽然小肠梗阻的确切原因只能偶尔发现，但判定阻塞的程度还是可能的。在只有胃内容物反流而未摸到膨胀小肠的情况下，表明是胃、幽门狭窄或近端小肠梗阻的问题。膨胀的小肠，未见胃反流，表明是远端小肠的梗阻，但只有参考阻塞时间的长短才能得出这样的结论。为了进一步确诊远端小肠阻塞，可通过轻柔地牵引盲肠内侧纵带。如果有大网膜孔钳闭或其他一些回肠梗阻的情况，马匹往往会有疼痛反应。

1. 盲肠的异常

一些盲肠阻塞可经直肠检查确定。位于腹腔右侧后部的盲肠，即使是大型马匹，后部盲肠底和腹侧的盲肠体都可摸到。在正常的马匹的盲肠腹纵带，位于盲肠腹部，松弛细小，没有结肠系膜或血管覆盖，可以很容易地识别出来。在小型马也可摸到内侧纵带。腹纵带的紧张程度和方向会随着盲肠内容物和膨胀程度发生改变。因为背侧有肠系膜附着，检查者的手不能通过背侧检查盲肠。这能让兽医将盲肠阻塞与大结肠阻塞区分开，盲肠阻塞可移位到右侧腹部。发生大结肠阻塞时，检查者的手可通过背侧摸到结肠。

直肠检查可分辨出臌气是由固态的还是液态的食糜积聚所引起。臌气的盲肠被推到骨盆入口，紧张的腹纵带从右背侧斜向左腹侧（图2-14）。

必须谨慎区分盲肠阻塞和大结肠阻塞、右上大结肠移位及盲肠套叠。盲肠阻塞通常表现为肠内容物坚实坚硬，腹纵带明显。手可以从右侧而不能从背侧进行检查。通常情况下，盲肠底比盲肠体先胀满，只有少量或没有气体膨胀就可以诊断。在阻塞可以触诊前，在12h或更长的时间内反复的直肠检查可能是必要的。对盲肠底突出部位的触诊可能无法在大型马中进行。大团的食糜形成椭圆形，并像一个钟摆可从一边移动到另一边（图2-15）。难以识别的相对空虚的大结肠是盲肠阻塞的另一个显著特点。

盲肠肠套叠采取以下两种形式中的一种。随着初始盲肠尖的内嵌，可能发生盲肠体套叠入盲肠底（盲肠套叠）或内嵌过程继续，直到大部分的盲肠通过盲肠结肠口进入到右下大结肠（盲肠结肠套叠）。直肠检查中，在右背侧区域，在盲肠底内或右下大结肠内可以摸到坚实、水肿套嵌的盲肠体（图2-16）。

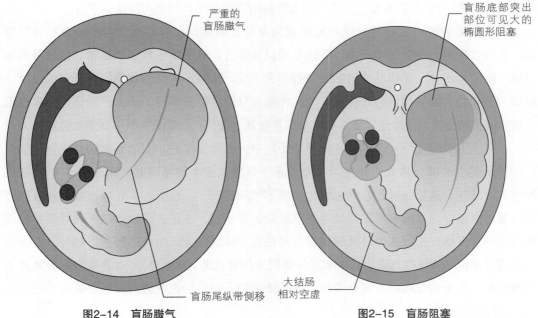

图2-14　盲肠臌气　　　　　　　　　图2-15　盲肠阻塞

直肠检查总的来说对于诊断非绞窄性的盲肠阻塞无多大帮助。阻塞形成常从盲肠尖开始，但在某些情况下，盲肠体的水肿和触诊疼痛是显而易见的。盲肠扭转和盲肠炎（由肠道梭状芽孢杆菌病引起）也会导致肠壁水肿，在直肠检查中是可以摸到的。但是，极少表现单一原发病，通常与大结肠并发肠套叠。

2. 大结肠的异常

直肠检查对诊断大结肠阻塞特别有用。主要发生在骨盆曲的阻塞，肠管增大，内容物均匀充满、坚实，通常位于骨盆底，或者在腹腔右下区域。一些严重病例，通过肛门括约肌几厘米后就可触摸到。通常，当手和手臂在前进过程中，在骨盆底部可摸到明显的团块。这生

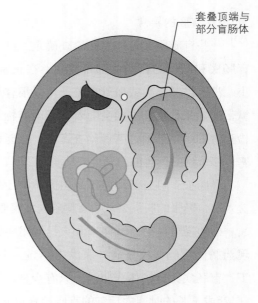

图2-16 盲肠肠套叠

面团似的团块，用手挤压会形成凹陷，凹陷可保持5～10s。包裹阻塞的肠壁光滑，在左侧结肠更近端处可摸到纵带，阻塞往往延伸到手臂难以触及的位置。偶尔盲肠会有一些臌气。

对阻塞处的坚实度和范围的评估将判定问题的严重性，也将对随后的治疗后的有效性检查进行评估。检查的同时也应对结肠壁的厚度进行评估。在大多数情况下，肠壁厚度正常，但水肿表明有一定程度的血管阻塞，这通常是由于肠扭曲所引起，尤其当阻塞开始清除的时候（极少）。与阻塞相反，臌气的大结肠内容物紧张，用手不能按压下去。

一种常见的错误是将继发性阻塞误判为原发性阻塞。在牧草病、前段肠炎和回肠阻塞，这些状况都会使胃和小肠液体胀满导致低血容量，容易发生继发性阻塞。结果是机体为尽可能保存水分，使结肠的内容物变得非常干燥，收缩。大结肠收缩挤压坚实的食糜，肠袋会形成特有的皱褶，与此相反，原发性阻塞马的结肠是平滑膨胀的。确认为继发性阻塞后，就可避免错误地通过胃管灌服大量的矿物油，使得已经膨大的胃有破裂的危险。

在左上大结肠变位（滞留于肾脾韧带处）中，不同长度的左侧结肠常钩挂在肾脾韧带处。如果变位的部分较大，并且对角方向垂下，骨盆曲是摸不到的（图2-17）。明显臌气的左下大结肠会遮盖脾脏。在尚未发生过度膨气的情况下，检查者或许能很容易触诊到结肠，因为它横穿过肾脾韧带，这是本类阻塞的特异病征。不过，在触诊该区域时要小心谨慎以免导致直肠外伤。在靠近肾脾韧带远端经常可摸到左上大结肠的阻塞。如果只有一小部分结肠悬挂在脾脏的远端，能很容易摸到阻塞的骨盆曲（图2-18）。如果发现脾脏离开了左侧腹壁，则表明结肠的不完全滞留。结肠壁水肿表明结肠在肾脾间受到明显的压迫或发生一定程度的扭转。

在右上大结肠变位的情况下，可在臌气的盲肠后端触诊到轻微至中度扩张的结肠，其横于骨盆腔的前侧。在盲肠与腹壁之间向右侧触诊，可摸到含有脂肪和大血管的结肠系膜（图2-19）。若结肠系膜触诊水肿、增厚，则表明结肠发生了一定程度的扭转。

严重的大结肠扭转可致结肠大量臌气，以致直肠检查时常无法对骨盆入口前端的区域进行探查。其典型的特征是大结肠呈水平状，触诊肠壁和结肠系膜增厚而引起水肿（图2-20）。其他典型的症状还包括剧烈疼痛及明显腹部扩张引发的呼吸困难。

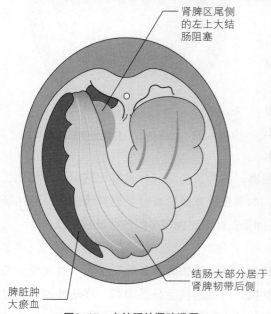

图2-17　大结肠的肾脾滞留

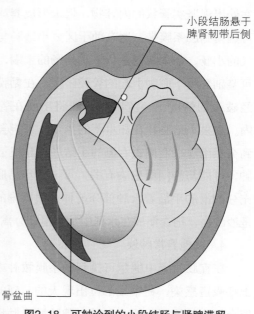

图2-18　可触诊到的小段结肠与肾脾滞留

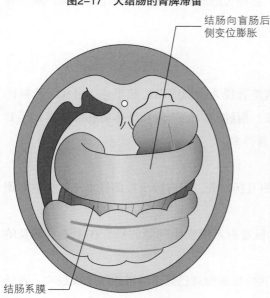

图2-19　大结肠右背侧变位

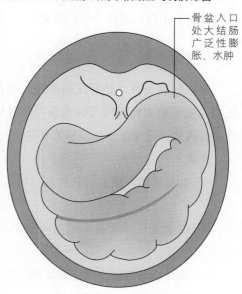

图2-20　大结肠360°扭转

在由肠道结石引起的大结肠阻塞中，偶尔可摸到结石。但在大多数情况下，唯一能检查到的异常是严重的臌气，尤其当结石在右上大结肠时（图2-21）。

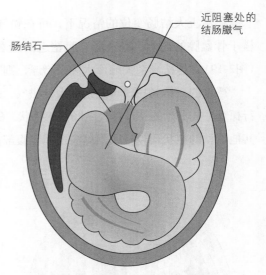

图2-21　由肠结石引发的大结肠阻塞

3．小结肠的异常

小结肠阻塞的特征是阻塞近端的膨胀。阻塞处出现坚实管状的内容物，但未形成粪球。可触摸到肠系膜带，这有助于区分小结肠与臌气的小肠。如果病变是位于小结肠的末端，就可鉴别黏膜下血肿引起的管腔闭塞。在黏膜已经破裂的情况下，流出的血液将出现在管腔内。如果小结肠挂在卵巢蒂的周围，可能会摸到突然出现在左侧或右侧的小结肠。黏膜下水肿，可能与沙门菌感染有关，可导致小结肠阻塞。因为其内腔部分闭塞和黏膜的粗糙化，充分润滑的手沿着水肿部分前伸是很困难的，如果在做直肠检查时手感有沙砾感，可怀疑是沙绞痛，把粪便放在水桶中加水搅动分离，如果在桶底出现较多的沙子就可确诊。

4．其他异常肿块

在直肠检查中偶尔可摸到肠系膜脓肿或肿瘤。肠系膜脓肿通常继发于几个月前发生的上呼吸道感染，在中线部位出现大的、硬的肿块，位置越接近肠系膜根，移动性越小。可能会摸到粘连膨胀的小肠袢。脾脓肿或肿瘤引起肿大的脾脏能向内侧和尾部偏离。触诊肿大的脾脏有不规则或结节状的感觉。

（六）肠破裂

胃或肠破裂时，黏附在肠道表面的食物残渣表现为粗糙的颗粒状手感，可作为诊断的依据，也可检测到肠壁气肿或腹壁的气体膨胀。腹膜腔内的气体和液体使肠袢分离，手臂在直肠内的移动比正常多段肠管叠在一起时容易得多。

注释

- 如果可能，所有的疝痛都应进行例行的直肠检查。只有极少数的检查不能提供有用的信息。
- 尚未发现异常表示可能问题不严重，但也有可能发生问题的肠管在手不可触及的位置。
- 如果病马即将出现疝痛发作，以及/或其他临床检查已显示肠道的阻塞或绞窄，直肠检查应每1～2h重复一次。

- 当大肠发生问题时，更容易找出引起阻塞的确切原因。而少数引起小肠阻塞的原因须通过直肠检查察知，几乎所有发现气液膨胀肠管的病例都需要手术介入。

六、腹腔穿刺术（腹膜抽液）

腹膜液成分的变化反映了腹腔内器官腹膜表面发生的变化。腹腔液的分析对于监测持续、顽固的疝痛的进展和鉴定腹膜炎是最有用的。它也可提示一些非常罕见的情况，如胰腺炎、膀胱破裂和乳糜性腹水。如果腹部肿瘤可充分剥脱，则可通过腹腔穿刺确诊。然而，最常见的马匹腹部肿瘤为淋巴肉瘤，通常是不会剥脱的。

（一）方法

腹膜液可用无菌针头或使用无菌的牛的乳头插管来采集。

1. 使用针头采样的方法

在一个角落里控制住马头，让马右侧躯体靠在墙上。通常不需要其他物理保定，如鼻捻器。在临床情况允许的情况下，对脾气暴躁的马匹可使用镇静剂。

操作者面朝后站在靠近马匹左前腿处。在此相对安全，他/她可在操作中对马匹后腿的动作看得很清楚，如果马的后肢往前踢时可避免受伤。

从胸骨剑突到脐的腹白线方向任一侧旁开5cm，剃毛，以外科手术的要求消毒准备。在肋弓腹中线形成的V形的顶点可摸到剑突。

理想情况下，穿刺放液是在腹部最底端进行，因为这形成了一个天然的"水盆"，腹腔液在这里积聚。在所有的情况下刺入点应大约为剑突后面一掌宽的距离，这样可避免损伤软骨。同样重要的是应将针头从腹中线刺入，因为在此相对无血管和感官神经末梢。在大多数情况下，腹白线在中间很容易看见，用指尖触摸感觉是一个浅浅的通道，大致有一支铅笔的宽度。

用带着手术手套的食指和拇指捏住无菌针的针毂，穿刺针尺寸为1.5in[*]×18G[†]+（40mm×1.2mm）。找到并用拿针的其余手指定位腹白线的进针位置。如果针头垂直（90°）刺入腹白线，在确认位置准确后（图2-22），操作者的头可退至安全位置。针头穿透皮肤和腹白线，动作轻柔坚定，刺入的深度不要超过5mm。此时可让针头稳定保持在穿刺部位。当腹膜被刺穿时马匹可能会有疼痛反应，但不很明显。

---

* in，是inch的缩写，表示英寸，是长度单位，1in=2.54cm。

† G，是gauge的缩写，用来表示穿刺针型号，与直径（mm）的换算公式为：①对于型号为20～30G的穿刺针，换算公式为：（36－相应的G号）/20；②对于型号为1～19G的穿刺针，换算公式为：（24－相应的G号）/5。例如，18G的穿刺针直径为1.2mm［（24－18）/5=1.2mm］。

刺入针头后，临床医生必须耐心操作以获得液体。一些病理过程可增加液体的生成，通常仅在针毂处偶然出现几滴液体。液滴收集是间歇性的，因为内脏随着呼吸运动在腹腔穿刺的部位来回移动。因此在尝试收集样品的时候，操作者在远离马后腿的安全距离处等10s，然后再尝试进一步移动针头。如果没有液体流出，先试试转动穿刺针，使针头避开任何潜在的堵塞。如果仍然没有液体滴下，针头可往里推进2～3mm，并重复该过程，直至液体流出。当针尖刺入某处消化道的浆膜层，针毂会随呼吸移动或游动。在这种情况下，针头应稍微向外拔出，并重新定向。

流出的液体收集到含EDTA和普通的试管中，分别做细胞学、生化/微生物分析（图2-23）。1mL的液体已足够做各项分析。注意：当从驴体内取腹水的时候，必须用长的针头（例如，一次性的脊椎穿刺针，最短也得90mm），因为在驴体内通常有较厚的腹膜层脂肪的堆积，即使是比较瘦弱的动物。

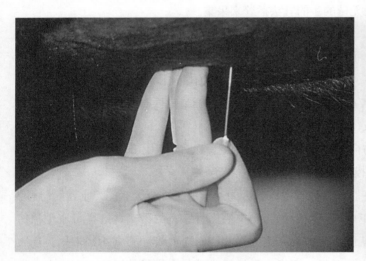

图2-22　腹腔穿刺术入针位置

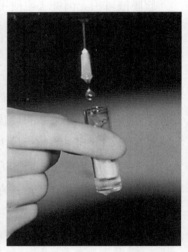

图2-23（彩图2）腹腔穿刺液收集到含有EDTA的试管中用于细胞学分析

2．采样失败

实践中也会发生样品意外被血液污染，可能在收集了一段时间的清亮液体后，不小心将血液飞溅入试管中。如果在一个收集管中出现明显的血块，则表明血液是新鲜的，也是偶尔产生的。另外，如果在腹腔收集的血液是一些病理过程的结果，由于这些血液不含纤维蛋白，所以并不会凝结。

颜色很深的血液，能够迅速凝结很可能是损伤了肿大脾脏的结果。由于脾脏肿大，可能无法从中线部位获得样品。在这些情况下，可通过超声检测，在中线的一侧确定一个"窗口"，在此部位可采集到液体。

发现绿褐色的液体样品，表明肠被意外穿透了（肠穿刺），或者是肠道破裂。穿刺液中可闻到食糜的气味，在显微镜下可明显看到。幸运的是，意外造成的肠穿刺液很少出现并发症。

偶尔，即使针头完全没入皮下也抽不到液体。在这种情况下，如果针毂没有出现流动状的运动，那针头可能插到脂肪里了，这时应选用较长的2in×19G（50mm×1.0mm）无菌针。对肥胖马和矮种马，最好是先从长针开始穿刺。

在上述的这种情况下，可尝试在原进针点后3～4cm的腹中线上再次插入，最多试三次沿腹中线在不同点上抽取穿刺液。

3．套管针技术

虽然用针头采集的方法相对快速简单，但缺点是偶尔会被血液或者肠道内容物污染到样品。另一种方法是用钝的牛乳头套管来收集液体。这种方法适用于当怀疑膨胀的肠贴近腹壁，或者不管怎么操作，针头都易碰到腹腔器官。主要的缺点是腹腔器官损伤较大，以及在不好操作的位置需要目视才能完成。总的来说需要患马有更大的容忍度。

如前所述准备进针部位，用25G针在插入点的皮下注入1～2mL的局部麻醉剂。然后用手术刀在皮肤做一个短刺切口，稳稳地将无菌的3.8cm或7.0cm乳头插管穿过腹白线。再次，当套管钝端刺穿腹膜时，病马可能会出现疼痛反应。用无菌纱布缠绕在针毂的周围，可防止伤口的血液对样品造成污染。每次轻微地移动套管，直到可以获得足够的样品。

（二）腹腔液的肉眼观察

从样品的总的外观可得到有用的经验信息。

1．容量

通常在4～5min内通过逐滴收集的方式可得到5～10mm腹膜液（腹水）。通常，在压力下，腹水的大量流出也很少见，只有在病理状态下才可使腹水增加，但需要实验室确认。脱水的病马，可能出现无腹水（"干抽"）的情况，但有时正常马匹也会发生这种状况。

2．颜色和混浊度

正常的液体是处于稻草色到深黄色之间（这取决于胆红素浓度），因为它的低细胞含量，外观清澈。在采食量减少期间，随着胆红素浓度的增加，黄色加深。

马匹患疝痛，如果腹水呈琥珀色和轻微混浊，表明肠道血管损伤（缺氧），红细胞和白细胞从浆膜的毛细血管渗出。随后的坏死性变化导致样品出现深红褐色，以及由于白细胞数上升导致的混浊度增加。因此，在疝痛发病过程中持续不断地对采集的样品进行目视评估，对于确认马匹是否需要进行剖腹手术具有重要价值。

含有血液的深色腹水应放入一个透明的容器，看它是否会凝结。如凝血则表明在操作过程中的意外出血。然而，腹腔内的出血会产生一种不含纤维蛋白血液，所以血液是不凝结的。在马疝痛病例，这种深色不凝固的样品可能表明肠坏死；同时，白细胞数也会升高。

浑浊浅黄褐色的样品与发生腹膜炎有关，白细胞数也明显升高。如果样品静置沉淀10～20min，可很容易分辨出炎性细胞所占的比例〔图2-24（彩图3）〕。在健康的马匹，细胞沉积几乎看不见。

绿褐色的混浊样品表明含有肠道内容物。样品通常具有明显的食物的刺鼻味，在实验室检测中，染色涂片显示除了少量的白细胞还有食物残渣、原生动物和细菌外，出现这种样品明显是肠穿刺的结果。在肠破裂的情况下，样品都会有类似的外观，但同时除了出现大量的白细胞外，更显著的临床表现预示着即将发生休克。

图2-24 （彩图3）一例腹膜炎患马的腹腔液中含有很厚的细胞沉积层

（三）腹腔穿刺术的并发症

腹腔穿刺的潜在并发症主要有肠穿孔或撕裂、在穿刺部位引发感染（导致蜂窝织炎或腹膜炎）、穿刺太靠前引起剑突软骨的损伤/感染。

肠穿孔是一种比较常见的事故，但很少会出现并发症。小的穿刺孔能迅速被封住，但会诱发局部的腹膜炎，在几小时内腹腔液的有核细胞数有所升高，然后会持续上升4～5d。

肠道被针尖割破是极为罕见的并发症，但却是一个潜在的大灾难。最容易发生在肠管异常扩张或肠管血管损伤，或在操作中病马的突然剧烈运动。

腹壁蜂窝织炎或医源性腹膜炎也是非常罕见的，但可由不小心操作导致感染，也可能是由于肠穿刺后回抽时污染针头而感染腹壁所致。

注释

- 当怀疑腹膜炎时，放在普通容器中的样品应提交做细菌学检查。理想情况下，新鲜的穿刺腹水样品应通过注射器抽取，并转移到需氧和厌氧血培养瓶，立即送到微生物实验室。然而，即使临床症状和腹腔液涂片检查显示败血症，得到阴性的培养结果并不罕见。
- 如果相关的腹膜炎很严重，并能释放纤维蛋白原进入腹腔液，则混浊渗出物偶尔会凝结。
- 在腹膜炎的治疗过程中，连续采集的腹腔液样品的成分可能会有很大变化。确认发生腹膜炎后，通过测量血浆纤维蛋白原浓度可很容易地评估腹膜炎的进展。这是一个对化脓性炎症敏感且可靠的监控指标，只需要简单的血液样本（使用EDTA试管）。
- 去势或腹部手术后，即使无并发症，并在7～14d内恢复正常的情况下，腹膜液的细胞数和蛋白浓度通常仍很高。因此，利用腹腔穿刺区分术后组织反应及术后感染仍有局限性。同样，在去势后或腹部手术后，腹腔液中白细胞数和蛋白质浓度的增加不一定表明临床上发生明显的腹膜炎。但可以肯定的是，这些参数明显升高的同时，还存在退化的中性粒细胞和/或细菌。

（四）腹膜液分析的解读

1．细胞学

细胞学分析专业化程度较高，需要兽医病理学家参与。

正常的液体其血细胞比容（PCV）一般不到1%，白细胞总数低于$10×10^9$个/L，通常还不到$5×10^9$个/L。在不同的细胞计数中，主要的细胞类型是中性粒细胞，其次是单核细胞和少量淋巴细胞。

中性粒细胞。在腹膜炎病例中，细胞数明显超过$10×10^9$个/L，并以中性粒细胞为主。中性粒细胞通常表现为非退化或退化。在样本存在退化的中性粒细胞的情况下，表明细菌毒素活性的存在，即败血症。这些受损的中性粒细胞可在没有可见细菌的情况下出现，但这些样品的上清液仍应提交做培养。据报道，变性细胞与细胞内或细胞外的细菌有关。

单核细胞。有两种类型。间皮细胞形成腹膜衬里，出现在正常的样本中，其中有丝分裂形式偶尔可见。在急性炎症期，单核细胞成为多形性，可能难以与肿瘤细胞区分。在慢性炎症，单核细胞可能被报告为吞噬细胞。在急性炎症过程中，巨噬细胞数目较少，但在炎症消除后，它们的数目会增加，据报道，它们可能还含有变性的中性粒细胞和老化的红细胞。

淋巴细胞。在正常的液体中只有非常少量的淋巴细胞。在样本中出现大量的原淋巴细胞表明腹部有淋巴肉瘤，但在马中腹部肿瘤脱落的表皮是不足以对腹腔液进行细胞学诊断的。

其他细胞。嗜酸性粒细胞偶尔出现。在略微增加的白细胞中，嗜酸性粒细胞数量的增加表明圆线虫迁移或过敏反应。出现少量的红细胞通常是由于采样污染或腹腔炎症的结果。在非凝血样品中出现大量的红细胞表明腹腔内出血。据报道，在这种样本中可能缺乏血小板和吞噬红细胞作用。虽然在患腹部肿瘤的马匹腹水样品中肿瘤细胞并不常见，但根据炎症程度，白细胞总数可能增加。

2．生物化学

腹水检测中最有用的生化指标就是总蛋白量，在健康状态下总蛋白量一般低于20g/L。蛋白量的增加反映了炎性渗出液严重性。

在肠道缺血的情况下，肠黏膜释放的肠同工酶导致腹膜的碱性磷酸酶活性（ALP）升高。因此，在马疝痛情况下，腹膜碱性磷酸酶活性的升高与是否需要剖腹术是一致的。然而，腹水样品的颜色和相关的临床症状对于是否选择剖腹术将有更直接的价值。

在急性坏死性胰腺炎的情况下，腹膜淀粉酶活性升高。然而，急性胰腺炎在马极为罕见，虽然出现的症状，如急性顽固性疝痛，是相当普遍的。因为需要做淀粉酶检查的指征不具有特异性，因此通常在死后剖检时才可确诊。

当怀疑膀胱破裂时，腹水中的尿素含量与血液中尿素含量非常接近，因为尿素自行透析了。但肌酐自行渗出较少，尽管有氮血症，但腹膜尿素量通常是血液尿素量的2倍以上。

3．渗出液的意义

腹水的白细胞数和总蛋白量可用于区分渗出液还是漏出液。渗出液的类型可反映它的形成机制。然而，必须记住，渗出液的性质可随疾病过程的动态变化而迅速发生变化。

漏出液是白细胞数少，白细胞分类正常和低蛋白质量（<20g/L）的无色澄清液体。这是健康马匹腹腔液的正常特性，但腹腔中出现大量腹水是不正常的，这可能与低白蛋白血症或静脉瘀血有关。

变形漏出液是白细胞数和/或总蛋白（20～30g/L）量适度升高。因此有轻微的浑浊和呈现琥珀色到红色。它们反映了早期或病情较轻的腹部疾病，或者是伴随着全身性疾病。

渗出液较混浊，呈琥珀色至红色，白细胞数升高（10×10^9个/L）。其中主要的白细胞是中性粒细胞，蛋白质含量升高（>30g/L）。通常反映了腹膜表面的炎症。极为罕见的是，主要的细胞类型可预示乳糜渗出（小淋巴细胞出现在众多的脂肪球之间）或肿瘤（脱落细胞）。

七、鼻咽部插管法

除了治疗上的应用，鼻胃管还可用来灌服葡萄糖或木糖溶液用于吸收试验，评估液体返流，在消化道近端阻塞的病例中减轻胃肠道压力，探明食道阻塞的部位。

根据马驹，矮种马或马的不同，可使用大小不同的胃管。应避免使用过于柔软的胃管，因这样的胃管容易在温暖的口咽部折叠或误插。过于细小的管子也容易发生折叠或误插。然而，使用过大的管子却不可避免地造成鼻腔出血。建议使用前端有侧孔的管子，并且透明管更为合适，因为操作者可看到流过的液体。

由于胃管很少有长度刻度，因此在管子的前端接近喉部或食管入口的部位做上不易擦去的标记是非常有用的。矮种马胃管约为30cm，普通马约为35cm。在胃管弯曲的最顶部做上标记也是非常有用的，如在胃管外侧弯曲上。

在寒冷的天气，不易弯曲的胃管可用温水冲洗来软化，这会减少穿过鼻腔敏感黏膜时病马的抗拒。

（一）保定

马在马厩对角线站立，后臀部靠着墙，可限制向后和侧向的移动。助手背对着马站在马头的左侧，这样可减少马后肢站起时的伤害。一个结实可靠的马笼头是基本的，是否需要额外的控制取决于马的性情。马在插管过程中的剧烈挣扎很容易造成鼻出血，这时最好使用鼻捻器。如果临床条件允许，可使用镇静剂——但这会降低插胃管时的吞咽反射，如果用于吸收试验的目的，将会影响试验的结果。在极端的情况下，助手可使用抓紧马耳朵的方法，但这只能由一个有能力的、有经验的助手来操作。

（二）插管

把胃管盘绕起来操作比较麻烦，而打开来会拖曳在地上。因此，把打开的胃管搭在操作者的脖子上，这样就可松开双手来控制插管了。

在胃管前端10～12cm的地方涂上大量的水溶性润滑剂，手就握在这个部位后面来控制插入。操作者应小心避免手沾上润滑剂，不然管子会在手心里打滑。

用右手的操作者，背对着马站在马头的右侧，将是最舒服的位置。助手尽量让马头弯曲，操作者把他/她的左手搭在前端的鼻梁上。应注意不要把对侧的鼻孔闭合了。拇指提升右鼻孔的鼻翼软骨，扩大鼻腔，然后把涂有润滑剂的胃管前端放在鼻孔底部，稍倾向鼻中隔，其弯曲部分朝下（图2-25）。然后管子轻轻向前送，使得它沿着下鼻道向前，这时可放松鼻翼软骨。一开始没有把管子放在鼻孔底部插进，有可能会插到中鼻道，造成鼻甲筛窦创伤。从鼻孔的高位放置进去可能会导致管子进入鼻腔憩室（"假鼻"）。

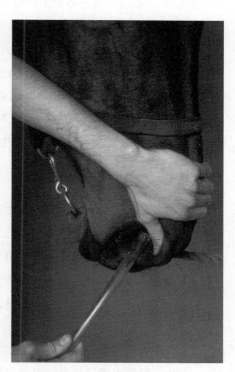

图2-25　在胃管沿鼻道腹侧插入前，胃管的放置位置

马匹最不能忍受的是当胃管通过鼻腔的这一段。当在胃管上做的标记到达鼻孔的时候，表示胃管的最前端已进入喉头或食管，这时应停止前送，不然，在大多数情况下胃管会通过喉头进入气管。为了避免这种情况，将胃管转动90°再继续往前送。这样可以把胃管前端升高，使靠近位于喉部上端的食管开口。如果成功，前送胃管产生的轻柔压力会使管子被马匹的吞咽所接纳。如果马匹不吞咽，胃管是不能插进的。当管子诱导吞咽反射时，会被轻轻地反推回操作者。这时需要保持向前的压力，确保胃管向下进入食管。

如果管子意外进入喉部，应撤回见到胃管标记，再旋转90°以使胃管前端升高，并再次前送。

另外，如果前送完全不能进行，这时回撤胃管2~3cm，再轻轻往前送，希望能引起吞咽反应。如果这样失败了三、四次，操作人员应怀疑管子前端顶在了喉部和食道前面的咽的凹处。在这种情况下，90°转动胃管，使前端降低后再次前送。让胃管前端接近食道的尝试和错误操作，诱导吞咽反射是插管过程中最难以掌握的部分。

（三）检查胃管的位置

插管最常见的错误是将管子插进了喉部。特征如下：
- 空气经胃管能无阻力地吹出或吸入。
- 如果胃管在喉部，摇晃喉部会产生明显的"拨浪鼓"感觉。
- 在食管看不到胃管（通常在颈的左侧）。

如果胃管干净，并且在不可能出现其他意外的情况下，出现上述的插管错误时，可以轻松地抽出胃管，并进行重新定位。注意：如胃管进入喉部，可能不会引起咳嗽。同样地，如果咳嗽与胃管插入食道同时发生，并不一定表示错位。

当胃管进入食道，经常会伴随一个吞咽动作，随着胃管的前送，吞咽可能会重复产生。成功插管的迹象如下：
- 前送时有阻力（食管肌肉阻力）。
- 一个隆起出现在颈静脉沟的上1/3处，随着胃管的前送往下走。
- 空气不能通过管子吸入，是由于管子前端的食道闭合。
- 当胃管前端在颈部区域，向胃管短促的吹气会在颈静脉沟处出现一个瞬间的膨大。如果没有看到隆起沿着颈静脉沟下行，这是一个实用的测试。反复吹气，直到确认膨大不是吞咽偶然产生的。
- 确保胃管一定在正确的位置的方法是，在食道触摸胃管。这最好是在胃管刚被吞下时。最常见的错误是一开始将胃管插得太深时才去触摸，这时，胃管可能已在气管或食管下部。如果可在食道的上1/3看到和摸到，则表明胃管已进入食道。一旦确认胃管在正确的位置，就继续前送进入胃部。进入时，通常可听到气体的释放和在胃管的开口听到气体"啪"的声音。

（四）导出反流液

严重肠阻塞导致液体积聚在小肠和胃。因此，通过胃管从胃可导出液体和气体，这表明是严重阻塞（图2-26）。然而，液体不总是自发流出来的，因此在胃管没有抵达的死角建立虹吸管是必要的。这可以通过给胃管充满水来实现，但是最容易成功的方法是吸吮胃管的开口，但前提是操作者一旦看到液体流出，就立刻将胃管口放低。

应切记，胃管的前端不一定能插到胃液里。来回移动胃管15~30cm，至少努力尝试

2min，如果没有吸出液体才能放弃。如果胃无扩张，抽出胃管后会在胃管前端粘有胃黏液。

（五）胃管推出

任何通过胃管给予并留存在胃管里的药物，在拔出前必须吹入胃中。如果不这样做可能会导致在胃管抽回到喉部时被马匹吸入溢出的液体。

胃管应缓慢而小心地拔出。尤其是最后50cm时不要急于拉出，否则会损伤上鼻道黏膜的血管，造成鼻出血。

图2-26 从一匹严重肠阻塞的矮马的扩张胃中导出液体

（六）可能发生的问题

流鼻血看起来很吓人，但其实并无大碍。将马头抬高有助于减缓出血和促进凝血。塞住鼻孔只能减少往外流血，但不可能加快凝血。

使用过小或过软的胃管，能在口咽处发生折叠，并可能从对侧的鼻孔出现，或当发生胃管绕过软腭时，胃管会出现在口腔（在这种情况下，马匹会出现频繁的咀嚼动作）。有时也会发生胃管前端折叠后一起被吞咽的情况，这时可能会在颈静脉沟处见到膨大，但由于胃管的前端完全密封，吹气膨胀是不可能的。如果怀疑发生这种状况，胃管应继续前送到胃里将扭结打开，而不是往回拉。

还有很罕见，但令人遗憾的报道称，在食管尚未开张时就强行插入胃管。在这些病例中，胃管已经通过咽部，继续前送导致它往颈部下分离直入胸廓。其结果是不可避免发生败血症。只要避免以上的错误操作是可以杜绝败血症等症状。

胃管应保持完好，必要时更换。磨损或咀嚼过的胃管会损伤黏膜表面。也有罕见的报告称由于胃管的前端在食管卡住，导致折断，需要使用内镜或手术排除。

注释

• 没有操作经验就想给一匹脾气暴躁的马匹插胃管，这几乎是不可能的。当刚学会插管技术的时候，不管马匹的脾气如何，建议使用鼻捻器。此外，尽管镇静剂对吞咽和食管的蠕动有影响，在适当的情况下，为了确保各方面的安全，包括马匹，强烈建议使用作用强的镇静剂（如赛拉嗪或地托咪定）。

八、马的直肠活检

后肠黏膜/黏膜下层内的病变通常与慢性腹泻有关，并且在直肠黏膜的组织病理学检查上具有明显的诊断价值。由于直肠活检在马站立时可以很容易地进行，因此相比肠道活组织切片检查必须在全麻下才能操作优势明显。细菌性结肠炎，可由样品中炎症变化来证明，而寄生虫结肠炎，可发现蛊口线虫幼虫和/或嗜酸性粒细胞浸润。活检可以识别由于淋巴肉瘤、肉芽肿性肠炎和禽结核病引起的细胞浸润导致的吸收不良综合征，这是慢性腹泻非常罕见的原因。此外，当粪便分离沙门菌未获成功时，从匀化后的活检标本中分离出沙门菌是可能的。

各种人的直肠和宫颈活检器械可适用于马的直肠活检。最适合的采样器是有折叠的上夹爪，并且可以靠闭合刚性下夹爪来切割样品（图2-27）。

方法

像做直肠检查那样保定马匹。除了手进入直肠时，活检通常不会引起马匹的不适，因此所需的保定是最方便的。用戴着轻微润滑手套的手通过肛门括约肌进入直肠至腕部深度，另一只手将消毒的闭合活检采样器送到呈杯状的手掌心（图2-28）。

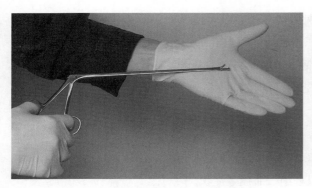

图2-27　直肠活组织采样器

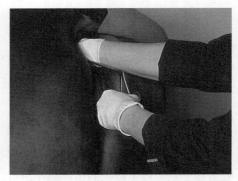

图2-28　直肠活检采样器从手腕下深入手掌内

触诊直肠顶部的黏膜皱襞，用其他手指和拇指抓住，采样器张开口推进到邻近背外侧的褶皱处"咬"一口。从背外侧（"1点钟或11点钟"位置）取样，可以避免损伤背侧血管。采样器口闭合，取出采样器，把样品放置在固定剂里。

可以在另一边背外侧取第二块样品进行微生物检查。样品应放入无菌生理盐水中。

注释

* 使用保养好、切口锋利的采样器是很重要的，否则采样器闭合回撤时会造成周围黏膜的损伤。
* 尽管直肠活检可反映近端大肠的病理情况，但正常（阴性）的样品并不能排除结肠的病变。

九、消化道超声波检查

腹腔超声波检查有时可作为消化道其他调查的补充。然而，检查成功的先决条件是透彻了解正常腹部的局部解剖和器官的超声波外观。可通过体表和直肠途径进行检查，这取决于所需探查的区域。

（一）设备

足够的超声穿透力是满意检查的关键。一般的检查选用2～3.5MHz的低频探头。线性阵探头可对大面积部位做出更快速的评估，而扇形阵列探头接触的面积小，在接触位置受限制的时候更为有用，如肋间。在初始扫描找到目标位置后，如果要对这个位置作更精细的检查，需要使用5～8MHz赫较高频率的探头。经体表检查的部位必须剪毛，用碘伏清洗，最后用酒精脱脂。

当直肠检查中发现有异常的结构时，使用直肠探头检查中后部腹腔特别有用。此外，直肠超声检查中可使用较高频的探头，因为不需要太大的穿透深度，即可获得较高的图像质量。

（二）各个器官的超声学影像

在正常马匹的左侧，靠近脾的同一水平位置，可检查到胃大弯。通过胃中气体的反射回声图像可识别出较低回声的薄的胃壁。胃壁的增厚和异常回声表示有肿瘤的出现。虽然罕见，在马中最常见的胃肿瘤是鳞状细胞癌。通常在患马的腹水中可检查到这些肿瘤，随着继发扩散，在超声检查肝、脾、大网膜、肠管或横膈膜时，会发现有许多结节状的影像。

正常的肠道不容易被识别和检查。当一层薄的低回声结构环绕着腔内气体回声时，则可认为这是大肠。小肠的影像是有低回声的薄的管状结构。两者都能蠕动，内容物有不均匀的回声。近来，最新的发展是用腹部超声来检查增厚的右上大结肠，最常见的原因是过量或长期使用保泰松。在右侧腹部肝脏后的肋间可检查到这一部分的大结肠。

在阻塞的病例，影像异常包括一定长度的膨胀的肠子，内含液体，很少或几乎停止蠕动。如果看到两层肠壁（在横切面有一个"甜甜圈"的影像）则提示发生了肠套叠。

超声现在常用来确诊肾脾移位，特别是当直检时摸不到肾脾韧带，而无法确定是否发生移位时。在这种情况下，可在腹部上部最后肋间做超声检查，如果立刻检测出左肾就可排除移位的可能。如果无法找到肾脏，表明超声检查者难以找到该器官，或者充满气体的大结肠移位到了肾脾间，遮盖了肾脏。即使是最有经验的超声检查者也不得不承认，有时他/她就是找不到肾脏。

肠道肿瘤的病例，只能检测到继发病征的影像，包括腹水量或回声的改变。对这些病例，超声检查可确定腹腔穿刺的准确位置。马最常见的肠肿瘤是淋巴肉瘤，这可能与肠壁增厚有关，尸体剖检也证实了超声检查结果。

当找到腹部肿块后，其最常见的不同是由脓肿形成还是血肿形成。充满脓液或血液的肿块在实时超声检查中可见到其中的旋流运动。通过外力冲击触诊或移动病马可增强旋流运动。然而，单靠唯一的超声检查可能无法将原始脓肿与肿瘤坏死和/或感染区域区分开来。

第二节　马疝痛的临床学诊断

本节主要讨论疝痛的临床评估和需要实施探查术（剖腹探查术）的适应证，并概括了处理疝痛病马应采取的措施。

本章中所述的几种实用技术，都与临床上对疝痛病马的评估特别相关。在临床中见到的绝大多数的疝痛并不危险。例如，经药物治疗后就能治愈，有时甚至不需要任何治疗就能痊愈。这种状况大多数是"痉挛性"疝痛或不明原因的疝痛。

在临床上极少能发现引起疝痛的病变，但确认疝痛是否会危及生命是必要的。对于痉挛性疝痛的病例可很快得出结论。然而，对于顽固性疝痛，必须持续地监测临床参数。简而言之，临床医生必须根据这些参数，决定疝痛是否可单纯地靠药物治疗控制和治愈，或者需要转院进行手术治疗。手术的成功与疝痛发作后做出该决定的速度是成正比的。现场兽医并不需要确诊一匹马是否需要手术治疗，他/她只需表明他们有足够证据怀疑马匹需要手术转诊，这是对患马及其主人最好的救助措施。

一、疝痛的临床参数

一旦得知病史，在着手处理前应进行以下的观察。

（一）症状

疝痛表现为正常的行为突然发生改变，可出现不同程度的躁动。轻度疝痛表现为：伸展腹部，回头看肷部，反复打呵欠和/或磨牙。骟马有时会长时间的阴茎脱出，甚至达到勃起。中度疝痛的行为包括：在马舍不停地来回徘徊，前肢扒地，后肢踢腹，采用蹲伏的姿势，偶尔发出呼噜声，频繁起卧。可能出现长时间的侧卧。严重的疝痛迹象除以上所述外，还有大量出汗、打滚和造成自伤。

驴和重挽马疝痛的行为表现与上述有些不同。在美国，例外情况也发生在某些品种中，尤其是标准竞赛用马和田纳西州竞走马。这些马匹往往更坚忍，疼痛表现不明显，甚至在严重疝痛时也是如此。在此阶段观察需要考虑的另一个问题是，病马的行为表现可能无法反映与肠道相关的疼痛，或者甚至腹痛。表2-1列出了一些疝痛行为的鉴别诊断。

（二）腹部膨胀

腹部膨胀往往表现为腰椎旁的肷窝臌起来，表示有胀气，或者在伴有严重的疼痛和病情快速恶化情况下，提示大肠扭转。肠道破裂也会导致腹部的膨胀，同时伴有中毒性休克的迹象。

（三）呼吸

浅而快速的呼吸可能是疼痛和/或代谢性酸中毒的迹象。严重的胃扩张或后肠胀气压迫横膈膜，造成呼吸困难。肠道通过破裂的横膈膜（罕见）进入胸廓也可引起呼吸困难，特别是当后肠进入时。

（四）肌肉震颤

偶尔，中度到重度肠绞痛的病例会在肷部和肩部上出现肌肉震颤。这或许是一个自然反应。如果再加上片状出汗，这是马牧草病的特征之一。

表2-1　非肠源性不适引起疝痛的症状

用力排尿，如尿结石和/或膀胱炎	
急性肝炎，胆管炎或胆石症——腹痛±发热	
与肠道病变无关联的腹膜炎	
横纹肌溶解症（"氮尿症"）——与劳累有关	
髂内血栓形成——通常与运动有关	
蹄叶炎——可能与长期斜卧有关	
急性胸膜炎——焦虑；在运动时疼痛+发热	
去势并发症	
妊娠	胎儿在妊娠后期运动过度
	流产
	分娩或难产
	产后子宫动脉出血
	胎盘滞留
	子宫收缩功能衰退
胰腺炎——马罕见	
低钙血症——肌肉僵硬±膈肌同步震颤	
肝性脑病——行为障碍	
下垂卵巢肿瘤或血肿	
脾肿大（少见），如脓肿、肿瘤、免疫介导性溶血	

（五）排粪停止

只要肠道阻塞排粪都会停止，虽然在阻塞后段的粪便最初可排出。不定时排出少量的粪便提示肠道部分阻塞。如果病马有疝痛的表现，而且超过24h才排粪，那么消化道疝痛的诊断应作重新评价（表2-1）。

完成了上述对马匹的观察后，进行以下几方面的临床检查。

（六）心率及脉搏

心率和/或脉搏是疝痛严重性的重要指标。它们在一定程度上受疼痛影响，但受血液黏稠度（脱水）、静脉回流下降和毒血症（如肠道失活）的影响更大。心脏/脉搏超过60次/min，病马表现中度到重度的肠疝痛，表明血液循环恶化，需要通过剖腹手术做详细检查。持续的脉搏快而弱，表明濒临休克。有时，大结肠扭转的马匹会出现反常的低心率，可能需要立即进行手术。有些病因不清的疝痛，可能与结肠对迷走神经增加压力有关，相应地降低了心率。因此，心率/脉搏是评估疝痛最重要的临床指标，如果可能，应在给予镇痛药前检查，因为有些药物如甲苯噻嗪会降低心率。

（七）直肠温度

疼痛会引起直肠温度的轻微升高。但是，如果直肠温度超过38.6℃，建议进行全身性疾病的鉴别诊断，因为疝痛可能是早期出现的易发生的症状。主要鉴别沙门菌病和急性腹膜炎。前端肠炎，一种不常见的疝痛，表现前段小肠增厚出血，也会使体温升高。

直肠温度降低，再加上快而弱的脉搏，表明正在发展为休克，严重预后不良。

（八）黏膜颜色和毛细血管再充盈时间

黏膜颜色和毛细血管再充盈时间（CRT）反映了体内的循环状态。普通黏膜湿润，粉红色。干燥充血的黏膜提示脱水和循环障碍。用手指压迫切齿旁的牙龈使其发白，然后放开，观察颜色恢复的时间，即CRT，提示灌注，水合作用和血管张力是否有障碍。在健康马匹，正常的CRT应不到2s。毛细血管再充盈时间的增加提示渐行性的血管灌注不足，通常伴随着黏膜的干燥和变色。

（九）肠音

肠音反映肠道的蠕动（见本章第一节腹部听诊）。一匹健康马，应在所在位置都能听到肠蠕动音。肠音消失是不正常的，说明肠道淤积（肠阻塞）。肠音高朗提示肠蠕动过强，这通常是痉挛性疝痛的特点。低沉的叮当声表明肠臌气。

（十）直肠检查

所有的疝痛病例都应进行直肠检查（见本章第一节）。实际上，直肠检查是一种系统的检查，旨在发现以下的一种或多种异常：

- 多段膨胀的小肠，提示严重肠阻塞。
- 大肠阻塞。病因不同，常与营养性阻塞、大肠变位和/或受压，或肠蠕动减弱等有关——主要见于腹膜炎或马牧草病。
- 大肠严重膨胀，提示臌气。
- 肠系膜紧张，触诊疼痛，提示相关病变如肠扭转。
- 实性肿块。可能包括肿大的淋巴结、肿瘤、肠结石或肠粘连。

（十一）胃部插管

能通过胃管导出大量液体和/或气体，表明胃和/或小肠已发生阻塞或停滞（见本章第一节）。正常的马胃内可以导出的液体不应超过2L。

（十二）腹腔穿刺术

病理学的变化，特别是肠道的血管损伤，会反映在腹腔液的颜色变化上。腹部穿刺对于监测持续的疝痛特别有用（见本章第一节）。

（十三）实验室辅助

一般而言，实验室辅助手段对于评估马匹机体生理上发生变化，如体液和电解质的丢失和代谢性酸中毒的发展是最有用的。其中，最易操作是通过检测PCV和/或血浆总蛋白来评估脱水程度。在大多数情况下，PCVs超过45%提示血液过于黏稠。

总之，对疝痛马匹的临床评估应包括所有上述参数。患马病情的改善或恶化在通过一段时间的监测后可很快掌握。通常的实践经验是痉挛性肠疝痛很易解决；然而，重要的是临床医生要尽快确定"急性腹痛"是否需要手术探查。要提高马疝痛生存率的方法应侧重于确定马匹是否需要手术。为了获得最佳的预后，手术必须在阻塞发生后的几个小时内进行。在6h内预后良好；在8～12h内效果值得怀疑，12h后手术成功的可能会越来越差。

二、需要外科探查的指征（剖宫术）

只有极少数病例在进行剖腹术前能确诊"手术疝痛"的病因。其中一个实例是脐疝，该病表现肠嵌闭和绞窄。通常，临床参数的共同评估均提示患马的病情恶化，需要外科手术。提示需要紧急剖腹术的指征如下：

- 尽管使用了镇痛剂[*]，疼痛还是持续。
- 脉搏率上升（＞60次/min）和体况恶化。
- 黏膜充血和CRT延长。
- 腹壁膨胀。
- 肠音明显减弱。
- 鼻胃管插入出现液体反流。
- 直肠检查结果阳性[*]。
- 腹腔穿刺提示肠道失活。

在大多数情况下，临床医生都会设法将马转运到专科中心。必须强调的是，在这种情况下，时间是预后良好的关键因素。因此，应牢记别因运输时间和距离而耽搁救治，同时必须对病马现状做仔细评估。通常，让濒临死亡的马匹做长久而紧张的运输是很不人道的。基于畜主的利益，所有诊疗费应在要求转诊时与转诊中心进行协商。

最后提示，需要剖腹术的是未能确诊的持续数天或数周的慢性或复发性疝痛。对这些病例，剖腹术是唯一可以实施的诊断手段。然而，在做出决定前，临床医生应确保已经开展了详尽的临床检查，以及在剖腹术前已给马匹服用过杀幼虫和杀绦虫的驱虫药（表2-2）。

表2-2　慢性或复发性疝痛的一些病因

可能的病因	辅助诊断
胃溃疡	在专科中心做胃镜检查
胃鳞状细胞癌（罕见）	胃镜检查和活检（专科中心）；超声检查；腹腔穿刺检查是否有癌剥落物
回肠阻塞：	通常喂食后很快出现疝痛
—肠套叠	见下文
—肥大（少见）	直肠检查
—绦虫	对治疗有反应
肠套叠（比较常见）：	
—回盲肠/盲肠/盲结肠套叠	直肠检查；超声波检查
后肠阻塞（常见）：	直肠检查；经静脉输液和灌服液体石蜡后有反应
—通常发生在骨盆曲	
—偶尔在降结肠	
—很少发生在盲肠	
非绞窄性大结肠变位（相当常见）	直肠检查

---

[*]　注释：腹部的顽固性疼痛和直肠检查结果阳性是判断是否需要进行外科探查的依据。

第二章 消化系统疾病

（续）

可能的病因	辅助诊断
沙疝（不常见）	与沙质土壤或含泥沙饮水有关；直肠检查可提示阻塞；在腹泻粪便中发现沙子
肠石；粪石；结肠异物（都少见）	直肠检查
由于红线虫迁移导致的再发性局部缺血	再发性"痉挛型"疝痛；检查寄生虫感染指数，对驱虫药有反应
慢性牧草病（在英国相当普遍）	轻微的吞咽困难；不规则地出汗和肌肉震颤；X线检查食管和食物通过食管时间；回肠活检（专科中心）；尸体剖检后对腹下肠系膜神经节做组织病理学检查
腹膜炎（慢性疝痛相当常见的病因）	腹腔穿刺
粘连：	直肠检查；超声波检查
—术后并发症	既往手术的历史记录或证据
—慢性腹膜炎	腹腔穿刺
—腹部寄生虫迁移	检查β球蛋白；驱虫记录
渐进性阻塞、肿瘤或脓肿阻碍肠道通畅或蠕动（少见）	直肠检查；腹腔穿刺
浸润性肠道疾病（少见）	通常无明显的疝痛；调查慢性消瘦/吸收不良
右上结肠炎（少见）	检查使用保泰松的记录，超声检查
疝痛的鉴别	见表2-1

三、处理疝痛病例的策略

如果症状表明只是轻微、中度的疼痛，无全身性并发症（如无高位阻塞或循环衰竭的表现），并且使用解痉/镇痛药物后有良好的反应，则预后良好。即目前的疝痛可以通过药物治疗，但应继续进行监测。注意：应避免第一时间使用有抗内毒素作用的非类固醇消炎药（如氟尼辛、酮洛芬、保泰松），因为这些镇痛药会掩盖病危中的临床症状，失去诊断急性腹痛的宝贵时间。表2-3列出通常对药物治疗有效的急性疝痛。

表2-3 对药物治疗有效的急性疝痛

类型	辅助诊断
痉挛性疝痛（很常见）	解痉药治疗有效，预后良好
膨胀性疝痛（相当常见），常伴随其他类型疝痛	肠道听诊；直肠检查；对原发的疝痛治疗有效；预后良好。注意：腹部极度膨胀是需要进行外科手术的
后肠阻塞（常见）	直肠检查；静脉输液和灌服液体石蜡有疗效；预后良好
胃疝痛——过食谷物或阻塞（均少见）	插入胃管减压有效；预后谨慎
急性腹膜炎（少见）	腹腔穿刺；抗生素治疗有效；由于病因不明预后需谨慎
中暑/运动脱水	立即医治；PCV和电解质的检查；血气检查；通常预后良好（PCV：血细胞比容）

63

如果疼痛严重，难以用各种止痛药控制，则预后会很差。如果总体临床参数显示马匹体况恶化，则只有两种选择：手术或安乐死。如果选择了手术，畜主应预先被告知只能选择以下3种状况之一：

- 疾病是可手术治疗的，但手术费昂贵，预后需谨慎。
- 疾病是无法手术治疗的，马匹会在全麻的情况下安乐死。
- 因损害为功能性的未见明显症状。这在急性腹痛中极少见，但可能会出现在手术探查慢性或复发性的疝痛中，这时就会出现两难的困境，是要使马匹苏醒过来还是在全麻的情况下处理它。为了避免这种情况，必须在手术前与畜主商量好手术流程。基于这个原因，只有对慢性或复发性疝痛进行详尽的临床检查后才能选择开腹探查手术（表2-2）。

第三节 临床病理学

一、血清生化

（一）总蛋白

对总蛋白的序列分析可被用于监测疝痛病例的脱水程度。然而，损伤严重的肠道可能有并发和进行性丢失的蛋白质进入腹腔或肠腔，从而使该技术亚于序列测定全血的PCV。同样，肠病导致黏膜病变，如吸收不良，寄生虫病或腹泻，通常都伴随蛋白质丢失（低蛋白血症）。在这种情况下，渐进性脱水也必须通过PCV变化来判定。

表2-4 电泳所揭示的血清蛋白变化的经验性解释

疾病	白蛋白	α-2	β-1	β-2	γ
急性感染	正常	++（APPs）	正常	正常	正常
慢性感染	正常	+（APPs）	+（IgG$_T$）	+（Igs）	++（Igs）
病毒感染	正常	正常	+（IgG$_T$）	+（Igs）	++（Igs）
肠道寄生虫病	低（PLE）	++（APPs）	++（IgG$_T$）	正常	正常
肝衰竭	低	正常	正常	+++（Igs）	+++（Igs）

PLE：蛋白丢失性肠病；APPs：急性时相蛋白；Igs：免疫球蛋白；IgG$_T$：免疫球蛋白G（亚类T）。

（二）白蛋白

在马，由于肠道黏膜病变，低白蛋白血症几乎总是与蛋白丢失性肠病相关。非常罕见的原因是肾小球肾病，肝功能衰竭或大量渗出液渗出。在所有的这些病变中，白蛋白最先从循环中丢失，因为在血浆蛋白中，它的分子量最小。唯一的例外是肝功能衰竭终末期，白蛋白的合成减少。

（三）球蛋白

除了脱水，总球蛋白含量也由于急性和慢性炎性过程（在急性期，蛋白及免疫球蛋白的浓度分别升高），则圆线虫寄生虫病（β-1球蛋白增加所引起）或肝功能衰竭（可能与随着防御性枯否氏细胞的丢失而产生的肠源性抗原引起的全身免疫刺激有关）而升高。一些商业性实验室提供电泳测定β-1球蛋白；如果β-1球蛋白含量超过正常范围，则是圆线虫迁移活跃的很好的证据。

（四）白蛋白/球蛋白（A/G）的比值

在健康状态下，A/G比值接近于1.0。在很多病理状态下比值会发生改变。然而，由于缺乏特异性，该信息很少有用。如前所述，A/G比值下降，是由于白蛋白的减少和/或球蛋白的增加，可能是炎症性肠道疾病，圆线虫寄生虫病或肝功能衰竭的特征。

（五）血清蛋白的电泳

常规血清蛋白电泳可有助于临床医生确定某些类别的疾病，其中一些是消化道疾病。琼脂糖凝胶电泳将马的血清蛋白质分离成四个基本的条带，其顺序根据电泳迁移率的特征。这些条带经染色并鉴定为白蛋白，以及α、β和γ球蛋白。一旦得到总蛋白的浓度，各条带内的蛋白质浓度即可在实验室通过密度计来测定。但是，由于分离技术的差异马血清电泳分析结果不总是可在实验室之间相互比较的，结果是根据各自"正常"的浓度和各种蛋白部分之间的数据总是不一致。因此，建议临床医师将蛋白质变化解读为经验性的升高或下降，而不是绝对值。如表2-4所示，根据经验解释蛋白质的变化。

注释

- 在腹泻的马匹中，高浓度的β球蛋白提示杯口线虫病。然而，正常的β球蛋白水平并不能表明没有发生寄生虫病。

（六）血清碱性磷酸酶（SAP或ALP）

肠上皮刷状缘富含碱性磷酸酶，细胞损伤时会增加循环系统中SAP的浓度。然而，碱性磷酸酶没有器官特异性，骨骼或肝脏胆管的损伤也会导致循环中SAP浓度的增加。许多实验室都会测定肠道碱性磷酸酶的同工酶（IAP）。然而，根据我们的经验，要精确量化这种可再生的酶在技术上是困难的，所以测定总的SAP更可取。因此，如果SAP的浓度增加，而又不存在骨病或肝病临床病变的情况下（见第四章），提示肠道病变。

（七）胰蛋白酶

胰腺炎在马中极为罕见，只有排除了引起中度到重度腹痛的其他原因后，才会进行关于胰腺炎的临床病理诊断。

尽管诊断急性坏死性胰腺炎的经验有限，但有诊断意义的指标是检测血清和腹水中淀粉酶和脂肪酶活性。健康状态下，马中淀粉酶和脂肪酶的浓度通常都很低，但不同实验室之间的正常范围也不一样，反映了不同的检测技术。对于确诊患胰腺炎的马，这些酶的浓度都明显升高。但是，这些酶都没有器官特异性，随着肠黏膜或肾小管的损伤，可能会释放出适量的酶。适量酶的增加也可发生在胰腺的缺血性变化（继发性胰腺炎），它可能与一种间发病（如邻近的肠管扩张）有关。

二、体液、电解质和酸碱平衡

由于肠绞窄或其他原因的急性疝痛，液体滞留在封闭的肠腔，造成体液，电解质和酸碱失衡。这些病例包括各种形式的严重阻塞与大肠扭转引起的变位。在腹泻病中，体液和电解质丢失的程度和酸中毒的发展，取决于肠内病变的严重性，和病马在患病期间是否继续饮水。各种疾病状态下体液、电解质和酸碱平衡的诊断评估在第十一章体液、电解质及酸碱平衡中有详细探讨。临床病理情况简介如下。

（一）体液平衡

简单的血液参数，如PCV和总血浆蛋白，可用于指示脱水的严重性。然而，如有检测条件，最好在发生脱水的关键期连续地检测血液参数。

1. 血细胞比容

通常，PCV超过45%表示细胞外液容量的减少和钠丢失。疝痛病马的PCV超过60%通常预后不良，但这也总不是不变的。

2. 血浆总蛋白（TPP）

在野外可使用折射计来评估TPP。然而，如果病马并发蛋白质丢失（如蛋白丢失性肠病）同时有脱水，血浆总蛋白可能仍在正常范围内。

3. 尿素和肌酸酐浓度

急性脱水时，大多数的血清或血浆生化指标，包括尿素都升高。然而，尿素和肌酸酐同时升高并超过正常范围，可反映与低血容量相关的肾前性肾衰（即肾灌注不足）。

（二）电解质平衡

对消化道疾病中的血清或血浆生化的电解质指标解读应谨慎。脱水会导致钠、钾和氯化物浓度的升高，但也有可能同时丢失的电解质进入胃肠道。严重阻塞性疝痛会造成血浆中水、钠、氯的丢失。在远端肠道发生病变情况下，钾和碳酸氢根离子丢失的比较多。只有了解酸碱状态的相关知识，才能对电解质的变化做出有意义的解释。

（三）酸碱平衡

代谢性酸中毒是马最常见的酸-碱平衡障碍。最常发生在阻塞性胃肠道疾病和腹泻。在这种情况下，酸中毒的根本原因是，碱的大量丢失和/或外周灌流减少，导致组织由有氧代谢转变为无氧代谢，随后发生乳酸积聚。

虽然血气和pH的测定对酸碱状态提供了唯一正确的指导，但大多数临床情况下测定血浆重碳酸盐的指标仍是可以接受的。即使如此，静脉血样仍需要在厌氧条件下收集入含肝素锂的试管，并尽快用精密设备进行处理，但通常出诊时不会带上这样的仪器。然而，在实际应用中，如果体液和电解质足够的话（见第十一章体液、电解质和酸碱平衡），极少使用特殊的重碳酸盐纠正代谢性酸中毒。

三、血液学

PCV是血液学中评价消化道疾病最有用的指标，它可指示贫血和白细胞数。对慢性病，还要检测血浆纤维蛋白原的浓度。然而，严格意义上的生化指标，纤维蛋白原通常是由血液学医师来测定，并且必须提交抗凝血样（依实验室要求可用EDTA或柠檬酸钠）。

（一）红细胞参数

如上面所指出的，如果做连续的检测，PCV是一种有用的监测脱水和低血容量的指标。

马慢性贫血往往是不可再生的，是一种慢性炎症过程。但慢性再生性贫血会导致慢性出血，从而使血液进入肠道或腹部。有关研究贫血的技术详见第八章血液病。

急性出血12～24h后才能反映出血液学概况。此时，组织液的代偿性流入使血浆容量增大。其结果是降低了PCV、红细胞数和血红蛋白浓度，从而稀释了血浆蛋白浓度。

（二）白细胞参数

1．白细胞减少症

白细胞减少症（白细胞数＜6.0×10^9个/L）是胃肠道极急性/急性疾病的特征，如肠局部缺血（如要实施手术的疝痛）、肠穿孔或沙门菌病。在这些情况下，白细胞数可能下降至$(2\sim3) \times 10^9$个/L。这是由于白细胞聚集在损伤部位，当存在内毒素时最明显。在检测中中性粒细胞出现细胞质一些形态变化时，可视为中毒变化。这反映了由中性粒细胞产生的化学物质对细菌是有毒性的。这些变化的程度与败血症的严重程度相符，如果检测样品持续数天出现白细胞减少，则预后不良。

2. 白细胞增多症

胃肠道的急性，进行性或慢性炎症常伴有白细胞增多症。这种"反应性白细胞增多症"主要是中性粒细胞，可能伴有在急性时形成的未成熟条带（核左移）和在慢性疾病中的单核细胞增多症。

3. 嗜酸性粒细胞增多症

嗜酸性粒细胞增多症普遍与寄生虫病有关，但感染大量成熟的寄生虫似乎并不影响嗜酸性粒细胞数。在许多情况下，嗜酸粒细胞增多症可能反映了某种形式的过敏反应。

（三）血浆纤维蛋白原浓度

炎症反应能引发纤维蛋白原浓度升高，最明显的是败血性炎症，其浓度与疾病的严重程度一致。血浆纤维蛋白原浓度在感染的 1~2d 内升高，但 3~4d 后才达到峰值。因此，适度升高反映了疾病早期，或者为轻微的慢性炎症。高浓度则提示疾病晚期和病情危重，常预后不良。

注释

- 在马匹，血浆纤维蛋白原浓度对于炎症恢复或治疗疗效的监测，通常比外周白细胞计数更敏感和可靠。
- 纤维蛋白原浓度的正常范围在不同实验室之间有明显变化，这取决于其量化的技术。临床医生应始终参考由实验室提供的参考数值。

四、肠吸收不良检测

肠吸收不良检测表明，尽管有充足的食物的摄入，在尚无明显原因的情况下，仍可发生体重下降。通过测量糖从肠腔吸收的效率，评估小肠的功能完整性。肠道的病理变化能干扰细胞的传输转运机制，导致进入血流的营养减少。

（一）口服葡萄糖吸收试验（OGAT）

该试验花费不高，使用现成的试剂，操作简单，可对小肠的吸收效率提供良好的试验数据。

1. 方法

- 尽可能准确估计马匹体重（如用肚带体重带），在不能被食用的垫料的马厩里禁食一夜。直到检测开始前 2h 才可饮水。

- 称出1g/kg（体重）的无水或一水化物D-葡萄糖，用混水配成含20%（w/v）的新鲜溶液。葡萄糖水的容量和浓度很重要，因为过高浓度的葡萄糖水会延迟胃排空，而该测试的关键是要求糖水迅速地进入小肠管腔。
- 检测前应快速采集血样。所有样品必须采集到加有草酸钾氟化钠的抗凝管中。
- 插上胃管，一次性将糖水灌入胃内。
- 分别在30、60、90、120、180和240min时采血，并提交实验室进行葡萄糖测定。邮寄过程中的样品在草酸盐－氟化物中相当稳定。

注意：如果患马禁食时间不足，胃里残留的食物将会混合进入葡萄糖溶液，降低糖水进入小肠的速率，从而产生假性结果。

2．释义

用算术方法绘制出吸收曲线，正常吸收曲线有两个阶段（图2-29A）。在最初2h小肠持续地吸收葡萄糖，血浆葡萄糖浓度增加1倍。除黏膜细胞的完整性外，胃排空率、食物通过肠道时间和先前的饮食习惯，都会对这个吸收阶段产生影响。近期高能量的摄入史都与峰值下降有关。第二阶段主要取决于胰岛素，经过6h，渐渐下降到静止的水平。吸收没有受到损害的病例，在上述建议的采样时间，采样后绘制的吸收曲线，应符合这些特征。

扁平线表示完全吸收障碍的状态（图2-29C），通常表明预后危险，因为主要原因是肠壁渐进性炎性细胞浸润。包括淋巴肉瘤、肉芽肿性肠炎、嗜酸性胃肠炎和禽结核病。通过小肠组织病理学检查可确诊；肉眼病变通常不明显或剖宫术或尸检都可确诊。

介于正常吸收和完全吸收障碍之间的曲线表示部分吸收障碍（图2-29B），该曲线比较难解读。引起的原因很可能是可变的，如包括循环障碍、绒毛萎缩或由寄生虫病引起的可逆的炎症变化。在某些病例，相关的组织学检查可能是正常的，建议提示其他的原因，如长期的胃排空，快速的肠道转运时间，细胞摄取和葡萄糖代谢内在的异常，或能使试验糖代谢的肠道内细菌过度生长。如不了解病变或功能障碍的确切性质，是不可能确定。然而，这种试验在以后可容易地重复进行，以监测患马的进展。重复出现"部分吸收障碍"的结果，需要做肠

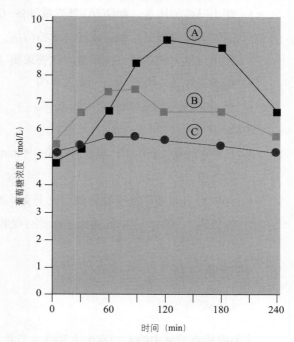

图2-29 三匹马口服葡萄糖的吸收曲线
A.正常吸收 B.部分吸收障碍 C.完全吸收障碍

壁活检确诊。当病情恶化到"完全吸收障碍"时，则暗示小肠壁已经是严重浸润性病变的晚期。

注释

- 引起小肠吸收障碍的病变也会浸润后肠，导致慢性腹泻。引起吸收障碍的病变可能仅影响小肠、大肠或整个肠道。在患马有不明原因引起慢性腹泻的情况下，做一个OGAT将提示是否有小肠吸收障碍。

（二）D–木糖吸收试验

本试验的原则与OGAT基本相同，但木糖吸收的曲线形状不会受到改变血糖浓度的内源性代谢影响。此外，木糖不是血浆的正常成分。正因为如此，它对吸收试验的评估更为准确。它也被认为是一种吸收障碍更为敏感的指标，常在葡萄糖吸收曲线之前记录吸收功能的减弱。这可能是因为木糖是从肠道被动吸收的，而葡萄糖则是主动吸收的。然而，吸收曲线的形状受到许多因素的影响，这些都会导致葡萄糖吸收曲线的异常，如胃的排空速率、肠道转运时间、腔内细菌的过度生长和立即喂食的历史。此外，由于木糖的成本和分析花费比使用葡萄糖的高，在目前，商业性实验室不常处理这些样品。总的来说，建议兽医师使用OGAT法。

操作方法

- 测出马匹的体重，如OGAT那样做准备（见上文）。
- 以0.5g/kg（体重）制备成10%木糖溶液。
- 使用含氟化钠草酸钾抗凝剂的试管采集"空腹"血样（标记"零"）。
- 插上胃管，一次性将糖水灌入胃内。
- 然后在2h内每隔30min采一次血样。

注释

- 在正常的吸收条件下，灌服后在60~90min内，血液木糖浓度从0直至1.33~1.67mmol/L的峰值。
- 如同对口服葡萄糖吸收曲线（见上文）的注释，可以很容易理解正常吸收和完全吸收障碍。平展、中间的曲线显示部分吸收障碍，需要重新评估。

五、排泄物分析

（一）肠道寄生虫

应肉眼检查粪便中的大型寄生虫和绦虫节片。

1. 粪便虫卵计数（FEC）

采用高比重力溶液的浮选技术从粪便中分离寄生虫卵。以每克粪便的虫卵数（EPG）来计算结果。粪便样本应新鲜，如可能的话，可从直肠取样。通常容量的一半（大约10mL）是足够的。如果不能及时送检，样品可短暂地放置在冰箱。

在实验室可以很容易地识别圆线虫卵，但难以区分大、小种类。然而，通常大部分（＞90％）都是小圆线虫（盅口线虫）卵。

注释

- 通常，粪便虫卵计数是不可能确定肠道中寄生虫的数量。不同种类的寄生虫间，由于其个体宿主因素如年龄和免疫状态的不同，导致的产卵量差异也非常大。最重要的是，中间幼虫阶段不产生虫卵——因此，没有明显的粪便虫卵数，也可能有严重的寄生虫感染。不过，也有一些虫卵数可反映圆线虫感染的严重性：500EPG显示轻微感染；800～1 000中度感染，1 500以上为严重感染。在一般情况下，计数大于500EPG表明需要采取控制措施。

2. 粪便虫卵降低和驱虫药的抗药性

盅口线虫类对多种苯并咪唑驱虫药的抗药性是众所周知的，并且也有对其他类驱虫药的抗药性报告。当怀疑对使用的驱虫药有抗药性的情况下，在驱虫前检测粪便虫卵计数，并在常规驱虫治疗后的10～14d后再次检查，对评估寄生虫控制效果是有帮助的。

随着驱虫药发生效用，在10～14d后粪便虫卵计数（FECR）至少应减少90％，最好接近100％。如果没有，应怀疑有抗药性，需要换用不同化学结构的驱虫药再进行驱虫。

FECR计算公式如下：

$$粪便虫卵计数率（\%）=1-（10～14d驱虫后的每克粪便虫卵数/驱虫前的每克粪便虫卵数）\times 100\%$$

同一驱虫组内的马，不同个体FECR会有所不同（由于各个宿主和寄生虫的关系的变化）。尽可能监测更多的马匹，以得到驱虫效果概况。在有一大群马的情况下，理想的是将马匹分成小群，将使用普通驱虫药的小群与使用抗药性较小、驱虫药处理过的、有良好控制效果的另一群进行对比。

3. 粪便寄生虫幼虫的检测

与寄生虫卵不同，粪便幼虫需要使用贝尔曼装置，通过沉淀从样本中分离。另外，在显微镜下可进行湿粪便涂片的检查。样本应新鲜采集，并尽快进行分析，不能冷藏。

4. 绦虫的检测

实验室对裸头绦虫感染的检测诊断是不能令人满意的。虫卵是很少浮出在粪便溶液上，只有当随粪便排出后，主要在孕节片内的虫卵才释放出来。粪便中也许间歇地观察到孕卵节片甚至整条绦虫，但通常这不是存在感染的确证。

血清学试验可用于检测马的绦虫感染，这与肠感染有很好的关联性。然而，当调查绦虫感染的可能性时，使用噻嘧啶双羟萘酸盐或吡喹酮做预防性治疗，比试图做实验室诊断更具成本效益。对治疗反应良好的病例，在服药后24h，会在粪便中出现绦虫。

5．马尖尾线虫的检测

尖尾线虫属（蛲虫）虫卵的检测，可用有黏性的透明条在外肛门括约肌黏膜皱襞上压粘虫卵，把透明条有黏性的一面朝下，放在有一小滴水的干净显微镜玻片上。在100×高倍镜下可观察到有盖虫卵。

（二）粪便细菌培养

粪便样本不可避免地包含了大量的有不同体外培养条件要求的细菌。当提交样品时，有必要确定需要检查的细菌，以便做选择性培养。

1．沙门菌

患沙门菌病的患马，在粪便中的沙门菌也许非常低，即使在疾病的急性发作期。因此，每隔24h从直肠至少3次采集粪便样品，5次更好，以增加检测的可能性。要有足够的样品应占据试管的一半（约10mL）——使用拭子并不理想。

在实验室，样品直接接种到培养基和浓缩肉汤中。在培养基中24h内就可出现阳性结果，但是菌落并不总是能够长得很好。富集培养需要在选择性培养基上做进一步的继代培养12～24h。如果发现可疑的菌落，再进行继代培养才能做生化测试。因而样品的周转时间至少需要48h，有时需长达72h。

注释

· 目前尚未影响马的适合沙门菌宿主，但众所周知，马在无症状下会排出沙门菌，马匹成为感染的携带者和宿主。这就使人怀疑在慢性腹泻的马中分离的一些沙门菌的重要性。而出现阳性分离时，总是对患马结肠炎主要病原菌表示怀疑，并发的肠道疾病如寄生虫性结肠炎或淋巴肉瘤都伴随着沙门菌的排出。

· 尽管事实上沙门菌可能不能从患马的粪便中分离到，但可在死后立刻剖检的大肠黏膜和/或肠系膜淋巴结匀浆中检测到。

· 同时采集直肠黏膜活检样品进行培养，可以提高检测到致病性沙门菌的可能性。

2．梭状芽孢杆菌

梭状芽孢杆菌感染（通常是产气荚膜梭菌）在马非常罕见，但可与发生极急性/急性毒血性结肠炎的沙门菌病做鉴别诊断。同时粪便样本应做沙门菌培养，根据临床情况，也可能要检查梭状芽孢杆菌。在某些病例，可能要做尸检调查肠内容物。从直肠取通常一半量的粪便，尽快地送交实验室做厌氧培养，使用拭子取样效果并不理想。[每克粪便＞100个菌落形成单位（CFU）]表示阳性结果。

在急性情况下，可以提交放在血液厌氧培养瓶的血液做培养（见第八章）。在24h内最多取三次样品。从血液中分离出梭状芽孢杆菌显然是有意义的。

（三）粪白细胞

粪便样本中出现白细胞和偶尔见到上皮细胞，表明远端肠黏膜有炎症性病变。因此，这是严重腹泻（排粪水）的特征，特别是在急性阶段。粪白细胞数升高表明肠道病原体，如沙门菌或梭状芽孢杆菌的存在。

操作方法
- 从直肠中采集新鲜粪便，用医用薄纱布过滤纤维。
- 如果有必要，用生理盐水（0.9%）将样品稀释到水样状。滴一滴稀释液涂抹在2.54cm×7.6cm的载玻片上。
- 涂片风干，用改良的瑞氏染色，并用盖玻片覆盖。
- 在10×低倍镜下观察，以评估白细胞存在或不存在。

注释
- 通常检测到大量的上皮细胞是有意义的，提示沙门菌病，但它们的存在不是沙门菌病的特异性病征。同样，在粪便中没有检测到白细胞，并不能排除沙门菌病。

（四）粪血

当在粪便中出现清晰可见的血液，则提示远端肠道如小结肠或直肠出血。粪便出现暗黑色的污点（黑便）表明出血部位在近端的胃肠道或大结肠。慢性胃肠道的出血通常具有潜隐性，这可能与慢性再生性贫血有关。

潜血可以使用商业试剂盒检测。在粪便团深处取出少量的样品，涂抹在试剂浸润的纸质涂片上。应做两次从粪团不同部分取样的涂片，以增加检测的成功率。在实验室中，通过对标本的显色可以检测出血红蛋白。如果保持干燥，则样品较稳定，可以邮寄到相关实验室做进一步的研究。

注释
- 潜血可能是间歇性的，最好在不同的时机采集检测3次粪便样本。用化学方法检测粪便中的血液具有高度敏感性，但无特异性。潜在的根源是肠道的肿瘤浸润、寄生虫病或黏膜溃疡。对于发现的阳性结果，需要结合现行所有的临床症状和相应的临床病理学，进行谨慎的解读。

（五）粪沙

从地面土壤或饮水摄入的沙子可能会导致结肠阻塞，然后磨损肠道黏膜，引起严重的腹泻。如果对此有所怀疑，应检测粪便是否含有沙子。

在一个透明的容器中将1份粪便与2份的水充分混合搅拌后静置。沙子会沉积到容器的底部。

注释

- 放牧马匹的粪便通常含沙量较少，但不同地区土壤的差异会使含沙量有所变化。一小份粪便样本中出现清晰的沙层是不正常的，如对此有疑问，应检测来自同一地区的健康马匹的粪便进行比较。

章节附录 ✎

附录中列出的一些本章涉及的诊断技术的应用，主要包括马消化道中两种最常见的临床诊断技术：吞咽困难（附录2-1）和腹泻（附录2-2）。

拓展阅读 📚

Blikslager A T .2001. Management of pain in horses with colic. Comp Stand Care 1: 7-12.

Blikslager A T, Roberts M C, Mansman R A .1996. Critical steps in the management of equine rectal tears. Comp Contin Educ Pract Vet 18: 1140-1143.

Edwards G B .1992. Rectal examination. In: Proceedings of the 14th Bain–Fallon Memorial Lectures, 2nd–5th July, Sydney, Australia, 93-101.

Greet T .1989. Dysphagia in the horse. In Pract 11: 256-262.

Hunt J M .1987. Rectal examination of the equine gastrointestinal tract. In Pract 9: 171-177.

Mair T S, Hillyer M H, Taylor F G R, Pearson G R .1991. Small intestinal malabsorption in the horse: an assessment of the specificity of the oral glucose tolerance test. Equine Vet J 23: 344-346.

Schramme M .1995 .Investigation and management of recurrent colic in the horse. In Pract 17: 303-314.

附录2-1　吞咽困难诊断技术的应用

可能病因	诊断措施
窒息/食管异物	胃插管确定阻塞的程度（小心）、食管内镜检查、食管X线检查
异物卡在口咽部	口腔检查、上消化道内镜检查

可能病因	诊断措施
食管狭窄	内镜、X线照相对比
食管溃疡	内镜
食管鳞状细胞癌	内镜检查和活体组织检查、胸部X线检查
牙齿问题	口腔检查、X线检查
咽炎，如急性"腺疫"或病毒感染	内镜、鼻咽拭子（见第十二章）
口咽或食管阻塞，如腺疫化脓	口咽部食管X线检查
咽麻痹：	鼻咽内镜
—喉囊感染	喉囊内镜
—头部或颈部创伤	神经学检查（见第十四章）
—铅中毒	血液（抗凝血）、肝脏或肾脏及表层土中的铅检查
—肉毒中毒	检查临床症状和饲料（见第十四章）
舌骨异常	口咽部X线检查
肝性脑病	检查血氨、血清酶及肝功能（见第四章）
破伤风	检查临床症状
牧草病	检查临床症状、食道X线检查、食管内镜（回流食管炎）、回肠活体组织检查、腹腔系膜神经节的组织病理学检查
肌病	血清肌酶的检查（见第十三章）
低钙血症	检查血清钙、镁、磷，对治疗的反应（见第五章）

附录2-2　腹泻诊断技术的应用

可能病因	诊断措施
急性腹泻	
饮食结构的改变	饮食史
沙门菌病（相当普遍）	检查临床症状（疝痛、发热、毒血症和白细胞减少症）；粪便的连续培养；粪便白细胞检查；直肠活检组织做组织病理学检查和组织培养；尸检新鲜尸体（出血性盲肠炎和结肠炎/组织培养）
肠道梭菌病（少见）	临床症状如上所述的急性沙门菌病，三者之间的主要差异是能否分离到致病菌。梭菌病：在厌氧培养下能从粪中分离到较高细菌数（每克粪便中大于100CFU）；X结肠炎不能分离到细菌
波托马克热（新立克次体）	配对血清样本中抗体滴度升高；白细胞抗原检测
X结肠炎（罕见）	
医源性因素，如抗生素	用药史
毒物。如饲料中的真菌霉素、放牧中食入橡树	检查腐败/掺杂饲料；了解放牧史

（续）

可能病因	诊断措施
内毒素血症，如急性腹膜炎	临床症状，检查白细胞和血浆纤维蛋白原浓度
沙粒性结肠炎	沙地或泥泞的河流放牧；粪便含沙
高脂血症（矮种马和驴）	乳白色不透明血浆；其他原因的代谢障碍（见第十六章）
慢性腹泻	
沙门菌病（相当普遍）	连续重复粪便培养（至少5次）
杯口线虫病（常见）	检查粪便马圆线虫卵和幼虫数量；血清白蛋白、球蛋白和β球蛋白测定；直肠活检做组织病理学检查
与各种细胞浸润有关的吸收不良综合征（不常见）	检查血清白蛋白和ALP（或IAP）；口服葡萄糖吸收试验（评估小肠是否参与）；直肠活检；全身麻醉下全层结肠活检

第三章

慢性消瘦

本章旨在探寻一种可诊断马无明显外因但可引起体重减轻的方法。导致消瘦的原因很多，但最佳方法是尽可能建立一种系统的鉴别诊断和/或确诊的方法。根据此方法，可将体重减轻的原因分为三类。

- 营养摄入不足或营养吸收不良；
- 机体代谢率或能量需求增加；
- 器官机能障碍/衰竭。

图3-1为马体重减轻的基本病理生理机制，引起体重减轻的三类原因并不相互排斥，与消瘦有关的一些疾病可能都包含以上三类原因。

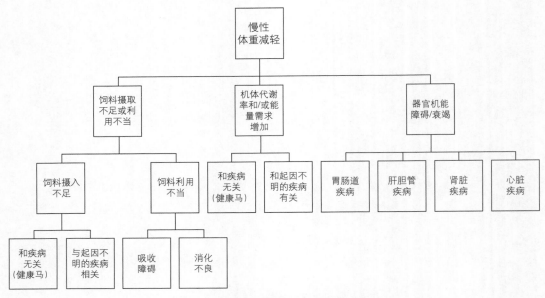

图3-1　引起马慢性体重减轻的原因分析

第一节　饲料摄入不足或利用不当

这一类可以进一步划分为：

- 健康马匹因摄入不足而导致的体重减轻；
- 无明显临床症状的内源性疾病引起的摄入不足；
- 摄入饲料的利用不当。

一、健康马匹的摄入不足

一些不良的饲养管理因素能引起健康马匹的摄入不足，并在详细调查病史及马厩环境条件后能揭示其摄入不足。

临床兽医应考虑以下几种可能性：

（1）饲料的供应不足，特别是当因牧草不足或过度放牧而需要补充营养的时候。此外，过度劳役，天气寒冷，孕期和哺乳期都会提高对营养的需求（见下文：机体代谢率或能量需求增加）。对于马厩里的马的饲养管理不当。

（2）饲料品质差劣或饲料适口性差。

（3）群体等级制度存在；马匹在采食时相互抢食，缺乏对个别弱马的关注。

二、无明显临床症状的内源性疾病引起的摄入不足

该病因食欲减退、行动力减弱甚至吞咽困难而影响饲料摄入量。此类病往往难以发现，需要通过长时间的仔细观察，才能确诊。当兽医对疑似患马进行观察时，患马很容易受到影响，出现情绪及行为不稳定，致使一些临床病症被掩盖。当这种情况出现时，建议让疑似患马留院观察几天，以评估其行为和食欲。为确诊本病，需要对其行为、运动情况、饮食偏好、食欲状况进行仔细观察及评估，并配合临床检查。根据一些已知临床症状，进一步的探究需要一些辅助试验检测。

引起慢性消瘦的潜在原因包括：

- 齿部异常。
- 慢性轻度疼痛。
- 慢性肝病。
- 慢性肾病。
- 慢性心脏病。
- 轻度慢性传染性疾病。
- 肿瘤。
- 吞咽困难。

鉴别诊断以上疾病需要更多指证性症状及检查，并参照其他相关的检测技术对试验结果进行分析确诊。

三、齿部异常

参见第二章消化系统疾病：口腔检查。

四、慢性轻度疼痛

慢性轻度疼痛由食欲减退、不愿运动或神经内分泌应激反应而引起的患马体重明显下降。慢性疼痛的原因包括以下几方面。

（一）中轴骨骼或四肢疼痛引起的慢性肌肉骨骼病

例如，蹄叶炎（最常见）、骨关节炎、舟状骨疾病和偶发性肌病。

辅助诊断方法。如果怀疑马匹两前肢或两后肢疼痛导致步幅收短，若采用单侧神经传导阻滞则可见对侧肢明显跛行（见第十三章）。肌肉骨骼疾病的诊断需进行神经/关节麻醉、X线检查、超声和其他特殊诊断方式，如闪烁显像、肌肉活检、计算机断层扫描（CT）和磁共振成像（MRI）。

（二）慢性腹腔疾病

如胃溃疡、肠系膜脓肿、肠结石、沙粒性疝痛、肿瘤、慢性轻度腹膜炎、炎症性肠道疾病、慢性青草病及体内寄生虫病。这些疾病都可以影响摄入饲料的利用（见下文"摄入饲料的利用不当"）。临床症状不明显，主要表现为：持续打哈欠、伸懒腰、磨牙、精神状态差、阉马的阴茎长时间脱出、喜卧、回头视腹、偶见刨地。如果出现非正常出汗、干燥性鼻炎、腹部抽搐及间歇性肌肉震颤、吞咽困难等症状，可怀疑是慢性青草病。

辅助诊断方法。对于疝痛的评价非常重要（见第二章消化系统疾病）。腹腔穿刺可用于诊断腹膜炎，但很少能用于揭示消化道肿瘤。血清生化检查若见持续性低蛋白血症可能为蛋白丢失性肠病引起，需进一步通过口服葡萄糖吸收试验，确定肠道吸收功能是否受损。如有必要，可通过剖宫术、腹腔镜检查或内镜，对十二指肠进行活检。

（三）慢性肝病

肝功能障碍往往和体重减轻有关，且可能无明显临床症状。在英国，大部分慢性肝病是由于狗舌草中毒（双稠吡咯啶生物碱中毒）所致。其他原因还包括肿瘤、慢性活动性肝炎、胆管肝炎和胆结石。

辅助诊断方法。评估血清肝酶浓度和肝功能检查（见第四章肝脏疾病）。

（四）慢性肾病

马的肾功能贮备代偿力很大（肾功能在丧失75%后，才可能发生氮血症），而马的慢性肾功能衰竭（CRF）非常罕见。慢性肾功能衰竭可能是由于某些先天性疾病，肾中毒、肾盂肾炎或肿瘤所致，常引起马的体重减轻。马慢性肾衰竭的其他症状还包括多尿、烦渴、牙结石、食欲不振、运动不耐受与昏睡等。

辅助诊断方法。血浆尿素和肌酐的浓度测定。若出现氮血症，则需要对肾功能做进一步调查（见第六章泌尿系统疾病）。

（五）慢性心脏病

心脏病引起马的体重减轻，可能是由于心输出量的减少和组织的营养供给不足所致。马的体重减轻通常和疾病晚期有关，如代偿性充血性心脏衰竭、心内膜炎和心包炎。

辅助诊断方法。心脏听诊可呈现心律失常或杂音，还可采用心电图、超声心动图、血清肌钙蛋白浓度测定（见第九章心血管疾病）。

（六）慢性传染性疾病

慢性传染病引起马的体重减轻是因为分解代谢增强，细菌毒素及炎症介质引起食欲减退所致。此外，慢性疼痛可能是一个促进因素，相关的临床症状并不明显。慢性传染性疾病包括细菌性疾病（如腹膜炎、内脏脓肿、淋巴结炎、肾盂肾炎、心内膜炎和心包炎）、马传染性贫血（EIA）和一些极少的全身性真菌病（如组织胞浆菌病、球孢子菌病、芽生菌病和隐球菌病）。细菌性传染病在全球范围发生，但全身性真菌病受地区性限制，主要发生于温暖和潮湿的环境中。分支杆菌感染概率很低。布鲁氏菌和肾脏钩端螺旋体也可引起体重减轻，但无局部症状。这些病原是人兽共患的，对人类健康有一定影响。

辅助诊断方法。检测其直肠温度可呈现间歇热（＞38.2℃），常与身体不适有关。慢性和活动性炎症，可通过血液学、血纤维蛋白原浓度或血清淀粉样蛋白A等检查进行评估。对腹腔穿刺液进行病理性检测及借助腹部超声检查可确定是否有炎症。合适的活检样品才能使结核分支杆菌抗酸染色显色。遗憾的是，组织病变只有在疾病晚期才变得明显，而对马进行结核菌素皮内试验，其结果并不可靠。而特异性血清学检测只针对钩端螺旋体病或布鲁氏菌病。

（七）肿瘤

慢性消瘦是所有肿瘤的共同特征，往往没有明显的局部症状。然而，如果因腹水存在导致腹部膨胀，则消瘦就很不明显。肿瘤可以产生各种密切相关的影响，从而导致消瘦。

- 食欲减退。
- 吞咽困难（见下文）。
- 吸收障碍（见下文）。
- 慢性/复发性疼痛。

- 由分解代谢引起的代谢需求与营养竞争的增加。

- 慢性出血/蛋白质丢失。

- 继发性贫血。

马临床上最常见的体内肿瘤是淋巴肉瘤，通常在腹腔形成。（见下文"摄入饲料的利用不当"），或者发生与吸收障碍有关的肠道弥漫性细胞浸润，或者使散在的肿块占据病变的空间，或以上两种情况均存在。纵隔肿瘤、多灶性肿瘤、全身性肿瘤或皮肤瘤则很少发生。其他一些体腔或组织出现肿瘤，也会导致体重减轻，但这种现象并不常见。这些疾病包括黑色素瘤、血管肉瘤、腺癌、鳞状细胞癌、浆细胞骨髓瘤和间皮瘤。

辅助诊断方法。血液和血清生化检查通常可揭示非特异性炎症，偶尔也可定位至特定器官。因与淋巴瘤有关的白血病在马身上的发病率极低，所以这样的血液学检查并无多大作用（见第十章淋巴性疾病）。

（八）吞咽困难

吞咽困难的广义理解是咀嚼或吞咽困难。畜主应尽量注意，马在进食或饮水时的困境。临床表现为：进食时间过长，把鼻子浸在水里，采食、饮水时吐出料和水。吞咽困难的直接后果是水和食物的摄入不充足，造成机体消瘦和脱水。与慢性消瘦有关的吞咽困难可能包括不同的疾病，简单地分类如下：

- 疼痛的状况——牙科疾病、顽固性口腔/咽异物、炎症或肿瘤、食管溃疡。

- 阻塞性疾病——咽后淋巴结病、上消化道肿瘤、食管疾病。

- 神经肌肉功能障碍——喉囊真菌病、颞舌骨的骨关节病、肉毒中毒、营养性肌变性、马原虫性脑脊髓炎、狂犬病、铅中毒、有机磷和氨基甲酸酯类中毒、慢性青草病、低钙血症、脑白质软化症、脑黑质及苍白球软化、脑干肿瘤、巨食管。

辅助诊断方法。使用开口器和光源可检查齿冠、口腔黏膜和舌。X线检查也可揭示牙根、齿骨和舌骨的变化。在脑干和基底核损伤中，神经学检查也能诊断涉及饮食的脑神经（Ⅴ、Ⅶ、Ⅸ、Ⅹ、Ⅻ）功能紊乱和其他脑干和基底核损伤引起的神经缺失。咽、喉和咽鼓管囊的内镜检查可用于评估吞咽反射和结构功能性疾病（见第二章）。对比X线检查法或荧光检查法可用于检查食管的结构与功能性紊乱。血清生化可揭示造成吞咽困难的罕见原因，包括低血钙、肌病[天冬氨酸转氨酶（AST）和血清肌酸激酶（CK）浓度升高]。在专科中心，像CT和MRI这些更先进的检查更有助于神经、骨和齿病的诊断。

五、摄入饲料的利用不当

同化不良是指在食欲正常或增加的情况下，消化不良和吸收障碍所导致的饲料利用障碍。成年马的吸收障碍最为常见，而在马驹吸收障碍和消化不良，可能与黏膜损伤和刷状缘双糖酶损失并存（特别是乳糖酶）有关。在成年马中，消化不良并不多见，由于缺乏行之有效的实验室检查方法，诊断会比较困难。然而，消化不良依然有可能是导致肠黏膜发生改变以致出现营养吸收障碍的主要根源。

同化不良有可能伴随着一些小肠或大肠疾病（或两者兼有）的发生。在成年马中，一个重要的区别是，发生在大肠的疾病经常会导致腹泻，而小肠不会。腹泻是一种明显的临床症状，因此诊断往往从检查腹泻的原因入手（见第二章消化系统疾病）。同化不良可能是由于以下一种或几种病理生理学机制导致的。

（一）由炎症或肿瘤细胞引起的肠壁弥漫性细胞浸润（通常为淋巴肉瘤）

浸润性倡导疾病患马表现为食欲增强、饮食习惯多变，这些病包括：
- 消化道淋巴肉瘤。
- 炎症性肠病、嗜酸性粒细胞性结肠炎、淋巴细胞浆细胞性肠炎、肉芽肿性肠炎、多系统嗜酸性疾病、马肉芽肿性疾病（马肉瘤样病）。
- 禽结核病。
- 增生性肠病（胞内劳森菌）。
- 消化道组织胞浆菌病。

这些病的组织病理学确诊具有重要意义的。这些病例经腹腔镜检查、剖宫术及尸检均无肉眼可见或明显的损伤。

辅助诊断方法。低白蛋白血症常发生于瘦弱马匹，而缺失性肾脏疾病和严重肝病患马的低蛋白血症则提示为蛋白丢失性肠病，应使用口服葡萄糖吸收试验，检查小肠的吸收能力（见第二章消化系统疾病）。吸收障碍可通过腹腔镜检查或剖腹术，经全层肠活组织检查加以确认。对于肠段受损的病例，可通过内镜十二指肠黏膜活检诊断。一些炎性肠道疾病（如多系统的嗜酸性嗜上皮性疾病、马肉芽肿性疾病）可使其他器官（如皮肤、肺、肝、肾、淋巴结）发生病变，而这时用活检和组织病理学检查可能有帮助。

（二）胆盐缺乏及障碍

胆盐分泌障碍可能会影响脂肪的吸收，但未见相关报道。然而，胆盐分泌障碍确实与肝胆疾病有关。回肠切除或外科搭桥后，可能会出现回肠浸润性障碍（胆盐吸收部位）及细菌在小肠过度生长的情况。

辅助诊断方法。目前尚无法进行脂肪吸收的直接测定。然而，可通过肝胆功能检查进行检测（见第二章肝脏疾病）。

（三）内寄生虫病

圆线虫的幼虫和成虫可引起蛋白丢失性肠病，并与宿主争夺营养成分。随着现代驱虫药的出现和广泛使用，大圆线虫感染已并不常见。然而，小圆线虫感染（幼虫杯口线虫病）是体重减轻和低白蛋白血症的常见原因（经常腹泻），年轻马尤为明显。

辅助诊断方法。可对粪便或对做过直肠检查的手套进行幼虫杯口线虫病检测。然而，在开始驱虫之后，粪便中幼虫的确切证据只能存在大约48h。和检测粪便中虫卵数不同，幼虫是经过样品沉淀后才可确定。就其本身而言，粪便虫卵计数能检测显性感染，但不能准确地确定寄生虫数目。内寄生虫病通常会引起低白蛋白血症，也会出现炎性白细胞象。血清蛋白电泳可检测到圆线虫感染时的β-1球蛋白峰值，但本方法灵敏度较低。

（四）免疫因素

免疫因素导致马的同化不全的原因尚不明确，但已经有过一起罕见的马食物过敏报道，其可以按照浸润性疾病的类似方法去诊断。

辅助诊断方法。类似于浸润性肠道疾病。选择性饮食试验能用于鉴别（和避免）一些致病饲料。

第二节　机体代谢率或能量需求增加

各种外源性和内源性因素可以增加马的代谢率和能量需求。如果摄入的营养没有相应增加，则会导致机体消瘦。

外源性的影响包括运动或繁殖（种公马）的营养需求和低温环境影响。

内源性因素可能与疾病有关，也可能无关。与疾病无关的是妊娠和哺乳。可以增加代谢率和能量需求的疾病可能为慢性传染性疾病、肿瘤和引起慢性疼痛的一些疾病。其他疾病包括内分泌疾病[如垂体中间部功能障碍（马库兴氏病），参见第五章内分泌疾病]、器官机能不全（见下文）和马运动神经元疾病。

马运动神经元疾病在美国东北部和加拿大最为流行，但目前在欧洲也越来越严重。患马尽管食欲正常，但体重明显减轻。伴随着肌肉颤抖和收缩的进行性虚弱（提示青草病），特别是在休息时出现。血清肌酶（CK、AST）可能升高，但仍需对内侧尾头肌（背内侧）组织或腹侧分支的脊髓副神经进行活检，作组织病理学检查才能确诊。此外，色素沉积的镶嵌模式可能影响视网膜。然而，这是一种非特异性的发现。慢性维生素E缺乏症也是一种诱发因素。

第三节　器官机能障碍

与营养代谢或运输有关的器官机能障碍或衰竭能导致体重减轻，但很少出现局部症状，例如，肝、肾、心脏和慢性胃肠道疾病。就如本章前述，这些疾病也可能与饲料摄入量减少有关。

第四节　临床病理学与慢性消瘦

慢性体重减轻无明显特异性临床症状时，似乎用实验室检测是唯一的选择。然而，实验室检测价格昂贵而不适用。最初的实验室检测通常是做血液学和血液生化检测，然后根据检查结果选择进一步的临床病理学检查，结合临床表现和既往病史进行确诊。

一、血液学

贫血对于患有慢性消瘦的马较为常见，可能与以下情况有关：

- 慢性感染——轻度至中度贫血是由于红细胞寿命缩短和红细胞生成减少所致（红细胞生成障碍）。
- 因肿瘤导致的骨髓浸润性疾病与非再生性贫血。

与肿瘤或炎症性病变有关的失血

- 与肿瘤或感染有关的免疫介导性溶血。
- 与慢性肾功能衰竭（罕见）有关的红细胞生成素不足。

以中性粒细胞和单核细胞增多为特征的白细胞增多症是慢性传染性和非传染性疾病（如肿瘤、外伤和免疫介导性疾病）的典型症状。慢性炎症发展过程中会出现急性期蛋白纤维蛋白原和血清淀粉样蛋白A浓度增加（见第一章）。

二、血液生化

球蛋白浓度会在各种败血状态和非败血状态下均升高：

- 慢性感染。
- 肿瘤形成。
- 免疫介导性疾病。
- 肝病。
- 内寄生虫病。

球蛋白组经血清蛋白电泳进一步分为：β-1球蛋白浓度增加，提示有幼虫杯口线虫病；多克隆γ球蛋白增加（多克隆丙种球蛋白病），可能指证慢性炎症性疾病或肝病，而大的单克隆丙种球蛋白病则暗示为浆细胞骨髓瘤（罕见）。

低白蛋白血症通常是由于寄生虫病、消化道淋巴肉瘤或特异性肠壁炎性细胞浸润，造成的蛋白丢失性肠病所致。有时，低白蛋白血症可能是由于渗出失调（如胸膜炎、腹膜炎）所致，而蛋白丢失性肠病能引起超低白蛋白血症则很罕见。在寄生虫已经被排除（粪便分析、血清蛋白电泳和强杀虫、驱虫治疗），并且没有证据表明肝脏或肾脏疾病情况下的低白蛋白血症，可进行口服葡萄糖吸收试验，评估小肠吸收（见第二章消化系统疾病）。

尿素浓度轻微增加可反映组织分解代谢增强、运动后高蛋白日粮、脱水或早期肾功能不全。更大幅度的尿素浓度增加则反映肾功能衰竭。肌酐是最能指证氮血症的指标，且应和尿素浓度一起对疾病进行评估。肾脏疾病的进一步研究方法包括尿分析、肾脏超声检查和活体组织检查（见第六章泌尿系统疾病）。

肝胆疾病指标包括肝细胞酶升高（谷氨酸脱氢酶GLDH和碱性磷酸酶AST）和胆酶[γ-谷氨酰转移酶（GGT）、碱性磷酸酶（ALP）]升高。在这种情况下，血清胆汁酸浓度应被列入肝功能评价中（见第四章肝脏疾病）。

肌酶浓度（CK和AST）在所有类型的肌病中都升高。

三、其他检查

腹腔穿刺可用于检测腹部炎症，偶尔用于检测肿瘤（虽然大多数腹腔内肿瘤属于非表皮脱落型）。

口服葡萄糖吸收试验是检测小肠吸收能力的一种简单测试方法。弥漫性浸润性疾病会出现吸收减少，包括慢性特异性炎性肠病和淋巴肉瘤（见上文"低白蛋白血症"）。

粪便虫卵计数可提供明显期内寄生虫病的证据，但无法反映被囊寄生幼虫（特别是幼虫杯口虫线虫）的数量。杯口线虫幼虫可通过直肠检查时取粪便检测或经杀幼虫驱虫药治疗后进行检测。

血清学检查可用于诊断马传染性贫血、胞内劳森菌、增生性肠病，诊断布鲁氏菌病及钩端螺旋体病则极为罕见。

拓展阅读

Brown C M. 1989. Chronic weight loss. In: Brown C M (ed). Problems in equine medicine. Lea & Febiger, Philadelphia, 6-22.

Dic kinson C E, Lori D N. 2002. Diagnostic workup for weight loss in the geriatric horse. Vet Clin North Am Equine Pract 18: 523-531.

Roberts M C. 2004. Malabsorption syndromes and maldigestion: pathophysiology, assessment, management and outcome. In: Reed S M, Bayly W M, Sellon D C (eds) Equine internal medicine. Saunders, St Louis, p796-801.

Schumacher J, Edwards J F, Cohen N D. 2000. Chronic idiopathic inflammatory bowel diseases of the horse. J Vet Intern Med 14: 258-265.

Tamzali Y. 2006. Chronic weight loss syndrome in the horse: a 60 case retrospective study. Equine Vet Educ 18: 289-296.

第四章

肝脏疾病

第一节　临床病理学

　　肝脏疾病对马匹而言是相对常见的，但通常患马并不表现出特异的临床症状。疾病的诊断通常取决于血清学生化指标，因此在本章节将临床病理诊断技术放在首要位置。任何马匹如果出现不明原因的无特异性不适病史、呆滞、食欲不振和/或体重下降，都需要考虑肝脏疾病。

　　肝脏有很强大的再生功能，只有当70%～80%的肝功能损伤以后，才会表现出明显的临床症状，因此不明原因的肝病症状比肝功能衰竭症状要表现得更为明显。尽管潜在的肝病发病过程较长，但功能衰竭多表现为急性中枢神经系统紊乱。肝性脑病的产生与血液中的氨浓度及肠道中产生的神经毒性代谢产物有关，这些毒性产物正常情况下是通过肝脏解毒的。

　　急性肝病的表现通常是轻微的、可逆的非特异性不适感，并伴有抑郁及偶发性疝痛。急性肝衰竭时，肝性脑病发展迅速。通常会出现视力损伤、马头下压、共济失调、强迫行走等症状。病情严重时，会出现过度兴奋和狂躁。

　　慢性肝病通常表现为不明原因的亚临床不适症状，轻度贫血，并在数月内出现体重下降。发病过程中，会突然出现明显的抑郁和轻度的脑病症状。随着疾病的进展和恶化，最终将发展为神经抑制型脑病，而不出现急性衰竭的兴奋症状。

　　不论哪种类型的肝脏疾病，由于体内循环的叶红素增加的缘故，在马的皮肤上都会偶尔出现白色或肉色的光敏感区域。叶红素是叶绿素在体内转化出的具有光活化性能产物，正常情况是由肝脏分泌的。任何马匹如果出现感光过敏现象，都需要检查是否有肝病的存在。

　　一般来说，定义肝脏疾病相对容易些，可是要查明导致肝病的具体原因，却很困难或者说几乎不可能。尽管疾病的病理学特征可以通过组织病理学的术语来描述，这些病理学特征却很难与某种致病因素联系起来。因此，相关的病史对于确定潜在的致病因素就变得相当重要。导致马肝病的因素主要包括以下几点：

- 植物肝毒素可能是目前最公认的因素。这些植物通常不会直接作为牧草被马匹食入，但有毒成分却能在牧草加工过程中保存下来，然后在食入牧草的时候被一起摄入。最为人熟知的是狗舌草（ragwort），牧场很多其他植物也含有肝毒成分。
- 其他饲料毒素。发霉的饲料含有黄曲霉毒素，该毒素对肝脏有很强的毒性反应。
- 感染也是一种偶见性因素。慢性、活动性细菌性肝炎可导致慢性中性粒细胞性胆管炎，多发性肝脓肿或（罕见）胆石病。病毒性感染通常被认为可导致淋巴浆细胞性肝炎，尽管该说法还有待考证。
- 寄生虫病一般不大会对成年马的肝脏有影响。偶尔会出现肝片吸虫通过草料被摄入体内的例子。

- 血色素沉积通常在肝活检样品中会被发现，过多的血色素会对肝细胞有氧化性损伤。过量补铁，可能是致病因素之一。
- 高脂血症会继发引起脂肪浸润（见下文）。
- 血清肝炎（泰勒病）是一种少见的急性肝衰竭，通常和注射马源抗血清有关。
- 胆道癌或淋巴肉瘤之类的癌症在肝脏中比较少见。

一、血液生化

肝脏酶

实验室里诊断肝脏疾病很大程度取决于检测受损的肝细胞释放出的酶。这些酶进入血液循环，能在血清或血浆中被检测出来。根据酶的来源可分为胆道性和肝细胞性两类。比较这两类酶的活性升高有利于判定发病部位。但是应注意的是，单独局限于某一类酶的活性升高在临床上非常少见，通常会出现两类酶活性同时升高。

1．胆道酶

循环系统内所谓"胆道酶"浓度的升高，可以提示出现原发性胆道系统的疾病和/或肝细胞疾病继发的胆管增生。如果胆道酶升高得很明显，多数和原发性胆管疾病有关。

γ-谷氨酰转移酶（gamma glutamyltransferase，GGT或γGT）是最敏感的肝病指标。在发生急性或慢性肝病时，它会持续升高并提示胆管损伤。然而，实践表明，一些因为有轻微至中等程度的酶活性升高而被诊断有肝脏疾病的马，在随后的活检中却发现肝脏并无问题。目前还不清楚为何该酶的特异性会如此之低，或许有可能活检的部位恰好未受损伤，也可能是酶来自其他部位，如胰腺或肾小管。

血清碱性磷酸酶（serum alkaline phosphatase，SAP或ALP）主要和胆管系统有关。在肝胆管损伤时这种酶会被释放入血。不过这种酶并不是肝脏特有的，其他器官如骨骼和肠道（刷状缘）损伤时也会分泌这种酶。在正常的、处于成长阶段的年轻马匹体内这种酶的含量通常是较高的。

2．肝细胞酶

如精氨酸酶、天冬氨酸转氨酸（AST或AAT）、谷氨酸脱氢酶（GLDH）、山梨醇脱氢酶（SDH）和乳酸脱氢酶（LDH）这些酶，主要还是来源于肝细胞而不是胆道上皮细胞。这些酶的浓度如果相对于胆道的酶浓度增加很多，提示原发性肝细胞受损。

天冬氨酸转氨酶（前身为GOT-谷草转氨酶）在细胞破裂以后很早就被释放入血，清除却需要较长的时间。天冬氨酸转氨酶是肝病的一个很敏感的指标，但特异性相对不高，因为其他软组织如骨骼肌和心肌在损伤时均能释放出该酶。对于无法确诊的病例，需要检查其他肌酶相关的酶指标，最常使用的是肌酸磷酸激酶（CPK），该指标有助于确定病因是否来源于肌肉。

山梨醇脱氢酶是肝脏特有的指标之一，在肝脏受损早期，会释放入血。该酶的半衰期很短，所以随着疾病的进展酶含量也会逐渐下降。该酶在血液中不稳定，因此在采集血样后，要尽快处理，最好是在24h以内。该酶的活性在常温下2～3d内会降低一半。

谷氨酸脱氢酶是肝脏另一个特异性的指标。它的半衰期也很短，一旦出现，即提示肝脏正处于损伤中。由于它在体内比较稳定，因此它比山梨醇脱氢酶更容易检测。该酶的浓度和肝脏损伤程度不一定成正比，比如检测出的浓度可能很高，而肝脏损伤却可能比较轻微。

注释

- 应用血清生化指标排查肝损伤病因时，并不需要把以上列出来的所有酶全部检查一遍。作者建议在诊断过程中，应用一种肝细胞酶和一种胆道酶即可，如天冬氨酸转氨酶和谷氨酰转移酶。这两种酶都在参考范围以内时，极少数的马匹会出现严重的肝脏损伤。
- 乳酸脱氢酶在肝病时通常升高。但该酶普遍分布在全身各个组织，因此在诊断中需要参考肝脏特异性的同工酶，如LDH_4和LDH_5（见第一章）。
- 尽管分析肝脏产生的各项酶指标是肝病诊断的重要标准，需要注意的是这些指标永远不是绝对的，既不是完全敏感，也不是完全特异，解读这些指标时需要进行系统的考量。

二、肝功能指标

很多物质的浓度与肝功能是否正常有关，因此这些物质浓度的变化，可以帮助进行肝脏疾病的诊断。当这些物质出现异常时，可以提示肝功能异常，甚至出现肝功能衰竭。

（一）血清总胆汁酸（TSBAs）

胆汁酸在肝脏中合成，同时在肝脏内结合氨基酸形成胆酸盐并分泌入胆囊。它们对于分解食物中摄入的脂肪和吸收脂溶性维生素起了很重要的作用。进入胆囊后，大部分胆汁酸又从消化道内被重新吸收，进入肝脏，接着又重新分泌入胆囊，这就是胆汁酸的"肝肠循环"（图4-1）。少部分胆汁酸在重吸收以后会进入外周循环，对这部分胆汁酸

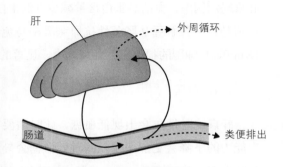

图4-1　胆汁酸的肝肠循环
在肝功能异常情况下，胆汁酸的循环浓度升高。

进行测量，就可以代表血清总胆汁酸的浓度。

大多数肝病会有正常的血清胆汁酸浓度。在肝衰竭情况下，肝肠循环中的胆汁酸的摄入与再分泌功能减弱，导致外周循环中的总胆汁酸浓度升高。因此，对单一血样中的胆汁酸进行评估，有助于肝功能的检测；同时在疾病的诊疗过程中，也有助于肝功能的监测。

注释

· 血清总胆汁酸在空腹或食欲不振时可能会升高（但升高程度有限）。

· 肝循环不良时，会出现总胆汁酸升高。

（二）血清胆红素

血清总胆红素通常在马肝脏疾病中并不升高。数值的升高对诊断是有效的，不过处于正常值时也不能排除肝病存在的可能。

对于出现黄疸的肝病病例，无论潜在的致病原因是什么，大都会出现非结合型血清胆红素升高。通过经典的范登堡反应（Van den Bergh reaction）来比较直接胆红素（结合型胆红素）和间接胆红素（非结合型胆红素）的相对值，对于其他动物效果明显，但对于马效果并不理想。

总胆红素的升高也常见于其他各种与原发性肝病无关的马病，如溶血、阻塞性疝痛及任何原因造成的食物摄入减少。在空腹或食欲不振时，通过肝细胞转运胆红素的生理能力下降，从而使胆红素升高。不管出于什么原因，厌食是马匹黄疸最常见的原因。

（三）血清蛋白

血清蛋白的分析对于肝脏疾病的诊断很有效。血清白蛋白在肝脏中合成，在某些慢性肝病中它的浓度会降低。然而，低白蛋白血症在马肝病中非常少见，即使出现，白蛋白的浓度还是轻微降低（一般不会低于20g/L）。相反，由于高球蛋白血症比较多见，因此在马匹肝衰竭病例中，血清总蛋白含量减少（低蛋白血症）是非常罕见的。高球蛋白血症的原因尚不清楚，一种解释是肠源性抗原刺激全身免疫系统的反应，最终导致保护性的肝脏枯否氏（Kupffer）细胞的损失。在肝衰竭中，显著的高球蛋白血症提示预后不良。

（四）血糖

肝衰竭时偶尔会出现低血糖，此时需要相应的药物支持。低血糖随着食欲不良和糖异生能力的下降会更加恶化。同时低血糖会导致肝性脑病的出现，此时中枢神经系统紊乱常与肝衰竭有关。然而，很多马肝衰竭病例（无论是否伴有脑病）都会伴有血糖升高，这主要由于胰岛素耐受和应激所致。

（五）血氨

肠道内的蛋白质会被降解成为胺和氨，这些成分在肝脏内被解毒转化成为尿素，再通过尿液排出体外。在肝衰竭的时候，因为肝脏解毒功能受损，血氨的浓度会相应升高。血氨和肝性脑病有直接的联系，但高血氨症时未必会出现脑病的临床症状。这种现象出现的原因可能由于在肝性脑病时，患马血脑屏障对血氨的渗透存在差异。

血氨是最简便的实验室检查指标，但它本身不稳定，需要应用乙二胺四乙酸（EDTA）等抗凝剂将血浆快速收集和分离，并在2h内进行快速的实验室分析。如果实验室条件允许的话，可以检测一系列血氨浓度，对即将发生的肝性脑病具有预示作用，同时也可为治疗效果提供敏感的监测。

（六）高脂血症

高脂血症是一种在应激或营养缺乏的状态下，脂肪动员增加导致的代谢疾病。常见于雌性矮马和母驴，通常与非特异性疾病及妊娠后期营养不良有关。血清肝酶含量升高可能是高脂血症的原因或结果。因此，高脂血症可由原发性肝病所致。另外，脂肪性肝病也可继发于高脂血症。

出现任何与疾病相伴随的肝病，或是食欲不振的妊娠后期的母矮马或母驴，都要考虑是否伴有间发性的高脂血症。高脂血症的确诊标准是血液中甘油三酯的浓度超过5mmol/L，从而导致血浆浑浊呈牛奶状。这种浑浊现象在血样静止沉淀后，可以通过肉眼就观察到（见第十六章）。

三、血液学

在肝脏疾病中，血液学分析无法提供特异性的资料。贫血多伴随慢性疾病，而肿瘤或是细菌性感染（如胆管炎或脓肿）的患马可出现白细胞移位和血浆纤维蛋白原和血清淀粉蛋白A浓度升高。

在肝衰竭晚期，凝血因子的生成降低，导致凝血时间延长。在临床操作中，兽医应更专注于严重凝血障碍导致的黏膜出血或静脉穿刺后出现的血肿等临床症状，而不刻意进行复杂的凝血检测。

四、肝片吸虫病

极少情况下，马会感染绵羊/牛肝片吸虫。成虫存活时间长，导致感染的马匹出现低度肝炎症状，即使马匹从被寄生虫感染的放牧地迁移后，其精神状态在几个月以内仍会表现不佳。在非正常的宿主体内，肝片吸虫的繁殖能力有所下降，粪便中排出的寄生虫卵数量也会下降。

传统的寄生虫检测方法需要通过在粪便中检测到虫卵来证明。在肝片吸虫病中，需要在大量的粪便中找到极少量排出的虫卵，这种检测方法并不十分实用。如果牧场有证据证明存在被肝片吸虫感染过的病史，建议直接对马匹进行肝片吸虫病的治疗（例如，三氯苯咪唑，15 mg/kg，口服），然后观察其临床病理学变化。

第二节　临床实用诊断技术

临床诊断尤其是临床病理学诊断可用于确定肝病损伤的存在，不过在绝大多数情况下，致病因素、组织损伤严重程度和合适的治疗方法是无从所知的。超声波和肝活检可能会提供病因学信息，不过这也不是绝对的。超声波和活检还可提供损伤严重程度和预后的信息，进而帮助选择适当的治疗方式，它们也可为后续的复查提供对照。在血清肝酶明显升高的情况下，组织活检结果处于完全正常状态的情况也会经常出现。同样，某些可疑的活检结果，其肝酶的活性可能只有微弱的升高。因此，在发现肝酶升高的早期，及时进行活检是非常必要的。延误活检会导致早期可治愈性疾病被拖延成预后很差的慢性肝衰竭。

一、肝脏超声波检查

在正常成年马体内，肝脏位于右侧腹部，但也可在双侧肋间对其进行皮下超声扫描。进行肝脏超声检查时，建议使用频率为2～6MHz的变频传感器及接触面较狭窄的扇形探头，原因是马的肋间距通常都比较狭窄。

在左侧，肝脏位于腹侧肺脏边缘延伸区域，从膈肌沿尾部方向间隔若干肋间隙，至脾脏连接处（在第7～12肋间隙的位置）。在右侧，肝脏位于腹侧肺边缘延伸线上，从膈肌一直延伸至右肾的位置（在第7～15肋间隙的位置）。肝脏的确切大小和位置并不固定，取决于马的年龄、身体状况及品种。皮肤的处理对于高质量的皮下超声图像是非常重要的，这其中包括剃毛、碘伏处理皮肤、医用酒精去除油脂，最好涂抹耦合剂。对于短毛马匹，被毛经医用酒精处理后，同样可以得到清晰的诊断图片。

肝脏超声检查需要评估以下几个方面：

- 腹腔液体的数量及性质。如果腹腔内液体增多，肝脏会被挤到一边去，远离了原本接触的腹壁和深层筋膜。液体的浑浊度和细胞含量会增加回声反射。
- 肝脏的整体大小。不同马匹的肝脏大小有所差异。不过可通过比较肝脏和体壁接触面积与马匹身体大小之间的比例进行主观推测，也可通过观察该区域内组织的深度来评估肝脏的大小。一般而言，大约有10cm的肝脏会接触最大呼气时候的肺下缘，大概位于右侧第13个肋间隙的位置。

- 肝脏包囊表面和腹面边缘。健康的肝脏有一层包囊，提供了一个平滑的、清晰的组织界限，同时在其腹侧切迹部位存在一个锐性边缘。
- 肝实质的质地。健康的肝实质具有均匀的回声反射性，间隔分布着血管。造成整体回声反射性的原因很多，包括探头与皮肤接触的变化、探头频率的变化、控制设定及肝脏疾病等。遵循统一的操作标准有助于对肝脏回声反射做出客观的衡量。回声反射出现弥漫性增高可能由于纤维化、脂沉积、血色素沉积或者细胞浸润。局部的回声反射的改变更容易被查出来，其原因可能是由于肝脏脓肿、肝脏包虫囊肿、胆囊结石或肿瘤。这些不正常区域的外观可直接提示病因，同时也为活检提供了定位。
- 肝脏血管的形态。肝静脉和门静脉可在超声下显示。门静脉更容易显示出回声的边界。这些血管的大小和形态能很容易被辨别出来，也会提示其他器官（如心血管）的疾病。在肝外周，血管直径几乎不超过8mm。

二、肝脏活检

绝大多数马匹的肝损伤是弥漫性的，因此，活检通常给组织病理学提供了有代表性的样本。肝损伤的严重程度通常很容易辨认出来，这对判断预后很有帮助，不过对于具体的病因还是不容易给予提示。除非病理变化具有明显的特异性，如狗舌草中毒引起的巨肝细胞症。活检的禁忌证包括并发的血凝病或肝脓肿，但在超声波的定位帮助下，这些风险可以被避免，以保证活检过程的安全性。

（一）活检器材

医用活检器材有很多种。全自动的、装有弹簧的14G（直径约2mm）口径的活检针头（如Cook、Ranfac）可采集高质量样品，也易于操作。绝大多数活检采取皮下5～10cm深的样本，所以15～20cm长的针头就足够了。对于大多数超声传感器，可以购买相应的活检指南，以指导如何借助超声图像将活检针头安置在正确位置，然而，这些指南并不是活检所必需的。

（二）活检部位

肝脏活检时最好能够借助超声影像的辅助，以减少其可能带来的不良反应，并最大可能地保证活体样本的采集。在超声图像的辅助作用下，理想的活检部位可在图像中显示出来，左右两边均可用来入针。如果没有超声波的辅助，就跟其他仪器选择位点的方向一样。活检的位点选择为右手侧第13肋间隙，恰好位于第14肋的前部，处于一个楔形的中间位点，这个楔形的上下限是假想的虚线，分别从臀部的顶点绘制到肩部的顶点及髋关节的顶点到肘关节的顶点（图4-2）。需要注意的是，有些病例之所以采样不成功，是因为在预期的解剖区域没有肝组织存在。

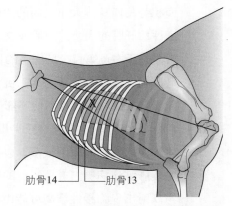

肋骨14 —— 肋骨13

图4-2　图中标记显示在无超声介导情况下肝活检的合适部位

（三）操作步骤

- 在所选位置周围的10cm×10cm的区域内进行剃毛，并进行外科手术前处理。
- 根据马匹的脾气，对其进行必要的镇静。
- 采用无菌操作，应用39mm×0.8mm的针头，穿透皮肤和皮下的肋间肌至胸膜壁层注射入4～5mL局部麻醉剂。
- 在第14肋骨前设置一个5mm穿刺切口。在此，刺入活检针头，穿过肋间肌，然后偏离10°向后退以避开肺脏和膈肌。如果穿刺时恰逢肺脏完全排气阶段，肺受到影响的可能性就会大大降低。当取样针到达膈肌时，可感觉到膈肌带动针头运动。如果此时松开针头，可看到针头随着膈肌的呼吸运动而运动。
- 针头继续刺入约5cm深度，穿过膈肌到达肝脏，此时会有接触坚硬物的感觉，这里就是进行活体取样的位置。采集的样本色泽应为深色，并可沉淀于固定液中。如果初次没有采集到样品（或是取样的颜色较浅，或不下沉），要进行二次穿透，并再次调整针头，同时保证无菌操作。如果有临床或临床病理证据表明有肝脏感染，需要将活检的样本保存在无菌容器中，进行后续的病原分离培养。
- 尽管伤口愈合粉/喷剂可以有效用于取样留下的小切口的愈合，但是还要在切口区域使用单次间断缝合。马匹需要休息至少1h，使穿刺通路形成凝血。
- 如果取样不成功的话，应在24h后在不同的位置进行重复取样。在没有超声波定位的活检过程中，建议后退一个肋骨的距离，但在老龄马中，萎缩可使肝脏的位置前移。用超声波定位的活检优势是显而易见的，穿透膈肌和肺脏的概率要明显降低，活检的针头也可以被及时观察，并顺利到达预定位置。
- 需要评估马匹的破伤风症状，并及时进行妥善处理。
- 尽管马匹经历肝活检后很少出现不适的临床症状，单剂量苯基丁氮酮（或者其他非类固醇消炎药）可以用作常规镇痛剂。

（四）肝脏活检的并发症

并发症很少见。除了肝脏以外的其他脏器（如膈肌、肺脏、结肠）会被无意采集，但影响不大。如果采集的样本没有肝脏的色泽或质感，需要使用短疗程抗生素以预防肠道穿孔。

腹腔和胸腔可能出现出血。即使是严重的病例，活检导致的肝脏大量出血也是非常少见的。如果有证据显示凝血时间延长，如静脉穿刺后可能会形成血肿，应正确评估出血时间（见第八章血液疾病）。用超声定位可避免损伤肝内的大血管。

注释

- 少数情况下活检采集的样本为正常组织。取决于临床或临床病理状况，活检可以为马匹体况的评估提供信息，同时也可为肝脏脓肿、肝片吸虫病及肿瘤的诊断提供参考。如果血清肝酶浓度持续升高，建议每1～3个月进行重复活体取样检测。此时的活检最好是在超声定位指导下完成，每次选择不同位置进行活检取样。

- 有超声协助定位时，兽医可从马匹的左侧取活检样本。无超声帮助时，不建议从左侧入针进行活检，因为此时可能会伤及左心室。

拓展阅读

Barton M H. 2004. Disorders of the liver. In: Reed S M, Bayly W M, Sellon D C (eds). Equine internal medicine, 2nd edn. Saunders, St Louis, 951-994.

Durham A E, Smith K C, Newton J R，et al. 2003. Development and application of a scoring system for prognostic evaluation of equine liver biopsies. Equine Vet J 35: 534-540.

Durham A E, Newton J R, Smith K C, et al. 2003. Retrospective analysis of historical, clinical, ultrasonographic, serum biochemical and haematological data in prognostic evaluation of equine liver disease. Equine Vet J 35: 542-547.

Durham A E, Smith K C, Newton J R. 2003. An evaluation of diagnostic data in comparison to the results of liver biopsy in mature horses. Equine Vet J 35: 554-559.

McGorum B C, Murphy D, Love S, Milne E M. 1999. Clinicopathological features of equine primary hepatic disease: a review of 50 cases. Vet Rec 145: 134-139.

第五章

内分泌疾病

第一节 马库兴氏综合征：垂体中间部功能障碍（PPID）

马的库兴氏综合征可能是马最常见的内分泌疾病，是由于丘脑脑室周围的多巴胺能神经元受到氧化损伤引起的，这种损伤与年龄有关。正常情况下，多巴胺能神经元产生的多巴胺释放到垂体中间部，抑制原阿片黑色素（POMC）肽类激素的分泌。这些受抑制的多肽激素包括促肾上腺皮质激素（ACTH）、β内酚酞、α黑素细胞刺激激素和类促肾上腺皮质激素中间肽。当缺少多巴胺对促黑素激素细胞正常抑制作用时，原阿片黑色素肽类激素就会过量分泌；同时促黑素激素细胞也大量增生。马库兴氏综合征的产生，一是由于促黑素激素细胞过量分泌原阿片黑色素肽类激素，二是由于垂体中间部增生、物理性入侵周围组织。

值得注意的是，马的这种内分泌疾病不单是促肾上腺皮质激素，是所有的原阿片黑色素源的肽类激素过量分泌导致的。这一点有别于其他动物的库兴氏综合征，其他动物的库兴氏综合征属于垂体依赖的库兴氏综合征，则单纯是由垂体腹侧部肿瘤分泌过量的促肾上腺皮质激素引起的。因此，垂体中间部功能障碍（PPID）比传统的库兴氏综合征更准确地描述了马的这一内分泌疾病。

一、PPID 的临床识别

患有PPID的马具有典型的外貌特征。当老年马和矮马表现为体重减轻，蹄叶炎，多尿多饮，春季脱毛异常或者不正常的多毛（图5-1）等症状时，应怀疑PPID。事实上，不合适的多毛被认为是PPID的典型症状。其致病机理尚不清楚，导致该病的原因可能是体液循环中存在大量的糖皮质激素和褪黑素，以及肿大的垂体对下丘脑体温调节中枢产生的压迫。发病早期，在下颌骨下部、掌骨和跖骨等四肢底部出现长毛可能预示有PPID，但是此时身体其他部位的被毛是正常的。

图5-1 一匹22岁患有垂体中间部功能障碍的马
注意被毛不同寻常的外观，表现为春季换毛不全。

患马常表现为骨骼肌质量减少，身体脂肪呈典型的区域分布，这种情况类似于接下来将提到的马代谢综合征。很多患马常表现出慢性蹄叶炎的临床症状。其他的临床症状还包括多汗、嗜睡、不育、母马哺乳异常、失明、癫痫和由免疫抑制导致的多种慢性感染。尽管大多数报道显示患马的年龄都在18岁以上，年轻马也时有此病，但不到7岁的马患此病的情况比较罕见。

二、PPID 的诊断

常规临床病理学检查结果是非特异的，可能出现应激白细胞象（成熟中性粒细胞增多并伴随轻度或中度的淋巴细胞减少）。慢性感染也会导致患马出现高纤维蛋白原血症和轻度贫血。血浆生化异常指标包括轻度至中度的高血糖、高血脂和血浆中肝酶活性轻微升高等。

内分泌试验

尽管口服药物治疗PPID已能有效控制该疾病，如硫丙麦角林和卡麦角林等，但是治疗费用昂贵。因此，特异性的内分泌检测，能帮助确定治疗患马所需的费用。目前有很多种内分泌检测技术能诊断PPID，但是没有一种单一明确的检测方法。

"过夜地塞米松抑制试验"，这种方法在临床中容易操作，并且是诊断PPID的金标准。首先采集样本血浆，测定皮质醇，并把它作为参考的基准。然后在17:00的时候给马肌内注射低剂量的（40μg/kg）的地塞米松，在次日10:00采集第二次血浆，再次测皮质醇的浓度。对于健康的马，地塞米松处理后17～19h内，血浆皮质醇会降至1μg/dL以下。地塞米松处理后17～19h内，血浆皮质醇高于1μg/dL则确诊为PPID。

促肾上腺皮质激素（ACTH）升高也可作为诊断PPID的依据。但是，仅靠血浆中的ACTH会导致假阴性的诊断结果。有一些季节因素，比如，在北美洲的秋季，通过此法诊断PPID会产生假阳性结果。需要注意的是，促肾上腺皮质激素的测定，需要仔细地进行样品处理。采血后，血浆必须快速从血液中分离出，并且血浆样品要置于冰上保存。送检样品前，要检查实验室对送检样本的要求。

多潘立酮刺激检测（domperidone challenge test）用于诊断PPID在北美逐渐流行起来。多潘立酮是多巴胺（D2）受体颉颃剂，对于健康马，口服多潘立酮对ACTH的血浆浓度没有影响。对于患PPID的马，使用多潘立酮治疗时，会导致其血浆中的ACTH显著上升。产生这种效果的原因，可能是在过度肥大的促黑素激素细胞里，多潘立酮中和了残余的多巴胺能抑制物，导致血浆中ACTH浓度升高。试验前测定血浆中皮质醇浓度，口服多潘立酮（2.5mg/kg）后4h再次测定皮质醇浓度。PPID诊断的依据是4h后血浆皮质醇的浓度是服药前2～3倍，这种情况不会发生在健康的马匹上。初步结果显示，多潘立酮刺激检测是一种有效而且安全的方法。这种检测方法能保证较高的诊断正确率，但是此方法需要更多正常和患有垂体中间部功能障碍马的临床试验数据，来判断其敏感性和特异性。

倘若患PPID的马表现出了胰岛素耐受性，需要兽医根据某种处理方法（如日粮调整）和随后预后转归的情况给出一个特定的指导。开始治疗时出现高胰岛素血症对病马的长期生存不利。此外，出现胰岛素耐受性可进一步导致蹄叶炎的发生。

第二节 马代谢综合征/胰岛素耐受性

马的代谢综合征（equine metabolic syndrome，EMS）的特征为肥胖，易增加患蹄叶炎的风险。胰岛素耐受性是诱发蹄叶炎极其重要的诱因。马代谢综合征这一名称存在争议，因为现在没有一个统一的诊断标准，需要做进一步的工作来界定这个综合征。然而该专有名词有利于将其与PPID和疑似甲状腺功能减退区分开来。

EMS指的是马和矮马出现肥胖、胰岛素耐受性和蹄叶炎（临床症状、蹄部物理检查和影像检查证实为蹄叶炎）。尽管EMS患马被检出有蹄叶炎，但畜主常报告这些马的跛行不是很明显。这或许说明蹄叶表面结构的变化可能不会导致蹄叶疼痛。

一、EMS 的临床识别

马，尤其是矮马在患有蹄叶炎或肥胖时，应考虑是否患有马代谢综合征（图5-2）。一些马种，如矮马、摩根马、秘鲁巴苏马、巴苏菲诺马有患此病的倾向；而纯种马和标准竞赛用马患此病的风险较低。通常认为全身性肥胖都暗示着胰岛素耐受性的状态，但是一些处于胰岛素耐受性的马在颈峰处（"嵴颈"）会出现局部增厚；在尾根部、包皮内部、眼眶上窝和肩膀部，会有皮下脂肪组织增生等症状（图5-3）。畜主常将这种病马称为"好饲养的马"或"发育良好的马匹"，因为他们认为这些马虽然采食很少的饲料，但仍能维持肥胖的体况。

临床患病的马匹在其青年时期，当采食优质牧草时（采食诱发蹄叶炎的牧草），容易患EMS。然而，很可能这些马在表现出明显的蹄叶炎症状时已有数年的胰岛素耐受性和肥胖

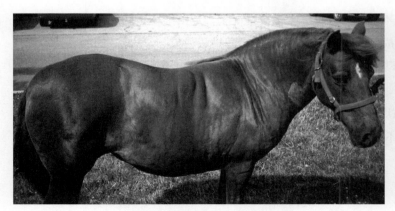

图5-2 患代谢综合征的马
表现为典型的肥胖症状。

图5-3 患代谢综合征的马
表现为颈峰处局增
厚（嵴颈）。

的症状（图5-4）。通过对饲养管理的调查可知，这些患有EMS的马都曾饲喂过过量的碳水化合物。

图5-4　矮马前蹄患有慢性蹄叶炎的典型外观
注意蹄部生长环突出，朝向蹄底方的生长环有分叉。

二、EMS 的诊断

怀疑马患有EMS是基于马的体检结果。EMS的异常症状主要有：全身或局部肥胖，颈部隆起（"嵴颈"），有亚临床或明显的蹄叶炎（根据外观或影响异常）。诊断时，需要排除PPID导致局部肥胖和蹄叶炎的可能性。在一些青年马中，患有PPID时没有典型的外观表现（如多毛、肌肉系统受损、多尿、多饮等）。在这些年轻马的病例中，患有PPID马的临床表现和患有EMS的马的症状相似，症状的程度也相似，较难区分。尽管如此，确诊PPID前，需要用诊断测试确定马的临床症状与PPID无关（见上述：垂体中间部功能障碍的诊断）。

诊断胰岛素耐受性的最简单的方法是检测血浆中胰岛素的浓度。代偿性高胰岛素血症常见于患有胰岛素耐受性的马匹中。然而，除了胰岛素的敏感性外，血清中的胰岛素的浓度还受其他因素的影响，如马匹上次饲喂的时间、血液中皮质醇的浓度（昼夜的变化、情绪、疼痛和应激、PPID）、饲料的配比、生殖状态、生理状态（健康/疾病）。尽管如此，禁食状态下的胰岛素和血糖浓度仍处于相对稳定的值，可用于判断病马的胰岛素敏感性。胰岛素耐受性的马匹常有较高或略高的血糖浓度和高胰岛素血症等特征。

第三节　肾上腺皮质机能不全

马的肾上腺皮质机能不全较为罕见。大多数情况下，是由于终止长期使用促肾上腺皮质激素、糖皮质激素和合成代谢类固醇治疗（"类固醇排放现象"）所导致的继发性功能减退。然而，肾上腺在马属动物中属于休克器官（shock organ），原发性的肾上腺皮质机能不全见于患有内毒血症的马，或者见于患有败血症的幼驹。也有证据表明，强烈的应激，如高强度的训练（肾上腺衰竭），也会使一些马的肾上腺皮质机能不全。但是与应激相关的肾上腺衰竭在马的记录中并不完善。

一、临床症状

肾上腺皮质机能不全的临床症状并不特异，也不明显，似其他常见症状。兽医考虑马患有肾上腺皮质机能不全时应注意以下临床症状：嗜睡、厌食、运动不耐受、体况下降、毛发粗乱（包括多毛）、跛行、反复的轻度疼痛和痉挛等时，应考虑肾上腺皮质机能不全。血浆生化指标变化可能不明显，或者有以下异常：低钠血症、低氯血症、高钾血症、钠钾比值降低和低血糖症。当出现氮血症时，这可能是由于低血容量症等肾前性因素所致。虽然通过病史调查可以怀疑马匹可能患有肾上腺皮质机能不全，但是驯马师和马主不能因为马匹使用过某些药物而认为马匹一定会出现该病。

二、肾上腺皮质机能不全的诊断

原发性的肾上腺皮质机能不全以血浆ACTH浓度升高为特征（缺少皮质醇诱导的负反馈调节），必须与垂体中间部功能异常（PPID）严格区分开。诊断需要有ACTH刺激试验结果的支持，试验结果为使用ACTH后，血浆中皮质醇浓度并未适当升高。测量皮质醇浓度时，血样采集时间为上午8:00～10:00，ACTH的给药剂量为1IU/kg，给药途径为肌内注射。对于健康的马，注射ACTH后，在2h和4h后重测血浆皮质醇，其浓度升高2～3倍。另外，也可以用替可克肽（cosyntropin，合成的促肾上腺皮质激素），在上午8:00～10:00收集血浆，患马静脉注射100IU（1mg）替可克肽。对于健康马，血浆皮质醇浓度在注射替可克肽2h后会增加一倍。

第四节　嗜铬细胞瘤

这是一种罕见的肾上腺髓质瘤，该肿瘤的发生引起肾上腺素和去甲肾上腺素的过度分泌，由于肾上腺素和去甲肾上腺素颉颃胰岛素，从而促进糖原分解。该病极罕见，生前诊断很困难，通常是在患马死亡后，由兽医病理学家在尸体剖检后确诊为非功能性肿瘤。临床表现主要为儿茶酚胺分泌过量，嗜铬细胞瘤可能会出血，呈现肾周出血和腹膜出血时，应考虑为嗜铬细胞瘤。

一、临床表现

马嗜铬细胞瘤常见临床症状包括多汗、惊恐不安、腹痛（肠梗阻）、全身性肌肉肌束抽搐、肌肉震颤、共济失调、瞳孔散大、多饮多尿、氮血症、膀胱麻痹、体温升高、呼吸急促、心动过速和心律失常。这些表征可能是偶尔发生的。嗜铬细胞瘤常见于老龄马，通常为良性和单侧的肿瘤。

二、嗜铬细胞瘤的诊断

嗜铬细胞瘤很难确诊。虽无特异性症状，但以下血浆生化异常在某些病例（无氮血症）仍可作为诊断依据，如低钠血症、高钾血症、低钙血症和高磷酸盐血症等。对于人来说，诊断嗜铬细胞瘤时，首先，要依靠检测尿和血浆中是否有过量的儿茶酚胺；其次，通过计算断层扫描或磁共振成像，确定肿瘤在肾上腺和腹腔中的位置。遗憾的是，除了闪烁扫描法，目前没有任何一种先进的影像技术能适用于大动物。最终往往要通过死后剖检进行确诊。

第五节　马的多尿多饮症

在温带，圈养的健康成年马每天的饮水量为每千克体重40～60mL（对于一匹标准的夸特马的饮水量约为25L）。当马没有被饲喂或者食欲不振或厌食时，马饮水量会大幅下降50%。同样，放牧的马每天饮的水相对较少，因为牧草中水含量较高。虽然很少有人测量马的每日排尿量，但成年马每天通常会产生5～15L的尿液。马的膀胱的容量为4L，健康成年马每日排尿3～4次。正常尿液的浓度比血浆高3～4倍，尿比重为1.030～1.045（等同于尿的渗透压900～1 400 mOsmol/*kg）。在牧场，成年马产生的尿相对会稀一些。

一旦马匹出现无法解释的多尿多饮，马主就应求助于兽医。需要精确测量马的随意饮水量，方法通常是用水桶给水以确定饮水量，并且切断自动供水装置。

老年马的多尿多饮可能是由PPID所引起。但马PPID和多饮多尿并不一致，判定马患有PPID需要判断马是否有肌肉萎缩、局部肥胖、蹄叶炎和多毛。具体诊断PPID的方法见上文。其他引起多尿多饮的因素包括神经性烦渴、肾病、尿崩症、糖尿病和摄取过多的盐。

一、神经性烦渴和多尿多饮症

神经性烦渴是由于马长期在马舍中产生的厌倦所引起的，是导致PU/PD的一种最常见的原因。在这些病例中，自主饮水量每天会超过100mL/kg，导致排出大量稀释尿液。诊断神经性烦渴通常是基于检查病马状况，排除其他导致多尿/多饮（PU/PD）的因素。在必要情况下，可采用禁水试验。

用于诊断神经性多饮症的禁水试验

在神经性烦渴症中，马的肾小管功能和抗利尿激素（ADH）活性正常，因此禁水试验

---

* mOsmol/kg是渗透压摩尔浓度，通常以每千克溶剂中溶质的毫渗透压摩尔来表示。

能引起尿的浓缩。禁水试验应从晚上开始，以保证能在次日白天检查脱水状态。具体方法步骤如下：

（1）移除所有的水和饲料。用导尿管排掉膀胱中的尿液，并测定尿液的比重。

（2）每4～8h检测一次尿比重、血液尿素、血细胞比容（PCV）、总蛋白，检测总时间不超过20h。当尿比重结果显示尿浓度足够时，或者出现氮血症或脱水症状时，禁水试验应停止。

（3）如果尿比重值在20h后不到1.020，如果安全的话，禁水试验可延长至24h。

注意：禁水试验不能用于已有脱水和有氮血症的马。

禁水试验后尿比重超过1.020，则意味着是神经性多饮症。较低的尿比重值则意味着可能是尿崩症。任何长时间的多尿多饮，无论是由何种因素引起，都会导致肾髓质中的钠和氯被"冲洗"掉。这会降低肾髓质渗透压，使尿液不能被浓缩。另外，禁水试验后可能导致健康肾脏浓缩尿的能力下降。如果24h内尿没有浓缩到1.020，那么另一个改进的禁水试验，可以排除肾髓质冲洗因素对诊断的干扰。在这个改进的禁水试验中，每日的摄水量限制到40mL/kg，限水数天，之后重新测定尿比重。如尿比重升至1.020以上时可判定为神经性多饮。超过4d尿的比重都没有浓缩，则表明可能是尿崩症，为此随后要做一种外源性的抗利尿激素（ADH）验证（见下文）。

二、肾病和多尿多饮症

当常规试验检查显示肾功能异常时，应考虑肾病（见第六章）。

三、尿崩症和多尿多饮症

尿崩症（Diabetes insipidus）是马多尿/多饮的罕见病因。垂体神经部的精氨酸升压素（抗利尿激素）分泌不足或由于肾小管对升压素反应不敏感，均可导致尿崩症，该病可遗传，也可后天获得。在患有PPID（垂体中间部异常）的马中，垂体中间部腺体瘤的增大压迫垂体神经，从而导致中枢神经性尿崩症发生。肾性尿崩症的病因可能是由于先天肾小管缺陷或者由于后天某些肾病所致。同时患有两种类型的尿崩症的马可产生大量的稀释的尿液（伴随着继发性烦渴），在禁水试验期间不能产生浓缩的尿液。

对于中枢性尿崩症的疑似病例，可通过以下方法确诊：注射合成的血管升压素类似物后，如醋酸去氨加压素，PU/PD有所缓解。静脉注射20μg的醋酸去氨加压素，每6h检测一次马的饮水量，共检测24h。中枢性尿崩症患马耗水量（和排尿量）应该降低，同时尿比重增加。另一方面，用醋酸加压素处理的马肾性尿崩症则不会缓解多尿症。

四、糖尿病和多尿多饮症

马很少患糖尿病。跟其他动物一样，与糖尿病相关的PU/PD，是由于血糖显著升高（通常大于280mg/dL）和尿糖升高所致。

五、摄盐过多消耗和多尿多饮症

马食用了大量食盐（氯化钠）后，摄水量会增加（同时伴随着尿量增加）。大多数情况下，一些马对盐砖使用过多，导致摄盐过量（可能是马厌倦行为的一种表现）。第二种情况是日粮中含有太多的盐分。尿液中钠的排泄增多，可为摄盐过量导致的PU/PD提供诊断依据（见第六章）。

第六节　甲状腺疾病

甲状腺激素——甲状腺素（T4）和三碘甲状腺氨酸（T3），通过辅助生长调节、细胞分化和新陈代谢，几乎影响到每一个器官系统。然而，尽管临床症状差异很大，对于成年马来说，直接由甲状腺疾病导致的临床症状实属罕见。

依据血浆中T3和T4浓度（两者浓度之和），来诊断成年马的甲状腺功能低下，这种方法是不准确的，因为血浆中低浓度的T3和T4更可能归于非甲状腺因素。对于甲状腺功能正常的马，抑制血液甲状腺素浓度降低的非甲状腺因素包括：保泰松治疗、每天时间的变化、日粮组成（能量、蛋白质和微量营养元素）、糖皮质激素过多、马代谢综合征（见上述）、禁食、训练的强度及妊娠期。对甲状腺功能正常的马，常用"非甲状腺疾病"和"甲状腺功能症候群"来描述由药物和疾病导致的血浆T4浓度受到抑制的情况。血浆中T3、T4浓度降低不能作为诊断依据。可以用促甲状腺激素（TSH）或促甲状腺激素释放因子（TRH）刺激试验，来确定甲状腺分泌功能是否正常。

一、甲状腺肿大

马最常见的甲状腺疾病是甲状腺腺瘤，多见于老年马，在喉的单侧可见肿大，可触摸到肿胀部位（图5-5）。这种肿瘤通常无分泌功能，与内分泌病无关，极少受其他因素干扰。肿大的腺体是可移动的，经常在浅表和深部移动，给人的错觉是间歇性肿胀。

图5-5　喉左侧的甲状腺腺瘤肿胀

如有必要确认肿块是甲状腺，可借助触诊、超声波检查和活检。

在极少数情况下，老年马甲状腺肿大与肿瘤变化及甲状腺功能亢进有关。只有当表现出甲状腺功能亢进或者腺瘤太大，以至于导致咳嗽和影响吞咽时，才有必要手术切除肿大的甲状腺。日粮碘超标可能导致甲状腺增大（甲状腺肿），有时可见于马饲喂以海带（海藻）为基础的添加剂。尽管食用碘缺乏很少见，但甲状腺在碘缺乏时也会肿大。继发性碘缺乏可能是食用了含钙高的植物（如西兰花、卷心菜、菜花和芥菜）、白三叶草、油菜籽、亚麻籽，或被污水污染的饲料。如果甲状腺肿是由食物引起的，那么甲状腺在颈部左右两侧都肿大。此外，碘不平衡的其他症状也较明显，如被毛异常。

二、甲状腺功能减退

甲状腺功能减退可根据主要缺损部位分为原发性、继发性和二次继发性。内源性甲状腺疾病包括原发性甲状腺功能减退。继发性甲状腺功能减退是由于垂体产生或释放TSH不足。二次继发性甲状腺功能减退是由于下丘脑产生或释放TRH不足。真正的甲状腺功能减退（上述任何一种）的实际发病率是未知的，可以认为是罕见的。目前仍缺少一种可靠的针对马的特异性的TSH检测方法，因此鉴别不同类型的甲状腺功能减退是很困难的。同时基于犬类的TSH检测方法对马是无效的。

三、先天性甲状腺功能减退

原发性甲状腺功能减退主要发生于加拿大西部和美国西北部的新生幼驹，一般认为，发病的原因是妊娠母马生活于高含量硝酸盐的环境中并且使用低碘的日粮。患病的幼驹甲状腺肿大，骨骼异常（包括下颌前突、前肢弯曲畸形、伸肌腱断裂及腕关节和跗关节处的立方形骨骼的骨化不全）。许多患病幼驹会死亡，幸存幼驹也有持续的肌肉骨骼疾病，给其补充甲状腺激素无效。本病可通过测定T3和T4水平下降，以及机体对TRH和TSH刺激的反应降低加以确诊。

四、甲状腺功能亢进

甲状腺功能亢进在成年马中极其罕见。患有甲状腺功能亢进马的临床症状和其他动物患此病的症状相似，包括甲状腺肿大、体重减轻、不耐热、过于兴奋、心动过速、呼吸急促、PU/PD和多食。患马年龄通常超过20岁。一些甲状腺功能亢进病例与甲状腺瘤（腺癌或腺瘤）相关，其特征表现为血浆的甲状腺激素升高。

五、马甲状腺功能不良的诊断

根据临床症状，抽样检测血浆T3和T4总浓度，或者使用甲状腺素治疗后观察其反应，这些方法对于大多数的马甲状腺功能减退的诊断是不合适的。仅用血浆中的甲状腺素浓度是不敏感的，并且容易造成误导。

促甲状腺素释放激素（TRH）刺激试验是验证下丘脑-垂体-甲状腺轴功能唯一实用的方法。试验开始前采集马的血清样品作为对照，随后立刻静脉注射1mg TRH，在随后的2h和4h采血清。对正常的马来说，2h和4h血清中的T3和T4的总浓度至少是对照样品浓度的两倍。但是这种方法不能区分原发性和其他类型的甲状腺功能减退。目前检测马TSH特异性的试剂还没有用于日常的检测，因此对于成年马的真正的甲状腺功能减退仍然较难确诊。

第七节　钙代谢紊乱

钙在血液凝固、肌肉收缩、激素释放、骨形成、维持心跳和代谢活动等多种生理活动中起着重要作用。通常用血样中的"总钙"浓度来估测血浆钙浓度。但在有条件的情况下，作为一项重要的生理指标，测量血浆钙离子浓度是很有必要的。

一、低钙血症

当循环血量的钙离子浓度低于维持机体稳态的需求时，就会发生低钙血症。尽管机体有时会表现出血清或血浆钙浓度较低的情况，但是这代表的是总钙，并不代表具有生物活性的血浆钙离子浓度。因此，诊断低钙血症更多地需要认清低钙血症发病情况和临床表现。

临床低钙血症较少见，常见于特殊的情况，这些情况易于诊断。尽管低钙血症的发病机理还不完全清楚，下面这种治疗后的阳性反应有助于对该病的诊断。将20%钙、镁和磷溶液以1∶4稀释于生理盐水中，缓慢地静脉滴注，这种方法既可快速缓解症状，也具有诊断意义。然而，不同的病例所需的该治疗液的量差异很大。

二、低钙血性搐搦

低浓度离子钙可增加神经肌肉的兴奋而降低平滑肌的收缩。这种联合作用的后果是连续性的骨骼肌震颤、惊恐不安、嗜睡、肌肉骨骼僵硬、颤抖和搐搦；这也会抑制正常的胃肠蠕动。低离子钙血症也可能引起中枢神经系统内的兴奋性，进而引起癫痫，但此症状较少见。其他低钙血症搐搦的临床表现还包括呼吸急促、呼吸困难、吞咽困难、唾液分泌过多和多汗。

同步性膈扑动（SDF）是一种公认的离子低钙血症引起的症状。由于心房收缩刺激膈神经，以至于膈膜收缩和心脏跳动同步。这种异常的活动是非常容易观察的，从马的一侧或者两侧就能看到这种跳动或收缩。在某些病例中，强烈的膈膜收缩发生时，在一定距离内就能听到一种典型的"怦怦"跳的声音。同步性膈扑动常见于过劳的马匹，常伴随着其他液体、电解质和酸碱平衡紊乱（尤其是代谢性碱中毒）。

低钙血症可以出现以下疾病：哺乳性搐搦、运输性搐搦、胃肠道疾病（盲肠结肠炎、疝痛、全身性炎症反应综合征）、斑蝥中毒、四环素的快速静脉注射、驯马师的过度训练、中暑、服用呋塞米、急性肾衰竭、难产/胎衣不下和劳力性横纹肌溶解。哺乳性搐搦（也称为"子痫"）常见于母马分娩后的几周，幼驹断奶后较少发生。临床症状包括眼神惶恐、多汗、肌肉颤抖、心动过速和呼吸急促。比较特别的是，四肢表现强直性僵硬，步态异常，似"脚尖行走"。一些病例也可出现同步性膈扑动（SDF）。未经治疗的病马会出现虚脱并发展为强直性的抽搐。运输性搐搦与马运输过程中舟车劳累有关，在矮马中经常报道此病。其临床症状和上述相似，但是一个典型的特点是抽搐发生在浅表的肌肉。

第八节　马的甲状旁腺功能减退和甲状旁腺功能亢进

马的甲状旁腺疾病比较罕见。尽管血钙浓度发生异常的情况下，会考虑到甲状旁腺功能是否异常，但为了搞清潜在的病因特点，很有必要检测血浆磷、镁、总甲状旁腺激素（PTH）、维生素D代谢产物和甲状旁腺激素相关的蛋白（PTHrP）含量。

一、甲状旁腺功能减退

当临床症状和血浆生化指标显示有低钙血症时，就应考虑是否为甲状旁腺功能减退。尽管马的原发性甲状旁腺功能减退比较罕见，但有报道显示，甲状旁腺功能减退可引起低钙血症的临床症状。诊断原发性甲状旁腺功能减退，需要有以下临床病理学证据的支持：低钙血症、高磷酸盐血症、低镁血症和低血浆甲状旁腺激素（PTH）浓度。在诊断甲状旁腺功能减退时，应考虑血浆镁的浓度，主要有两个原因：①甲状旁腺激素能促进镁在肾脏的潴留；②低镁血症也可继发甲状腺功能减退。

原发性甲状旁腺功能减退和镁依赖的继发性甲状旁腺功能减退是不同的，后者通过镁治疗后能使血浆中甲状旁腺激素含量升高。尽管有关马继发性甲状旁腺功能减退的报道较少，但应综合考虑低镁血症和败血症/全身性炎症反应综合征（甲状旁腺激素的分泌能被炎症介质所抑制）。

在低钙血症的病例中，当血浆中的甲状旁腺激素没有适当增加时，应考虑是否患有继发性甲状旁腺功能减退。

二、甲状旁腺功能亢进

当临床和血浆生化证据显示有高钙血症时，就应考虑是否为甲状旁腺功能亢进。马的原发性甲状旁腺功能亢进比较罕见，在一些甲状旁腺瘤或甲状旁腺增生的病例中有过报道。在这些病例中，甲状旁腺激素过度分泌，并且不受高钙血症的负反馈调节。当持续的低钙血症、高磷酸盐血症或者维生素D缺乏等因素引起甲状旁腺激素分泌时，继发性甲状旁腺功能亢进就有可能发生。与继发性甲状旁腺功能亢进有关的明显症状包括肾脏功能紊乱和营养性继发性甲状旁腺功能亢进（如麦麸病）。

典型的甲状旁腺机能亢进的临床症状为纤维性骨营养不良，具体症状包括跛行、面骨肿大、虚弱、咀嚼无力、臼齿断裂或缺失，体况差劣。上颌骨肿大可引起鼻腔狭窄，进而导致呼吸不畅。对于青年马（生长期），四肢可能出现畸形和发育异常。

纤维性骨营养不良的影像学变化，主要包括上下颌骨的骨质增生和臼齿周围的硬骨板退化。在一些严重的长期患病的病例中，X线检查显示全身骨密度下降。根据以下临床病理学异常可支持原发性甲状旁腺功能亢进的诊断：高钙血症、低磷酸盐血症、磷酸盐尿和血浆甲状旁腺激素浓度升高。也应考虑其他可能引发高钙血症的原因，如维生素D过多症和肿瘤等。

第九节 生殖道的内分泌疾病

一、颗粒细胞瘤

颗粒细胞瘤是马常见的卵巢肿瘤。因为该肿瘤可以产生雌激素、孕酮和雄激素，该病的主要临床表现为性行为异常（甚至有类公马样行为）、持续的发情或乏情。对该病的诊断技术包括直肠触诊、生殖道的超声检查和血浆睾酮和抑制素试验。详见第七章生殖系统疾病、繁殖力与妊娠。

二、隐睾症

腹股沟或腹部的睾丸滞留，或者睾丸组织阉割不完全会导致已阉割的公马仍表现公马样性行为。这实际上并不是一种真正的内分泌病，但为方便起见，仍将隐睾症列入此节。诊断方法包括体外触诊和直肠探查、超声波检查、腹腔镜检查和人的绒毛膜促性腺激素刺激试验。更多的细节详见第七章生殖系统疾病、繁殖力和妊娠。

拓展阅读

Johnson P J. 2002. The equine metabolic syndrome (peripheral Cushing's syndrome). Vet Clin North Am Equine Pract 18: 271-293.

Messer N T, Johnson P J.2007. Evidence-based literature pertaining to thyroid dysfunction and Cushing's syndrome in the horse. Vet Clin North Am Equine Pract 23:329-364.

Sojka J, Jackson L, Moore G, et al. 2006. Domperidone causes an increase in endogenous ACTH concentration in horses with pituitary pars intermedia dysfunction (equine Cushing's disease). In: Proceedings of the 52nd Annual Convention of the American Association of Equine Practitioners, 320-323.

Toribio R E.2004. Disorders of the endocrine system. In: Reed SM, Bayly W M,Sellon DC(eds). Equine internal medicine 2nd edn. WB Saunders, Philadelphia, 1295-1379.

第六章

泌尿系统疾病

第一节　实用技术

泌尿道疾病常可通过马匹的排尿行为获得提示，如频频排尿（有无不适感）、尿淋漓、排出尿液的质或量出现明显变化。本章将具体介绍用于诊断泌尿道疾病的实用技术及临床病理诊断方法。

一、经直肠检查泌尿道

（一）肾脏

经直肠只能触及左侧肾脏。在腹部顶端偏向腹中线左侧的位置，可触及肾脏尾端，大概需要伸进一臂的长度。触之光滑、无痛觉、可滑动。对于右侧肾脏，只有其体积明显增大或变位时才能触及。

（二）输尿管

输尿管一般无法触及感知，除非由于传染性因素或尿道阻塞而变厚。如有输尿管结石，在靠近盆腔的位置可触及，因为这个位置有一个输尿管拐向膀胱的轻微转弯。

（三）膀胱

空虚的膀胱位于骨盆缘腹中线附近，一般难于触诊。当尿液充盈扩张时，超出骨盆缘，此时可触诊到膀胱，但对于母马，膀胱上方的子宫可能会阻碍触诊。发生慢性膀胱炎时，膀胱可能空虚，但触诊膀胱壁有明显增厚和疼痛感。对于膀胱结石病例，在膀胱空虚时可以很容易辨别出来，通常在骨盆边缘可触及质地坚硬、呈椭圆形的物体。临床兽医一般通过直肠探查就能触诊到结石。当发生膀胱麻痹或阻塞时，膀胱过度膨胀，膀胱壁及其侧韧带紧张感增强。当发生慢性膀胱麻痹时，插导尿管导尿后，膀胱会有一种下垂感。这可能是由于结晶沉淀物（主要是碳酸钙）蓄积所致。直肠检查时，可能触诊到膀胱肿瘤，但这种病例很少出现。

（四）尿道

在公、母两种性别马匹体内，骨盆部的尿道是很难辨认出来的。然而，当公马在该部位存在结石时，可经直肠触诊到。如果尿道末端被堵塞，整个骨盆部尿道由于尿液蓄积而扩张，此时可触诊到。另外与末端堵塞有关的尿路肌肉搏动，也可能明显被触诊到。

二、膀胱导管插入

通过尿道插管可以确定尿道是否畅通，随后即可从膀胱收集尿液样本。导管插入得到的样品非常适合细菌培养，因为通过该途径获得的尿样受环境污染的可能性很小。在直肠检查和内镜检查（膀胱镜检查）前，可应用该技术减少膀胱容积，从而方便检查操作。除此之外，该技术还可用于卧地不起的不能自主排尿的公马。

（一）公马

如果临床环境允许的话，有必要使用中等剂量的乙酰丙嗪（0.05~0.10 mg/kg，肌内注射或缓慢静脉注射）以松弛阴茎。事实上，使用乙酰丙嗪松弛阴茎是存在风险的，因此也可应用地托咪定（0.01mg/kg，缓慢静脉注射），配合布托啡诺（25mg/kg，静脉注射），但阴茎完全松弛是很难达到的。

阴茎松弛后，可应用温和碘伏溶液清洗龟头及外部尿道口。采用无菌操作，在导尿管（图6-1）前部，要使用水性润滑剂进行润滑，插入到尿道时，用另一只手轻抚阴茎（图6-2）。导尿管轻轻穿过阴茎尿道，但是在经过坐骨弓的位置时会感觉到一点阻力。此处固定端看上去会有些升高。由于导尿管要经过骨盆才能到达膀胱，这个位置上最好由助手将弹性的通管丝慢慢地抽出，一旦超出坐骨弓的位置，通管丝将无法移动，最终将导致插管失败。当导管进入膀胱时，由于正常马腹腔负压的作用，可在导尿管内听见抽气的声音。对于某些马匹，在导尿管进入膀胱前到达尿道括约肌的位置时，会感觉到明显的阻力。而且在极少数情况下，需要进行膀胱的直肠检查和手压，以协助导尿管进入膀胱。

除非在压力作用下尿液可以排出，通常情况下需要在导尿管注射器上安装一个虹吸管（图6-3）。即使膀胱萎陷，使用虹吸管还是可以抽吸20~30mL的尿液。如果没有尿液继续流出的话，在移出导尿管时，最好保留一个试样容器，因为送入的空气可能会刺激流出少量的尿液。

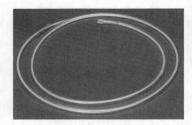

图6-1　直径为8mm的马导尿管（24FG* × 137cm），带有通管丝

图6-2　将导尿管插入尿道

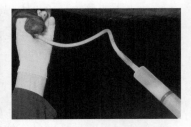

图6-3　通过导尿管注射器抽吸促使尿液排出

　*　导尿管一般用外径表示其规格，用mm表示。另外，国内外最常用的是法国规格表示外径，是以导管的周长表示规格系列，即导管周长=π · D（mm）。法国规格前需加注FG或Fr。

（二）母马

母马和小母马的尿道外口扩张明显，很容易进行插管。把尾巴用绷带包紧，并对外阴口进行消毒。采取无菌措施，在确保阴道口打开之前，用手指沿着外阴中线壁进行探索性尝试。多数情况下，开口距离阴唇腹侧联合10～12cm，位于阴道横襞（阴道前庭）下方，该横襞可作为划分阴道入口的界线（图6-4）。最常见的错误就是没有找到阴道开口处的横襞，进而越过相应的位置。通常，阴道开口较大，一旦确定位置，润滑后的导尿管便可以按照探查手指的指引，在手的下面进入阴户。母马尿道非常短（7～10cm），随后便很快进入膀胱。导尿管注射器携带的空气很容易引出尿液。通常都应用刚硬的母马导尿管，在导尿管插入过程中，也可以不用将手插入阴道中（图6-5）。

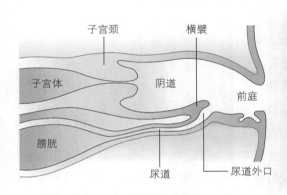

图6-4　母马尿道外口与横襞关系　　　图6-5　成年母马膀胱导尿常用的导管

注释

- 在取出导尿管的时候，马匹会采用一种排尿的姿势，以排出送入的空气。
- 并发症很少出现，但操作粗鲁可引发膀胱炎。这种情况很少见，除非马匹患有神经性膀胱功能障碍。如果有过长的导尿管进入膀胱时，导尿管打结同样会带来危险。
- 通过导尿管中抽取的尿液样品，可能会有微量的红细胞、变移上皮细胞和蛋白质。
- 富有弹性的导尿管经过加热消毒后会变得弯曲，不适宜再次使用。

三、膀胱镜检查、输尿管导管插入及尿道镜检查

内镜非常适于膀胱和尿道的检查，同时可以进行输尿管插管，分别收集两侧肾脏的尿液样本。尤其当单侧肾脏发生病变时，可以考虑使用该诊断方法。如果需要的话，在进行内镜检查前，可使用导尿管将膀胱内尿液排空。

（一）膀胱镜检查

对于母马，膀胱镜检查相对容易些，使用标准的纤维光学仪器（长1m，外径1cm）即可。首先排空膀胱，注意无菌操作，同时一名助手以上述插管的相同方法向尿道内引入内镜。到达膀胱入口10cm左右，然后进入一个充满空气的囊腔，此时可以清楚看到膀胱壁。应避免将空气引入到尿液中，否则产生的大量气泡会使视线模糊。气体将会沿着内镜泄露，有时可能需要再次充气。还可让助手的一只手握住外阴阴道连接处的横襞，轻轻施压于外部尿道口，以在局部封闭尿道。因为，过度充气会使母马极度紧张。

公马的尿道长而窄，需要特殊的内镜，长1.2～1.4m，外径最大理想宽度为0.9cm。插入内镜的技术本质上和上述公马尿道导尿的过程是一样的，并通过轻压内镜周围的阴茎阻止膀胱吸气引起的空气进入。

膀胱镜检查时，通过辨别膀胱腹池中残留的尿液，在膀胱内部进行定位。之后可观察到黏膜表面质地或结构的异常，并很容易识别炎症、大块结石及含沙残渣。慢性膀胱麻痹会使沉渣（结晶沉淀物）的体积迅速增大。在膀胱内通过翻转镜可以很容易地评价两侧输尿管开放情况，因此进入膀胱时见到的视野，以及两侧输尿管的开口都可以同时观察到（图6-6）。内窥镜检查还可以清楚观察到肿瘤。

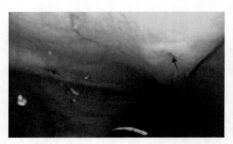

图6-6　输尿管开口处（箭端）的内镜（翻转镜）视野及进入膀胱的视野

（二）输尿管导管插入

从膀胱中缓慢撤回内镜时刚刚到达颈部的部位为输尿管开口，即为插管的位置。此时在背部壁上可以见到小的乳头样结构，有的超过输尿管开口2cm。通过频繁的脉动式排尿反应可以判定是否为输尿管的开口。

将外径为2.0～2.5mm的灭菌聚乙烯管插入活体组织检查通道中，直到其出现在内镜镜头前。然后与内镜联合，这样可以保证该管进入输尿管口并缓慢前行5～10cm。之后在2～3min内用注射器小心吸入尿液样本。在此过程中，过大的力量将会导致输尿管的损伤。当采样结束，收回聚乙烯管的时候，活体组织检查通道要用灭菌盐水冲洗，该过程要使用新的导管在不同侧面反复进行。

（三）尿道镜检

随着内镜从膀胱内收回，只要尿道不阻塞，就可非常顺利地进行检查。公马尿道应保持轻微扩张，以保证当内镜收回时有最佳的视野去观察尿道黏膜。应注意，在内镜移动最初的一段距离，可能会引起黏膜出现明显的充血。在骨盆尿道处可以见到输精管和副性腺的入口，包括尿道球腺的两排腺导管开口；更近一些，还可以看到包括前列腺开口、输精管及精囊开口的精阜（图6-7）。在骨盆尿道末端位置，可能出现尿道黏膜的损伤及自发性出血，尤其是去势马匹。相对于公马，母马的尿道非常短，为7～10cm。

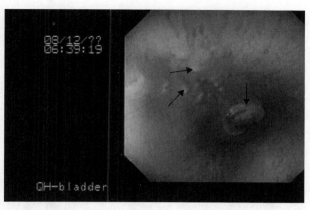

图6-7　正常公马骨盆尿道及两条分别通往尿道球腺（双箭头）和精阜（垂直箭头）的内镜视野

注释

- 膀胱镜检和尿道镜检可能会伴随短暂的痛性尿淋漓。

四、泌尿道的超声波检查

（一）肾脏

对于正常的马匹，两侧肾脏都可经皮肤超声检测进行扫描或成像，但是通过直肠扫描时一般仅能扫描到左侧肾脏。然而，当右侧肾脏出现病变体积肿大时，通过直肠扫描都可观察到两侧肾脏。

肾脏经皮超声检查

在进行经皮超声波检查前，必须对皮肤严格消毒。多数情况下，该过程包括修剪被毛、使用碘伏清洁皮肤、酒精脱碘。此时可以应用线阵探头和扇形探头，但是当需要进行肋部区域检查时，则最好使用扇形探头，因为该探头可以提供一个很小的传感器-患畜接触区域，同时保证视野宽阔。

每侧肾脏扫描的位置在背腹部，脊柱横突靠下的位置。左侧肾脏接近第17肋间和腰椎窝，使用2.25～3.5MHz传感强度即可。此时，肾脏靠近脾脏中间的位置，此处可用作为隔声窗，这样需要一个20～26cm深度的视野。右侧肾脏则处于第15、16、17肋间隙。在这个位置大概可以到达体壁；对于青年马，可以到达肝脏尾部。正常情况下，使用3～5MHz的传感强度便可得到很好的视野，同时15cm深度的视野也足够了。

对于慢性肾脏疾病，可以通过超声扫描获得肾脏形态学变化的影像。应尽可能地对肾脏进行完整检查，从一端到另一端，并检查每一个侧面，避免错检漏检异常现象。重点要观察的内容为：肾脏偏移腹部的位置、大小、形状、表面轮廓及纹理（如组织的相对光滑度）。

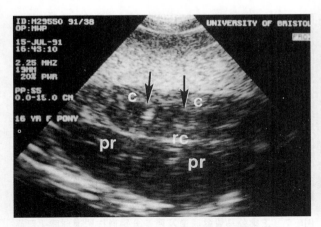

图6-8　正常肾脏皮质（c）、皮质髓质髓连接点（箭头）、质内低回声区的肾盂凹处（pr）和高回声区的肾嵴（rc）的超声波图像。

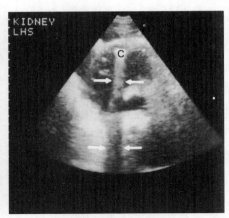

图6-9　超声波图像显示肾结石（c），标记明显的声影区（两箭头之间）

慢性肾病可能导致肾体积减小，肾盂积水，肿瘤很少发生。皮质与髓质相比较，有更明显的回射波（明亮）；同时在包囊下1~2cm的位置，存在界限明显的皮质髓质连接。在髓质内的肾盂凹处，为低回声（暗）区域，大概1cm大小，临近高回声区的肾嵴（图6-8）。在肾脏内侧，肾盂部分可能是无回声区域，但是在出现病理性扩张的时候，可明显看到肾盂及其附属输尿管。在肾盂积水时，肾盂及其凹处会扩张。

明亮及高回声反射的明显声影区，指示该区域出现矿物质化。小区域的矿物质化经常出现在老龄马匹的肾盂凹处，此时需要对可疑病变进行多层面扫描。当出现肾脏结石时，连续的超声将完全被阻断，并在结石附近呈现出一个声影区（图6-9）。

肾脏的直肠内超声检查

左侧肾脏的直肠超声检查是非常容易操作的，此时需要应用强度为5~7.5MHz的线阵探头。这种探头可用于肾脏内侧的检查，并可以沿着腹侧面进行扫描。肾脏的尾部最容易检查到，尤其是当肠充气阻碍该区域皮肤超声检查时，采用直肠内超声检查尤为有效。左侧肾盂及其两侧输尿管都可采用直肠超声进行检查。

（二）膀胱的超声波检查

马驹的膀胱可采用经皮扫描显现，但成年马需应用5MHz的传感器经直肠扫描。由于黏膜层的不规则，以及壁厚的原因，膀胱壁在超声检查中呈现不规则的回声结构。膀胱的大小和膀胱壁的厚度可根据存在尿液的体积而发生改变。碳酸钙结晶经常出现在成年马的尿液中，其可造成尿液中出现涡旋的回声。结石也可以通过它们产生的强回声被检测到。

五、肾脏活体组织检查

肾脏活体组织的采集需要应用经皮穿刺技术，它既可"盲穿"，也可在超声仪协助下完成。对马匹进行"盲穿"是不安全的，除非肾脏组织病变可能严重影响到随后的治疗时，方可采用这种穿刺方法。该穿刺方法可能导致肾周血肿，同时可能引起致死性出血。在肾脏活检前应及时进行超声检查，只有这样活体组织样品采集的位置和深度才可被确定，并在马匹身体上标示出来。另外，实时的超声指引和可视化活体组织采集方式应该更为安全。这种操作过程需要将无菌套管和活检结合，在传感器上完成，如在超声扫描图像和活检仪之间建立"三角校正"的话，该操作很容易完成。

活体组织采样时，马匹一般处于站立、安静状态，并应用14~18号标准活体组织采样针，插入长度至少15cm。按上述方法，剪除覆盖在肾脏附近的被毛，便于肾脏超声及为手术做准备。需要谨慎选择合适位置，平行于小叶间动脉进针，不穿过任何弓状动脉。当进行左侧肾脏活体取样时，可采用经脾脏途径。因为采用该途径不会出现大出血的风险，但一旦怀疑为两侧对称性疾病时，最好对右侧肾脏活体取样。

之后，在腹壁下注入局部麻醉药，并应用11号手术刀在已选定位置的皮肤上做一个穿刺口。活体取样器迅速穿入皮肤，随后快速将穿刺针插入肾脏实质部位，尽快取样后退出取样器。如果采用超声技术（或其他可视方法），可将穿刺针插入皮肤、腹壁，使针尖直接抵达肾脏被膜。在进针和缩回针的时候，注意避免损伤主要血管。如果首次穿刺失败，可以进行第二次尝试。取样完成后，要尽量保证马匹安静，有助于凝血止血2h。通常两侧肾脏同时活体取样是非常不可取的，如果非要进行双侧取样，一般两个过程中要间隔24h。

注释

- 微量的血尿是不可避免的，但也可能会发生明显的血尿，这时需要仔细观察病马。通常可能需要应用超声波检测被膜下或实质器官的血肿情况。
- 无论是急性的还是严重的功能紊乱病例，应用光镜检查活检样本都是非常普遍的。

第二节　临床病理学

通过对血液和尿液样品进行系统的检查，可获得有关尿道疾病的重要诊断结果。

一、尿液分析

尿液分析可为上泌尿道和下泌尿道疾病提供诊断依据。

用于常规检测的接尿容器要保证洁净；而用于细菌培养的接尿容器要保证无菌。理想状态下，样品采集后应尽快处理，以免出现假阳性结果。尿液中的一些成分在阳光下会降解，应采用不透明或深色的容器以阻止尿液成分发生变化。带有防腐剂的容器可以抑制细菌的滋生，但同时也会干扰某些化学试验。如果确实需要对尿液进行细菌培养，仅需要检测菌落数（每微升尿液所含细菌的量）。

若是收集自主排泄的尿液样品，应收集中段尿液而避免收集前段刚流出的尿液，因为这时的尿液含有细胞碎片、白细胞及从尿道、包皮和母马生殖道渗出的物质。此外，还包括从尿道中流出的共生细菌。同样，末段尿液会含有膀胱碎片。而通过插入导尿管收集的尿液可能会含有微量的红细胞、变异上皮细胞和蛋白质。

马匹通常不会配合尿液收集，但是可以利用它们的行为模式进行采样。当马匹从无垫草的马厩转移至有新鲜垫草的马厩并逗留2～3h，短时间内的行走后将会自主排尿。通过这种简单的方法，可以避免对马匹进行插管导尿。

（一）尿液比重

尿液比重是尿液分析中唯一可以反映肾功能的指标。健康马由于肾脏的浓缩作用产生的尿液比重（SG）为1.025～1.050，以此抵抗水流失和/或脱水。脱水会引起肾灌注减少及产生少量浓缩尿液（少尿症）。然而，如果灌注量持续减少或毒性反应发生时，器官功能减弱，此时将会出现由于肾小管重吸收功能减弱引起的尿液比重下降，这种变化是不受血液渗透压影响的。这时肾小球滤过液（等渗尿）和储存尿的比重可能会处于1.008～1.012。持续的肾小管功能紊乱可导致多尿和烦渴。相反，饮水过多的马匹或出现尿崩症的马匹（中枢性尿崩症或肾性尿崩症）会出现低渗尿（低于血浆渗透压）。

（二）尿液的化学特性

正常马尿液的化学特性及其与疾病相关的变化详见表6-1。

表6-1　正常尿液化学特性及其与疾病相关的变化

参数	正常范围	疾病
pH	正常尿液为7.0～9.0；饲喂浓缩料趋于酸性	尿液酸性主要与代谢性酸中毒和厌食症有关。
蛋白质	通常正常尿液＜100mg%	严重的蛋白尿主要与肾小球损伤有关；同样泌尿道出现炎症反应时，也会使蛋白质浓度升高。
葡萄糖	几乎不存在	葡萄糖尿主要出现于超于肾脏阈值的血糖升高，如库兴氏病、应激性血糖升高症、少数糖尿病。α-2受体颉颃剂型镇静剂可能会引起短暂的葡萄糖尿。此外，如果高血糖症时未出现葡萄糖尿，可以提示肾小管功能紊乱。

参数	正常范围	疾病
酮体	几乎不存在	马匹很少出现酮病；一旦出现可以提示是由于蛋白质分解代谢引起的营养性应激。
胆红素	几乎不存在	一般出现于阻塞性黄疸（此时仅有结合性胆红素可以滤出）。
血红蛋白	几乎不存在	血红蛋白尿主要出现于血管内溶血；此时血清内也会出现溶血。
肌红蛋白	几乎不存在	当骨骼肌出现急性退行性病变时（横纹肌溶解），会出现肌红蛋白尿；血清一般不会因肌红蛋白而褪色

* 如果没有先进设备的实验室检查，很难区分血红蛋白尿和肌红蛋白尿。但是，仅在发生溶血的时候才会有血清褪色现象。

（三）尿液沉渣的特征性

正常马尿液沉渣的特性及其与疾病相关的变化详见表6-2。

表6-2　正常尿液沉渣特性及其与疾病相关的变化

参数	正常含量	疾病
红细胞	几乎不存在	血尿提示：炎症、创伤、尿道出现肿瘤或血凝病；微量红细胞可能和导管插入或肾小管坏死有关。
白细胞	几乎不存在	出现大量白细胞时提示尿道感染或炎症（脓尿）。
变异细胞	少量存在	大量时提示炎症、膀胱的损伤和肿瘤；末段尿液和插管尿液中变异细胞数量增多。
细菌	几乎不存在	细菌主要存在于大量的炎性细胞中；可以采取沉淀物涂片法进行革兰氏染色，在培养基中出现中等到大量细菌时，可以提示肾盂肾炎或膀胱炎。
晶体	正常时存在碳酸钙，偶尔出现三磷酸盐和草酸钙	出现大量三磷酸盐结晶提示尿路感染；大量草酸钙结晶很少出现，一旦出现，其原因很难确定。
管型	常出现无细胞性管型，偶尔出现透明管型（黏蛋白）	细胞管型提示肾小管损伤，细胞被渗出或漏出的蛋白质结合在一起

二、肾小球滤过率评价

当出现肾功能衰竭时，会导致肾小球滤过率（GFR）下降，最终引起血液循环中含氮代谢物含量升高（氮血症）。实验室中氮血症的鉴定非常方便，仅需检测血浆或血清中尿素和/或肌酸酐的含量即可。GFR下降可能发生在这些血液生化指标变化之前，因此单一的尿素或肌苷酸的测定，是不能作为早期肾功能紊乱的敏感指标。然后对于马匹，GFP的敏感检测指标通常是很不容易得到的。

（一）氮血症

氮血症的出现可以反映肾单位功能的丧失，其原因有以下几个方面：

使肾脏血管灌注量下降的肾前性因素；

引起肾组织损伤的内在因素；

阻碍尿液排泄的肾后性因素。

如果有75%左右的肾小球功能出现紊乱，氮血症才会表现明显。因此，在GFR下降初期，指标变化不敏感。然而，对于个别马匹，一旦升高超过基线，随后的血清中尿素和肌酸酐浓度的升高会引起GFR进一步下降，并成为病程发展的指标。

注释

- 当仅有血液尿素氮浓度轻微升高时（如升高2倍，同时肌酸酐浓度保持正常），经常会伴随脱水和/或与组织代谢升高相关的消耗性疾病。饲料含有高蛋白同样会使血液尿素含量轻微升高。血液尿素含量下降，同时不伴随相对的肌酸酐浓度下降，可能是由于肝功能衰竭、腹泻和体内水分增加（如水肿）所致。
- 但血清中仅出现肌酸酐浓度升高时，可能有严重的肌病，如运动性横纹肌溶解症。具有高百分比的肌肉群品种的马匹，如夸特马，其血清中肌酸酐浓度经常高于瘦弱品种的马匹，如纯种马匹。

（二）清除率试验

用清除率试验来检测马肾小球滤过率是不切实际的。菊粉是一种经肾小球滤过随尿液排出的淀粉，它仅限于实验室应用。还可以选择测量内源性肌酐清除率，但这需要用专用马具长时间收集尿液。另一种简单的方法是测量对氨基苯磺酸钠的清除率，需要用单独的血液样本。部分商业性实验室尝试采用下面将会叙述的对氨基苯磺酸清除试验。最快的清除率试验方法是单一注射一种^{99m}Tc标记的二亚乙基三胺五乙酸，但这需要一种Υ计数器并且仅限于一些特殊的专业机构。

对氨基苯磺酸钠的清除率试验

静脉注射后，对氨基苯磺酸钠迅速扩散到体液间隙，随后被肾脏排泄清除，这主要借助肾小球的滤过作用。虽然对氨基苯磺酸清除率试验不是直接测量肾小球滤过率，但是因为肾排泄是影响肾小球滤过率衰减曲线的主要因素，所以对氨基苯磺酸清除率测定可以反映肾小球滤过率。

预先给患马静脉注射10mg/kg对氨基苯磺酸，注射后45、60、75、90min每次从对侧静脉采血获得肝素抗凝的血液样品。血液样品中的对氨基苯磺酸钠浓度用比色法测定做成标准曲线。这个标准曲线必须通过多次注射对氨基苯磺酸钠，获得多组数据绘制而成。

在半对数坐标上，用测试样品中的对氨基苯磺酸浓度和它们各自的样品时间描点划线，形成一条线性曲线，对氨基苯磺酸注射剂和随后的血液样本之间间隔不低于45min。

对氨基苯磺酸钠清除率表示为：50%的对氨基苯磺酸钠在血液中被清除的时间（$t_{1/2}$）来表示。这样更加容易获得更直观的曲线。健康的成年马和矮马，$t_{1/2}$在26～45min。在早期肾功能衰竭时，已经有研究表明，清除时间可延长超过200min。

注释

- 一旦发展到氮血症，肾小球滤过率评估不利于肾衰竭的诊断。其诊断的潜力是在氮血症发生之前和在病马遭受急性中毒或缺血性肾损伤或慢性进行性肾脏疾病时，检测和监测早期肾衰竭。

三、肾小管功能评价

（一）尿液浓度

尿比重（SG）是反映肾小管对水的重吸收和排泄能力的一种指标。氮血症或脱水的马持续出现稀释尿（低渗尿）提示肾小管机能障碍。

患多尿/烦渴（PU/PD）症的马，通常持续排出比重较低的尿液。通过脱水试验可以评估PU/PD状态下的肾小管功能。然而，必须强调的是，这些试验都是针对那些已经有肾小球滤过率下降的临床病理学症状的较危险和无治疗意义的病马。但是，大多数有PU/PD的马匹并不患肾脏疾病。需要鉴别诊断的疾病包括垂体瘤（垂体中间部机能障碍马库兴氏病）、心源性烦渴或偶尔性尿崩症。在这些疾病中，垂体瘤和心源性烦渴最为多见。PU/PD的鉴别诊断包括脱水，详情可参阅第五章马的烦渴/多尿症（PU/PD）。

（二）部分电解质的排泄

在健康的肾脏，电解质的排泄由两种因素决定：肾小球滤过率和肾小管吸收程度。相反，内源性肌酸酐仅由肾小球滤过而被排泄，即使有肾功能障碍，它的排泄速度也与肾小球滤过率很接近。因此，肌酸酐清除率是一种非常有用的参数，它可对健康马与病马的电解质清除率进行比较。

电解质的分段排泄（FE）可用它的清除率与内源性肌酸酐清除率的百分比表示。在正常体内平衡状态下，电解质的分段排泄值是个变量，但也有一个可确定范围。随着肾小管吸收功能的丧失，电解质排泄通常增加，同时，它的电解质的分段排泄值会超出正常范围。百分式推导如下：

尿液的电解质浓度$[E]_u$/血浆的电解质浓度$[E]_p \times$ 尿流率/min $\times 100\%$

除以：

尿液的肌酐浓度$[Cr]_u$/血浆的肌酐浓度$[Cr]_p$×尿流率/min

简化后变成：

$$FE=([E]_u/[E]_p)\times([Cr]_p/[Cr]_u)\times100\%$$

因此，当尿液和血浆（或血清）中电解质和肌酸酐浓度已知，就可计算出电解质FE值。这种方法避免了长时间尿液收集。但必须同时间获取尿液和血浆样本（时间间隔不超过30min），下列FE值是健康马的正常范围。作为一个正常参考值：

钠：0.02%～1.00%；

钾：15%～65%；

无机磷：0.02%～0.53%；

氯化物：0.04%～1.60%。

尿液应该用加盖的无菌容器放置，避免无机磷和肌酸酐被细菌污染而形态改变。应尽快分离血浆和尽快对尿液及血浆进行分析（必须4d之内）。存放时，必须避免高温。

一般情况下，一种或多种电解质（钠和磷最为多见）FE值持续升高就表明肾小管机能障碍。

注释

- 在健康体质，尿液中的电解质含量和排泄率，在不同的马匹或在同一个体不同时间也不尽相同。这是因为清除率受日粮、水化作用和内分泌因素影响很大。检测出现异常结果时，应重复进行多次验证。
- 在肾功能正常的马匹中，过度摄入磷酸盐，或日粮中钙磷比例过低，都可引起FE磷酸盐值过高。
- 尽管钙会结晶沉淀而导致无法分析，但是FE值仍可使用。但是比色法在许多商业化实验室是不适合测尿钙的，并且它的FE值在此不予考虑。
- 尿液样本长时间的运输和异常低肌酸酐浓度（<10 000μmol/L），都可能造成污染而导致FE值不准确。
- 对在运动或镇静状态下，或对正在静脉输液的马进行检测，其获得的结果均不准确。
- FE值异常升高不是诊断肾小管衰竭的唯一指标，仅是肾衰临床病理诊断的依据之一。

（三）尿酶

在肝、胰腺和肾近曲小管细胞的细胞腔刷状缘可显示血清谷氨酰转肽酶（GGT）。这种酶不是通过肾小球滤过分泌，一旦它在尿液中出现，则提示可能肾小管有急性损伤。它见于氮血症出现前，所以它是一种早期肾小管疾病的敏感指标。

通常用尿GGT浓度与尿肌酸酐浓度比例表示。该方法考虑到在取样时尿流率的变化，因此，标准对比式为：

$$GGT(IU/L) \div [Cr]_u(mmol/L)$$

正常尿液中GGT与肌酸酐比例不低于0.25。

注释

- 在用大多数对肾脏有害的药物如氨基糖苷类治疗过程中，在初期，尿中GGT值可升高。该值的升高与功能改变无关，参考价值不大。此外，一旦急性损伤暂告缓解，尿液GGT值就会下降，尽管肾小管机能障碍仍然存在。

因此，该化验指标的升高或降低没参考意义。

（四）尿蛋白与肌酐比率

尿蛋白与肌酐的定量测定，通常能更精确地确定肾脏蛋白的丢失，是肾小球肾炎的重要指标。尿液试剂条和磺基水杨酸检测不能精确定量马蛋白尿。比例超过3：1则提示肾小球疾病。

四、肾脏疾病血浆电解质浓度的评价

虽然低钠血症和低氯血症在急性和慢性肾衰中很常见，但是在肾脏疾病中，血浆电解质浓度变化没有完全一致性。高钙血症常见于慢性肾衰。以下作一详细介绍。

（一）钾

由于肾是钾的主要排泄器官，所以少尿可能与高钾血症有关。然而，进行性肾小管损伤和厌食症最终都将导致低钾血症。

（二）钠和氯

肾小管损伤与钠和氯的丢失有关，血浆浓度就表明了这一观点。当肾损伤与多尿症有关时，钠和氯浓度可能下降。此外，患肾小球肾炎和水肿的马钠和氯含量也下降。

（三）钙

马的特殊之处在于调节钙的主要部位是肾而不是小肠。肾功能不全可能与高钙血症或低钙血症有关。

五、肾衰竭与代谢性酸中毒

健康肾脏的肾小管细胞可储存和生成碳酸氢盐，作为血碱储备，但在尿中也排泄大量的碱。因此，喂粗饲料的健康马的尿液pH更高。

注释

- 肾衰竭的马的PH变化很大。根据机能障碍程度，采食量和离子摄入量的不同
  而异。

六、泌尿道疾病的血液学诊断

血液学在泌尿道疾病中提供了非特异性信息。血细胞比容升高提示脱水和慢性非再生
性贫血。白细胞增多可伴随尿道的严重炎症，而血浆纤维蛋白原浓度升高，则提示败血性
炎症。

拓展阅读

Harris P, Gray J. 1992. The use of the urinary fractional electrolyte excretion test to assess electrolyte status in the horse. Equine Vet Educ 4: 162-166.

McKenzie E C, Valberg S J, Godden S M, et al. 2003. Comparison of volumetric urine collection versus single-sample urine collection in horses consuming diets in cation-anion balance. Am J Vet Res 64: 284-291.

Macleay J M, Kohn C W. 1998. Results of quantitative cultures by free catch and catheterization from healthy adult horses. J Vet Intern Med 12: 76-78.

Rantanen N W. 1990. Renal ultrasound in the horse. Equine Vet Educ 2: 135-136.

Taylor F G R, Hillyer M H, Lowrey P A. 1990. The assessment of glomerular filtration rate in ponies and horses by sodium sulphanilate clearance. Equine Vet Educ 2: 137-139.

附录

附录6-1提出的一些诊断技术的应用，包括本章对泌尿道疾病的调查研究，都是基于当
时的病征而言。

附录6-1　泌尿道疾病的一些诊断技术的应用

观察	可能病因	辅助诊断	
		初步诊断	确诊
频频排尿±疼痛	膀胱炎	直肠检查 尿液分析 尿液培养（导尿管）	膀胱镜检/活检
	肾盂肾炎/膀胱炎	膀胱炎评估（上述） 检测血液尿素及肌酸酐 通过直肠检查肾脏及输尿管 肾脏超声波检查	肾小管功能评估 输尿管导管插入
	尿结石	直肠检查 尿道导管插入	超声波检查 内镜检查
	膀胱受压，如肠扩张	直肠检查 超声波检查	剖腹术
持续性尿淋漓	尿潴留：		
	（1）膀胱麻痹	直肠检查	通过导尿管抽空膀胱并进行功能再评估
	（2）局部阻塞	直肠检查 尿道导管插入	内镜检查
	异位输尿管	内镜检查	排泄性尿路造影
无尿/少尿	急性肾衰	检测血液尿素及肌酸酐 尿液分析 通过直肠触诊肾脏	肾小管功能评价 肾脏超声波 肾脏活检
	阻塞	直肠检查 尿道导管插入	内镜检查
	脱水	临床检查；检测PCV（血细胞比容）和/或总血清蛋白和尿比重（SG）	
多尿症/烦渴（见第五章）	肾衰	检测血液尿素及肌酸酐 尿液分析-等渗尿 通过直肠触诊肾脏	肾小管功能评价 肾脏超声波 肾脏活检
	垂体瘤 （肾上腺皮质机能亢进）	检测血糖	动态功能检测（见第五章）
	糖尿病	检测尿糖	排除垂体瘤（见第五章）
	尿崩症（DI）	低渗尿 改良缺水试验（见第五章） 尿崩症检测常为阴性	外源性抗利尿激素（ADH）反应（见第五章）
	心源性烦渴（PP）	低渗尿 改良缺水试验 PP的结果可能为阳性，但有可能被髓质的冲刷而混淆	
患马氮血症的生化指标	肾衰 膀胱破裂	见上述 检测腹水中的肌酸酐	见上述 膀胱镜检

第七章

生殖系统疾病、繁殖力和妊娠

第一节 母 马

一、繁殖性能检查

（一）适应证

在如下的情况中，应对母马繁殖性能进行检查：

- 母马到了配种适龄期。
- 反复配种以后仍然无法妊娠。
- 如果在配种季节没有妊娠和处于乏情期。
- 如果需要生殖器手术。
- 购买母马以前。
- 胚胎或胎儿流失之后。

采取系统性的统筹检查措施是非常重要的，它可以避免因为不同时期所采用不同方法而造成的结论的混淆。下面所介绍的诊断式方对于以上列举的所有情况不一定都适用。不过如果需要做全面检查的，其诊断顺序应按如下进行：

- 外阴和会阴部检查。
- 阴蒂拭抹（根据监管部门的需要而定）。
- 经直肠内生殖器指检。
- 经直肠超声波检查。
- 子宫内膜拭抹。
- 子宫内膜细胞学。
- 阴道检查。
- 阴道和子宫颈的指诊法。
- 子宫内膜活检。

（二）外阴和会阴部检查

应检查以下的解剖关系。

1. 阴唇的密合性

阴唇的完整性及它和会阴部、肛门部的解剖关系是母马繁殖系统的重要组成部分，因为它们是抵御外界微生物进入子宫的第一道屏障。两侧阴唇应密切对应、贴合以此来减少前庭、阴道及子宫的污染（图7-1）。如果阴唇闭合不严，则容易引起阴道积气（"吞气癖"，即"wind sucking"），使得一些碎屑和污染物进入生殖道后部。污染会导致急性或慢性子宫内膜炎、胚胎死亡、胎盘炎症，最终导致流产、死胎或新生马驹脓毒症等不同的结果。

2．外阴部垂直倾斜

会阴部的形态正常，阴唇才能够最大限度地发挥屏障作用。外阴部应该是垂直的，或者从前端至尾端的斜面对于垂直于肛门的角度不超过10°。如果垂直角度超过10°（肛门凹陷），可能会使粪便和污染物容易进入阴道内（图7-2）。

3．外阴部和骨盆前缘的解剖学关系

至少2/3的外阴部位于骨盆盆底的下方（图7-3）。

4．前庭

前庭是阴唇、阴蒂与阴道的分隔部位。前庭的前缘阴道，形成阴道前庭褶皱，具有括约肌的功能作用。这种有皱褶的肌膜是子宫和外界环境间的第二道防护屏障。有时处女马在该处会有发达的阴道瓣。但通常情况下，人工检查阴道时很容易将阴道瓣弄破。

图7-1 正常外阴部和阴唇的形态显示出两侧对应的垂直的阴唇

图7-2 形态不佳的会阴部常伴有肛门凹陷

图7-3 正常的外阴部形态，超过2/3的阴唇位于坐骨弓底部的下方

5．阴道积气试验

把外阴唇轻轻掰开，听一下空气涌入阴道的声音，可以检测阴道前庭褶皱作为一道物理屏障，是否有足够的能力能抵御外界的污染。如果能听到很明显的空气涌入阴道的声音，证明前庭褶皱不足以阻隔外界的污染。需要注意的是阴道积气试验检测的是阴道前庭皱褶的能力，而不是外阴的能力。一匹阴唇闭合不全的母马，因为拥有强有力的阴道前庭皱褶，仍然可以预防阴道积气或上行性胎盘炎。

6．阴道积气

阴道和外界相隔的第一道屏障（外阴部）和第二道屏障（阴道前庭皱褶）的功能不佳，会导致空气持续地或经常地进入阴道。这种情况在发情期会加剧，那是因为会阴体和子宫颈在发情期会比其他时期更加松弛。前侧阴道有少量泡沫状的液体累积，提示阴道积气或子宫积气（子宫内膜皱襞内的气体在超声波检测中显示为高回声粒子，见图7-4）。

（三）阴蒂拭抹

在配种季节开始时在一些国家会推荐对所有的母马使用阴蒂拭抹检查。在英国，《赛马征税委员会实施规程》（Horserace Betting Levy Board's Code of practice）中指出，为控制传染性马子宫炎及其他马生殖系统疾病，推荐在母马迁移到种公马厩之前应进行阴蒂拭抹检查。在种马场也建议在发情期时先做子宫内膜拭抹随后再进行交配。

方法

如果外阴部明显很脏，需要用干的纸巾擦拭。双手戴上手套，先分开外阴唇，然后食指放在阴唇下方来翻转阴唇，暴露阴蒂。阴蒂中央及侧面的窦体用儿科型的窄头拭子来取样（图7-5）。标准型拭子可用于阴蒂窝取样（图7-6）。拭子需要放入Amies培养基（含活性炭）保存，然后运送到指定的或授权的实验室，进行传染性马子宫炎致病菌（马生殖道泰勒菌，*Taylorella equigenitalis*）的检测。样本要在4℃下保存好，48h内送达实验室检测。

注释

· 阴蒂侧面边窦体可能太浅而无法藏匿马生殖道泰勒菌。

· 所有的操作过程中，所有助手（包括抓开马尾的）都需要戴一次性手套，并且不同母马之间要换新的手套。

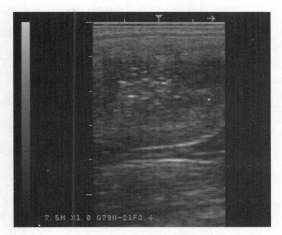

图7-4 该超声图显示子宫体内充满高回声粒子（空气）

表明子宫内存在气体（子宫积气）。该母马外阴部形态不佳，且伴有阴道积气。

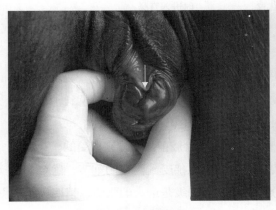

图7-5 阴蒂暴露显现的中央窦

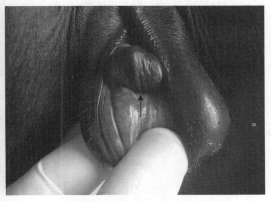

图7-6 阴蒂暴露显现阴蒂窝

（四）内生殖道的直肠检查

在外阴部形态检查过后，需要经直肠触诊和超声检查进行妊娠诊断。在确定母马尚未妊娠之前，禁止任何阴道、子宫颈和子宫内检查（子宫内膜拭抹）是非常重要的。

1．保定

将母马保定在保定栏内。绝大多数的母马会安静地进入保定栏间，然后要把保定栏关闭，操作者要远离保定栏门谨防母马踢门。一旦保定栏后门关上了，其前门也要关上。横套是用来保护母马的头，建议让一个人站在马头旁边直到操作结束。轻轻地安抚母马，可以帮助马匹安静走进保定栏，操作时也比较容易。

母马也可在马厩里不被保定而进行检查。牵马者需要跟临床兽医站在同一边，这样当马头被拉向牵马者这边的时候，马后躯就自然移动到兽医的反侧。用缰绳和Chifney马嚼可让牵马者更容易控制马，其他的辅助操作包括提起位于检查者同侧的前腿，应用配种足枷等。

注释

- 不论用什么样的保定手段，用鼻捻子和静脉注射镇静剂，对一些不合作的母马都是有效的。临床兽医需要记住的是，即使是重度镇静的马，仍然会出其不意地踢腿。

2．检查前的准备

母马尾巴上的毛能扎伤直肠黏膜，所以马尾巴需要绑起来，可用带有Velcro搭扣的合成橡胶套包住尾巴（图7-7），用此方便快捷的方法来避免尾巴毛扎进直肠；或可用直检用的一次性塑胶套筒包起来，然后在尾根部用胶带固定住。

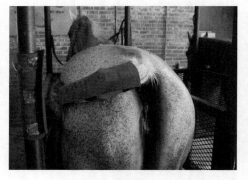

图7-7 带有Velcro搭扣的合成橡胶套简单易操作，可防止尾巴的毛在生殖道触诊时进入直肠

3．方法

母马的直肠比母牛的直肠更容易撕裂，如果直肠充满了气体（"体腔膨胀"），直检时手指应随肠的蠕动往后撤，临床兽医不能与蠕动波对抗。如果手在直检过程中摸到了粪球，就应尽快取出，在清除粪球过程中，有时能触诊到子宫颈的肌张力和大小。

（1）子宫颈 子宫颈的触诊检查是通过在骨盆底用手从盆腔前缘滑过来感受的。在触诊过程中会摸到一个厚的长条状的结构，用指尖下压的话可以感受到更多的细节，这个动作的目的是感受子宫颈的肌张力。肌张力可以分为四级：第一级是最大的张力，第四级是在排卵时典型的张力程度，此时母马的生殖道组织最为松弛。

（2）子宫　一旦直肠被清空以后，检查者的整个手臂基本上都可伸入直肠内。手弯曲成杯状后缓慢地往回伸，在直肠底部滑动，这个滑动的过程不会摸到肠袢，却总是能摸到子宫的双角分支点。检查者顺着子宫角往上能摸到一侧卵巢，重复同样的方法能摸到另一侧卵巢。子宫在触诊的时候感觉是软平而松弛的。确认子宫的方法是，用拇指和四指沿组织慢慢滑动，能够摸到纵向子宫内膜皱褶。腹侧肿大时应进行子宫直肠触诊，因为这可能是由于子宫角与子宫体的交界处，出现子宫内膜囊肿或更常见的淋巴管陷窝。

检查者除了触诊内生殖道（子宫颈、子宫和卵巢）外，还应全面触诊盆骨区底部、髂骨区到荐骨区，以检查是否有潜在的可能会造成难产的损伤（如骨盆损伤）。然后再检查可能损伤的具体部位。

（3）卵巢　子宫角靠近卵巢。卵巢的位置是变动的。它们经常位于髂骨中轴的颅侧和外侧"2~3时"和"9~10时"的位置，长5~8cm，宽2~4cm，卵巢系膜的长度限制了卵巢变位的程度。

卵巢为纵向肾形的，其腹侧中部为含卵巢小窝（排卵窝）的游离凹面区，触诊生殖道时通常都要检查这个部位。卵巢的位置相对于子宫是可变动的，它能被翻转以更好地检查它的结构。如果卵巢位于阔韧带的旁侧，除非熟练地将它翻到前侧中央，否则是不能被准确触诊的。

当排卵前期卵泡成熟时，卵泡会突出于卵巢表面，形成隆起。卵泡在排卵前一天会长到平均45mm大小，排卵前2d通常会开始变得柔软。排卵后卵泡腔会被血液填充，形成李子样的红体（CH），此CH感觉就像是海绵一样软软的，无液体充填。4~5d后红体则形成黄体，融入卵巢基质。

子宫颈、子宫和卵巢在发情周期阶段的触诊特征是不一样的，具体见表7-1。

表7-1　经直肠检查母马生殖道的变化

发情周期阶段	子宫颈	子宫	卵巢
发情期	松弛* 水肿	水肿 松弛	卵泡>25mm
发情间期	坚硬 狭窄	肌张力增强 管状形	多量的小卵泡或有一个>25mm的卵泡
乏情期	坚硬度适中，或变薄且开放	松弛	未能触及
过渡期	直到第一次排卵才紧闭	松弛	多量>30mm的卵泡

＊ 在处女马中，子宫颈在发情期可能不表现松弛。

（五）超声波检查

通过直肠超声波来检查母马的生殖道这一辅助诊断方法，在准确检查卵巢结构与子宫病理学及确定母马早期妊娠都有很大作用。对母马生殖道作连续的超声波检查，对检测其发情周期方面也很有用。

绝大多数用于直肠超声诊断的超声扫描仪是B型线性扫描仪，通常有三种不同的频率，分别是3.5、5和7.5MHz。低频的传感器有很好的穿透力，但是分辨率不高，所以3.5MHz传感器更适于妊娠后期或产后的子宫检查，5MHz传感器最适于不孕或妊娠早期的母马生殖道检查。

应用方法与成像解读

首先应排空直肠内的粪球。在使用直肠超声波检查前应先进行人工直检，以确定生殖道走向，评估其形状、肌张力与大小。戴上一次性的塑胶手套，擦上润滑油作为接触凝胶，手指合成圆锥形包住探头再进入直肠，在检查过程中，手要一直弯曲成杯状包着探头，以保护直肠壁。为了避免可能出现的探测失误，应进行系统性的检查。探头要纵向地伸到母马的体内，这样能在显示器上看到子宫颈与子宫体呈矢状方向排列，并能看到子宫角的横断面。

在发情周期过程中，子宫的形态会发生变化。在发情期，子宫角和子宫体为低回声区的特征图像，表明子宫水肿。一般认为，低回声区是子宫内膜褶皱的外缘水肿部位（图7-8）。水肿通常在排卵前的24h内有所消退或消失。在发情间期，子宫的形状会变得均匀很多（图7-9）。当纵向探测时，子宫腔可通过回声线而识别出。

卵巢的超声波检查能提供以下信息：

- 该母马是否处于发情周期。
- 处于发情周期哪个阶段。
- 预测排卵的时间。

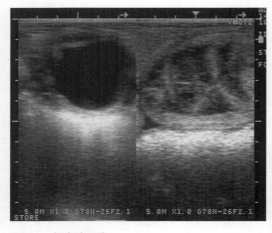

图7-8 超声波图像
右侧：子宫水肿表明孕酮水平和生理性发情低下。左图：排卵前的卵泡充满特征性的无回声液体。

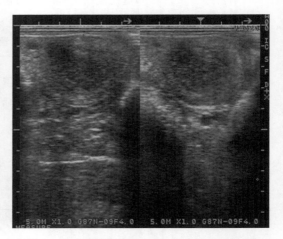

图7-9 在发情间隔期的左右子宫角的超声波图像
注意子宫角横断面的球形轮廓及特殊的均匀一致的回声反射性。

- （判断）双排卵。
- （判断）排卵失败。
- 是否要使用药物促进超数排卵。
- 卵巢疾病（上皮包涵囊肿、卵巢血肿、卵巢发育不全、颗粒细胞瘤、卵巢旁囊肿等）。

卵泡探测呈暗区（无回声），一些卵泡因为周边结构的挤压，或者偶尔是因为卵泡壁并排重叠在一起而探测不到，所以卵泡会呈现不规则形状（图7-10）。通过冻结画面，能使用扫描仪上的测径器来测量卵泡的直径，如用5MHz的探头，测得卵泡的直径大小为2～3mm。

在自然排卵前一天，卵泡的直径平均达到45mm，85%的卵泡会改变形状，变成楔形或者细颈状指向排卵窝。当前认为，卵泡形状改变，体积变大，持续柔软是即将排卵的最佳预兆。

绝大多数母马的大卵泡消失，和黄体新形成时会形成高回声区，所以用超声波检测可以很容易就能判断出母马即将排卵（图7-11）。有时排卵口会充血，形成红体，在图像上显示掺有纤维蛋白索的血清混杂低回声区（图7-12）。

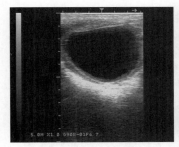 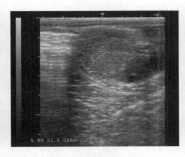 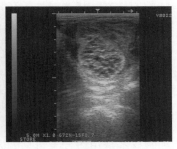

图7-10 超声波图像显示一个成熟的排卵前的卵泡有略微的变形

图7-11 一个成熟的均质高回声黄体的超声图像

图7-12 超声图像显示黄体内充满了血清及散布的纤维条带

（六）子宫内膜拭抹

每当母马发情时，在配种前要进行子宫内膜拭抹。如果病马的细菌培养和治疗效果都有好的结果，为确认感染是否已经消退，可以在随后发情时进行子宫内膜拭抹。然而，通过超声波诊断，母马没有子宫内膜炎的临床症状，就不应进行拭抹。拭抹的拭子样本很容易受污染，因此无菌的操作过程是至关重要的。已确认利用子宫颈黏液的细菌培养来反映子宫内有细菌感染，这样的结果是不可靠的。双重保护套的拭抹技术能够提供最可靠的结果（图7-13）。

母马的会阴部要用无残留皂或聚乙烯吡咯酮碘洗三次，用温和、干净的水彻底冲洗，然后用干净的纸巾擦干。临床兽医要戴上干净无菌的袖套，手指弯成杯状包住拭子，在伸入母马的阴道前庭前，要在手背、手臂上擦上可溶于水的无菌润滑剂。拭子在食指的牵引下穿过子宫颈，然后在外管尖端的开口处推出内管，使拭子向前被推出碰到子宫内膜。10s后，将拭子回缩到内管内，然后内管回缩到外管，将外管从子宫内退出。此外，一个标准的拭子可以通过延长杆，经无菌的阴道开膛器，进入子宫取样。拭子应放在Amies运输培养基上，做好清晰的标记，然后在48h内送到实验室。

图7-13　双层保护式子宫培养采样拭子的三个组成部分
一旦进入子宫，通过外层将第二保护层推开，然后将拭子推入子宫。一旦采完子宫样本，通过相反的顺序可以双重保护取好的样本。

（七）子宫内膜细胞学

子宫内膜细胞学中，会阴与外阴的清洗准备工作与上述相同。拭子细菌培养与细胞学涂片都是有效的检测方法，更常用的方法是，在第一根拭子擦过后，用第二根去获取子宫内膜细胞的样本。将这根拭子在特有的玻片上充分涂抹（Testsimaples:BoehringerIngelheim, UK），或者涂布在普通的显微镜载玻片上（图7-14），然后进行姬姆萨染色或迪夫快速染色（Baxter Healthcare Ltd, Thetford, UK）。最好的细胞样本是用适合于母马的人用子宫颈刷棒来获取（图7-15）。在将样本涂抹在载玻片的时候，可以用细胞固定剂，以防止细胞变形，或受人为影响结果。

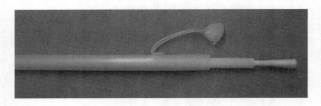

图7-14　单层保护式子宫培养拭子的各个组成部分
一旦进入子宫，通过外壳可以将拭子推入子宫来取样。当拭子转入保护性外壳，可将拭子来回旋转几次，取出子宫内膜细胞用以做细胞学检查。子宫内膜细胞通常收集在拭子的顶部，然后可以涂在载玻片上供观察。

图7-15　子宫细胞刷是获取子宫内膜细胞
作细胞学检测的一种很有效的方法。

注释

- 涉及进入子宫的操作最好是在母马的发情期进行。实际操作时会使微生物不可避免地从会阴前庭或阴道进入子宫内，而前庭与阴道通常是微生物滞留之处。而在发情期，母马会很好地排出沾染物。如果在发情间期进行子宫内膜擦拭取样，需要给母马注射前列腺素$F_{2\alpha}$（$PGF_{2\alpha}$），剂量以便引起黄体溶解，这样可以将污物造成的子宫内膜炎的概率最小化。发情间期直肠指检能够检查子宫颈是否完整。
- 为了更好地解释细菌培养结果，子宫内膜细胞学检查应与子宫内膜擦拭细菌培养一起进行。

（八）阴道检查

阴道检查对于辨别发情周期的阶段和病理解剖学变化非常有用，该检查可在子宫内膜拭抹之前或者之后进行。在拭抹之前通过开膛器进行（阴道）检查的优点在于子宫颈还没有被指检过，而且不会因为空气接触而快速引起（阴道）发红。在拭抹（取样）之前检查的缺点是会使子宫颈外部污染物进入子宫的概率增加。

现在市场上有各种适于阴道检查的开膛器。金属的三瓣型扁嘴状的开膛器是现今为止普遍应用的，也是在母马产后检查中重要的开膛器器具，这是因为它能够提供更细致、宽阔的阴道壁视野（检查撕裂处尤为重要）。用一次性的开膛器更为理想，因为不仅可为子宫颈和阴道提供好的可见度，而且在每检查完一匹母马后即可弃去开膛器。塑胶管开膛器全面透光，适合在一个金属模板中为子宫颈及阴道检查提供好的可见度，但是需要灭菌消毒后才能在母马间重复使用（图7-16）。

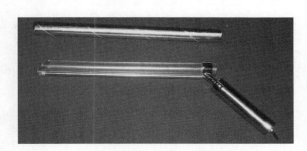

图7-16　一次性阴道开膛器（上图）和能耐高温高压消毒的塑料开膛器

用无菌、水溶性的润滑剂抹在开膛器上面后，分开外阴唇，以45°角从前上方插入前庭，一旦通过横襞之后，水平推进。在正常母马的阴道前庭褶皱处，能反复感受到中等强度的阻力，则表明该处括约肌功能良好。最好的方法是利用这股持续的压力，旋转着向前推进开膛器，一直推到突然感到没有阻力为止（这说明开膛器已到达阴道处）。用笔灯或者眼科灯照亮子宫颈与阴道，可呈现子宫颈与阴道黏膜在不同发情期的不同形态变化（包括子宫颈的位置与阴道层之间的关系）（表7-2）。

表7-2　用开膛器或指诊法检测子宫颈的周期性变化

参数	发情期	间情期	乏情期	妊娠
能通过的手指数	3个以上	1个	1～3个（或以上）	1个
颜色	红	浅灰或黄	苍白	白
外观	湿润	干燥	干燥	干燥
	水肿	闭合	松弛和开张	闭合
	子宫颈口样裂口			
位置	阴道起始部	阴道中部	阴道中部	阴道中部

（九）阴道和子宫颈的指检

如果不进行指检，可能会发现不了阴道和子宫颈的损伤。在检查时要戴上一次性的、干净的塑胶袖套与无菌手套，使用的润滑剂应无菌、可溶于水，比如K-Y润滑剂（Johnson

和Johnson）。指检触诊能够检查出阴道与子宫颈是否有破裂或者粘连。子宫颈破裂在间情期是最明显的，因为这时的肌张力是最强的。在子宫内膜拭抹过程中，指检阴道和子宫颈是很方便的。

（十）子宫内膜活检

在调查母马繁殖障碍的原因时，检查它的子宫内膜很重要。子宫内膜广泛纤维化（如子宫内膜异位）或慢性子宫内膜炎的母马都可能妊娠，但是子宫内膜的病变会导致胎儿吸收或流产。生育能力低下的母马在进行生殖器手术之前，需要先进行子宫内膜活检，以判断它们能否生产马驹的能力。活检同样能够应用于监测母马子宫感染后的治疗情况。那样的话，如果在间情期进行活检，则建议注射前列腺素$F_{2\alpha}$（$PGF_{2\alpha}$），以减少二次感染的机会。在应用活检时，母马病史的记录及其发情周期阶段的记录是非常重要的。

方法

进行子宫内膜活检之前要先清洗会阴部和外阴部，操作与上述"子宫内膜拭抹"相同。活检的方法步骤如下：

- 用大短吻鳄口钳来采取子宫内膜组织（图7-17）。检查者要戴上无菌手套和塑料套袖，或者只戴上无菌的塑胶袖套，润滑后将短吻鳄口钳伸入阴道，用食指引导钳子穿过子宫颈直到子宫体，之后将手撤出子宫回到直肠。

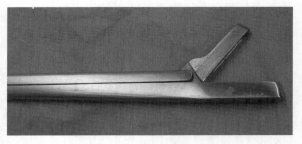

图7-17　大短吻鳄口钳用于子宫内膜活检的取样，为避免组织损伤和人为影响，用一细针（25G）小心、准确地取下钳子上样本

- 钳子在到达子宫之前要保持闭合，钳子口应水平放置，之后打开，将子宫内膜推入钳子口内，然后闭合。剪切时应向下或向侧面将组织推到钳子口内，而不是向前推，因为这样可能会穿破子宫壁。
- 之后将钳子撤掉，记住要保持钳子口闭合。如果没有完全切断组织，有时需要轻轻地拖动一下钳子。活检后偶尔会发现阴唇有轻微出血，但很容易恢复。通常不需要更进一步的治疗；也可静脉注射催产素（10～20单位）促进子宫收缩。
- 用一根细针或镊子将活检样品从钳子口小心取出，将它放入Bouin氏固定液或实验室规定的可供选择的其他固定液中。如果在24h内不能将样品送到实验室，应在采集后当天将样品转移到70%酒精内。

结果分析

正常的子宫内膜在不同发情周期阶段的形态不同。因此，母马的生育史和所处的发情周期阶段的记录在活检中是非常重要的。

在乏情期，子宫内膜的腺体处于静止状态，上皮细胞呈立方形或短圆柱状。因腺体分支螺旋盘绕，乏情期母马的腺体经常紧密相连成群分布。没有出现水肿。

在发情期，上皮细胞逐渐从短柱状变成长柱状。腔上皮细胞的基底细胞质普遍有液泡存在，腔上皮细胞下的毛细血管和固有层的血管边缘通常有中性粒细胞，但不在组织内。这样认为可能是出现水肿。腺体相对笔直，不弯曲。

在间情期，根据发情期的临近，上皮细胞的形态发生由立方形到圆柱状的不同变化。腺体分支高度盘绕和弯曲，表现出"珍珠镶嵌状"（'string of pearls'）。

二、繁殖性能检查－辅助技术

（一）染色体分析

目前对马染色体异常的发病率不清楚，但是人类的染色体异常与流产、不孕和先天性缺陷有关。最常报道的染色体问题，是不孕或生育能力低下的母马的性染色体结构或数量异常。性染色体和其他染色体的异常，可引起公马和母马生长发育不良和生长迟缓；一些染色体异常的马虽较健康，且可达到该品种的标准体格，但却表现出繁殖障碍。

人类染色体核型分析（染色体分析）可在任何有细胞分裂的组织上完成。通常取的是外周血淋巴细胞。用肝素或枸橼酸葡萄糖（ACD）收集血样本（10mL），然后连夜运送到专家推荐的实验室。

（二）孕酮测定

血清孕酮分析是一种监测卵巢功能的可靠方法。通过连续的样品检测，可以确定周期性卵巢的功能。如果每隔一周收集的3个样品的孕酮含量都很低（＜3nmol/L），表明母马可能处于乏情期。如果3个样品都在6nmol/L以上，可能是母马的黄体功能延长或者是间情期后期第二次排卵。

如果母马没有明显发情迹象，血清孕酮分析对确定其发情期也同样有用。在注射前列腺素$F_{2\alpha}$（$PGF_{2\alpha}$）2d后收集样品分析，可以确定母马的成熟黄体是否已经溶解，是否可以恢复到发情期，此时孕酮的浓度通常较低（＜3nmol/L）。

注释

- 孕酮是检测母马妊娠的一种很弱的指标，它的假阳性率很高。然而，在排卵后18~21d，其基础孕酮浓度＜3nmol/L，可确认母马100%没有妊娠。
- 一旦处女马发生第一次排卵，血清孕酮的测定对评估青春过渡期的结束有辅助作用。如果通过试情、触诊或超声波，都无法确定母马是否排卵，或者处于发情周期的哪个阶段，那么血清孕酮的测定有助于确定上述问题。

（三）子宫的内镜检查（子宫镜检查）

当触诊或超声波检查诊断子宫内膜有局部问题，或不能通过其他方式确定不孕症原因时，可使用内镜检查。应选用柔韧的光纤内镜，长至少为1 m，外直径至少为10 mm。内镜最好在气体消毒后使用，用厂商推荐的消毒剂消毒可能会导致检查失败。至关重要的是使用消毒水的活检通道很容易被化学灭菌药冲掉。然后用酒精溶液洗涤内镜，待干燥后便可以使用。

方法

- 母马的会阴和外阴的清洗方法与上述"子宫内膜拭抹"相同。
- 可用润滑的、带着无菌手套的手，引导内镜通过子宫颈，进入子宫。
- 可用无刺激性气体如CO_2，或无菌的生理盐水扩张子宫内腔。一旦内窥镜进入到子宫，注入1～2L生理盐水可灌满胚胎收集导管。
- 正常的子宫内膜为粉红色有游离渗出物。将内镜推到子宫分叉处，然后继续往下到达子宫角，直至观察到子宫角尽头的输卵管的小乳头状突起。

注释

- 子宫的内镜检查最好在间情期子宫颈闭合时进行。如果怀疑母马发生子宫内膜炎，建议在内镜检查后，适当地向子宫灌输抗生素。就像子宫内膜拭抹和子宫活检一样，如果在间情期进行该操作，在操作完成后用$PGF_{2\alpha}$溶解黄体的剂量处理母马。
- 用小剂量精液注射到输卵管乳头的宫腔镜授精法正变得越来越普遍。

三、妊娠诊断

（一）经直肠触诊妊娠诊断

妊娠28d后，用直肠触诊可准确地诊断是否妊娠，妊娠42d左右是直肠触诊最佳时机。

1. 卵巢变化

在妊娠最初100d，可触诊到卵巢中有很多卵泡。周期性黄体包括妊娠40d后卵巢产生的二期黄体（排卵卵泡）和辅助黄体（黄体化卵泡）。

2. 子宫颈和子宫变化

- 第1天：子宫颈紧缩，子宫肌张力增强。
- 第14天：子宫变成明显的管状。
- 第21天：子宫颈变长并且紧闭，不再能触摸到子宫内膜襞。腹部膨胀时，能在一侧子宫角底部触摸到孕体（直径为1.5～3cm）。

- 第28天：在妊娠子宫角底部可明显触摸到直径2～3cm的胚泡。
- 第42天：孕体继续变大，呈长椭圆形，直径约为5cm，占据妊娠子宫角的一半，未妊娠的一侧子宫角保持原状。
- 第60天：孕体直径约为12cm，充满整个妊娠的子宫角。此时卵巢慢慢被牵引到颅内侧（髂骨盆区），直到妊娠第150天才能触及。
- 第80天：子宫体的大部分以及两侧子宫角都被孕体占据。
- 第90天：由于尿囊压力的减小，通过冲击触诊法可以检测到孕体。扩大的子宫下降到骨盆腔缘，不能再收缩。
- 第200天：子宫已完全下降，从妊娠第150天开始，子宫动脉出现震颤。
- 第200天以后：子宫开始上升，胎儿很容易触及。

注释

- 年龄大的母马产驹后不久配种，则早期妊娠诊断比较困难，因为它的子宫可能仍处于扩张状态。
- 充满尿的膀胱（在腹部和/或在骨盆边缘颅侧），或者骨盆中结肠的弯曲波动，都可能被误诊为子宫妊娠。对子宫和子宫颈系统进行鉴别能确诊妊娠。子宫颈紧闭，能使妊娠的子宫体背侧膨胀凸起。

（二）超声波妊娠诊断

妊娠10d左右，在妊娠的子宫角可首次检测到胚泡，其直径约为4mm、圆形、低回声的结构（图7-18）。利用明亮的超声波回声（镜面反射）能够有助于检测到胚泡，这个明显的部位通常出现在胚泡的背侧和腹侧表面。胚胎在妊娠第16天就在子宫内固定下来（图7-19），到了第18天会从圆形变成三角形（"吉他拨片"状见图7-20）。在妊娠第21天，能够在胚泡的腹侧面首次检测到胚胎，特别是在其5～7点钟的位置。第25天，能够检测到有心跳，并可见一个充满液体的尿囊，该尿囊常在胚胎下方的无回声处。第30天，尿囊占据了囊泡腹侧的一半（图7-21），第40天，卵黄囊出现，尿囊占据囊泡的绝大部分位置。第50天，脐带变长，胎儿下降到尿囊底部（图7-22）。

注释

- 双胞胎可在妊娠第14天准确检测到（图7-23）。要对双侧子宫角和子宫体进行彻底检查。管腔内的囊肿可能会与孕体相混淆，但是，当腔内囊肿不再移动或者增长时，应在1～2d内重新检测，这有助于确定诊断。如果诊断还是不明确，要在妊娠第24天左右时重新检测，此时很容易看到胚胎。
- 腹部的超声检查需要3.5MHz的传感器，但只能在80d左右时用。虽然超声检查很有用，但不是100%的准确，如双胞胎，很有可能早期检查难以观察到。如果对下腹部

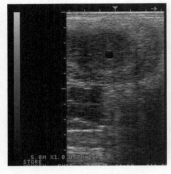

图7-18　妊娠第10天孕体的超声图像，直径约4mm

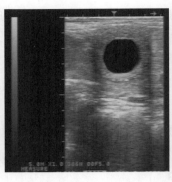

图7-19　妊娠第16天，胚胎附着时的孕体超声图像

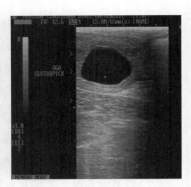

图7-20　妊娠第22天的超声图像，整个孕体呈现"吉他拨片"形状

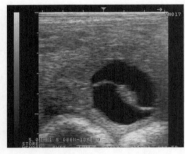

图7-21　妊娠第30天的超声图像

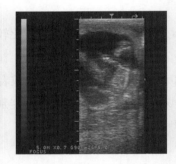

图7-22　妊娠第50天的超声图像

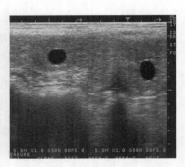

图7-23　两侧双胞胎的超声图像

进行细致的检查，检测的准确度会增加。

- 虽然腹部的超声检查常用3.5MHz的传感器，但是，在检查第80天后的妊娠情况及检查子宫胎盘结合的厚度时，使用5MHz的传感器效果更好。

（三）激素测定

1. 血清雌酮硫酸盐

血清雌酮硫酸盐是由增大的胎儿性腺产生的前体细胞合成后，经胎儿胎盘释放。因此，这种激素含量高证明胎儿发育正常。从妊娠第90天到妊娠后期，这种激素的浓度都很高。

2. 马绒毛膜促性腺激素（eCG）

马绒毛膜促性腺激素（eCG——前身为孕马血清促性腺激素PMSG）在妊娠第40～120天的血清中均呈现高浓度。如果胎儿死亡，会出现假阳性的结果，因为子宫内膜杯产生eCG的活性，会一直持续到妊娠的第120～140天。因此，高浓度的eCG只能证明子宫内膜杯仍在分泌eCG，而不能表明胎儿一定存活，参见第一章。

四、流产、死胎和病驹出生的调查

经估测，英国纯种马流产率要高于12%。严格地讲，在妊娠300d前流出的胎儿称为流产（abortion），300d以后流出的则称为死胎（stillbirths）。

（一）调查方法

采取一种系统的方法来调查流产的原因是非常有必要的。英国的赛马征税委员会实施规程建议，一旦母马发生流产、死胎，或者幼驹在出生14d内发生死亡，兽医必须加以干预。

最理想的是，整个胎儿和胎膜，再加上母马血清样本，都应送到专门的实验室检测，并附带上详细的临床病史记录。此外，还应采取下列步骤：

- 测量胎儿从头部到臀部的长度，以此来评估胎儿的年龄和发育情况。
- 胎盘检查。推荐的方法是平展胎盘呈F形，子宫颈星型部（尿囊绒毛膜与子宫颈内孔接触的地方）放在"F"底部，联系妊娠子宫角的在"F"上面一横，联系未妊娠子宫角的在下面一横。该检查是为了确认胎儿是否已经穿过子宫颈。正常分娩后，尿囊绒毛膜光滑的一面应在最外面，并且应测量脐带的长度，保存脐带血。然后由里向外翻看胎盘，检查胎盘绒毛膜的表面，并查看毛绒状区域和变色区域。
- 应对胎儿进行一般性的全身检查，并记录胎儿的器官和体液分泌的情况。肋骨骨折、肩关节血肿或者头部皮下水肿都有可能造成难产。
- 微生物培养。无菌条件下取肝脏、胃内容物、肺、尿囊绒毛膜（靠近子宫颈星型部）和尿囊羊膜样品，放在加有冰块的无菌器皿中。
- 病毒分离。在无菌条件下取肝脏、肺脏和胸腺样本，放在加有冰块的无菌器皿中。
- 组织学检查。将肝脏、淋巴结、肾上腺、肺、胸腺、脾脏、尿囊绒毛膜和尿囊羊膜样本做成1cm×1cm×2cm大小的组织切片，放入磷酸盐缓冲福尔马林（10%的福尔马林）或者Bouin固定液中固定。
- 可采集母马血作血清学检查。如取配对血样作血清学检查效果会更好。

如果怀疑感染且小马驹在出生14d内发病，应将母马和小马驹隔离。用拭子采取鼻咽样本并采集肝素化血样品，送到专门的实验室进行病毒学检测。

（二）传染性流产的原因及诊断特点

传染性流产的原因与病毒、细菌及真菌感染有关。

1. 马病毒性鼻肺炎（EHV-1）

这种高传染性疱疹病毒性流产与并发性母体疾病无关，诊病往往发生于妊娠7个月至分娩期。也有可能在妊娠早期发生流产。

胎儿肉眼检查结果显示：

- 最近死亡的（未自溶）。
- 黏膜瘀斑。
- 黄疸。
- 肝脾肿大。
- 肝有坏死灶。
- 皮下水肿。
- 体腔积血。

在设备条件允许下，最好的诊断方法是对肺、胸腺、淋巴结、脾脏和肾上腺皮质等冷冻样品进行荧光抗体检测。再者就是病毒分离，然后利用组织病理学检测肝脏、肺脏和胸腺的病毒性包涵体。

2. 马病毒性动脉炎

母马病毒性动脉炎的临床症状表现从无症状到严重的全身性疾病。典型临床症状表现为发热、昏迷、精神沉郁、结膜炎、流鼻液、荨麻疹以及水肿。胎儿无特征病变但出现自溶。

应提供交配的母马血清样本做血清学检查，种马同样需要做血清学检查。病毒分离样本可从以下方面获取：

- 鼻咽拭子（母马）。
- 加入肝素的血液（母马）。
- 种公马精液。
- 种公马尿液。

如果种公马血清反应呈阳性，则表明该马已经接种过疫苗，或曾经被病毒感染过。因为有一定比例的种马是潜在传染源（"shedders"），所以确定种马精液中是否有病毒感染尤为重要。

3. 细菌感染

（1）胎盘检查　子宫颈星型部周围的尿囊绒膜发炎通常是最严重的（上行感染）。胎盘水肿，绒毛膜表面变成棕色并伴有一定量的纤维坏死性渗出物。

（2）微生物学诊断　采取胎儿的器官、胃内容物，以及胎盘样本做细菌学检查。

4. 真菌感染

（1）胎盘检查　起始于子宫颈星型部的绒毛膜呈明显水肿和坏死。

组织病理学检查可见胎盘有真菌菌丝。

（2）微生物学检查　胎儿器官、胃内容物，以及胎盘样本应作真菌培养。

（三）非传染性流产的原因及诊断特点

双胞胎：其中一胎通常个头小且自溶，另一胎则颇有生气。胎盘检查可发现胎盘与胎盘连接处无正常绒毛状结构。

胎盘功能不全：这些病例的胎儿从头部到臀部的长度比正常妊娠期产出的要短，胎儿出现消瘦。子宫内膜活检显示子宫内膜纤维化或囊肿。

妊娠子宫体：胎膜发育不良，胎儿生长停滞。

胎盘早期分离：胎儿足月。尿囊绒膜体中部有不完整或完整的裂口。常见胎盘增厚，分离区干燥，呈棕色。

脐带损伤：如果脐带超过84cm，会有过度扭曲倾向。一旦血液供应阻断，胎儿会死亡、自溶。

五、母马生殖器疾病的鉴别诊断

本节所述的各种疾病与受孕失败或胚胎流失有关。可应用的诊断方法在上文"繁殖性能检查"已经提及。

（一）卵巢过小

卵巢过小的鉴别诊断包括：发育不全（先天性）、萎缩（后天性）和冬天乏情期。
诊断方法
触诊：卵巢小而光滑，子宫和子宫颈松弛。
超声诊断：无明显卵泡出现（图7-24）。
染色体组型：最常见的异常为63XO。

（二）卵巢增大

鉴别诊断包括：

- 妊娠（早期妊娠）。
- 春季换季。
- 血肿。
- 肿瘤（颗粒细胞瘤最常见；见图7-25）。
- 无排卵性出血性卵泡。
- 卵巢旁囊肿。
- 脓肿（图7-26）。

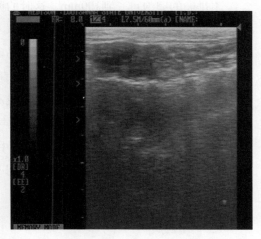

图7-24 性腺发育不全的母马子宫超声图像。表明无卵泡活动

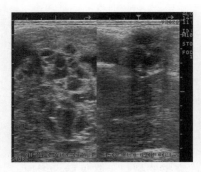 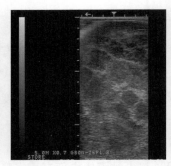 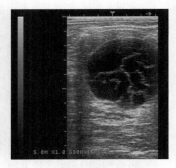

图7-25　颗粒细胞瘤经常发生于单侧（左图），对侧卵巢过小且机能减退（右图）。伴有单一大腔隙的颗粒细胞瘤通常少于蜂窝状的颗粒细胞瘤（左图）

图7-26　卵巢脓肿。渗出液从卵巢渗漏到腹部组织四周，引起卵巢同侧的子宫角和胃肠道粘连。疝痛严重的母马，通常都被施行安乐死

图7-27　超声波图像显示，1个不排卵的卵泡充满纤维蛋白链

诊断方法

触诊：一般来说，患有颗粒细胞瘤的母马，通常一边卵巢会增大，而另一边会变得小而硬。增大的卵巢均匀光滑，触感有结节，有硬度，或者软而有波动感。当肿瘤细胞充满患侧卵巢时，会触诊不到该侧卵巢窝处的典型凹痕。

经直肠超声扫描：排卵后的血肿具有季节性，外观斑驳。充满液体的区域也可能表明是血清区域。经直肠超声连续检测可显示，组织从波动的流体变为坚硬的机化外观。经典的颗粒细胞瘤有明显多腔囊肿，外观呈蜂窝状。然而，受损卵巢的外观由均匀的回声至有1个（或几个）大的或充满液体的囊肿而不同。

不排卵的卵泡可长到100mm。这时的卵泡可能充满清亮的卵泡液或有些最终会充满血液，也可见纤维蛋白链（图7-27）。

借助超声诊断卵巢旁囊肿相对较容易。被液态填充的卵泡样结构可能与卵泡混淆，但通过仔细检查，可发现卵巢内它的结构发育不全。

卵巢脓肿很罕见，卵巢脓肿经常造成卵巢周围组织广泛粘连，甚至粘连肠道；母马疝痛是卵巢囊肿殃及胃肠道的典型症状，超声波图像显示回声中心卵巢壁增厚。

激素检测：患卵巢颗粒细胞瘤的母马中，大约有60%的血浆中睾酮浓度会升高（基础浓度：0.02～0.5nmol/L）。大约90%的患病母马抑制素升高并伴有颗粒细胞瘤，这是卵巢异常最重要的激素诊断。

（三）子宫疾病

下列子宫疾病的诊断方法如下：

- 急性子宫内膜炎。
- 子宫内膜囊肿。
- 子宫内膜粘连。
- 子宫内膜异位。

1. 急性子宫内膜炎的诊断

（1）超声波检查法 在子宫中可检测到可变回声的液体，若间情期检测出该液体则在很大程度上是子宫内膜炎（图7-28）。子宫积气（阴道积气的继发症）可显示高回声图像，因为子宫内积有气体（图7-4）。

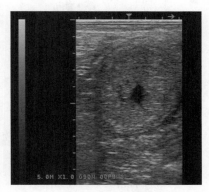

图7-28 间情期管腔内显露液体的超声图像：提示子宫内膜炎

（2）阴道镜检查 阴道有明显渗出物或者渗入子宫内，尤其在发情期，这是母马感染阴道炎和（或）子宫颈炎的迹象。若怀疑液体为尿液，应分析其肌酐和尿素的浓度，并且在细胞学检查时可见碳酸钙晶体。而液体中碎片和气泡的出现，表明该母马阴道积气。若开腔器没有受到阴道前庭括约肌的阻力而顺滑进入阴道，则表明横襞没有形成有效的封闭。

（3）微生物检查 如果通过子宫内膜细胞学检查能确证的话，就能诊断子宫内膜拭抹的已知病原菌。主要病原菌包括：溶血链球菌、大肠杆菌、绿脓杆菌、肺炎克雷伯菌、马生殖道泰勒菌、酵母菌和真菌。

（4）子宫内膜的细胞学检查 大量中性粒细胞的出现是子宫内膜炎的迹象，中性粒细胞与上皮细胞的精确比例取决于采集的方法。一般来说，如果中性粒细胞占所有细胞数的比例超过2%，该母马很有可能患有子宫内膜炎（图7-29）。

（5）活检 活检组织的浸润并伴有中性粒细胞，表明为急性子宫内膜炎。中性粒细胞通常在子宫内膜致密层（固有层的表层）中发现，并向管腔上皮细胞间迁移。在更多的重症病例中，中性粒细胞均在海绵层（固有层的更深层）出现。腺体有可能增大，退化的中性粒细胞也有可能出现在内腔（图7-30）。

2. 子宫内膜囊肿的诊断

（1）触诊 囊肿在阻碍妊娠前一定是较大且/或分布广。如果整个子宫触诊如海绵状松软的感觉，则很可能就是明显的囊肿。触诊单一囊肿或一簇小囊肿孢则可能难以确诊，通过经直肠的超声波检查是确诊的最佳方法。

（2）超声波检查法 囊肿可被分为子宫腔内（图7-31）的或者子宫壁内的，囊肿可出现于子宫内膜的腺体（＜10mm）或淋巴管（＞10mm）中。子宫内膜囊肿应与由衰退至生长、隔室化，由衰退至运动和不规则外观的早期胚泡相鉴别。

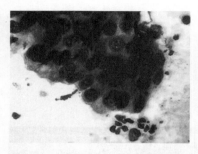 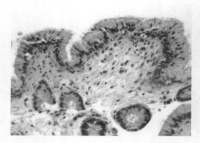 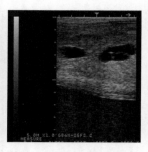

图7-29 （彩图4）子宫内膜的细胞　图7-30 （彩图5）子宫内膜活检显　图7-31 多发性子宫囊肿的
学检查显示上皮细胞和多　　　　示致密层的弥漫性炎症　　　　超声图像
形核细胞

（3）内镜检查　可看到子宫腔内的囊肿为有光泽且充满液体的有蒂结构。

3．子宫内膜经腔粘连的诊断

（1）内镜检查　出现像条带、纸带或隧道样的纤维组织。

（2）超声波检查　粘连通常是不可见的。如果一个子宫角完全闭塞，向子宫内灌注生理盐水后便可发现粘连。

4．通过活检诊断子宫内膜异位

子宫内膜异位是以慢性的、不可逆的变化为特性，这些变化可用子宫活检做组织病理学检查加以确诊。子宫内膜损伤的严重程度与母马孕育胚胎长成幼驹的能力之间有一良好的关联性。然而，活检结果的解释应根据母马的年龄而改变；随着年龄的增加，生育力会逐渐下降。数年不孕的母马，可能患有轻度到中度炎症和纤维化病变能力。

（四）子宫颈疾病

1．子宫颈炎和阴道炎

这些疾病是通过内镜检查而确诊（见上文"阴道检查"部分）。

2．子宫颈的裂伤

子宫颈的裂伤应采用经阴道指检子宫颈的方法进行诊断。指检应在母马间情期施行，因为这时的子宫颈肌张力可能会比较好。用食指通过子宫颈管，用拇指顺时针方向转动的方法，触诊检查肌肉组织的完整性。

（五）阴道疾病

除了阴道炎，阴道疾病的鉴别诊断还包括阴道积气、阴道积尿、处女膜（阴瓣）闭锁和静脉曲张。阴道积气和阴道积尿（尿滞留）通常与会阴构造问题相关。用内镜或手进行阴道检查时，易破坏处女膜。相对来说静脉曲张更常发生于老年经产母马，这些静脉在妊娠期或发情期时更容易受压。当出现明显的扩张后，静脉曲张伴随血栓和溃疡造成的出血，通常不需要治疗，且一旦妊娠或发情期结束便会恢复。若出血过多，可通过血管的结扎、黏膜下层的切除或用激光烧灼止血。

1．阴道积气的诊断

（1）构造　应检查会阴和外阴的封闭性（见上述"外阴和会阴部的检查"）。

（2）直肠检查　在严重的病例中，其膨胀的子宫充满气体，使生殖道的触诊难以进行。轻压直肠（阴道壁的背侧）可帮助排出子宫内过多的气体。直肠触诊应在阴道检查之前进行，以免人为造成阴道积气。

（3）超声波检查　若阴道积气存在，则可看到气泡的回声波。如果膀胱尾端部有一个较大的低回声或无回声区域，则表明可能阴道积气。

（4）内镜检查　在阴道可见泡沫性渗出液。

2．阴道积尿的诊断

（1）内镜检查　阴道内可见很多尿液。

（2）实验室分析　对液体作肌酐和尿素分析，可表明其为尿液。另外，液体沉淀还可进行碳酸钙晶体检测。

3．阴瓣（处女膜）的诊断

（1）内镜检查　在横襞处可见一层明显的膜。若未被内镜捅破，处女膜也会在指检（戴无菌手套）过程中被弄破。

（2）经直肠的超声波检查　可显示处女膜后蓄积的黏液样分泌物。

第二节　公　　马

在以下情况下，可对公马繁殖性能进行常规检查：

- 在配种季节开始前。
- 购买一匹公马作为种马之前。
- 公马有低生育力史。

一、体格检查

（一）睾丸的测量

应测量每个睾丸的长度、宽度和高度，并且记录配种公马的医学数据。最好在采集完首次射出的精液后测量睾丸，因为此时公马不会像采精之前那样兴奋，能够在整个测量过程中保持温驯。睾丸的大小和每日射精量高度相关。

1. 卡尺测量方法

Tuberculin卡尺可以用来测量睾丸的大小。必须将卡尺放在睾丸表面不变形处，否则测得的直径值会偏小。最小总阴囊宽度应为80mm，这样的马才是令人满意的准种马。一些市售的卡尺是专门用来测量总阴囊宽度的。但是它们只适用于一般马匹，对小矮马品种来说量程不行。测量长度时，应水平取向，并确保不要测到附睾头和附睾尾。

2. 超声检查

测量睾丸大小更精确的方法，是通过5MHZ或7.5MHZ的传感器进行超声检查（详情见"拓展阅读"）。中央静脉扩张可能预示着静脉充血并与其他病理特征（睾丸血肿、睾丸炎、外伤、引起睾丸实质受压的肿瘤等）有关。

（二）睾丸的质地

按住对侧睾丸后用拇指和其他手指检查每个睾丸。睾丸应能在鞘膜内自由移动。附睾特别是附睾尾也应被触诊到。睾丸过软或过硬均预示一定程度的变性。如果附睾尾既硬又小，则很有可能存在纤维化，这将降低尾部的储精能力。如有可疑的局部病变，应用超声做进一步检查。

（三）阴茎的检查

采精前应先对阴茎进行清洗，此时阴茎勃起，是检查的最好时机。

（四）拭抹

公马是性病的被动带菌者。当它们接触到以下一种或多种细菌时，则视为感染：绿脓杆菌、肺炎克雷伯菌（荚膜1、2和5型）和马生殖道泰勒菌。在英国，英国赛马征税委员会实施规程建议，从一月初开始，到配种季节开始之前，要对所有的公马和试情公马进行两次拭抹，间隔不少于1周。

操作方法

采集拭子样本最好的方法是用发情的母马试情公马，直到其阴茎完全勃起。最好将公马逼到角落使其远离母马。然后用戴手套的手将阴茎向下弯，收集样本。清洗之前要采样的区域，包括尿道沟和阴茎体，然后用干净的温水清洗阴茎，特别注意清除龟头上的污物，包括可能有阴茎垢豆状物（"bean"）的龟头窝憩室。用干净柔软的纸巾将阴茎擦干。洗涤过程通常会刺激公马释放大量的射精前液，可以收集培养。然后将一拭子插入尿道3~5cm，以获得采精前的尿道样品。精液也可进行培养，但是极易受外界污染。细胞学检查时，缺乏中性粒细胞的阳性培养预示已受到污染。

如果怀疑生殖道也继发了炎症，采集以下样品进行培养：

- 尿道。获取射精后的尿道拭子样本。当阴茎离开假阴道后立即采集尿道拭子。通常情况下这种拭子是不长菌的。
- 精囊腺。应试情公马，使其精囊腺分泌液体膨胀。将一个1cm×10cm带充气管的无菌导尿管送入尿道至精阜（精囊腺排泄管的源头）。用手通过直肠挤压精囊腺中液体，使其进入导尿管，该液体将用于细菌学和细胞学研究分析。
- 前列腺、壶腹部和输精管。首次射出的精液主要来自这些部位。可以用开口的假阴道分别收集首次射出的精液和之后射出的精液。
- 附睾和睾丸的感染。这些通常会引起睾丸和附睾的变化，可以通过触诊来确认。样本拭子应放在Amies运送培养基中暂存，48h内送到实验室。

二、精液的采集

公马的精液可用假阴道（AV）采集。几种型号可供选择。最常用的是CSU型（Animal Reproduction Systems，Chino，CA，USA）和Missouri型（Arnolds Veterinary Products，UK）。其中，CSU型保温效果好，很容易组装，但相对较重。Missouri型失温速度快，但很轻便、价格相对便宜。两种款型都可用乳胶或一次性塑料做内衬（图7-32）。

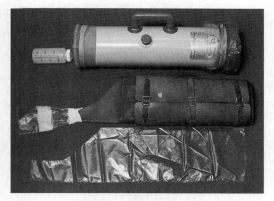

图7-32　CSU型采精假阴道（上），Missouri型人造阴道（中），一次性塑料内衬（下）

用假阴道采精时，最好使用一次性塑料内衬，因为它能使精液的质量得到保证，并且减少转移过程中受感染的机会。遗憾的是，有些公马不适应塑料内衬。在这种情况下，才使用橡胶内衬，但要在使用后进行消毒。橡胶内衬要浸泡在70%酒精里20min，然后挂起来晾干，再用消毒水漂洗出乙醇（会杀死精子），干燥后才能使用。

假阴道首先应充满温水，使内部温度达到45～48℃。在配种季节开始时或性欲差些的公马内部温度可调到50℃左右。因为精子对高温敏感，所以公马的阴茎要完全进入假阴道是很重要的，这样可以避免精液留在假阴道底的过程中受到假阴道温度的影响。精液可收集在一个外部绝温的不能杀精的塑料瓶或塑料袋内。假阴道用温暖、无菌、水溶性的和非杀精性的润滑剂，如K-Y冻胶（Johnson & Johnson，UK）进行处理，用塑料套筒将假阴道内面的上2/3处涂上润滑剂。然后手撤出套管，防止润滑剂变干，并帮助维持温度。润滑剂只在采精前使用，以避免润滑剂掉入收集瓶中；一些公马的精液对润滑剂引起的渗透压变化显得非常敏感。

采精可以用发情母马试情公马射精，也可用"人工授精时用的假母马"诱导。如果用发情母马，必须在发情期，或者是切除卵巢后经雌激素处理的。母马的尾巴应被捆绑起来或封装在一个塑料套筒内，使得公马的阴茎免受尾毛擦伤。如果多匹公马用同一匹母马，则每采完一匹公马，母马的会阴区须用碘伏清洗消毒。或者可以用一个毡子放置在母马的臀部，采集下一匹公马精液时要更换毡子。

采精前，应先让公马靠近母马，以此来判断母马是否接受爬跨，然后用42°C温水清洗阴茎，再用纸巾彻底擦干阴茎。为了避免感染，负责清洗阴茎及采精人员应戴一次性塑料手套。阴茎清洗后，应让母马站立在适合爬跨的位置。

此时，允许公马爬跨母马。在阴茎插入假阴道之前，应将从假阴道内抽出松软的塑料套袖。将假阴道竖直向上抽动比向下抽动更有利于刺激公马。采精人的另一只手应放在公马阴茎根部，这样能感觉到其射精时的脉动。公马阴茎发生脉动的同时，尾巴也会有规律地上下摆动（"flag"）。发生两三次脉动后，应假阴道慢慢往下移。射精结束后，公马从母马身上下来，采精者也应将随着公马移动，同时让阴茎滑出假阴道。将假阴道竖放，使精液流入收集器皿里。如果是用Colorado款型的假阴道，当公马阴茎滑出来时，应马上将填充槽的帽子拿开，让精液完全进入收集器皿，并将假阴道稍微倾斜，使精液流入收集器皿。阴茎消肿过程中会有泡沫状精液从龟头流出，这也表明射精已经完成。

在检测精液前应除去精液凝胶，可以通过在假阴道中放一个滤器，在采精过程中就过滤掉凝胶（更推荐此方法），或者采集精液后再用滤器。尼龙的滤器比采奶用的滤器更好用，并且对不同型号的假阴道都适用。在稀释精液之前的整个过程中，保证温度为37°C很重要。采精后应尽快进行检测。

精液的评估

以下参数应该评估：

- 容量。平均为60～70 mL。延长试情时间，可能会产生大量凝胶和（或）精浆。
- 颜色。通常为乳白色。
- 运动能力。将精液滴一滴在一温热的显微镜载物片上，并用一个干净的盖玻片覆盖。准确地估计能动性，相差显微镜带有加热台是至关重要的。如果一个显微镜的加热台不能用，就应将玻片放在切片加热器里，直到要用显微镜检再取出。对运动能力的判断应包括具运动能力的总百分比和逐渐能动的百分比。这些逐步恢复运动能力的精子，必须每一个尾巴和头都旋转360°才能快速移动。如果头不旋转，很多的精子将做圆圈运动，有50%的公马精子有背面头。理想情况下，至少有60%的精子能逐步恢复运动力。如果精液浓度扩大至（25～50）×10^6/mL，则可更精确地评估精子的运动能力。

- pH。正常范围为7.2～7.6。如果pH升高，有可能是精液被尿液污染，或存在感染。
- 浓度。必须要测定每毫升精子数量。最快的测定方法是用密度计或校准分光光度计。然而，常用的是血细胞计数器。精液的稀释比例为1∶100（10μL精液和990μL甲醛盐溶液）。在血细胞计数板加满稀释精液后，静置几分钟，使得精子沉淀到计数板的底部。计数板中间的大方格被分成5×5中方格（一共25个方格），中间的中方格里被3条线分成16个小方格，在各个小方格里计算精子头部数目。仅对在每个方格的左侧和顶线的头部进行计数，在右边和底部的不计数。获得的数量乘以10^6即为每毫升精子的数量。极低浓度的样品，精液稀释比例应为1∶10，而不是1∶100，浓度校正因子为×10^5/mL。在非常集中的样本中（如>500×10^6/mL），只计数在纽鲍尔室的中间大方格的5个小方格里的精子头部。获得的数量然后乘以$5×10^6$为每毫升精子的数量。

一次射精的总精子数量平均为$8.0×10^9$，但受季节性变化和射精的频率影响会有所不同。每日从睾丸输出精子数，可以通过使用睾丸估计测量来计算睾丸体积（详见"拓展阅读"）。准确测定需要在5～6d内每日收集、测定性腺外储量，得出稳定的数值。每日精子输出量是基于连续3d收集的精液中计算精子的平均含量。

- 形态学。该检测可通过使用缓冲甲醛盐（一滴有2～3mL）和相差显微镜，或者用曙红-苯胺黑染色（市场购买的已经预先混合成一种溶液）。使用曙红-苯胺黑染色，取一滴染液和一滴精液在载玻片的末端混合。然后使用另一载玻片沿玻片涂抹（像血涂片一样），最后在玻片干燥器上干燥。因为该溶液略微有点低渗，如果慢慢抹干就可以显现出形态。形态应在显微镜油镜下观察，数出200个精子，记录其中形态不正常的。一般情况下，应该有超过60%的精子形态正常。
- 逐渐运动的精子形态学正常的总数。这个数值等于射出精子的总数的百分比乘以逐步运动型（PM）的百分比，再乘以正常形态学（MN）的百分比。这数值比能动性、形态、体积和密度这些独立的数值重要得多。第二次射精可用精子数量的最低值应为10亿。这个数值大约是第一次射精的50%。
- NB。这个数值可能会比实际可用的精子数要小。许多形态的缺陷（如精子中段）将对能动性产生负面影响，因此%PM×%MN这条公式中，其双重效应（"double jeopardy"）是固有的。
- 延长运动能力。将射出的一部分精液装在精液扩展瓶里（量约占扩展瓶一半），纯精液装在另一小瓶，两个都在密封、黑暗、室温的条件下保存。运动性应在24h内进行评估，每隔6h测一次。在纯精液中，至少10%的精子在6h后能逐步运动，而拓展瓶里的精子要在24h后才能运动。用这种测试结果来反映精子在母马阴道存活多久，显然是不可信的。如果一匹公马正在用冷冻精液进行评估时，要测试在4℃

下，24h和48h时，精子的能动力在不同扩展液/抗生素组合中的维持时效，这种测试是非常重要的。

三、隐睾症

这是一种相当常见的疾病，常出现一个或两个睾丸没有下降到阴囊。如果睾丸通过鞘膜环（或称鼠蹊环）而不是外部腹股沟环，该马则被称为是腹股沟隐睾病患者（"隐睾马"）。皮下睾丸不能转移到阴囊则被称为睾丸异位。如果马的睾丸和附睾滞留在腹部，则被称为腹部隐睾马。如果睾丸在腹部内，但附睾的一部分在腹股沟管内，则该马被称为部分腹部隐睾马。

隐睾症的诊断

1．触诊

对阴囊内容物和外腹股沟环进行触诊时，检测到阴囊内只有一个睾丸存在（有时没有）。安静时可使提睾肌放松，使皮下或腹股沟睾丸更为接近。应通过触诊和视诊阴囊，检查是否有做完外科手术留下的瘢痕。

如果由外部触诊无法找到睾丸，可施行直肠触诊。可是，这只能在有充分保定设施的前提下实施。腹部内睾丸小而松软，又可移动，所以较难摸到。通常是更倾向于触诊鞘膜环；如果明显触诊到睾丸或附睾，则很可能已降入腹股沟管。鞘膜环位于耻骨（腕部旁边）边缘的联合上缘附近。然后指尖压在腹壁，沿着弯曲的中指所指的腹前部方向，有可能进入狭缝状鞘膜环。

2．超声波检查

从耻骨边缘开始扫描，然后往前横向移动，扫描中部和侧部的腹壁。这种方法比触诊检查腹股沟和腹部睾丸的位置、大小更有用。隐睾往往比下降睾丸回声更少。

3．血液（血清和血浆）激素检测

如果对侧睾丸手术切除后，人绒毛膜促性腺激素（hCG），可以刺激存留的睾丸组织产生睾酮。采集血液样本，然后用5 000~10 000IU人绒毛膜促性腺激素进行静脉注射。第二次血液样本通常在1~2h后采集。第二次样本内睾酮的浓度显著升高，可以诊断睾丸组织的存在。已确认，这种检测约有95%的准确率。

4．血清雌酮硫酸盐

可对超过3岁的马的单个样本进行血清雌酮硫酸盐测定，据报道，其准确率达95%~96%。该测定方法不适用于3岁以下的马或驴，因为它们的测定假阴性率较高。已确认单次测定雌酮硫酸盐基本浓度比单次测定睾酮值对确诊隐睾症具有更可靠的指标。马的雌酮硫酸盐（<50pg/mL）和睾酮浓度（<40pg/mL）基础值低时，应考虑是骟马，而高浓度的雌酮硫酸

（>400pg/mL）和睾酮（>100pg/mL），则表明睾丸组织的存在。上述引用的浓度高、低值不具诊断意义，但推荐应用人绒膜促性腺激素刺激试验。

拓展阅读

Blanchard T L, Varner D D, Schumacher J, et al. 2003. Manual of equine reproduction, 2nd edn. Mosby, St Louis.

Reed S M, Bayly W M, Sellon D C .2004. Disorders of the reproductive system. In: Frazer G S (ed) Equine internal medicine, 2nd edn. W B Saunders, St Louis.

Samper J C, Pycock J F, McKinnon A O. 2007. Current therapy in equine reproduction,2nd edn.Saunders Elsevier,St Louis.

第八章

血液疾病

本章涉及血液疾病诊断技术，具体包括临床检查血液学分析和一些相关的临床病理学（如凝血试验）以及骨髓穿刺与活检。

第一节　贫血的诊断

贫血是由于循环血液中红细胞数目绝对减少，造成血液携氧能力下降的疾病。此病的临床表现因病情的严重程度而不同，一般情况下会出现下列一种或多种症状：

- 精神沉郁、身体虚弱。
- 可视黏膜苍白。
- 静止时心动过速和呼吸急促。
- 机体的运动耐受性下降。

贫血的确诊通常依据测定外周血液样本中的红细胞参数（血液用EDTA抗凝）。然而，在分析结果时还需要考虑到个体的正常生理差异，比如个体的品种、兴奋性、适应性等（详见第一章）。特别需要注意的是，在采血过程中有可能出现马匹兴奋，引起脾脏收缩，导致血细胞比容（PCV）升高从而掩盖了贫血。另外，贫血马匹在脱水时也可能出现红细胞参数处于正常水平的现象。表8-1列出了不同组别的马的红细胞参数标准范围，检查结果低于正常范围时，则表示出现贫血。

一旦被确诊为贫血，就需要找出引起贫血的原因。贫血的原因可能是下列所举中的一个或多个因素所致（附录8-1）。

- 失血。
- 红细胞溶解。
- 红细胞生成减少。

其中，红细胞生成减少（红细胞生成异常）是导致马出现贫血最常见的原因。

在考虑这些引起贫血的原因并诊断之前，首先要知道，与其他动物相比，马的血液学有一些特殊限制。在其他家畜的血液样本中，再生性变化（如网状细胞过多，多染性红细胞、巨红细胞、红细胞大小不均和红细胞细胞核外露）是与失血或溶血有关的红细胞生成增多的特征表现。这些被称为"再生性"或"应答性"贫血，相对应的则是与红细胞生成减少有关的"非再生型"贫血。相比之下，幼红细胞在马的骨髓当中成熟，很少在外周血中出现幼稚型红细胞。因此，红细胞参数并不能特别有效地反映出贫血症状，而骨髓穿刺/活检（见下文）则是确诊红细胞生成活动状况的最好方法。然而，再生性贫血发病过程中，经常出现平均红细胞体积（MCV）缓慢增加，偶尔也会出现红细胞大小不等症。

表8-1　不同组别成年马的典型红细胞参数范围

参数指标	纯种马	猎马	矮种马
PCV（%）	40～46	35～40	33～37
RBC×10^{12}/L	7.2～9.6	6.2～8.9	6.0～7.5
Hb（g/dL）	13.3～16.5	12.0～14.6	11.0～13.4
MCHC（g/dL）	34～36	34～36	33～36
MCV（fL）	48～58	45～57	44～55
MCH（pg）	14.1～18.1	15.1～19.3	16.7～19.3

数据来源：表格经过调整，数据由布里斯托尔大学临床兽医系临床病理诊断科提供。

一、失血性贫血

失血可能是致命的急性失血，也可能是难以察觉的慢性贫血。

（一）急性失血

健康马匹的血量应是其体重的6%～10%。急性失血25%～30%机体尚可承受，一旦失血量再大，就会引起失血性休克。这种状况只能依据临床情况做判断，因为这时尽管机体接近休克，但早期的血液学参数仍然显示处于正常水平。假设马匹能够存活下来，失血后12～24h，血浆会代偿性增加，导致血浆总蛋白被稀释，PCV（血细胞比容）、RBC（红细胞数）、血红蛋白浓度都下降。

诊断

出现失血性休克的临床症状，包括心动过速、呼吸急促、脉搏虚弱、口渴、黏膜苍白、四肢冰冷、疝痛、精神紧张、深度虚弱，最终还会出现心力衰竭。

如果PCV和血浆总蛋白浓度下降，则表明急性失血已经超过12h，甚至是24h。PCV低于20%意味着红细胞储量已经耗尽。然而，PCV如果稳定在12%～20%，通常不作为输血的依据。

腹腔出血和胸腔出血可以通过超声图像诊断检查（图8-1），或者腹腔穿刺（详见第二章营养性疾病）和胸腔穿刺分别检查。在此情况下获得的血液是去纤维、无血小板的血液。出血后4～7d通常会出现骨髓的增生性反应。当渗出的红细胞被吞噬破坏而不能被重吸收时，就会演变成轻度黄疸，而后3～5d将发展为内出血。

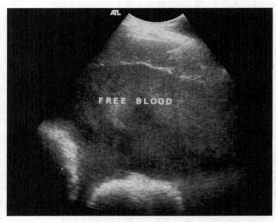

图8-1　超声波检查腹腔，腹腔出血时显示液体回声波

（二）慢性失血

由于骨髓能再生红细胞用以弥补丢失的红细胞，所以在症状出现之前，慢性出血很难被察觉，从而使疾病被拖延很久。一旦红细胞再生的效率低于流失的量，就会出现贫血症状。

失血早期，骨髓会发生应答，不断产生红细胞，直到由于长期出血而使铁储量消耗殆尽，然后会出现缺铁性贫血。然而，假如患马能够正常进食，就能通过食物摄取流失的铁量。

诊断

因为机体对慢性失血具有生理适应性，临床上通常以PCV低于10%～15%为标志。然而，如果马匹仍然在使役，那么这个指示性特征会更早显现。

PCV、RBC数量、血红蛋白浓度长期处于低水平状态，以及骨髓再生现象都是慢性失血的典型症状。

如果出血不明显，则应进行尿液、粪便、腹腔液的检查，以确定有无出血。

本章节稍后提及的一些血凝病的诊断也可能与慢性失血有关。

圆线虫长期严重感染也能造成慢性失血，粪便中检查出的虫卵可作为确诊依据。

二、溶血性贫血

红细胞会在血管内或者血管外被单核巨噬细胞破坏或者溶解。无论是血管内还是血管外的溶血机制，溶血发生后的几个小时到几天内，被释放的血红蛋白会转化成非结合胆红素，并随之发展为黄疸。然而，随着血管内溶血的发生，大量的血红蛋白在第一时间被释放到血管腔内，并在黄疸出现前首先引起血凝变化。如果肾阈中的游离血红蛋白超标，血红蛋白尿会随之出现，因此可作为辨别血管内溶血出现的诊断指标（图8-2）。随着血管外溶血的发生，血红蛋白分散在血管外的空间中，因此不会出现血红蛋白血症和血红蛋白尿。溶血性贫血会以急性/慢性形式出现，也能由传染病病原体引起，但最常见的是由免疫介导性疾病（免疫介导性溶血性贫血）引起。在极少数情况下，溶血性贫血与微循环红细胞被破坏造成的损伤有关（微血管病性溶血性贫血）。溶血也是肝脏衰竭末期的表现之一。

（一）溶血的诊断特征

血管内溶血是以血浆被血红蛋白染色和出现血红蛋白尿（肾阈值超标）为特征。因为血红蛋

图8-2　（彩图6）血红蛋白尿

白能从血浆中被迅速清除并转化为胆红素，所以黄疸可作为近期发生红细胞溶解的明显的临床证据。在疾病发生最初的12h后，黄疸会首先出现在黏膜上，并能通过肉眼来诊断（图8-3）。

缺乏黄疸症状并不能排除溶血，因为肝脏清除胆红素的速度有可能与红细胞被破坏的速度一致。

溶血病患的血液学检测结果显示，病患的PCV、RBC数量和血红蛋白浓度都低于正常水平。在急性血管内溶血疾病发生时，血浆会被游

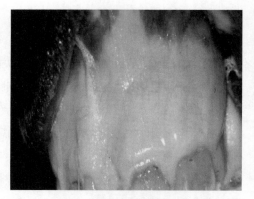

图8-3 （彩图7）口腔黏膜出现黄疸

离的血红蛋白染色。MCH（红细胞平均血红蛋白量）和MCHC（红细胞平均血红蛋白浓度）升高并超出正常范围，同样反映了游离血红蛋白和血管内溶血的出现。但是，血浆中游离血红蛋白、MCH及MCHC的升高也有可能是样品腐败引起的，因此在分析结果时要注意不要误判为溶血。

溶血时，血清生化检查表明非结合型间接胆红素浓度升高。但是高胆红素血症并不是溶血的示病症状。厌食可能是马患高胆红素血症和黄疸最常见的原因。同样的，严重的肝脏疾病也能引起高胆红素血症。与急性出血性贫血不同，尽管红细胞参数有所下降，发生溶血性贫血期间血浆总蛋白浓度是保持不变的。

（二）传染性疾病导致的溶血性贫血

传染性疾病导致的溶血性贫血在马类中比较少见。可能见于下列情况：

- 马传染性贫血是通过苍蝇叮咬（或被污染的注射针头）传播的病毒性疾病，该病在全世界均有分布，但主要暴发在气候温暖潮湿的适宜吸血媒介大量存在的地区。
- 据信，马埃利希体是通过蜱虫传播的立克次体属微生物。
- 马巴贝斯原虫和马属小巴贝斯原虫是由蜱虫传播的原虫寄生虫。
- 一些细菌如梭状芽孢杆菌、葡萄球菌及钩端螺旋体，都能在感染过程中产生溶血素，但这种情况在实践中很少遇见。

（三）马传染性贫血

马传染性贫血（EIA）是一种在很多国家都必须通报的疾病，其中包括英国、欧盟国家、加拿大、瑞典以及澳大利亚的一些洲。尽管EIA在这些国家并没有流行，但很容易传播，临床兽医师都应重视该病的诊断。马传染性贫血病原是一种通过苍蝇叮咬传播的病毒。马传染性贫血病毒附着在红细胞上，红细胞主要是在血管外被破坏，使机体产生自体

免疫溶血性贫血，因此，EIA属于免疫介导性溶血。

诊断

出现血管外溶血的症状为初步诊断EIA提供了充分的证据。急性病例会出现精神沉郁、发热，并在黏膜上发现出血点。随之出现黄疸、贫血以及下腹部和腿部水肿。任何马匹出现这些临床症状都应被怀疑为EIA并进行EIA检测，尤其是从感染区引进的马匹或者与引进马匹有过接触的。

该病的确诊方法有琼脂免疫扩散试验（科金斯试验），以及通过识别EIA病毒中和抗体血清的ELISA试验。其他的临床病理学方法不具有特异性。

血液学检测可能显示中性粒细胞减少和淋巴细胞增多。血清生化结果显示高胆红素血症。

注释

- 已确认EIA所出现的瘀血和水肿是由于发生了过敏性血管炎所致。在瘀血和水肿方面的临床表现与埃利希体病、出血性紫癜和马病毒性动脉炎（见下文）相似。在溶血性贫血方面的临床症状与埃利希体病和免疫介导溶血性贫血（见下文）很相似。因此，将马传染性贫血与以上所述病症鉴别诊断非常重要。

1. 马埃利希体病（EED）

马埃利希体病是由立克次体属马埃利希体寄生于马血液中的白细胞并通过蜱虫传播的一种马传染性疾病。据报道，在英国曾分离到马埃利希体，但至今仍属于罕见的疾病。EED所出现的贫血属于血管外溶血，它是由于继发性自身免疫性溶血所引起。

诊断

- 该病具有发热、精神沉郁、黄疸、轻度溶血性贫血、黏膜瘀血和四肢水肿等临床症状。
- EED的确诊依据是马埃利希体桑葚体出现在中性粒细胞胞浆内，并且能在外周血涂片中发现嗜酸性粒细胞（图8-4）。

在实验室对血涂片采用常规的姬姆萨染色和瑞氏染色，就能看到蓝灰色桑葚样包涵体。血液多聚酶链式反应（PCR）检测或阴性血清效价同样能确诊。

其他的临床病理学方法对该病的确诊不具有特异性。血液学检测结果显示为由溶血引起的短暂的、轻度到中度的贫血。在发热期间，还会显示出白细胞和血小板减少。

2. 马巴贝斯原虫病

马巴贝斯原虫病是一种红细胞内寄生虫引起的疾病。巴贝斯原虫主要分布在美洲部分地区

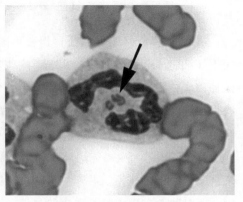

图8-4 （彩图8）在外周血液中性粒细胞中的马埃利希体桑葚体（箭头）

和欧洲东部及南部。这样的分布情况可能与媒介蜱虫对栖息地的适应性有关。尽管英国也有蜱虫，但对英国本地的马匹来说，巴贝斯原虫不是太严重的问题。在巴贝斯原虫整个生活周期中，虫体复制引起血管内溶血而产生贫血。当宿主对被感染的红细胞进行免疫攻击时，就会产生继发性自身免疫溶血性贫血。

诊断

临床症状包括发热、精神沉郁，并有血管内溶血和血管外溶血的现象（黄疸和血红蛋白尿）。在病区，当地的马匹通常携带巴贝斯原虫却不出现临床症状，但是新引进的外地马匹很有可能会发病。在发热期间，病马血液涂片中可见寄生的红细胞，但一旦红细胞发生溶血，它们就不复存在了，因此，巴贝斯原虫病必须通过血液PCR、补体结合试验和间接荧光抗体试验等血清学方法加以确诊。

3.马钩端螺旋体病

马钩端螺旋体病具有多种明显的临床症状，包括眼色素层炎、间歇性发热以及流产。一些钩端螺旋体能产生强力的溶血素，直接引起血管内溶血。血清学调查表明，感染钩端螺旋体很普遍，但经常不会出现典型的临床症状。而且，马匹似乎不具有特异血清型，因此，这种感染与某种特异性疾病过程的关系是难以确定的。

诊断

血管内溶血、黄疸及贫血等症状都能作为钩端螺旋体感染的初步证据。钩端螺旋体的培养很困难，成本太高并且成功率很低。但可以通过暗视野显微镜，或尿液、血液及眼前房液的PCR直接显示钩端螺旋体。配对血清滴度提高4倍，也足以诊断出近期所患的钩端螺旋体病。

英国威布里治中央兽医实验室的研究人员，用混合钩端螺旋体抗原评价血清抗体滴度，当抗体滴度大于1：100时为疑似感染。

（四）免疫介导溶血性贫血（IMHA）

虽然马患IMHA并不常见，但在英国仍然是马溶血性贫血最常见的病因。IMHA通常继发于红细胞表面发生改变的疾病。这些疾病使红细胞容易受到免疫系统的识别，随后抗体或补体成分附着在红细胞表面而发生溶血。红细胞溶解有两种机制：一种是通过激活补体级联反应（即血管内溶血）；另一种是脾脏中单核巨噬细胞系统消除和破坏红细胞（血管外溶血）。这两种溶血模式能够同时发生。发生在新生幼驹的IMHA通常被称为"同族免疫溶血性贫血"或"新生幼驹同族红细胞溶解症"。母马在妊娠期间不经意激活了幼驹红细胞中来自父本的外源抗原，并产生了抗体。因为抗体不能在妊娠期间通过胎盘交换进入胎儿体内，所以胎儿在出生时是健康的，但幼驹吃了含有抗体的初乳后就会发病出现溶血。新生幼驹疾病的诊断不在本书讨论范围内，读者应参考其他相关教材。

患马的病史对IMHA的临床诊断具有一定的意义，因为IMHA通常继发于早前发生的疾病，或是继发于一些慢性间歇性疾病。以下是成年马发生IMHA的可能机制：

（1）细菌、病毒、寄生虫和肿瘤包被红细胞的抗原成分都会刺激机体的免疫应答，导致红细胞被破坏。例如，马传染性贫血和马埃利希体病病原能引起继发性自免性溶血性贫血。

（2）红细胞表面有可能被药物成分伪装成半抗原，这会刺激抗体产生免疫应答，导致红细胞的破坏。保泰松和青霉素是引起马发生溶血性贫血最常见的药物。

（3）在急性传染病发生期间或之后，病原的抗原残留物与抗体耦合形成免疫复合物。有时候，这些免疫复合物会黏附在红细胞表面并激活补体，从而使正常红细胞溶解。马链球菌感染会诱发此类的溶血性贫血。

（4）在一些淋巴肉瘤病例中，淋巴细胞的克隆被激活后，产生具有非特异性结合能力的免疫球蛋白并附于红细胞上。

有时，特发性免疫介导溶血性贫血会在没有任何明显原因的情况下发生，因此被看作是真正的（原发的）自身免疫疾病。但是这样的诊断有些武断，因为一些易患病的因素是难以被排除的。

对于马来说，经常会涉及IgG类抗体，而IgM类抗体则很少被提及。IgG类抗体通常与血管外红细胞被单核巨噬细胞系统破坏有关。在这种情况下，红细胞在脾脏被分离和破坏。这样能轻易地固定补体，并激活补体级联，导致快速的血管内溶血。

1．血管内免疫介导性溶血的诊断

急性血管内溶血是非常危险的一种疾病。急性溶血的临床症状往往伴随着发热。

IMHA患马的新鲜血样（EDTA抗凝）通常出现自身凝集反应。轻摇试管中的样品很难出现再悬浮现象。这容易与正常的红细胞钱串现象（红细胞如同硬币一样堆积成串排列）混淆。另外，红细胞自身凝集反应会非特异性地在任何严重炎症时期发生。将样品和等渗生理盐水按1∶4的比例稀释，可用于区分红细胞钱串现象和预防非特异性自身凝集反应，但并不会阻止免疫介导血细胞凝集。在免疫介导血细胞凝集的情况中，通过低倍镜可以看到被稀释的涂片当中凝集的红细胞围绕在正常的红细胞周围。

血液学检测显示，当患有溶血疾病时，PCV、RBC数量和血红蛋白浓度都有下降。同时，血浆受血红蛋白的影响而短暂变色。血液学检测结果显示红细胞异常，例如，红细胞大小不等和出现球形红细胞（小的、球形的、增色的红细胞，缺乏正常的中央白色区域）。

发生血管内溶血后，血液循环中剩余红细胞的脆性会增大。也就是说，红细胞表面被破坏或者受损并容易发生溶血。这种趋向可以通过实验室渗透脆性测试检测出来。将血液样本用移液器吸取到含有不同浓度的生理盐水的试管中，并通过分光光度计连续检测红细胞的溶血。与正常红细胞相比，受损的红细胞100%溶解所需的盐水浓度明显增高。这种测试程序有一个特别的用处，即在治疗过程中监控红细胞的脆性是否恢复到正常。尽管这很简单，渗透脆性测试在商业性兽医实验室也很难做到。然而，这也从侧面反映了马血管内溶血的发病率较低。

IMHA的诊断要通过库姆斯抗球蛋白试验，检测与红细胞结合的免疫球蛋白来确诊。将血样加入抗凝剂（EDTA）后送到专业的兽医实验室进行该试验。可用等渗溶液冲洗红细胞，并与一种抗马免疫球蛋白的试剂发生反应。这种试剂能与黏附免疫球蛋白的红细胞结合，引起患马红细胞凝集（直接库姆斯试验），而健康的红细胞不会在这种试验中发生反应。通过使用特种类型的抗血清，可以鉴别出免疫球蛋白的种类。

专业实验室同样可以利用种特异性荧光标记抗球蛋白抗体和流式细胞仪，确认抗红细胞抗体的存在。这种技术比库姆斯试验更加敏感。

注释

- 因为库姆斯试验的终点是凝集反应，如果血样已经发生了免疫自身凝集反应（见上文），则该试验就不合适了。
- 如果溶血过程非常严重，所有的红细胞都被破坏了，那么库姆斯试验有可能出现阴性结果。被检患马在使用皮质类固醇治疗期间，也会出现假阴性结果。
- 红细胞交联免疫球蛋白的反应通常为温度敏感反应的，如果在不适宜的温度下进行试验，也会产生假阴性的结果。因此，库姆斯试验阴性结果不能用来排除IMHA的发生。
- 由于EIA能诱发自身免疫溶血性贫血，因此在EIA的急性临床阶段，应用库姆斯试验，也会呈现阳性结果。对于一些不确定的病例，临床兽医必须呈送血清进行抗体检测来排除EIA的可能性。

2．血管外自身免疫性溶血的诊断

血管外溶血是马免疫介导性溶血性贫血的两种形式中更普遍的一种，但在诊断中更具有挑战性。这是因为脾脏对红细胞的摄取和破坏并不伴有溶血危象，单核巨噬细胞系统对红细胞的破坏是一个逐渐的过程。病马不表现出血红蛋白血症，没有明显的黏膜黄疸，所以临床上常被诊断为贫血。直肠检查能摸到明显肿大的脾脏，但是脾脏肿大并不是血管外溶血性贫血的示病症状。血管外溶血性贫血的诊断要点如下：

（1）与血管内IMHA一样，加入抗凝剂的血液样本也会出现自身凝集反应。将血液样本和等渗生理盐水按1∶4的比例稀释，能测出凝集反应是否是免疫介导（详见上文"免疫介导性血管内溶血的诊断"）。

（2）血液学检测显示PCV、RBC数量和血红蛋白浓度都有下降。这通常非常明显，而且在缺乏低血容量症典型症状时，可表明血液循环中红细胞是逐渐被消除而不是突然消失。实验室检查的结果显示的严重贫血，并不能作为血管外溶血性贫血的诊断依据，但是再结合脾脏持续肿大这一临床表现，足以怀疑是血管外溶血性贫血。

（3）血液样本的检测没有显示血红蛋白血症，但是血清生化检测能显示由于红细胞逐渐被破坏而产生的总胆红素浓度升高。但是，如果胆红素的生成效率与肝脏的清除效率一致，那么就不会出现这个结果。

（4）最终确诊血管外溶血性贫血，需要进行库姆斯试验来证明红细胞交联免疫球蛋白的存在。但是，根据以往的经验，这项试验通常不出现红细胞凝集反应阳性结果，但是患者之后接受血管外IMHA治疗时却显示有疗效。造成这样的情况有三种可能性原因：①受影响的红细胞被隔离在脾脏内，导致无法获得外周血液样本；②有可能试验是在一种不适宜免疫球蛋白检测的环境中进行；③免疫球蛋白与红细胞的结合很脆弱，而且红细胞表面的免疫球蛋白数量极少，以至于无法被常规的库姆斯试验检测出来。

注释

- 当库姆斯试验不显示阳性结果时，血管外溶血性贫血的诊断需要有严重贫血、高胆红素血症、持续的脾脏肿大等临床症状，以及排除其他引起溶血的因素作为诊断依据。
- 如果诊断出IMHA，但是没有明显的病因，在判定为特发性原因之前，先要检查是否存在某种传染病或者肿瘤。另外，还要通过抗体检测，排除马传染性贫血的可能性（见上文"马传染性贫血"）。

（五）微血管病性溶血性贫血

这种溶血类型继发于其他一些疾病。在这些疾病发生过程中，红细胞在通过异常的脉管或涡流时被破坏而出现溶血。因此少量的溶血有可能会被原发病所掩盖。例如，弥漫性血管内凝血、过敏性血管炎（出血性紫癜）及动静脉分路（蹄叶炎）。

诊断

临床病理学对诊断该病不具有特异性，血液学检查结果可能并不明显，或者仅出现不规则形红细胞（裂体红细胞），而这些结果却是严重贫血以外任何溶血都具有的特征。血液生化检查可显示高胆红素血症，也可能没有任何明显变化，但高胆红素血症本身也并不是溶血的示病症状。

（六）海因茨体贫血

红细胞被氧化损伤使血红蛋白变性，并沉淀在红细胞表面形成海因茨（亨氏）小体（图8-5）。马匹摄食了枯萎的或者干燥的红枫叶（美国红枫）、野生洋葱或某种吩噻嗪类驱虫药，都能引起海因茨体的形成。海因茨体最易被新亚甲蓝试剂和亮甲苯基绿试剂染色，并能通过染色镜检清晰地观察到红细胞边缘有暗黑色小圆点。另外，红细胞膜被直接氧化损伤后，细胞一边会出现苍白的区域（图8-5）。亨氏小体使红细胞膜变得很脆弱，从而使红细胞更易在血管内发生溶血。

诊断

血管内溶血黄疸、贫血等症状较明显。外周血液中出现海因茨体，再结合马匹曾采食红枫叶的病史，即可确诊本病（图8-6）。

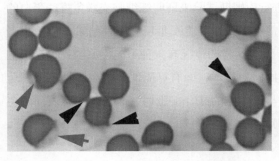

图8-5 （彩图9）在马红枫叶中毒时，海因茨小体出现在红细胞表面（黑色箭头），外周血液红细胞一边出现苍白区域（亮箭头）

图8-6 （彩图10）红枫叶

马在采食干枯红枫叶后1～3d内就会出现中毒。只有采食大量野生洋葱才会引起海因茨体的形成。马匹通常在服用吩噻嗪类驱虫药后1周内会发生特应性反应，并引起机体出现血管内溶血症状。除了海因茨体贫血之外，采食了红枫叶同样也会产生高铁血红蛋白，使黏膜或全血形成特征性的棕褐色。当血液中一部分+2价铁被氧化成+3价铁形成的铁血红蛋白后，血红蛋白将失去携氧能力。

三、红细胞生成减少症

红细胞生成减少症或红细胞生成不良症是马贫血疾病中最常见的。通常继发于慢性炎性疾病、营养缺乏性疾病、肿瘤以及中毒。其中慢性炎性疾病是最常见的病因。这种贫血发病缓慢，患马机体通常有足够的时间去适应，只有当机体对运动不耐受时，才会有临床症状出现。

（一）慢性炎性疾病

长期的炎症、传染病或恶性疾病都会抑制红细胞生成。因为马的红细胞存活周期较长（有的能达140～155d），在贫血的临床症状出现之前有着较长的时间过程。因此，当慢性疾病发展到严重程度时，才会频繁出现轻度贫血的症状。

诊断

轻度至中度贫血，PCV值为20%～30%，这通常就是疾病初期的诊断依据。

注释

• 与肿瘤坏死相关的炎症也会抑制红细胞的生成，肿瘤引起的慢性贫血的机制还包括失血继发于肿瘤造成的溃疡、IMHA（淋巴肉瘤引起）、骨髓肿瘤（见下文）及微血管病性溶血性贫血。

（二）营养缺乏性贫血

理论上来说，缺乏铁、钴、铜或叶酸都会引起贫血。实际上，马对这类物质的需求量都极少，只要正常放牧就能摄取足够的量。

最常见的缺铁性贫血，可能是继发于慢性外出血。患此病时，血清铁浓度下降而血清总铁结合力（TIBC）增强。

诊断

缺铁性贫血的临床症状与慢性失血相同。将血样放入不含铁离子的试管中，检测血清铁和TIBC。血样在提交到实验室前必须进行离心分离，因为溶血的红细胞很不适宜检测，否则会对试验造成干扰。在送样前应向参考实验室咨询这一试验的专业程序。骨髓穿刺和活检能显示红细胞的发育受到抑制及血中铁储量减少（见下文）。

（三）肿瘤

原发性骨髓增生性疾病和继发性骨髓瘤常导致异常细胞增生，损害正常细胞骨髓萎缩。因此这种贫血通常伴随白细胞减少和血小板减少。

诊断

临床症状包括自发性出血（由于血小板减少）和全身或局部的感染（白细胞减少），以及昏沉嗜睡及黏膜苍白等症状。

血液学指标显示病马患有贫血和各类血细胞减少症、白细胞减少症（尤其是中性粒细胞减少）及血小板减少症。由于血小板和白细胞等血细胞的存活周期短于红细胞，所以血小板减少和白细胞减少症先于贫血症状出现。骨髓穿刺与活检发现患马出现肿瘤细胞，红细胞生成被抑制。

（四）中毒

长期大剂量使用药物（保泰松、磺胺增效剂），接触重金属（慢性铅中毒）和杀虫剂，都会引起中毒，抑制骨髓细胞造血活动，从而使红细胞生成受到抑制，但并不影响白细胞的生成。

诊断

骨髓穿刺与活检结果显示患马红细胞生成受到抑制。血液学检查能够发现血铅含量升高，但并不恒定。检测放牧地表土层或对病死马的肝脏和肾脏进行检查都具有参考性。

注释

- 在个别情况下还会出现再生障碍性贫血，骨髓细胞的发育受到抑制。此病同各类血细胞减少症一样，能在外周血液中反映出来。这种罕见的疾病可能是特发性的，而不是由中毒引起的。骨髓穿刺与活检显示骨髓组织全身性发育不全，被脂肪组织取代。

四、骨髓穿刺／活检

如本章开篇所述，马匹非再生性贫血难以与再生性贫血区分，因为幼稚红细胞只存在于骨髓中而不进入血液循环。因此，这两种类型的贫血血样在血涂片上的外形都很相似，红细胞的生成活性最好通过骨髓穿刺/活检来判别。

骨髓穿刺与活检是从骨骼中抽取骨髓，常在胸骨和肋骨进行。从这两处抽取的骨髓样品都能进行细胞学和活组织检查，但是活检所用的骨髓样品多数来自肋骨。

骨髓样品在抽取后必须进行正确的加工处理，而且准确的组织学检查需要丰富的经验。鉴于此，骨髓穿刺与活检最好由穿刺技术方面有经验的血液学家来完成，并在专业中心进行活检。但是如果临床兽医对制作风干涂片有经验，该操作也可在野外完成。

（一）胸骨骨髓穿刺

操作方法：

（1）用碘伏和酒精棉球对马两肘连线与腹中线相交部分小片皮肤进行擦洗消毒。

（2）对中线两边深层肌肉进行皮下注射2～3mL局部麻醉药（2%利多卡因）。

（3）在消毒区域中间即两线相交处做一个小的皮肤切口，然后用骨髓采集针或一次性脊髓探针（90mm×1.2mm）从皮肤切口刺入，并一直往前直到针尖触碰骨头。术者一手固定针管，另一手稳定地操作针头向上缓慢旋转针头并推进（图8-7）。胸骨皮层很薄，一旦针头进入胸骨并感觉不到明显的阻力，那就说明已经成功刺入骨髓腔。

（4）保持针头在胸骨位置不动，将穿刺针的针芯抽出并将20mL注射器（事先在注射器里加入几滴15%三钾EDTA，以防样品凝固）与针头连接（图8-8）。用一只手稳住针头，另一只手拉动注射器的活塞至10mL刻度线处并放开，如此操作循环2～3次直到注射器中出现血液。这样做是为了分离骨髓基质，使游离血液进入注射器。一旦注射器中出现血液，就马上停止抽取样品。

（5）将注射器和针头一起取出，并将注射器中的样品转移到玻片上。骨髓中有脂肪颗粒（外周血液中则没有这种颗粒），如果样品中没有脂肪颗粒，即说明没有成功抽取骨髓，则要在稍微不同的部位重新按上述方法操作取样。

（6）为了使样品中细胞形态不被破坏，应在采样完成后马上制作薄层血涂片。滴一滴骨

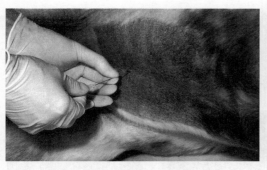

图8-7　进行胸骨骨髓穿刺时针头放置的位置

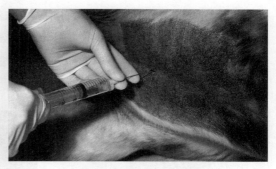

图8-8　在胸骨处抽取骨髓

髓样品在干净的载玻片一端，并用另一张载玻片盖住，让样滴在玻片上充分分散，然后相向拉开两张玻片，使得在玻片上形成薄层涂片（图8-9）。因为有骨髓颗粒存在，良好的样品涂片应有砂砾感。为了增加试验的准确性，让样品有更好的检查效果，可以用同一种样品制作出几张薄层涂片。

（7）涂片样品要快速风干并用甲醇固定20min。为了保护细胞的形态，应在风干后12h内固定（图8-9）。这样玻片在到达实验室之后就能进行染色镜检（瑞氏染色可观察细胞形态；亚甲基蓝染色可分辨网状细胞；普鲁士蓝染色可对铁储量进行半定量分析）。

（二）肋骨穿刺/活检

肋骨穿刺/活检需要用大号骨髓采集针，选用50mm×2.2mm骨髓采集针比较合适。一般来说，活检能够对骨髓活动进行更全面的组织病理学评价，有专门的采集针用于这一操作。

操作方法：

（1）剪除第9～15肋间上1/3部位的毛，并用碘伏对去毛区域进行消毒，用酒精棉球擦拭脱碘。

（2）将2～3mL局部麻醉药（2%利多卡因）皮下注入肋间处。

（3）将穿刺针从皮肤切口处按合适的角度刺入，当针头到达骨皮层后，将针头反复旋转用力刺入骨中（图8-10）。

（4）当感到针头阻力明显减少或消失，就说明已成功刺入骨髓腔，这时就能进行活检或抽取骨髓样品。

（5）活组织检。移除穿刺针的针芯，注射器深入至骨中，当组织的核心部分被切断时，针头会有一个震动，之后移出针头。一些经过特殊设计的注射器对操作有特殊的要求，因此应详细遵照制造商的说明书进行操作。取出来的组织核铺于载玻片上，制作组织压片，剩余的组织置于10%的福尔马林中保存，供组织病理学研究使用。

（6）抽取骨髓。移除穿刺针的针芯，连接一个20mL量程的注射器，在注射器中添加少许抗凝剂（EDTA）以防止凝血，随着胸部的呼吸，将活塞迅速拉到10mL处，然后放开

（图8-11）。如果尝试吸2～3次后，注射器内依然没有骨髓存在，应慢慢回撤注射器，以检查针头穿透骨髓后是否又重新进入了骨组织。如果该方法不成功，应再次前移针头。及时更换注射器以防止针头被骨头阻塞。如果有需要，可在相邻的肋骨再做一次穿刺尝试，方法同上。风干涂片的准备可直接参照上文"胸骨骨髓穿刺"。

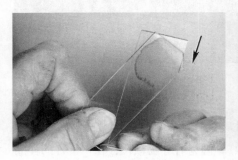  

图8-9　制作骨髓涂片　　　图8-10　肋骨骨髓穿刺/组织　　　图8-11　拉动活塞抽取肋
　　　　　　　　　　　　　　　　　　活检针头放置的位置　　　　　　　　骨骨髓

注释

- 采集的组织样品容易受到游离血液的污染，但骨髓如果未被过度稀释，依旧可用于制备样本。
- 进行肋骨穿刺/活检时，潜在的危险是导致胸膜刺伤，但一般不会产生并发症。

（三）样品的检验分析

髓样细胞与幼红细胞的比率低于1.5为正常红细胞生成，红细胞有再生性反应时，这一比率低于0.5。血液学家也报道过骨髓细胞形态学和网织红细胞计数情况。网织红细胞计数超过2%是幼红细胞再生的象征。

一份骨髓巨核细胞的报告显示，骨髓能大量产生血小板，尽管外周血中没有任何血小板减少的迹象。

第二节　血凝病的诊断

血凝病常伴有显性或隐性的出血症状，经常导致点状出血（图8-12）或瘀斑性出血（图8-13），也可同时出现。

在健康的马匹中，有三道防线可以控制出血：①通过血管反应来避免受损；②损伤部位血小板栓子的形成；③血液凝固。

因此，对血凝病进行诊断（附录8-2）必须考虑到：①血管疾病；②血小板减少或血小板功能障碍；③凝血功能障碍。

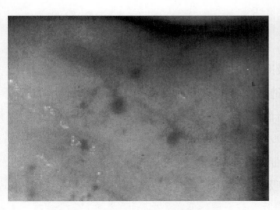

图8-12 （彩图11）口腔出血性紫癜

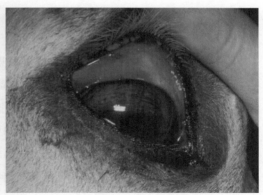

图8-13 （彩图12）巩膜瘀斑性出血

一、血管疾病

因血管疾病所致血凝病，其特点为黏膜产生瘀点并出现水肿，伴随着嗜睡和偶尔发热。通常的原因，为致病性微生物和血管炎性反应（脉管炎），均由免疫介导所致。

可能引起凝血的血管疾病包括：①出血性紫癜；②马病毒性动脉炎；③马传染性贫血。

（一）出血性紫癜

这是公认的最常见的马脉管炎。出血性紫癜是毛细血管对早先感染的细菌或病毒残留抗原发生的过敏性反应。例如，有些马出现紫癜症状前2~3周曾感染马链球菌（马腺疫）。

不同病例的临床症状表现和疾病的严重程度都会有很大的不同，但是它们共同的表现还是黏膜瘀点出血并伴有对称性水肿。水肿的肿胀不同于弥散性荨麻疹的斑块，上肢各部位所呈现明显的水肿就好像陡峭的山脊一样（"瓶颈腿"）。在一些病例中马笼咀与面部也出现水肿。紫癜发生之前经常有一个近期的传染病病史。

诊断

根据水肿与瘀点状出血等临床症状可确诊。如果口腔黏膜没有明显的瘀血点，则临床兽医应小心检查鼻中隔黏膜和母马阴户黏膜。

血液学检查不具有特异性，通常显示出轻度的渐行性贫血、中性粒细胞增多与核左移。血小板减少不是紫癜的特征，但是血小板数量可能因血液外渗而减少。血浆纤维蛋白原浓度在发病的48h内升高。

急性水肿部位的皮肤组织活检显示患有脉管炎。

（二）马病毒性动脉炎

马病毒性动脉炎（EVA）是一种通过呼吸道和性传播的具有高度传染性的病毒病。EVA病毒在小动脉内膜上复制并遍及全身，病毒造成全身小动脉血管破坏，能引起肺水肿、胸腔积液、四肢肿胀和结膜炎（红眼病）以及胎盘脱落。这会造成广泛组织炎症的呼吸道疾病和母马流产。EVA病毒在世界范围内分布，1993年进入英国。

临床上难以对EVA进行诊断，因为患马临床表现的严重程度有很大的变化，传染病比普通临床疾病更常见。正如其他马病毒性呼吸道传染病一样，EVA可能很明显，也可能不明显。

动脉炎能引起鼻黏膜和结膜瘀点状出血，但如果鼻黏膜和结膜瘀点状出血是唯一的临床症状，那么就可能与出血性紫癜相混淆（详见上文），然而，多数EVA病例表现为显著的角膜结膜炎、畏光症以及眼睑水肿，这在紫癜中并不常见。

诊断

对于急性病例，可采用PCR检测或病毒分离的方法进行诊断，可用于诊断的病料包括：鼻咽拭子；肝素化血液（病毒从血沉棕黄层细胞中分离）；尿液/精液；流产胎儿的脾脏和肺脏（如果可能的话，整个胎儿和黏膜都应用来做试验样品）。

从血清中能检测出病毒抗体，但当样品提交到实验室时，必须搞清楚马匹接种过EVA疫苗的情况。疾病开始的10～14d内效价上升是本病诊断的特征。在英国，实验室诊断必须在纽马克特市的动物卫生信托机构进行。EVA在1995年开始被列为必须申报的疾病。

（三）马传染性贫血

马传染性贫血（EIA）作为溶血性贫血的病因在本章前半部分已经有所提及。在慢性反复的情况下，病毒会激发机体连续地超免疫引起过敏性脉管炎，这和复发性免疫介导性贫血一样。根据瘀点状出血和水肿症状，可以鉴别诊断出EIA与其他引起脉管炎的因素，尤其是出血性紫癜和EVA。EIA和埃利希体病也有相似的临床症状（见"溶血性贫血"）。

二、血小板减少症

马很少出现血小板减少症，如果出现，多数与凝血过程中过度消耗血小板有关（如弥漫性血管内凝血）。更少见的是骨髓被肿瘤细胞浸润（如淋巴肉瘤），这也会使得血小板减少。在这两种类型的疾病中，病马的临床症状都表现为原发病的症状，血小板减少症经常都是在兽医提交样品做血液学检查时被偶然发现的。

另一个报道较多的原因就是免疫介导引起血小板被单核巨噬细胞系统破坏，但确切的病因却是未知的，并经常被称为"特发性血小板减少症"。在这种情况下，患马较为活跃并保持警觉性，但是黏膜会出现瘀点状出血。如果血小板数量十分低（<20 000/μL），可能会发生自发性出血（如鼻出血），而轻微的创伤也会出现血肿。

诊断

各种类型的血小板减少症，其血液学检查都显示血小板数量处于低水平状态（<90 000/μL）。

如果是健康的马匹出现了瘀点和/或出血的临床症状，可以做出特发性血小板减少症这样的暂时性诊断。

特发性血小板减少症病例检查结果显示，其出血时间延长，血块凝缩异常，但是血液凝固时间和血浆纤维蛋白原浓度仍处于正常水平（详见下文"凝血试验"）。

要确诊特发性血小板减少症由免疫介导引起，需要证明免疫球蛋白或补体成分与血小板结合物的存在，和/或血浆抗血小板活性的存在。这些试验只有在专门的诊断中心进行才有效。

血小板减少症的骨髓病理学穿刺与活检显示巨核细胞数量较少。但是出现特发性血小板减少症时，巨核细胞数量正常，甚至增多。

注释

- 总的来说，免疫介导性（特发性）血小板减少症的诊断标准是：长期血小板减少的病例其骨髓中巨核细胞数量处于正常水平或增多，排除其他与消耗血小板有关的疾病（如DIC），对于接受过皮质类固醇治疗的马匹，同样适用这个诊断标准。
- 马血液样本出现血小板减少症，但没有点状出血的症状，对这类患马应予以重视。血小板数量低下可能与取样技术不过关有关，也可能是样品中抗凝剂不足，或者出现血小板聚集现象。血小板聚集现象是EDTA处理的样品中所特有的。如果不能确定样品中是否含有EDTA，可以重新在新鲜血样中加入柠檬酸钠。

三、凝血性疾病

凝血性疾病在马属动物中并不常见。最常见的凝血性疾病可能是弥漫性血管内凝血（DIC），它继发于一些导致血液凝固性过高的疾病。成年马匹中，更为少见的凝血性疾病是肝脏疾病和维生素K缺乏症。

（一）弥漫性血管内凝血

弥漫性血管内凝血（DIC）以微循环中纤维蛋白沉积，引起机体组织多处局部缺血损伤为特征。因此，激活保护性的纤溶机制，能使血管恢复畅通，同时将纤维蛋白降解产物作为抗凝物质释放到血液循环当中，防止纤维蛋白进一步形成。这种溶解纤维的效果连同血小板的过度消耗和血凝等因素，造成机体广泛出血。纤维蛋白溶解同时被血液凝固激活，患马在临床上表现为两种危重的症状：血栓形成危象和出血性疾病。

DIC总是继发于一些血液凝固性过高的严重的全身性疾病。DIC与引起内毒素血症的疾病最为密切相关，例如，败血症过程，特别是急性胃肠疾病。这些疾病都是通过引起血液过度凝固和产生内毒素，损伤血管内皮而促使DIC发生。肿瘤疾病同样能造成机体出现弥漫性血管内凝血。

DIC是一种以临床状况作为判断标准的疾病，也就是说患马是被认为处于患有DIC的危险中。然而，微血管血栓形成的早期症状不能作为诊断DIC的证据，而且比迟些形成的出血更难确认。因此，DIC通常要发展到晚期才能被诊断出来。

诊断

没有一种特异性的检测能对生前的DIC进行诊断。只有在死后剖检进行组织病理学检查时，才能在组织器官的微循环中确定有弥散性纤维蛋白血栓。但是，多种临床症状的组合能表明存在DIC状况。当怀疑马匹患有内毒素血症，并且静脉注射（多数为颈静脉注射）治疗后有血栓形成倾向的，很可能就是DIC。随着DIC综合征的发展会出现出血倾向，表现为黏膜和结膜点状出血或瘀斑性出血，以及静脉穿刺或轻微创伤后有出血倾向。在这种情况下常提示预后不良。

血小板数量通常因为在急性DIC中过度消耗而减少。连续的分析表明，血小板数量在DIC过程中不断减少。

凝血试验（前凝血酶时间和/或部分凝血活酶时间）时间延长和抗凝血酶Ⅲ活性降低。与其他动物不同，马患DIC时纤维蛋白原浓度基本不会大幅度减少。

一旦出现DIC和纤溶，循环系统中的纤维蛋白原降解产物和D二聚体的浓度会升高。少数兽医实验室特供FDP（纤维蛋白原降解产物）检测服务。在采样前应咨询专业参考实验室，并用实验室所提供的专业血液采样管采样。

注释

- 大部分在DIC期间做的凝血试验结果都会显示异常，但没有一种单独的试验能作为特异性的确诊指标。尽管没有建立马的DIC诊断标准，但在DIC病程中，多个凝血参数都会出现异常。通过细致的临床评估，判定凝血性过高的患马，处在DIC的风险中通常非常有用。

（二）肝脏疾病

除了凝血因子Ⅲ、Ⅳ和Ⅷ外，其他的凝血因子都在肝脏产生。肝功能衰竭末期会出现血凝病。

诊断

临床症状表现为，静脉穿刺后通常会形成血肿。凝血试验［前凝血酶时间（PT）、活化部分凝血活酶时间（APTT）]可以证实血凝病，且在此病程中，由肝衰竭引起的临床症状和临床病理学变化是极其明显的（见第四章）。因为凝血因子Ⅶ的循环半衰期短，前凝血酶时间是肝衰竭时首选的凝血试验。

（三）维生素K缺乏

维生素K是生成凝血因子Ⅱ、Ⅶ、Ⅸ、Ⅹ必需的物质。马维生素K缺乏通常与使用华法令治疗疾病有关，华法令是一种香豆素合成衍生物，作为一种抗血栓形成药治疗马舟骨疾病；或者是不小心误食了含有香豆素或双香豆素类的灭鼠药而引起中毒。香豆素能抑制维生素K依赖性凝血因子的合成。误食一些不适合食用的青贮饲料和草木樨，也会出现华法令中毒样的症状。草木樨含有香豆素，香豆素能在某些霉菌存在的情况下转变成双香豆素。

该病的临床症状是自发性出血，表现为鼻出血、轻微创伤后形成血肿、黏膜出现瘀斑、血尿、胃肠道出血、贫血。目前，用华法令治疗疾病已经不常见，但如已使用，就应仔细监测。

诊断

初步诊断的依据是已知马接触了华法令、含华法令的灭鼠药或者霉变的草木樨，并出现出血症状。凝血因子Ⅶ的半衰期在所有维生素K依赖性凝血因子中是最短的，一旦缺乏会引起外源性凝血路径出现异常。PT能检测外源性凝血路径的完整性，并可提供华法令中毒最早的诊断依据。

注释

- 在用华法令治疗疾病时，应经常检测PT，以防止中毒。
- 机体在维生素K摄取减少、低蛋白血症，或者使用了其他结合蛋白质类药物如保泰松的情况下，都会有中毒的可能。

四、凝血试验

血液凝固通过酶的连锁反应发生，最终形成纤维蛋白。因起始反应因子的不同，凝血反应有各种不同的路径（附录8-2）。

外源性凝血的路径是从受损组织释放促凝血酶原激酶（凝血因子Ⅲ）开始。评价这一路径的凝血试验指标是前血酶时间（PT），也称为期凝血酶时间（OSPT）。内源性凝血机制从血液接触内皮下胶原蛋白开始启动。常用部分凝血活酶时间（PTT）和活化的部分凝血活酶时间检测内源性凝血路径。

这两种凝血路径都能激活凝血因子Ⅹ，并继续沿着共同凝血路径生成纤维蛋白凝块。

(一) 前凝血酶时间试验/一期凝血酶时间试验

PT能评估外源性凝血机制的完整性和检查一个或多个特定凝血因子的缺失，例如，凝血因子Ⅱ（前凝血酶）、Ⅴ、Ⅶ、Ⅹ及纤维蛋白原。因为凝血因子Ⅶ在循环系统中的半衰期短，所以在疾病影响内源性和外源性凝血路径时，PT经常比PTT更早受到影响。

提供给实验室的血液样品必须按正确比例（9∶1）加入枸橼酸钠。样品采集可选用柠檬酸盐真空采集管（BD公司生产）或者参考实验室提供的合适的采样试管。理想情况下，样品在采集后4h内就应送到实验室，但邮寄的样品延迟到达最好不超过3d。依照实验室管理规定，为了评估因运输耽搁而引起的人为现象，应将患马的血液样品和临床健康马匹的血液样品一起提交用以对照。

在实验室，应将组织凝血活酶加入血浆中混合，并对混合物再钙化用以检测凝血时间（CT）。试验流程和使用的试剂，将会对凝血时间有明显的影响，因此，试验结果必须依据实验室的参考范围进行判断，并应公布"正常前凝血酶时间"的试验方法。

造成前凝血酶时间（PT）延长因素有：维生素K缺乏症；晚期肝脏衰竭；凝血因子Ⅶ减少或共同凝血路径中的凝血因子缺乏（如DIC）。

(二) 部分凝血活酶时间试验/活化部分凝血活酶时间试验

PTT能评价整个血液内源性凝血活动，并且检测特定凝血因子（凝血因子Ⅱ、Ⅷ、Ⅸ、Ⅹ、Ⅺ、Ⅻ及纤维蛋白原）的缺乏。

如PT试验一样，将血液样品加入含有柠檬酸钠的试管中，与健康马匹的样品一同尽快送往实验室。在实验室中，将血浆和部分凝血活酶混合之后，加入钙剂并开始检测和记录凝血时间。同样，应公布实验室参考范围及正常值的测定方法。

PTT延长表明全血凝固不全，如DIC、肝衰竭或维生素K缺乏。尤其还表明上述凝血因子当中某一因子缺乏。这种检测方法的改进，可用于鉴定特定凝血因子缺乏，如幼驹凝血因子Ⅷ缺乏（A型血友病）。

(三) 出血时间试验

这种简单但不精确的检测能用于评价毛细血管-血小板的止血作用。用手术刀在一个相对无毛区域做一个小而深的皮肤穿刺。当第一滴血液出现后开始用秒表测定时间，每隔30s就用滤纸将堆积的血液清除，防止血液接触皮肤。当皮肤穿刺口不再有血液流出时，说明到达计时终点。马的正常出血时间为2~5min。

下列情况会引起出血时间延长：血管疾病；血小板减少症或血小板功能不全；晚期肝脏衰竭；维生素K缺乏。

（四）血块凝缩时间试验

血块凝缩时间能粗略指示血小板减少症或血小板功能不全。正常的血液在加入普通玻璃试管后会形成凝血块，在室温下凝血块从管壁上自动移走需1~2h。这种血块凝缩是由于血小板释放的一种蛋白-血凝块紧缩素的功能所致。

凝缩时间延长（或几乎没有凝缩）表明存在血小板减少症或血小板功能不全。

第三节　血液肿瘤

马属动物发生造血系统肿瘤是比较罕见的。最常见的是淋巴肉瘤，但这很少感染白血病型。更罕见的情况包括红细胞增多、髓细胞性白血病和浆细胞骨髓瘤。

一、淋巴肉瘤

淋巴肉瘤是最常见的马造血系统肿瘤，也可能是马最常见的体内肿瘤。疾病的临床表现取决于受害器官。诊断技术的详细内容见第十章。

在马匹死亡前确诊淋巴肉瘤需要在外周血液、骨髓、胸膜或腹膜液中鉴定出被肿瘤浸润的淋巴细胞，或者在活检样品中发现肿瘤块。然而，很少在患淋巴肉瘤的马外周血液中发现肿瘤细胞。并且，尽管淋巴细胞总量是可变的，但仍常处于正常水平。

二、红细胞增多症

有时候，血液学检查结果显示PCV、RBC数量和血红蛋白浓度上升超过了正常参考值。这通常都是由与脱水、内毒素血症或者脾脏收缩有关的"相对红细胞增多"引起的。红细胞参数长期居高不下更加罕见，这提示"绝对红细胞增多"。

（一）原发性绝对红细胞增多症

原发性绝对红细胞增多或真性红细胞增多症，是骨髓中红细胞前体细胞异常增殖的骨髓增生性疾病。

（二）继发性绝对红细胞增多症

继发性绝对红细胞增多症是一种由于红细胞生成素生成增多引起的非骨髓增生性疾病。这可能是对长期减退的动脉血氧分压的一种正常反应，或者是对组织供氧能力不足的反应。红细胞生成素生成的非生理性增加，可能和肿瘤形成或几种类型的慢性肾脏疾病有关。

诊断

红细胞增多症的临床症状包括黏膜出现红斑，但这不具有特异性。相对红细胞增多通常与脱水和/或内毒素血症引起的临床疾病有关。

PCV、RBC数量和血红蛋白浓度长期居高，同时对脱水或内毒素血症治疗无效，这表明出现了绝对红细胞增多。必要时，如果怀疑相对红细胞增多是由采样过程中脾脏收缩引起的，可以在给马匹使用赛拉嗪镇静后重新采样，用以调查证实。

原发性绝对红细胞增多症的最后确诊，要排除引起继发性绝对红细胞增多症的因素，即仔细评价患马的心肺、肾脏和肝脏系统。

注释

- 红细胞增多症的骨髓活组织检查结果不一定出现异常。

三、骨髓性白血病

马患骨髓性白血病极为罕见。骨髓性白血病根据骨髓中出现的肿瘤细胞的种类而分为不同的类型。该病的临床症状无异性，包括精神沉郁、体重下降、黏膜出现瘀点、下肢水肿和发热。贫血和血小板减少可能伴随这种骨髓瘤。

诊断

血液学检查结果显示外周血液涂片中出现多形的低分化白细胞。也可能会出现贫血和血小板减少。确诊需要进行骨髓细胞学检查。

四、浆细胞骨髓瘤

浆细胞骨髓瘤是极其少见于马的骨髓原发性疾病。已被记载的病例通常是多发性骨髓瘤，骨髓瘤细胞侵染骨和其他脏器，诸如肝脏、脾脏和淋巴结。

浆细胞不受控制地复制增生并特有地过度产生血浆蛋白（通常称为异型蛋白，paraprotein）。据分析，异型蛋白由完整的免疫球蛋白分子或部分免疫球蛋白碎片组成。

该病的临床症状多变，反映了某个组织被肿瘤细胞浸润，或免疫球蛋白产生的全身性作用。例如，通常会出现体重下降和厌食，但据报道跛行和神经功能不全则是继发于由骨髓瘤细胞生成破骨细胞活化因子引起的骨质溶解。骨髓瘤细胞丧失防御机能，致使机体出现慢性感染。骨髓病变也会造成慢性贫血。

诊断

血液学检查可以反映出骨髓的病理变化，例如，贫血、白细胞总数减少，以及存在成熟浆细胞。

　　血清蛋白生化检测显示总球蛋白浓度升高，血清蛋白电泳检测显示，单克隆丙种球蛋白达到峰值，这都是患有骨髓瘤的特征。大多数商业性实验室能检测出这种蛋白的峰值，但要测出蛋白含量就只能在专科实验室进行。骨髓穿刺显示浆细胞异常增多。

　　当患马出现跛行时，对长骨进行X线检查能看到凿除状（穿凿样）可透性区域。

第四节　血液培养技术

　　当怀疑马患有菌血症时，血液培养是一种具有诊断意义的试验，尽管成年马患菌血症的情况很罕见。这种技术能够鉴别细菌，还能够取得细菌对药物敏感性的结果。然而，大多数病例血液循环中的细菌数量可能较少。因此，需要相对多量的血液（10mL）用来培养，而且最少要在3个不同时期采取样本，以便增加分离到细菌的机会。应采取严格的无菌措施以防样品被污染。

　　操作方法

　　（1）在颈静脉部位剪毛，用碘伏清洁消毒，酒精脱碘。消毒部位皮肤干燥后再进行后面的操作。

　　（2）用消毒的注射器与针头以无菌方式静脉采血。

　　（3）打开血液培养瓶的保护层并用酒精擦拭瓶子的注射口。如果培养瓶刚从冷藏柜取出来，则应在使用前加热到室温。

　　（4）为了避免马皮肤上的细菌污染培养瓶，用新的无菌针头将样品注入培养液中。需氧培养瓶和厌氧培养瓶中都应接种血样（图8-14）。有些制造商生产的培养瓶，既可以做需氧菌培养，也可以做厌氧菌培养。

　　（5）轻轻地摇动或反转培养瓶几次，使培养液和血液充分混合。

　　如果在试验开始后24h内，就能看到培养基中出现浑浊和溶血现象，此时就能确定试验结果为阳性。

　　注释

- 试验的阴性结果可能是菌血症的波动所造成而并非无菌血症。如果疾病伴随波动热，就应在患马直肠温度上升时重新采样。
- 如果患马治疗效果不好，则需重新进行血液培养。
- 如果患马正在接受抗生素治疗，则要在达到预期治疗效果之前采取血液样本进行培养。在培养前用阳离子交换树脂将抗生素从血液中排除，能增加阳性培养基的可能性。

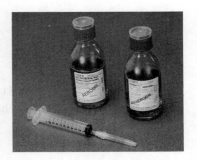

图8-14　适用于马的需养及厌氧血液培养瓶

附录8-1 马贫血诊断路径

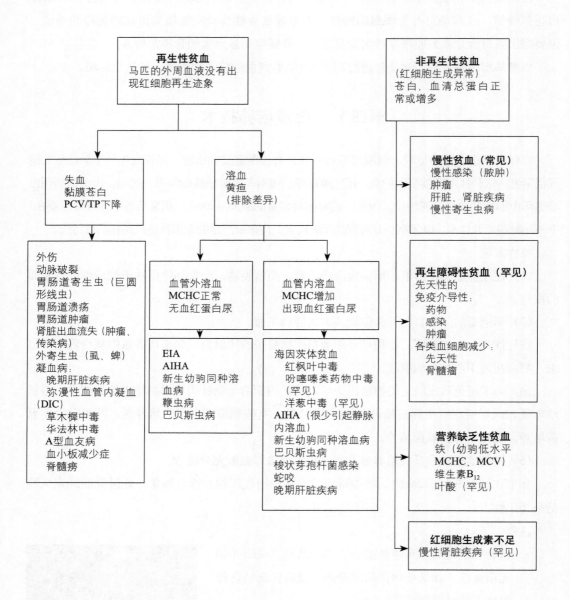

注：

AIHA，自体免疫溶血性贫血；EIA，马传染性贫血；MCHC，平均血红蛋白浓度；MCV，平均红细胞容积；PCV，血细胞比容；TP，血清蛋白总浓度。

附录8-2　凝血病诊断路径

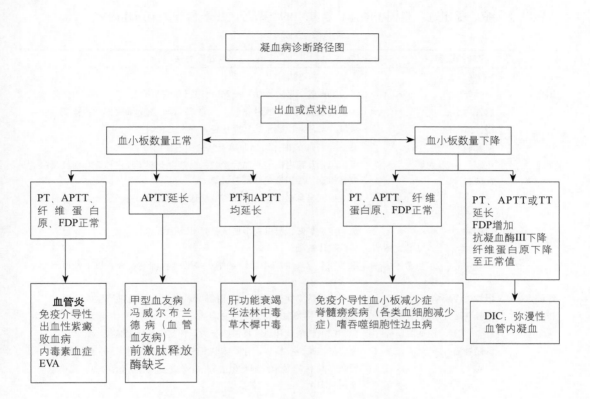

注：

APTT，活化部分凝血酶时间；AT Ⅲ，抗凝血酶Ⅲ；DIC，弥漫性血管内凝血；EVA，马病毒性动脉炎；FDP，纤维蛋白降解产物；PT，凝血酶原时间；TT，凝血酶时间。

附录8-3　一些用于血液疾病的诊断技术的应用

此附录阐述了一些与血液疾病相关的临床状况：贫血、瘀点或瘀斑性出血，血小板减少症以及黄疸。提出进一步调查的建议，其中的细节可使用本章节文本所述内容。

可能的原因			诊断方法
			贫血
出血	急性外出血		评价心血管参数；出血12～24h后进行血液学检查
	急性内出血		评价心血管参数；腹腔穿刺术；胸部听诊；胸部和腹部超声检查
	慢性潜出血		尿液、粪便和腹膜液的潜血检查，寄生虫病调查
	血凝病		血肿和瘀血点/瘀血斑出血检查（见下述鉴别）
溶血	免疫介导性溶血	血管内	评价包括黄疸在内的心血管参数；血液自身凝集反应检查和血红蛋白血症检查；库姆斯抗球蛋白试验
		血管外	检查血液自身凝集反应；库姆斯抗球蛋白试验；直肠检查（脾脏持续肿大）
	传染病	EIA	琼脂免疫扩散试验（柯金斯试验）/ELISA试验
		钩端螺旋体病	血清抗体检测
		埃里希体病	细胞质包含物中的中性粒细胞和嗜酸性粒细胞检查；PCR；血清学检查
红细胞生成异常	慢性炎性疾病		调查慢性传染病/炎症/肿瘤；骨髓穿刺/活检显示红细胞生成异常
	营养缺乏性疾病		骨髓穿刺/活检显示红细胞生成异常
		铁缺乏	检测血清铁浓度和总铁蛋白结合力；骨髓中铁储量减少
	骨髓肿瘤		全血细胞减少症检查；骨髓穿刺/活检显示肿瘤细胞浸润（骨髓痨）
	中毒		骨髓穿刺/活检显示红细胞生成异常；检查近期药物治疗史、铅中毒、使用杀虫剂
			瘀点/瘀斑性出血
出血性紫癜			检查相关的水肿
马病毒性动脉炎			病毒分离（鼻咽拭子/血沉棕黄层）；血清抗体检测
马埃里希体病			细胞质包含物中的中性粒细胞和嗜酸性粒细胞检查
马传染性贫血			琼脂免疫扩散试验（柯金斯试验）/ELISA试验
血小板减少症			检查血小板数量；详见下文其他调查方法
弥漫性血管内凝血			调查诱发疾病（血栓形成的相关内毒素血症）
晚期肝功能衰竭			肝脏酶和肝功能测试（第四章）
维生素K缺乏症			检查华法林同期治疗记录；凝血酶原时间和出血时间延长
			血小板减少症
样品中血小板凝集			重新加入枸橼酸钠
血小板消耗	弥漫性血管内凝血		调查诱发疾病（血栓形成的相关内毒素血症）
	出血性失血		详见上文：出血
骨髓肿瘤浸润			全血细胞减少症检查；骨髓穿刺/活检显示肿瘤细胞浸润（骨髓痨）
先天性血小板减少症			测试出血时间和凝血时间；骨髓穿刺/活检正常或显示巨核细胞增加
			黄疸
溶血			详见上文：溶血
采食量减少			检查饲料消耗
肝脏疾病			检查肝脏酶（第四章）

拓展阅读

Korbutiak E, Schneiders D H. 1994. First confirmed case of equine ehrlichiosis in Great Britain. Equine Vet Educ 6: 303-304.

Mair T S, Taylor F G R, Hillyer M H. 1990. Autoimmune haemolytic anaemia in eight horses. Vet Rec 126: 51-53.

Morris D D. 1991. Hematopoietic diseases. In: Robinson N E (ed) Current therapy in equine medicine, 3rd edn. WB Saunders, Philadelphia, p 487-520.

第九章

心血管疾病

第一节　检查技术

本节介绍了疑似心血管疾病患马的疾病诊断和预后技术。重点阐述心脏疾病和心脏病领域中最有实用价值的技术。详细说明每种技术的原理、合适的设备和实际使用指南。

评估心血管系统的技术包括：

- 一般临床检查
- 听诊
- 心电图
- 超声心动图
- X线照相
- 心音描记法
- 运动试验

一、一般临床检查

不论是否知道马匹患有心脏疾病，一般临床检查都是必不可少的，因为它提供了有关心血管功能的有用信息，并确保不漏掉其他异常情况。

（一）黏膜

黏膜检查包括黏膜颜色的检查和毛细血管再充盈时间的检查。口腔黏膜最容易检查。黏膜的颜色可能是苍白（如贫血）或者充血（暗红，例如，马匹患败血症或毒血症）。因心脏疾病而引起的发绀是一种罕见的现象，已发现，由内毒素血症引起循环虚脱的马黏膜呈灰色或淡蓝色。

毛细血管再充盈时间（CRT）可通过用手指轻轻按压黏膜使其变白进行测量。这种再充盈时间通常在1.5～2.5s，但这是一种有些主观的测量方法。它能表明外周血灌注状况，其值的大小依赖于心输出量和影响外周血分布的局部因素。

在马的心脏疾病中最经常出现的症状有：①黏膜苍白，患有充血性心力衰竭（CHF）的病马毛细血管再充盈时间较慢；②患有心内膜炎的少量病马黏膜充血。然而，以黏膜的颜色和毛细血管再充盈时间来判定心脏疾病的方法是不够成熟的。

（二）动脉脉搏

通过触诊动脉脉搏，以评估它的速度、规律和强度。面部动脉是最容易评估的。判定脉搏必须依赖一定的经验积累，以便从大量的正常现象中识别异常现象。在脉搏强度出现变化之前，经常会有严重的心脏病，心律不齐则例外，心律不齐时，由于舒张期间隔变短，脉搏强度往往会降低。马的心输出量减少时可出现弱脉，例如，由二尖瓣回流（左房室瓣回流）而引起的充血性心力衰竭或严重的心肌病。马的主动脉回流时，脉搏强度对于判定疾病的严重性非常有用。如果主动脉瓣回流非常严重，初始脉搏强度非常大，此后主动脉舒张压急剧下降，由于瓣膜闭锁不全和脉冲压力不能持续，导致心输出量过多或"水冲状脉"。

在听诊心脏的同时触诊正中动脉，可以判定脉搏消失（例如，有心脏跳动但触摸不到脉搏）。然而，脉搏的强弱很难通过正中动脉评估，但面部的动脉很可取。不可以用数字来衡量脉搏强弱，因为脉搏强弱受许多因素的影响，而不仅仅是心脏疾病。

（三）颈静脉扩张

颈静脉扩张可能是由于血液流动受阻（如胸腔阻塞）、胸内压增大（如严重的胸腔积液）、充血性心力衰竭引起的中央静脉压升高等所致。如果马的头部升高到正常的直立状态，颈静脉血管的充盈不应超过胸腔入口数厘米。

中心静脉压升高经常出现于右心衰竭。然而，即使原发性心脏异常发生在左侧心脏，许多马匹也会表现出右侧充血性心脏衰竭的症状；这是因为左心衰竭的常见结果通常是肺动脉高压症。中心静脉压升高经常与悬垂性水肿有关。一旦发生颈静脉扩张，则提示有严重的心脏疾病；颈静脉扩张得越大，中心静脉压就越高，充血性心脏衰竭就越严重。然而，许多无颈静脉扩张的马也患有严重的心脏疾病。

（四）颈静脉搏动

在心脏的循环期间，中心静脉压的改变将导致在胸腔入口处的颈静脉血压的改变，其结果是颈静脉出现明显的搏动；然而有些搏动是正常的且并不是"颈静脉搏动"。真正的颈静脉搏动起因于血液从右心房流出逆行进入颈静脉。这可能是因为严重的右房室瓣（AV）闭锁不全，也可能是因为一些不常见的心律不齐。最常见的是，严重的充血性心力衰竭造成静脉扩张和右房室瓣闭锁不全，就会出现颈静脉搏动。位于颈静脉下方的颈动脉的搏动波传导到颈静脉，也可以引起颈静脉发生搏动。

（五）悬垂性水肿

悬垂性水肿的原因有很多，包括低蛋白血症、局部血液回流受阻和右心衰竭。即使有证据表明是心脏疾病引起本症状，在诊断时也要注意排除低蛋白血症作为一种潜在的原因。充血性心脏衰竭产生的悬垂性水肿通常顺着腹部蔓延，公马还会蔓延到阴茎包皮；然而，在病情比较轻微的情况下，可能仅在胸部出现水肿。如果仅出现四肢末端水肿，则不太可能是原发性心脏疾病。

（六）呼吸音和呼吸类型

心脏疾病和肺部疾病最常见的症状是运动耐受力差。因此，即使已经知道患了心脏疾病，详细地检查这两个系统仍是非常重要的，应听诊整个肺部区域。呼吸气囊对于全面评估肺呼吸音是必不可少的（见第十二章呼吸系统疾病的听诊）。马患充血性左心衰竭时可听到湿啰音，患有症状明显的肺水肿时可听到流水音。然而，呼吸率增加是马患左心衰竭性肺水肿的最可靠的指征。对于这些病例，要详细检查呼吸道（见第十二章呼吸系统疾病），因为气道黏膜纤毛的清除功能受损以及肺泡中出现水肿性液体的时候，可引起下呼吸道继发性细菌感染。肺水肿、呼吸急促和呼吸增强等临床症状可能与原发性肺部疾病相似。然而，虽然咳嗽是马肺部疾病常见的症状，但在充血性心脏衰竭时并不常见，除非发生继发性细菌感染。

（七）心尖搏动的触诊

心尖搏动（其在左心室游离壁与胸壁接触处，而并非真正的心尖）的触诊有助于心脏疾病的诊断，因为它反映了心室收缩的力量。心搏动还可以确定心脏相对于外界的位置。健康的英国纯种轻型马的心脏跳动的强度，通常比那些肥胖的、矮小的马大得多，但是一旦马患了心肌病或心包积液时，心脏跳动就比较虚弱。心尖的位置可以充当听诊的参考点。心尖的位置通常在左侧胸部的第四或第五肋间，但是当马患有明显的心脏肥大或胸内肿块时，它可能会向尾部移动。

二、听诊

听诊是心脏疾病诊断的基础，在进一步使用其他诊断工具之前，首先应仔细使用这项技术。要花大量的时间练习这一重要技术，在安静的环境下仔细地听诊胸部并准确记录结果。

听诊时检测到的正常心音是心脏在心动周期中的机械活动所产生，异常的心音是由快速流动的血液所产生，比如，心脏杂音。此外，临床兽医更擅用心律来鉴定心音。

听诊应在安静的环境下进行，最好是在室内，避免风产生的噪声。

（一）设备

一个良好的听诊器对听诊来说尤为重要。花费大量的金钱购买复杂的超声波仪器而使用便宜且不适合的听诊器听诊是毫无意义的。

贝尔式听诊器和薄膜式听诊器都是必不可少的。贝尔式听诊器用来听低频率的声音，薄膜式听头用来听高频率的声音。应使用标准的薄膜式听头，因为儿科听诊器的尺寸不适合马的听诊。对贝尔式听诊器的要求是听头要薄，因为厚重的听头难以全部伸到腋下去听诊整个心脏。胶管的长度不能超过35cm，对于马匹的听诊检查来说，加长胶管的长度毫无必要。在声音的传导上，双管稍微要好一些，但是应该固定在一起，避免人为的活动干扰。

（二）心音

收缩音开始的标志是房室瓣（二尖瓣和三尖瓣）的关闭，紧接着是半月瓣（主动脉和肺动脉）小幅度的开启。血液的减速和加速与这个过程有关，且产生一种低频率的声音，称为第一心音。因为第一心音主要是由房室瓣关闭时血流减慢所引起的，所以最容易听到的区域是心尖搏动的区域。

第二心音标志着收缩期的结束，且音调较高。因为它是由主动脉和肺动脉中血流速度减慢所引起的，所以第二心音最容易听到的区域是心脏基部的半月瓣。

第三心音是由心室舒张期充盈结束时血流速度减慢所产生，音调较低。最容易听到的区域是心尖的左侧，在健壮的、运动的马匹或容量过负荷的马匹中最容易听到。

第四心音产生于心脏舒张期的末尾，且标志着心房的收缩。如果P-R区间很短，则很难与第一心音区分开来。听诊时，第四心音从听觉上像是心音的开始，所以"第四心音"这个术语有时容易被混淆，所以常使用"心房收缩音"或"A音"来取代"第四心音"这个称呼。马匹快速运动后经常只听到一个混合的舒张音（奔马律），这是正常的现象。

（三）心率

心率是控制心输出量的主要因素之一。当心输出量增加时，心率将高出正常范围（24～40次/min）。如果心脏疾病严重到每搏输出量减少（即心脏跳动一次不能泵出足够的血液），就会通过提高心率以维持心输出量。因此，测量心率是检查心血管系统的重要组成部分。

当检查到心率增加时，在做出心脏疾病的诊断之前，先要排除其他引起心动过速的原因。疼痛、发热、毒血症和贫血都可引起心率增加。然而，迄今为止，兴奋是引起心跳加快最常见的原因。因此，在测量心率之前，要让马匹有足够的时间安静下来，要习惯适应检测者。

（四）心律

评估心律是听诊的重要部分，以往常常被忽视。为了确定心律和诊断间歇性心律不齐，应花几分钟时间用听诊器在心尖的左侧仔细辨别心音。最重要的发现之一是识别第四心音。

第四心音是心房收缩音，辨别第四心音有助于识别最常见的心律不齐。在二度房室传导阻滞病例，第四心音表现为长时间的舒张间期内的一种单独的"bu"声。在心房纤颤病例，没有心房收缩，也就意味着不存在第四心音。心律不齐的其他标志性特征将在后面讨论。

（五）心脏杂音

心脏杂音通常是在心动周期的安静期间内听到的异常声音。它是由血液快速流动和振动所引起。在马，心杂音经常与正常的血液流动一起被听到，这是因为马的血液循环容量大、心脏体积大、大动脉也大。重要的是，这些杂音具有明显的特征，因此那些与病理变化有关的杂音是可以鉴别的。为了便于诊断，杂音根据几种不同的特征而分类。

- 时间和持续的时间
- 特征（强度、音调、音质的变化）
- 强度
- 最强点（PMI）和辐射范围

1. 时间和持续时间

先判断杂音是缩期杂音还是舒期杂音，也应当注意杂音持续的时间。缩期杂音可能出现在收缩早期、收缩早中期、收缩晚期，或者全缩期杂音（从第一心音结束到第二心音开始）或全收缩期杂音（从第一心音开始到第二心音结束）。舒期杂音可以分为早期舒期杂音（出现在第二心音和第三心音之间）、收缩前的杂音（出现在第四心音和第一心音之间）或全舒期杂音（出现在第二心音和第一心音之间）。

2. 特征

杂音的特征或音质指的是杂音强度的变化、杂音的音调，或者其他描述性术语，如"刺耳的"或"悦耳的"。

3. 强度

杂音的强度分为1～6级。级别判断的方法是"所在级别/总级别"（例如，等级3/6）。该级数分类如下：

1级：安静的杂音，仔细听诊时只能在局部区域内听到。

2级：在最大强度所在的区域内用听诊器立即能听到安静的杂音。

3级：中等强度的杂音。

4级：在较大的范围内能听到响亮的杂音，触诊不到心震颤。

5级：杂音很强，且伴有心前区震颤。

6级：杂音非常强，用听诊器不用接触胸部就能听到。

4. 最强点（PMI）和辐射范围

PMI有助于确定杂音的来源。必须记住，坚硬的组织里动荡的振源更容易传递到体表。

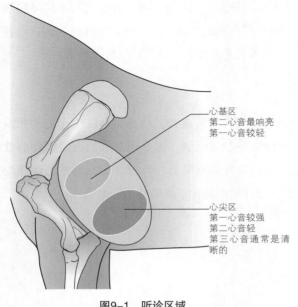

心基区
第二心音最响亮
第一心音较轻

心尖区
第一心音较强
第二心音轻
第三心音通常是清晰的

图9-1　听诊区域

因此，与房室瓣有关的杂音经常传导到心室壁，最容易听到的部位是心尖搏动区，此区与体表最接近。此外，杂音可向局部区域或更广泛的区域扩散。听诊时的区域见图9-1。

（六）听诊的方法

为了避免错过重要的发现，需要有条不紊的听诊技巧：

- 将听诊器放在心尖搏动的左侧，在这个区域第一心音最强。
- 测量心率，并确保它是静息心率。
- 评估心律，如果检查到有心律不齐，触诊动脉脉搏可能会有帮助。
- 区分收缩期和舒张期（在静息心率时，舒张期长，收缩期短，区分第一心音和第二心音）。
- 区分第三心音和第四心音（如果存在）。
- 听取心杂音，先集中精力听缩期杂音，然后听舒期杂音，接着再听不同音调的杂音。
- 逐渐将听诊器向头颅和背侧移动，听心音的变化，确定杂音的最强点和辐射范围。
- 确定心基区，在该区域第二心音会比其他区域更响亮。
- 在心尖搏动的右侧重复以上步骤。
- 注意：为了更好地听诊，右侧听诊时要将马匹的腿向前伸，使得听诊器可以伸到腋下。

三、心电图

（一）原理

在人类和小动物中，艾因托文肢体导联系统被广泛应用，能够提供心室腔大小和心律等信息。在这些物种中，心肌的去极化过程中以特征性波峰的形式传遍心肌。这些波峰传到体表，心电图反映的是心肌的去极化过程。因此，当心肌或心腔室的大小增加引起心室增大时，不同肢体导联系统心电图波形就会出现特征性的变化。遗憾的是，马的心室去极化的模式与上述动物不同，因为浦肯野纤维网（运送电脉冲到心肌层）远远比人和小动物的广泛。因此，大多数马心室的心肌去极化过程几乎同时发生，产生的所有波峰相互抵消，心电图中记录不到心肌的各个解剖学区域内的心电向量。隔膜顶端区域是个例外，它产生了马的QRS波群的早期部分；心脏基部也是个例外，它产生了QRS综合波的后期部分。最终的结果表现为整个QRS波群几乎无变化，即使影像学诊断心室已经发生病变，也看不到QRS波群的变化。因此，艾因托文肢体导联系统和许多其他的记录方法不适用于记录马的心电图，因为这些技术在检测心室是否变大时没有任何价值。更重要的是，肢体导联系统容易受人为因素的影响，且耐受性通常较差。其他一些系统，如向量心电图和心脏评估，试图用于获取有关马心室大小的信息，但是在马病临床上，心电图除了可以用于判定心率外，没有其他的用途。

为了记录心律，只需要记录一个清晰的心电图曲线即可，其中P波、QRS波和T波要能够看清楚（图9-2）。只需要一个导联，即正极和负极（双极导联）。

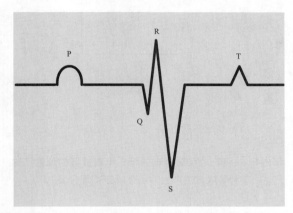

图9-2　健康马心电图的典型P波、QRS混合波和T波的图解心电

（二）设备

因为记录马的心电图只需要双极导联，所以用单通道仪器就可以了。现在有经济实惠的数字记录设备，适合记录马的心电图，它配备有电池和一些其他附属设备，可用于远距离和长时间的记录。重要的是，数据的数字格式使它们能够在闲暇时间进行判读，或可以通过电子邮件发送给其他人进行判读。

（三）方法

1. 安静时的记录

要想记录清晰的双极导联曲线，只需要将一个导联连接在心脏的前上方，另一个导联连接在心脏的后下方。大多数单通道仪器的电极都针对艾因托文肢体导联系统做了标记，做双极导联只需要使用两个电极，即RA（右臂）电极和LA（左臂）电极，把导联选择旋钮转到Ⅰ导联。导联的极性是不重要的，但是使用一致的导联是有益的。心基-心尖导联系统是使用最普遍的导联系统。为了获得这一系统，正极（LA导联）连接在心尖，负极（RA导联）连接在心基部，如右侧颈静脉沟。如果使用RA导联和LA导联，心电图记录仪应切换到导联Ⅰ（图9-3）。

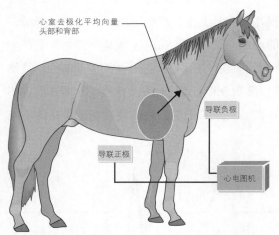

心室去极化平均向量
头部和背部

导联负极

导联正极

心电图机

导联记录右臂导联和左臂导联之间的电位差。上述使用的导联系统是基于心基-心尖技术，产生一个负向的QRS波群

图9-3　心基-心尖导联的方法：电极放置的位置，这种导联方法产生的是负向QRS混合波

对于使用主供电电源的设备，需要接一个地线，地线可以连接在马匹身上任何方便的地方。肩胛骨上的皮肤通常是最恰当的地方。

使用凝胶使导联电极和皮肤之间密切接触以更好地导电。理想的电极是一次性的、预涂凝胶的银/氯化银电极。避免使用鳄鱼皮夹子，因为它的耐受性很差，且容易受身体活动的影响。很少需要用夹子夹住马来做心电图，但前提是，对于多毛的个体，要把毛发分开以便在耦合凝胶直接与皮肤接触。可用一个肚带来保护小型电池供电的记录仪，防止多余的导线晃来晃去。

2．运动时的记录

运动过程中的心律不齐是马匹运动成绩表现不佳的一个重要原因，而且很难检测和诊断。在运动过后立即用听诊和心电图记录检测是可以的，但是当心率加快时，心音的解读是非常困难的，特别是当"第三心音"和"第四心音"合并在一起形成"奔马律"时。在运动过后的第一个120s内，心率下降非常迅速；因此，在心率恢复到正常之前，记录心电图是非常困难的。此外，迷走神经介导的生理性心律不齐，如窦性心律不齐和二度房室传导阻滞，经常在心率减慢后立即出现。这些心律不齐并没有任何严重的问题，但是在检查的时候，他们会造成混淆，特别是当怀疑马有心脏疾病时。因此，在运动过后的恢复期间，心电图记录不能用来检测心律。新一代的数字化心电图记录仪可以在运动时记录心电图，但是为了确保高质量的记录，必须要对标准的心基-心尖导联系统做稍微的修改。

为了减少人为因素的影响，电极的位置需要稍作调整。为小动物和人类设计的四导联系统（3个记录电极和1个接地电极），正极或LA导联（通常是绿色的）连接在心尖的左侧，负极或RA导联（通常是红色的）连接在左肩区域。第三电极或LL导联（通常是黄色的）连接在心尖尾部。这样连接能够使三导联系统中的导联Ⅰ和导联Ⅱ获得两条相同的曲线，如果有一个导联没连好的话，也不至于记录失败。导联Ⅲ的记录（LA和RL）没有任何诊断价值，因为连接在心尖上的电极靠得太近。然而，马记录心电图仅是为了取得一个节律曲线，因此这没有严格的限制。第四接地电极（通常是黑色的）连接在肩膀上，靠近负极（RA导联）（图9-4）。

导联系统的修改仍然会产生大量的"QRS"波偏差，但是心房波的偏差（P波）比真正的心基-心尖系统心电波要稍微小一些。尽管如此，P波仍然清晰可见。

（四）心电图的解读

解读心电图需要良好的技术。心电曲线通常以25mm/s的速度记录在纸上或水平扫描设备上，如果心率很快或者心电波形是一个不寻常的形状时，记录的速度可以提升到50mm/s。许多数字化记录仪允许调整扫描速度，以方便解读。如果存在间歇性心律不齐，可以延长记录时间。正确的解读方法如下：

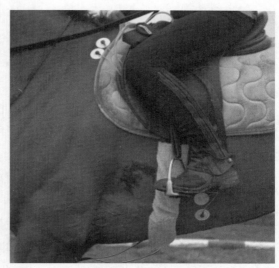

图9-4 氯化银附着在电极上，数码记录仪板采用四导联系统记录马运动时的ECG

评估心电图波形的质量，检查波幅的偏转、走纸或扫描速度，以及交流干扰滤波器是否打开。

- 计算心率，确定它是快速、慢速或是否正常，以及是否是可变的。
- 评估整个心律。确定心律的变化是间歇性还是持续性，以及他们是否由马匹兴奋而产生或终止。
- 依次评估每一个波/波群。测量P波的持续时间和振幅、QRS波群的持续时间。确定所有波群是否相同。
- 研究波群之间的关系。检查每个P波后面是否跟着一个QRS波群，每一个QRS波群前面是否都有一个P波。
- 确定心律类型。必要时进一步诊断检查和治疗。

（五）动态心电图监测

24h的动态心电图对检查间歇性的心律不齐很有用，这种间歇性的心律不齐如果只在一个相对较短的时期内记录，可能会被错过。比如，马匹患有突发性心房或心室早搏，且临床症状表明是由心血管疾病引起，就需要做动态心电图监测。如果需要的话，使用最新的数字化心电图仪，可以长时间记录个体的心电图。

四、超声心动图

(一) 原理

超声心动图是目前评估马的疑似心脏疾病的重要组成部分，对于评估病理性心脏杂音特别有用。然而，它的实用性取决于使用合适的超声波机器和探头、操作传感器的实践技能以及对结果的解释。检查时必须注意细节。

超声波的原理已经确立，但是在很大的程度上超出了本书的范围。重要的是要明白，只有最合适的仪器才能获取最好的图像。当声束垂直照射到不同声阻抗的接触面上时（多数情况下是血液和心肌之间的接触面），M型和二维型（2D）超声是最强的。

胸骨、肋骨和肺常阻碍超声波的传播，并且妨碍传感器在一些特定的地方放置。在马，心尖位于胸骨上，因此不能像人类和小动物那样，获得真正的心尖的超声心动图。

可以应用各种不同的超声波检查方法，其中二维超声心动图、M型超声心动图和彩色多普勒血流显像是最有用的。

(二) 设备

现在许多医院都有超声波仪，也乐于用超声波仪来获取心脏的图像。在心肌或心包发生病变的情况下，大多数超声波仪都能用于诊断，但是这些疾病毕竟非常罕见。完整的超声波心动图检查需要特殊的设备，最理想的超声波探头的频率是2.0～3.0MHz，探测深度30cm。

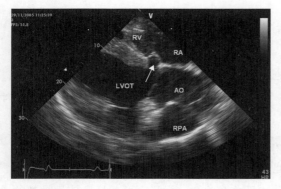

图9-5　3岁纯种小马的入口心室间隔缺损。这是右侧的胸骨旁主动脉的长轴位视图。心脏间隔缺损通常位于心室间隔和主动脉根的接合处（箭头所示）。

AQ：主动脉；LVOT：左心室流出道；RA：右心房；RPA：右肺动脉；RV：右心室

(三) 方法

虽然初学者识别解剖学的特征没有很大的困难，但是主观评估心脏功能、精确掌握检测技术仍需要大量的实践。超声波心动图能够反映心脏的结构，因此可以检测到明显的心脏异常，例如，心室间隔缺损（图9-5）或者能检测到大量的细菌性赘生物（图9-6）。评估瓣膜和心室壁的运动，能提供有关瓣膜和心肌功能的有用信息（图9-7）。此外，超声心动图可以通过测量心室的大小来评估疾病造成的影响。对病变的解释依赖于精确测量并与正常值进行比较。随着时间的推移，连续测量同一个个体对监控疾病的发展以及预后有帮助。最常见的心脏疾病是瓣膜闭锁不全，一旦它造成血液动力学异常，就会导致心室容量负荷过重（图9-6、图9-7）。例如，中度至重度的二尖瓣闭锁不全将导致左心房和左心室的容积负荷过重。容积负荷的程度可以通过测量这些发生异常的心脏结构来进行评估。

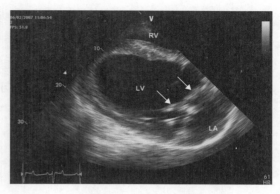

图9-6 1岁母驹的二尖瓣和腱索有大的赘生物（箭头），这匹马有1个月发热史和转移性跛行。通过临床病史了解到，该母驹的左心尖有5/6级的心杂音。该图像为左心室和右心室的右侧胸骨旁长轴位视图。左心室心尖为圆形，表示左心室容量超负荷。

LA.左心房　LV.左心室　RV.右心室

多普勒超声心动图是一种测量超声波频率改变的技术，超声波频率改变是血流的方向和速度的变化所引起。它可以用来检测心脏和大动脉内异常的血流，如与瓣膜疾病或先天性缺陷有关的疾病（图9-8、彩图13）。可以通过测量喷射血流的大小，来半定量评估瓣膜闭锁不全的严重程度；可以通过计算血液的流速和压力梯度，来客观地测量心室间隔缺损等疾病情况下的血液动力学效应。

有关M型超声心动图标准化成像技术、临床上健康马匹的测量范围的书籍将在"扩展阅读"中列举出来。应当强调的是，图像不佳的情况下取得的测量值，或者除了用于对比的之

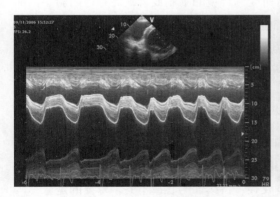

图9-7 取样线通过16岁纯种马的左侧和右侧心室的M型超声图。该马节律不齐，静息心率升高，左心基部6/6度杂音。左心室扩张并有异常的室间隔运动。出现这种情况的原因是舒张末期容积负荷的升高，超过每搏输入量，通过有缺损的二尖瓣喷射到相对低压的左心房。该心电图表明，此马的异常节律是由心房纤颤所造成。

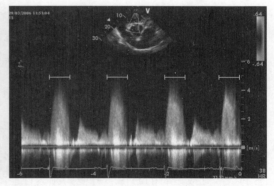

图9-8 图9-5中马的室间隔缺损异常流动的连续波多普勒研究。在这项研究中，将传感器从图9-5中的位置旋转，为调准异常血流缺陷提供最佳位置。在心缩期，高速度的血流（4m/s）通过从左到右心室的缺损部位

外，使用其他任何的方法（而不是公布范围中所描述的方法）进行的测量，不仅毫无价值，而且会引起误导。

虽然只有少数临床兽医有机会去学习马超声心动图检查技术，但重要的是他们认可该技术提供的客观信息。这一技术可能在评估与运动表现有关的轻度或中度心脏疾病时的意义，或者在购买马匹前的检查中发现有心杂音等都具有特殊价值。

五、X 线照相

用于心血管疾病检查的X线照相技术在马当中受到严重的限制。为成年马的胸骨拍片的X线设备至少需要125～150kV的电压和300mA的电流。便携式设备只适用于幼驹的检查。此外，X线检查马心脏肥大非常不敏感。但是，在检查可能与心脏疾病有关的严重的肺和胸膜疾病时，它非常有用（见第十二章）。

六、运动试验

在购买马匹时要做的一系列检查当中，马运动后的检查是其中重要的一部分，能够评估马匹是否患有疑似心脏疾病。遗憾的是，除了心脏疾病，有许多因素在运动时也影响心血管系统。每匹马的健康状态和运动的能力都是不同的。在比较马的运动能力时，运动成绩的评估是最有价值的。另外，如果运动测试时受到环境的限制或者缺乏合适的骑手，那么只能获得较少的信息。一般来说，马应骑着检查而不是用绳子拴着检查。听诊时先进行少量的运动（短时间的小跑和慢跑），然后再剧烈运动。让马从剧烈的运动中迅速停下来后立即听诊，直到心率不再迅速下降为止。马匹休息大约20min后重复以上测试。

（一）运动与心律不齐

观察马匹在运动后休息时是否心率较高和心律不齐。迷走神经介导的心律不齐，如二度房室传导阻碍和窦性传导阻滞，在牵着马小跑时会消失。剧烈的运动也可能导致安静状态下不常见或没有的心律不齐变为频繁性、阵发性、持续性的心律不齐。重要的是，马匹的运动成绩通常也会很差。有时候，伴有病理变化的心律不齐，如心室性早搏，在心率较高时会消失。然而这使得心律不齐不太可能成为重要的问题，重要的是人们已能识别心律不齐。心率增加而心律不齐消失本身不能诊断为迷走神经介导的心律不齐。为了全面弄清运动对心律不齐的影响，应该记录整个运动过程的心电图，仅记录马停下来时的心电图是不够的。

（二）运动与杂音

人们普遍认为，运动过后不明显的杂音是不重要的。笔者认为，这个经验法则虽然不是完全没有依据，但是也不是完全可靠的。许多因素可能会影响杂音，包括每搏输出量、血压和血液的黏稠度。半月瓣喷出血液而产生的功能性杂音在不同的心率下有不同的强度。有时这些杂音在较高的心率下不明显或者消失，有时马匹兴奋或运动时，杂音会变得明显，即使在安静状态下并不存在杂音。与二尖瓣闭锁不全有关的静止性全收缩期平高型杂音，在心率较高的情况下很难听得见。虽然这种类型的静止性杂音在检查时可能并不总是很明显，但是在检测时却很重要，并且不要将这些杂音误诊为由正常血流产生。

遗憾的是，运动过后听诊时经常受到外来噪声和呼吸声的影响。在这种情况下，很容易错过瓣膜闭锁不全时的杂音，即使这些杂音对马很重要。

（三）运动与心率

疑似患有心脏疾病的动物的心率恢复速度在某些情况下很有用。然而，正常的心率恢复速度是很难知道的，它取决于许多变数，如马的健康、运动场的状态，以及其他异常因素。例如，在做同样的运动时，跛行马的心率会比健康马的心率高。

（四）使用高速跑步机的标准化运动试验

使用高速跑步机允许分级运动，一般情况下，心率（通常是心电图）在运动过程中会被监测，以便跑步机的速度和倾斜度可以根据马的反应而改变。在这些情况下，很容易知道是什么因素使得心率减慢。该技术用于调查赛马运动成绩不佳的情况，通常，赛马的健康水平比娱乐马更可预见与统一。

第二节　杂音和瓣膜疾病

杂音

正常血液与异常血液的动力学效应引起振动，振动引起功能性或病理性心脏杂音。这些杂音都可以通过出现时间、持续时间、强度、特征以及PMI（见上述"听诊法"）来区别。识别这些特征有助于临床兽医查明杂音的原因，并进一步评估其意义。

由于瓣膜闭锁不全而导致血液逆流是比较常见的。异常血流与先天性结构缺损有关，但是在马当中，严重的瓣膜变窄（狭窄）阻止血液的流动是非常罕见的。

（一）缩期杂音

1．功能性缩期杂音

在马（大约50%的马）中，听到的最普遍的杂音是收缩早中期喷射型杂音，级数通常为1/6～3/6级，左侧心基部有最强心尖搏动点（PMI）。这些杂音在所有品种的马中都存在，但是在幼驹以及年轻、健康的马匹中最为突出。缩期杂音在不同的心率下是不一样的，并且在运动后变得更加安静或者更加剧烈。这些杂音通常被称为流动性"flow"或喷射性"ejection"杂音，因为这些杂音的产生与正常的血液流经半月瓣有关。功能性缩期杂音必须与其他由异常血流引起的缩期杂音区分开来，除此之外，它们没有其他的临床意义。他们最显著的特征是在收缩期结束之前就结束了，功能性缩期杂音有逐渐加强-逐渐减弱或逐渐减弱的特点。

2．由瓣膜闭锁不全引起的缩期杂音

具有临床意义的缩期杂音产生于房室瓣闭锁不全以及又太常见的先天性心脏缺损。

马最常见的先天性缺损是心室间隔缺损（VSD）。这通常会引起4/6～6/6级的刺耳的、全收缩期、平高型杂音，最强心尖搏动点位于右侧胸骨上方（见下述"青年/成年动物的先天性心脏病"）。

房室瓣闭锁不全将产生一个2/6～6/6级别的平高型缩期杂音。二尖瓣闭锁不全（左房室瓣闭锁不全）在心尖的左侧有最强心尖搏动点，然而三尖瓣闭锁不全（右房室瓣闭锁不全）在胸部的右侧最容易听到，在三头肌下方也容易听到。在某些情况下，这些致病条件产生的心杂音在收缩晚期有逐渐加强的特点。二尖瓣闭锁不全将导致充血性心力衰竭或心房的纤维性颤动（见下文），但是如果没有心衰或心房纤颤的话，心脏继续弥补异常血流，致病因素就会持续很久且常常毫无症状。二尖瓣腱索断裂通常会导致心前区刺耳的杂音。腱索断裂、二尖瓣闭锁不全的马常预后不良，因为容量过载和心脏充血迅速发生。偶尔会出现三尖瓣闭锁不全的病例，特别是在大型马、体格较好的纯种赛马当中较常见，但是很少会引起临床问题。

通过心力衰竭引起的临床症状，来判定病理性缩期杂音的严重程度，包括垂悬性水肿、颈静脉扩张和心动过速。大多数情况下，这些症状并不存在，判断它们的严重性非常困难。杂音的范围越广，声音越大，它就越严重。由二尖瓣闭锁不全而引起的心杂音，通常会严重到发展为充血性心脏疾病，并且会缩短马的运动生涯。

进一步的调查有助于评估这些状况的严重程度。心电图无多大价值，除了识别心律不齐，特别是运动时的心律不齐。到目前为止最有用的技术是超声波心动图，它能客观地评估疾病的严重程度。瓣膜闭锁不全的血液动力学效应通常会导致容量超负荷，负荷的程度可以用超声心动图（图9-7）进行评估。此外，多普勒超声心动图能用于评估逆流喷射量的大小。

（二）舒期杂音

1．功能性舒期杂音

功能性舒期杂音通常见于赛马（纯种赛马中高达30%），然而，在所有类型所有年龄的马中都能发现此杂音。

早期舒期杂音发生在第二心音和第三心音之间，且具有高音和悦耳的特点（有时称为"两岁的尖叫声"，2-year-old squeak），在胸部左侧或者右侧的腹侧至心基部最容易听到。它们的强度由1/6级到3/6级不等，并且可以根据不同的心率而变化，心率轻微增加到40～60次/min的时候听得最清楚。没有证据表明舒期杂音与瓣膜的病变有关。

2．由瓣膜疾病引起的舒期杂音

全舒期杂音在老年马中相对来说是比较常见的，而且几乎都与主动脉瓣闭锁不全有关。轻度肺动脉逆流是比较常见的，但是它没有声音，而且似乎没有任何临床意义。主动脉瓣闭锁不全引起的杂音逐渐减弱，且伴有可变的声音，往往有嗡嗡声、咕咕声、隆隆声。这些杂音的强度非常高（高达6/6），即使是没有严重容量过载的马也会这样，因此杂音的程度没有什么指导意义。有用的临床线索是动脉脉搏的强度，它可能很短，但是很强（水冲状音，water hammer）。马中度或重度主动脉瓣闭锁不全时，最客观的评估方法是超声心动图。大多数马患有主动脉瓣闭锁不全是因为过度运动而不是心脏疾病，但是某些病例，运动耐力差，甚至是充血性心力衰竭，特别是发生二尖瓣闭锁不全的病例。主动脉瓣闭锁不全的晚期将导致左心室扩张，心脏做功增加以及后负荷增加，从而直接增加心肌耗氧量。与此同时，当瓣膜功能不全加重时，使冠状动脉灌注和心肌氧的输送减弱，致使舒张期主动脉压呈进行性下降。心肌耗氧量随着运动而进一步增加，在主动脉瓣闭锁不全晚期病例，运动时心室局部缺血而导致异位性心室去极化效能，从而增加猝死的风险。这些变化往往存在于心力衰竭的症状发作之前。因此，如果症状持续存在，这些患马需要强制进行常规运动心电图测试（图9-9）。

（三）收缩前期杂音

收缩前期（即舒张晚期）的杂音很难与第四心音区分开，它音调低，呈隆隆声或者刺耳声。没有任何证据表明收缩前期杂音有任何的临床意义。

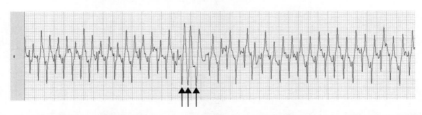

图9-9　一匹14岁的纯种马在慢跑中测ECG，有5/6级完全舒张期心杂音。三重的室性早搏（箭头）表示心肌缺血和过度兴奋。室性早搏是一种心室纤颤的触发，马会立即停止工作

第三节　心律不齐

一、室上性心律不齐

（一）二度房室传导阻滞

二度房室传导阻滞是马最常见的心律不齐，大约20%的在马安静状态下都有这种心律不齐，它是由于迷走神经高度紧张所致（图9-10）。它通常在心率较低时出现，并且随着交感神经紧张度增大，副交感神经紧张度减小而消失（如兴奋或运动），有时二度房室传导阻碍出现在运动过后的心率下降期间。没有任何证据表明二度房室传导阻滞在马安静时有任何病理效应。它没有临床意义，除非是在心输出量增加时，它频繁且持续出现。

诊断

听诊时，节律较有规则，但是两次心脏舒张期之间产生了间歇性的停顿，导致典型的心律不齐。在长时间停顿期间，通常能听到心房收缩音（第四心音），传导阻滞往往来自固定数量的静脉窦搏动（通常是4或5次），引起"有规律的不规则心律"的表现。

心电图显示周期性的P波，它不跟随着QRS波群或T波（图9-10）。正常马因兴奋或者运动将能够消除这种传导阻滞，虽然心率低，传导阻滞可能会再次迅速出现。

（二）窦性心律不齐

窦性心律不齐是一种由迷走神经介导的心律不齐，它可能出现于心率较低的时候，但是它在运动过后心率降低时最容易检测。如果在安静状态下检测，它通常因交感神经紧张性增高（兴奋或运动）而消失。运动过后，一旦心率恢复正常，窦性心律不齐就会归于正常。迷走神经紧张性增高引起的心律不齐是正常的生理性心律不齐，并且没有任何证据表明它与严重的心脏疾病有关。

诊断

听诊时，心率有时高，有时低。这可能会给人们带来心律不齐的印象，但是它是有周

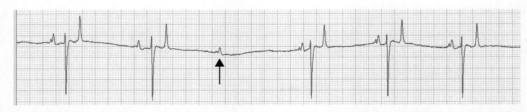

图9-10　二度房室传导阻滞。一匹4岁纯种马的ECG记录，此马无心脏病的临床症状，但是有间歇性不规则的心脏节律。单独的P波没有接着QRS复合波（如箭头所指），在心室收缩之间可听诊到分离的S4心音

期性规律的。这种心律可能与呼吸有关，特别是深呼吸。心电图显示在R-R期间发生变化。偶尔也存在二度房室传导阻滞。

（三）窦房性传导阻滞

窦房性传导阻滞（窦性阻滞）是由迷走神经介导的心律不齐，通常随着交感神经张力增加而消失。没有任何证据表明它与严重心脏疾病有关。

诊断

听诊时，可以听到一个长时间的心脏舒张期的停顿，在此期间，窦房结神经冲动传出失败，因此，不出现心房收缩，停顿期间呈静止状态（见上文的二度房室传导阻滞），这种心律可能是有规律的或无规律的。心电图显示，心脏舒张期的停顿是正常R-R间期的两倍或两倍以上。

（四）三度房室传导阻滞

当窦性冲动无法通过房室结，其周边的组织不得不充当起搏器，这样就产生了三度房室传导阻滞（完整的心脏传导阻滞）。此种传导阻滞很少见且通常是病理性的。

诊断

听诊时可以听到一个缓慢的、有规律的节律（一种"接合性"或"心室脱逸性"节律）。可能会听到心房收缩音（第四心音），但是第四心音与第一心音和第二心音没有固定的联系，心音通常较快。

心电图形显示有规律的QRS波群，心电波组成正常（接合性或室上性）或不正常（心室性），P波也存在，但是与QRS波群没有任何的关系。P波的速率通常非常快。

（五）心房早搏

心房早搏是由心房肌的异常冲动而形成。单独的心房早搏可能偶尔存在。然而，频繁的心房早搏是心肌疾病、电解质紊乱、毒血症、败血症、缺氧或慢性房室瓣膜疾病的一种症状。心房早搏或者与之有关的疾病可能会导致赛马竞技状态较差。例如，在某些情况下心房早搏与呼吸系统疾病的早期发作有关。如果检测到心房早搏，需进一步调查心房早搏发生的根本原因。

诊断

听诊时，可以通过心脏舒张期短暂的间歇来识别心房早搏，通常无代偿性停顿（参照室性早搏）。这意味着在出现第一心音前正常的心脏舒张期间歇伴随着早搏。第一心音与第二心音强弱的区别取决于早搏的程度。进一步的诊断方法包括运动时的心电图、24h动态心电图、超声心动图、血液学、常规血清生物化学、心肌肌钙蛋白1检测和病毒血清学检查。

顾名思义，心房早搏的发生会引起心电图P-P和R-R间期缩短。它们引起窦房结异位，并且可能与正常的P波的波形不同（图9-11）。如果心房早搏出现的足够早，或者心率较快，那么它们会在T波或QRS波群前消失。它们通常重新组合窦房结，使随后的P波重新出现在正常的P-P间歇后。

（六）心房早搏和心动过速

心房心动过速的心率很快，通常有一规律性节律。它们可能是阵发性的或者是持续性的。P波经常被先前的T波掩盖，或者与T波并列，很难辨认。QRS波群是正常的，如果存在二度房室传导阻滞，心率可能会正常一些，但仍然是不规则的（图9-12）。

（七）心房纤颤

心房纤颤是影响马骑术表演的最常见的心律不齐，对于临床兽医来说，识别心房纤颤，特别是将心房纤颤与二度房室阻滞区别开来，是非常重要的，因为这两种类型的心律不齐都可以引起心音长时间的停顿。呈现的症状包括运动性能不良、偶尔鼻出血、运动期间或运动过后出现共济失调和呼吸急促等。从一系列的病例得知，特别是非竞赛马，偶尔才会出现心房纤颤。

心房纤颤一般发生于无潜在心脏疾病的马匹，因为一旦形成心房纤颤，庞大的心房有助于心律不齐的持续存在。心房纤颤也发生在心房扩张的马匹，这种心房扩张继发于瓣膜

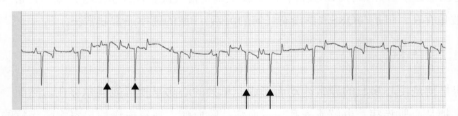

图9-11　一匹心律失常的16岁的矮脚马，在休息时出现心房早搏复合波（箭头）。早搏中断了正常的窦性心率，但P波均在每次早搏前

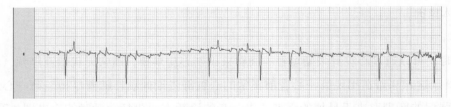

图9-12　一匹6岁混血马的房性心动过速（心率=157次/min）并伴有易变的二度房室传导阻滞。房室传导阻滞使静止时脉搏率略高于正常

性心脏疾病（特别是二尖瓣闭锁不全），以及有快速的心房早搏。心房纤颤很少见于低于150cm高的马匹。

对于无潜在心脏疾病的马，心房纤颤以通过口服奎尼丁硫酸盐而成功转为窦性心率。一经治疗，这些马就会返回到先前的竞骑水平。然而，马匹患有潜在的心脏疾病时不太可能成功治愈，而对于那些心率加快（＞60次/min）的马匹，或者有充血性心力衰竭症状的马匹，治疗很不合适且很危险。

诊断

听诊心律无规律。心率可能正常、缓慢或上升（相对于犬来说，犬的心房纤颤几乎总是伴随着心动过速）。心脏间歇时间有时长达8s，有时在短暂的心跳之后出现。有时候这些短暂的心跳会循环出现。第一心音和第二心音在强度上有所不同，因为二尖瓣在心脏开始收缩时的位置不同。特有的发现是第四心音的消失。当听到一个长时间的心跳间歇时，尝试辨别第四心音非常重要。因为如果第四心音存在，心律不齐的原因就不是心房纤颤。相反，当出现二度房室传导阻滞时，很有可能在这个间歇期听见第四心音。在这种情况下，这些停顿在正常的R-R区间内是多次出现的。使用你的脚作为一个节拍器去习惯基本的节律可能会有帮助。在心房纤颤时，没有基本的节律，节律是无规律的。

心电图显示任何导联都没有P波出现，因为任何心房活动已消失。除了纤颤波在马很常见高心率外，R-R间歇常无规律（图9-13）。QRS波群在结构上是正常的，不同的QRS波群很有可能起源于心室，且表明更广泛的心脏疾病。

（八）阵发性心房纤颤

有些马匹，如果不进行治疗，在窦性心律回归正常之前会发生短时间的心房纤颤。这通常发生在运动期间，窦性心律的重新建立需要几个小时至几天的时间。该情况可导致运动性能显著下降。对于这些病例，很难确诊，因为在兽医检查时，疾病的发作通常会停止。运动心电图对这些病例的辅助诊断非常有用。马匹阵发性心房纤颤反复发作有可能是因为患有心房疾病，如以前的病毒感染。电解质紊乱也可能会诱发阵发性心房纤颤，对于耐力好的马匹，在比赛期间或比赛之后这种心律很难被发现。

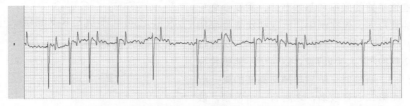

图9-13　一匹11岁猎马的心房纤颤。有无规律的基线起伏（f波），无可辨认的P波。基本节律完全无规律

二、室性心律不齐

（一）室性早搏

室性早搏是由心室肌异常搏动而引起的。偶然发生的、单独的室性早搏不一定是异常的，特别是在大运动量后的恢复期间。然而，如果在运动或奔跑期间，室性早搏频繁发生，且存在充血性心力衰竭的症状或明显心杂音，那么就要认真对待。室性早搏是心室纤颤的诱发因素，在患马的心律失常恢复正常之前，不应该被骑乘，进一步调查研究表明在骑乘训练期间心律不会发生异常。室性早搏也会因其他身体系统的疾病而产生，因此，不一定反映心脏疾病。对患马进行诊断时，必须排除全身性疾病。

诊断

听诊结果显示心脏舒张音之前有一早搏，心脏舒张间歇延长。第一心音的强度比正常时要大，相对来说第二心音较安静，这取决于舒张期的持续时间。超声心动图和临床病理学检查（常规血液学、生物化学检查，包括电解质水平检查）有助于诊断本病。运动心电图和24h动态心电图适用于记录心律不齐的频率和运动对心律的影响。

在心电图上，室性早搏早早出现，且因此扰乱R-R间歇，导致无规律节律。室性早搏是不正常的，不会按照正常的途径传导，导致窦性起源产生不同的QRS波群形态（图9-14）。然而，马的QRS间期持续的时间，可能或不可能超过正常的范围（＞0.14s），因此，这不是识别室性早搏的可靠方法。如果存在窦性搏动，就有可能根据其不同的波形和波幅来识别室性早搏。然而，如果存在持续的室性心动过速，有些室性早搏很难识别，在这种情况下就无法与窦性心律进行比较。如果发现有不同形态的QRS波群，这种情形称为"多种起源"，通常表明有更广泛的心肌病且预后不良。T波也会变宽且与QRS波群的极性相反。异位搏动之后几乎总是伴随着一个完整的代偿间歇，但是它可以出现在两个正常的QRS波群之间且不扰乱R-R间歇，这种病例被称为插入性搏动。

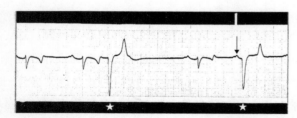

图9-14 室性早搏。可见大而奇特的QRS波群（标星号处），在其之前没有P波。起初可见P波之后有一个长时间的停顿（代偿性停顿）。要评价室性早搏的频率和基本节律，需要参考更多的波形图，但在例中，出现初次室性早搏后，P波有可能被埋在T波之后，第二次室性早搏前的P波太接近T波，以至于不能被传导（箭头）。听诊时可听到早搏与高朗的第一心音，而第二心音较弱，之后有一个停顿，该停顿比通常的S1 S1间期较长

（二）室性心动过速

室性心动过速的定义是连续出现4个

或更多个室性早搏。它可能是阵发性的或持续性的。出现室性心动过速，几乎毫无例外地提示心脏疾病或全身性疾病。

诊断

听诊时，室性心动过速期间的心律快而规律，但如果穿插着正常窦性心律短暂发作，它可能出现不规律。心电图内可能会看到P波或者P波隐藏在异常的QRS波群中。可能会见到融合搏动或捕获搏动，经常会出现房室分离。

（三）室性纤颤

室性纤颤是疾病晚期的症状，通常表现为无序的心室除极化或收缩。马匹表现虚脱，且无明显脉搏。室性纤颤通常与全身性或心脏疾病引起的心肌兴奋性增加有关。

诊断

听诊时无清晰的心音，且心电图显示不规律的基线，无QRS波群、P波或T波。

第四节　其他疾病

一、充血性心力衰竭

充血性心力衰竭在马中比较少见。最常见的根本原因是瓣膜疾病，特别是二尖瓣或主动脉瓣闭锁不全。除一些心肌或心包疾病等病例外，充血性心力衰竭很少是可逆的。对于妊娠末期的母马，在其生出马驹后充血性心力衰竭的症状会得到改善。

大多数患有充血性心力衰竭的马表现为运动耐受力差。该症状可由左心衰竭或右心衰竭引起。此外，大多数左心衰竭的马最终都会发展为右心衰竭。

在严重的充血性左心衰竭中，主要的临床症状是肺水肿、呼吸过度、心跳过快和呼吸困难。在充血性右心衰竭中，首先出现的症状是颈静脉扩张和垂悬性水肿，通常在腹部形成一块肿斑，也可能出现包皮和四肢末端水肿。在严重的情况下可能出现腹泻（由肠道水肿产生），一些严重病例表现体重减轻。

通过听诊能发现充血性心力衰竭的病因，并且还可以检查出使病情恶化的心律不齐。心电图和超声心动图有助于进一步确定疾病的原因、评估疾病的严重性、指导预后及适当的治疗。

马患充血性心力衰竭通常预后不良，除非能逆转病因，但这几乎是不可能的。有些马患有轻微的充血性心力衰竭，在短时期治疗后病情可以稳定下来，稳定后这些马匹可以用来作为配种或者宠物，但是不适合用来骑乘。顽固性室性心律不齐或肺动脉或左心房破裂都可导致猝死。

二、青年马与成年马的先天性心脏病

与其他家畜相比，先天性心脏病在马并不常见。尽管它们会导致胎儿或新生马驹的死亡，但大多数情况是在青年期才被发现，表现为首次参加赛马时竞技能力差，或者在常规检查时检测到心杂音。先天性缺陷直到成年时才确诊的情况并不少见。

（一）心室间隔缺损

到目前为止，在马中，特别是在青年马和成年马中，最常见的先天性心脏病是心室间隔缺损。其他的缺损通常在生命的早期出现，而心室间隔缺损则不易被发现，其强度不一且经常没有任何症状，心室间隔缺损产生高朗的缩期杂音且通常发生心前区震颤。与心室间隔缺损有关的临床症状取决于缺损的大小。在缺损较小的情况下，少量血液从左心室流到右心室，其运动能力可能是正常的，特别是非竞赛马匹中。缺损较大的话，马匹可能出现运动性能下降、心动过速或充血性心力衰竭的症状。有些马匹年轻时表现无异常，直到成年后，由于主动脉瓣靠近心室间隔缺损的部位，因主动脉瓣变形而发展成为主动脉瓣闭锁不全。

诊断

确诊需要使用超声心动图、血管造影术或者导管插入术。其中，超声心动图是最准确的，且它是非侵入性的。因为心室隔膜缺损对运动耐受力的影响有限，怀疑马匹患了这种疾病时不应将其淘汰，除非临床症状非常严重或者超声心动图显示血液动力学有显著的异常。

使用二维超声心动图，可以确定心室隔膜缺损的位置，测量缺损的大小（图9-5）。多普勒超声心动图可以用来测量血流通过缺损部位的速率，并从这些信息中测量通过缺损部位压力梯度。

（二）心肌疾病

在马中，心肌疾病尚未有明确定义。临床症状由运动性能极差到突然死亡不等，马的严重的心肌疾病比小动物的要少。心律不齐是运动表现不良的一个重要原因，这种心律不齐可能与轻度的心肌疾病有关。某些马匹发生的心肌炎是一种与呼吸性病毒感染有关的炎症过程。然而，这种关联是片面的。对呼吸系统感染后运动表现不佳的马进行心脏病的检查是很有必要的，但是也要注意到，这种运动耐受力减弱也有可能是由于病毒感染后的结果。运动心电图和24h动态心电图监测，可能会显示间歇性心律不齐，如室上性早搏或者心动过速。

严重的心肌病的起源可能是中毒或者是先天性疾病。严重心肌病最常见的原因是莫能菌素中毒，因此病史调查时要注意调查日粮情况。

临床病理学的检查结果对某些病例具有一定的参考价值。血清心肌乳酸脱氢酶中的同工酶已经确定为心肌受损的指标；但到目前为止，证据并不充分。在马匹患有严重疾病的情况下，如莫能菌素中毒时，可能会使心脏同工酶活性升高，但同工酶活性升高也有可能是骨骼肌受损所致。然而，事实证明，在莫能菌素中毒的急性期，血清肌酸磷酸激酶的升高具有诊断意义。血液学和病毒血清学可以为病毒感染提供证据，但是感染后的心肌炎的临床症状会持续几周，但这些指标比急性期更加不可靠。心脏的肌钙蛋白 I 是从受损的肌细胞及其表面上释放的一种蛋白质，在马怀疑患了心肌病时它会升高。然而，在诊断心肌病时，它比乳酸脱氢酶同工酶和肌酸磷酸激酶检测更具有特异性，但心脏肌钙蛋白 I 的敏感度较低。

（三）细菌性心内膜炎

细菌性心内膜炎是一种非常罕见的疾病。如果不早期诊断和积极治疗，则会预后不良。在马驹和老龄马中略为常见，但是发病都很少，很难说哪种年龄段的马匹更容易发病。主动脉瓣和二尖瓣最容易受损。当右侧瓣膜受到影响时，预后通常相对良好。

主要的临床症状为身体不适和体重下降，往往伴有发热。可能会听到瓣膜病变引起的典型的心杂音，常见室性早搏。很少能发现感染的传染源。

诊断

临床病理学检查通常是非常有用的，它可以提供急性炎症的证据。中性粒细胞增多症有可能存在或不存在。但是高纤维蛋白血症一般是非常明显的，通常在 8～12g/L 的范围内。血液培养也有助于诊断，应多取几份血样，进行需氧培养和厌氧培养（见第八章"血液疾病"中的血液培养）。遗憾的是，培养结果往往是阴性的，若培养出细菌，则应进行药敏试验，因为细菌的种类多种多样，治疗要有针对性，也需要很长的时间。即使抗菌治疗成功，瓣膜疾病的临床症状仍然存在。

如果临床病理检查提示炎症过程非常严重，为了查明感染的位置应该使用超声心动图。马心内膜炎的超声心动图，通常在受损的瓣膜部位显示一个或多个大的、生长性的、回声增强病变（图9-6）。腱索经常受到影响且在早期阶段均匀地增厚。大的变性的瓣膜结节在马中不总是存在，因此，一旦检测到任何可疑的瓣膜或腱索病变，结合临床病史，应当考虑诊断为心内膜炎。如果对检查结果不确定，在几天之内应重复进行超声心动图检查。超声心动图对于评估瓣膜闭锁不全的严重程度是有用的。如果心内膜炎严重的话，治疗可能无法保证。

（四）心包炎

心包疾病在马中是非常罕见的，但是由于超声心动图的广泛使用，将来能更频繁认识心包疾病。临床症状的发生取决于舒张期心脏的充盈是否正常。一旦心包纤维化（缩窄性心包炎），或心包被严重的渗出液充满，心脏的充盈就会受到心包囊限制。如果渗出液迅速形成或渗出液的量非常大，它可能会压迫右心房并且限制静脉回流（心包压塞）。呈现的症状可能是萎靡不振、运动表现不佳或充血性心力衰竭。如果心包炎发展成胸膜肺炎，那么就会出现呼吸系统的症状。

听诊时可听到低沉的心音。如果心包内渗出液较少的话，就会听到心包"摩擦音"。摩擦音可能由1~3种声音组成，听起来像是门嘎吱嘎吱响。心包摩擦音与心动周期同步，这点与胸膜摩擦音不同。

1．诊断

鉴别心包渗出液最好的方法是使用超声心动图，在回声心包和心肌之间发现无回声的区域。如果有细菌感染病史，可能看到心包膜、心外膜或者渗出液中的回声斑点有层状的纤维蛋白。如果存在心包填塞，右心房将会有一个凹的外表面。然而，超声心动图难于诊断缩窄性心包炎。

临床病理学检查可以测定血浆纤维蛋白原，用来确定炎症过程。渗出液中细胞的检查和渗出液的培养，可以帮助确定疾病的原因。

2．心包穿刺术

心包穿刺术可缓解心包压塞，也可用于心包积液的细胞学检查和心包液的培养。该方法具有风险，因为心外膜很敏感，当它受到刺激时会产生心律不齐。因此，在做穿刺前，要做好心电图的监控，插好静脉导管以防不测。

在左侧或右侧胸部的第5或第6肋间插入导管都是可行的，进针位置在肘部和肩部连线中间的背侧。使用一个10~14G的针头，针头中间穿过一个小的聚乙烯管，如犬的导尿管。局部麻醉后，可以插入导管。该方法最好在超声波指导下完成。

第五节　血管疾病

血管炎与全身性疾病的关系在第八章的"血液疾病"中的"血管疾病"已有描述。大多数血管病变诊断和评估均使用超声波检查法，在以下将会提到。

（一）外周血管的超声波检查法

超声波检查法对于评估血管疾病非常有用。线性扫描或扇形扫描的二维超声波成像技术可以用来诊断此类疾病。多普勒超声波仪可用于检查血管中的血流，但是很多专科中心都没有这种设备。这些技术可以用来检查一系列的临床问题，比如：

- 主动脉或髂血栓栓塞
- 动静脉瘘

- 静脉血栓形成
- 流动液体的鉴别
- 大血管破裂

（二）主动脉或髂血栓栓塞

主动脉或髂动脉末端的血栓栓塞是下肢疼痛和虚弱的一种不太常见的原因，运动后会加剧病情。直肠检查时可以摸到血栓，有时候超声波检查发现有血栓，但是直肠触诊却没有发现任何异常。

5MHz或7.5MHz的传感器扫描仪适于本病的检查。大多数通过直肠进行检查使用的是线性扫描传感器，但是也开发了一些扇形扫描探头用于直肠的检查。生殖道检查的设备同样适用于直肠的检查。血栓是混合回声，强回声的区域，特别是在纤维组织已经形成的慢性病例中。在某些病例，高达80%的主动脉血管被堵塞。检查还应包括髂内外动脉。马匹一旦患有这种疾病，再进行骑乘运动则预后不良。

（三）动静脉瘘

外周动静脉瘘较罕见，但是在一些马体内可以用超声波检查法鉴别。动静脉瘘的临床意义取决于病变的大小和位置。动静脉瘘可能是先天的、后天的或者医源性的。例如，颈静脉和颈动脉之间形成瘘管的原因是导管插入的技术不佳。多普勒超声波检查法可以用来测量通过瘘管的血流量。

（四）静脉血栓形成

超声波技术用于检测聚集在静脉内的血栓非常合适，例如，可以鉴别围绕在颈静脉导管周围的血栓，在血管完全堵塞之前，提醒及时移除导管。超声波也用于检查静脉周围的肿胀和诊断血栓性静脉炎。

对于浅表血管的检查，可使用高频传感器，如7.5～10MHz的探头，且需要保持平衡。扇形扫描仪和线性传感器都可以使用，但是线性传感器在狭窄的地方可能更难操作，如胸腔入口。

（五）流动液体的鉴别

在一些软组织结构的检查中，发现它们被同样密度的物质充满，超声波检查显示为低回声区域，并且观察者不能确定这些结构是血管还是一些其他流动液体填充的结构。在这些情况下，如果发现这些结构能够搏动，则可以确定它是动脉。在某些情况下，会看到高回声颗粒在血管管腔中移动。

再次说明，用于检查血管中流动液体的最有效的技术是多普勒超声波，不仅能够确定血管内内容物的流动，而且还可以测量流动液体的速率、测量血管的直径，进而计算出通过血管的血液量。

（六）大血管破裂

在马突然死亡的原因中，其中一个最常见的原因是主动脉破裂。在这些病例中，除了死后剖检，其他的检查技术对本病基本无用。然而，如果某些马不是立即死亡，通过检查可以确定虚脱马出血的原因。

最常涉及的是肺部血管。通常表现为两侧鼻腔大量出血。偶尔发生血管破裂，血液进入胸腔，通过胸部X线检查、超声波检查和胸腔穿刺来诊断。然而，在这些检查方法中，超声波检查是最有效的，应尽量避免使用胸腔穿刺术。超声波检查的优点是，它可以提供血液存在的类型、血液存在的范围和潜在的肺部疾病等信息。

肺部最主要的血管是肺动脉，它的破裂能导致充血性心力衰竭。如果患马不立即死亡，通过超声心动图检查，可以显示动脉周围的低回声区域、高动力的心脏和肺动脉瓣运动异常。

主动脉血管破裂是突然死亡的主要原因，在剖检之前无法做出诊断。有时候，主动脉从根部破裂，扩展至心室间的隔膜和右心室，这会导致突然死亡或者充血性心力衰竭。突然死亡的原因是大量心脏传导组织破裂，或右心充血性衰竭产生了严重的心律不齐。如果是发生右心充血性心力衰竭，在右侧胸部可以检测到收缩期和舒张期机械杂音。本病可以用超声波心动检查来进行确诊。肠系膜动脉破裂可能与急性疝痛有关。对这种病例，腹腔穿刺能够检查到血液。长骨骨折有时与主动脉出血有关，骨盆骨折时，失血甚至可以造成死亡。在这些疾病情况下，超声波检查可以显示骨折和相关的血肿。使用的超声波探头是3.5～5MHz的线性扫描探头或扇形扫描探头，可以经皮肤使用或者经直肠使用。

拓展阅读

Holmes J R. 1990. Electrocardiography in the diagnosis of common cardiac arrhythmias in the horse. Equine VetEduc 2: 24-27.

Long K J. 1992. Two-dimensional and M-modeechocardiography. Equine Vet Educ 4: 303-310.

Long K J, Bonagura J D, Darke P G G. 1992. Standardised imaging technique for guided M-mode and Doppler echocardiography in the horse. Equine Vet J 24: 226-235.

McGladdery A J, Marr C M. 1990. Echocardiography for the practitioner. Equine Vet Educ 2: 11-14.

Patteson M W. 1992. The right electrocardiograph for you? InPract 14: 16-17.

Reef V B. 1990. Echocardiographic examination in the horse:the basics. Compend Contin Educ Pract Vet 12: 1312-1319.

Robertson S A 1990 Practical use of ECG in the horse. InPract 12: 59-67.

第十章

淋巴性疾病

第一节　实践技术

一、淋巴结病

淋巴结肿大是由反应性增生、感染或肿瘤侵入所引起，通常伴随其他的临床症状。

正常情况下，健康马匹体表淋巴结触之较小。体表淋巴结包括：颌下淋巴结和腿前的淋巴结。由于肿大而可触摸到的深层淋巴结包括：咽后淋巴结、肩前淋巴结、胸导管、腋淋巴结及腹股沟淋巴结。

淋巴结肿大可阻滞相应的淋巴回流而引起肿胀，如马散发性淋巴管炎、马腺疫（马链球菌感染）和淋巴肉瘤复合体的肿瘤。因占位性病变的发生，肿大的淋巴结根据其所在位置，可能会阻塞咽、食管、气管、支气管或肠道。

虽然肿瘤浸润可能是临近组织肿瘤转移的结果，但是淋巴肉瘤（恶性淋巴瘤）是最常见的马淋巴源性肿瘤。

如果相关的临床症状均没有确定性，则需要活检区分淋巴结炎性肿大（淋巴结炎）和肿瘤浸润。

二、淋巴结活检

一个大小合适、具有代表性的淋巴结样本对于充分的组织病理学检查是必不可少的。

淋巴结切除是病理诊断的理想选择，但这种方式在马中是不切实际的。

有时用细针穿刺进行活组织检查，并制备涂片，可提供诊断信息。但其样本过小，不能代表整体损伤，导致假阴性结果的产生。不过，淋巴结化脓情况除外。

将淋巴结切开进行活检，是最佳的选择，即：在局部麻醉情况下（如有必要可结合镇静），切开淋巴结，采集多个楔形组织块。与细针穿刺活检相比，该技术获得的样本体积较大，并保留了组织较好的形态，可提高诊断准确度。

（一）楔形组织活检技术

通过按压浅表淋巴结上的皮肤，充分固定淋巴结，可以很容易地从淋巴结中采集楔形活组织块。应该慎重考虑淋巴回流区域的局部解剖结构，以免不小心伤及临近组织。

- 手术区域大小因位置而定，在淋巴结上方10~15cm的方形区域，进行术前准备和手术隔离。局部麻醉采用利多卡因，根据皮肤预切口的位置，沿一直线进行皮下注射。这项技术的余下操作应在严格的外科无菌术下进行。
- 淋巴结最好用一只手的拇指和其他手指固定，用另一只手切开皮肤。一旦切开皮肤，需固定淋巴结，使其对着皮肤切口。然后，朝着淋巴结的方向，在淋巴结被膜做一深的椭圆形切口。使用15号手术刀最便于操作。用组织钳夹住楔形组织块，并缓慢取出，同时用手术剪剪开牵连组织。

- 在大多数情况下，将组织块分成两块。一半用于细菌培养，另一半放入福尔马林溶液，用于组织病理学检测。
- 在缝合切口前，应找到所有的明显出血部位，并对其进行结扎。然后，用可吸收缝线，采用水平褥式缝合法将淋巴结切缘对齐。皮下组织可用同种缝合材料进行简单连续缝合。然后，使用不可吸收缝线采用简单间断缝合法，进行皮肤切口的闭合。通常术后可见轻度局部水肿，于术后5~7d消失。

注释

- 楔形组织活检的并发症很罕见，但是，比细针穿刺活检（见下文）的发生率高。最常见的并发症是局部出血和（或）一期愈合失败。可在闭合手术切口时谨慎小心并注意手术手法来降低其发生的风险。
- 肿瘤的切割很可能导致愈合不良。
- 正如所有的侵入式操作技术一样，需要预防患马的破伤风感染。

（二）细针穿刺活检技术

由于与愈合相关的潜在问题，细针穿刺活检是一种可替代楔形活组织采样技术的实用技术。可使用Tru-Cut针（加利福尼亚州柏特医疗用品有限公司）进行穿刺活检获得样本。Tru-Cut针是一个14G的穿孔针，用于采取表皮或皮下组织群的样本。其由外部穿刺针和位于其内的组织钳组成（图10-1），后者主要用于抓取和切割组织。该技术操作如下：

- 选取代表性的淋巴结，最好选择体表淋巴结，可手动固定到皮肤上。对淋巴结上相应表面皮肤进行术前消毒并放置创巾。对穿刺部位进行小剂量（1~2mL）局部皮下浸润麻醉。用手术刀做一个小的切口。因穿刺活检针不适用于刺穿皮肤。所以，穿刺前小切口是必需的。
- 将闭合状态的穿刺针，经皮肤切口处刺入，使针尖刚好进入淋巴结（图10-1）。如果可以，最好是沿着淋巴结纵轴入针。
- 将穿刺针套管内的采样针推入淋巴结，使组织嵌入采样针管内的凹槽。然后，将套管向前推进淋巴结，以切割组织、采集样本。在关闭状态下，将套管和采样针管同时取出，完成样本采集工作。通常情况下，无需缝合采样切口。
- 通过推出样本针露出采样针管内的凹槽来获得所取的样本。然后可以用一次性无菌的细针将样本挑出浸入福尔马林。假如活检针一直保持无菌，可以采集多个样本。然而通常在淋巴结内的不同部位采集第二个样本是比较好的。

另外，弹簧式自动活组织采样器也可用于淋巴结活组织采样（见第四章肝脏疾病"肝脏活检"）。

第二节　特殊疾病调查

一、淋巴管炎

（一）散发性淋巴管炎

散发性淋巴管炎是由未知病原引起的淋巴梗阻。该病往往影响单个后肢，传统上通常归咎于马匹在休息期内饲喂高蛋白日粮。但是，不排除传染病病原引发该病的可能性。因此，应考虑进行皮肤活组织采样。淋巴管及附近相关局部淋巴结炎症可导致淋巴液滞留，严重情况可导致整个后肢肿大、变粗。

该病可由临床症状进行诊断。早期出现急性跛行，随后很快出现患肢肿大，更严重的可能引起绷紧部皮肤的表面出现血清样渗出物。继发感染而发展成蜂窝织炎也是可能的。急性病例的早期发现和治疗以解决水肿形成是极其重要的。若水肿持续7d以上，将产生严重的间质纤维化，导致永久性肿胀及功能下降。这种慢性损伤通常是难以治愈的，往往会复发。

（二）淋巴管炎的传染病因

常见淋巴管和局部淋巴结的炎症，与局部感染一起发生。引起原发性淋巴管炎的感染相对来说不常见，并且通常涉及四肢，使其产生局部肿胀与水肿。与马散发性淋巴管炎不同，该病具有传染性并可分

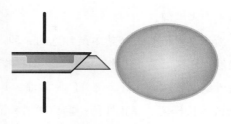

将闭合的针插入皮肤切口

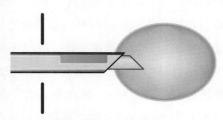

将该针头放置在淋巴结边缘处

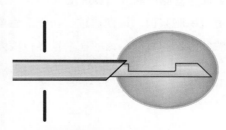

将穿刺针套管内的采样针推入

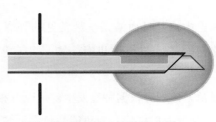

将穿刺针套管推入以切割组织样

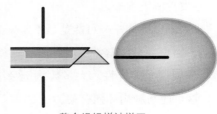

整个组织样被撤回

图10-1　用Tru-Cut针进行淋巴结细针穿刺活检技术

离到细菌或真菌。

溃疡性淋巴管炎是其中最常见的一种，其与卫生条件差时伤口感染有关。感染通过直接接触（刷拭工具）传播。不过，苍蝇叮咬也是可能的传播媒介。该病沿着淋巴管道，呈现多发性结节状脓肿病灶，部分脓肿破溃，并排出绿色浓汁。该病由多种致病菌引起，包括：假结核棒状杆菌、绿脓杆菌、葡萄球菌和链球菌。细菌培养是诊断的基础，也可采集皮肤活组织进行诊断，通常表现为浅表和深层的脓性肉芽肿性或化脓性血管周皮炎。患肢的经皮超声诊断可辅助诊断并发现皮下淋巴管脓肿。

临床兽医应注意另外两种传染性淋巴管炎，虽然他们比较罕见，但是，其仍见于英国和其他一些国家。其一是皮型鼻疽或"马皮疽"，该病是鼻疽假单胞杆菌感染所引起，患马表现为衰弱性肺病和皮肤感染。该病已在西欧根除，现仅限于在亚洲部分地区。该病淋巴管的感染与渗出"蜂蜜样"脓性渗出物结节的产生有关。其可通过细菌培养和血清抗体检测进行诊断。在英国，动物健康组织通过使用鼻疽假单胞杆菌抗原提取物进行皮下注射，通过超敏反应检测该病（马鼻疽皮试）。其二是流行性淋巴管炎，该病病原为酵母样真菌——伪皮疽组织胞浆菌。该菌通过创伤表面感染皮肤，产生皮肤结节，破溃的结节有浓稠的奶油样脓汁渗出。目前，该病在全世界范围内的发生很有限，仅在非洲和亚洲大陆部分地区发现。该病出现与马鼻疽相似的临床症状，可通过细胞涂片、血清学和（或）鼻疽皮试鉴别诊断。

二、马淋巴肉瘤

淋巴肉瘤是马血液系统最常见的肿瘤，其也可能是马最常见的体内肿瘤。该病在中年马和老龄马匹常发，但也有一岁马和青年马淋巴肉瘤的报道。该病的发生无品种和性别倾向。

通常，该病可根据肿瘤发生部位以及相关临床表现的范围将其分为4类，即：

- 腹部淋巴肉瘤——可能是最常见的形式。
- 胸部淋巴肉瘤。
- 多发性淋巴肉瘤。
- 皮肤淋巴肉瘤——可能是最不常见的形式。

但是，因患病个体常常出现肿瘤病灶和（在4种分类范围内）部分相同的临床症状，致使该病临床表现呈多样性。大多数病例会出现体重下降，常见的非特异性临床症状是间歇性发热，这可能与肿瘤坏死有关。

通过在外周血、骨髓、胸腔或腹腔液，淋巴结或肿瘤组织活检样本中发现肿瘤淋巴细胞，可对活马的淋巴肉瘤进行确诊。通常是从肿瘤块的组织学来判断。此外，淋巴肉瘤的临床病理检测结果通常无特异性。

应用于该病临床症状的鉴别诊断技术方法，分列如下。具体方法将于本书的各器官疾病章节中详细讲述。

（一）腹部淋巴肉瘤

腹部淋巴肉瘤（消化道型）以散发（局灶性）或弥漫性病变为特征，两种病变偶尔会同时出现。

1. 散发性病变

表现为肠壁、腹腔淋巴结、肠系膜、肝脏、大网膜和脾脏的淋巴细胞浸润。在引起临床症状之前，肿瘤可达到相当大的体积。通常，临床症状与对胃肠道的外部压力（引发急性疝痛）或肠壁淋巴瘤病灶浸润（引发复发性疝痛）有关，腹部水肿也可能出现。

诊断：

- 直肠检查触到结实的团块则可怀疑为该病。
- 腹腔穿刺可对脱落细胞进行细胞学检测。但在淋巴肉瘤病例中很少见到脱落细胞。
- 临床病理学诊断很可能提供无特异性的诊断信息（见下文）。
- 经皮超声检查，在肝脏（图10-2）、肾脏或脾脏（图10-3）内可见肿块，可对其用细针穿刺进行活检。
- 腹腔探查术和腹腔镜检可见团块及严重浸润程度。

2. 弥漫性病变

肠道黏膜和黏膜下层淋巴细胞弥漫性浸润，致使小肠绒毛结构被破坏。局部淋巴结也可出现肿瘤细胞浸润。其结果是吸收功能障碍。临床症状由肠道所浸润的部位决定。

患马小肠淋巴瘤浸润，即使在具有充足的食物摄入的情况下，仍然伴有体重的下降。但是，病马的食欲经常发生变化。可能出现腹部水肿，有时出现慢性轻微疼痛症状，如磨

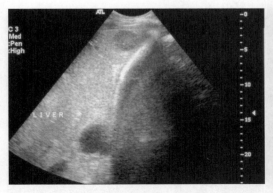

图10-2　通过经皮超声探查辨别出的患有淋巴瘤马肝脏内的低回声病变区

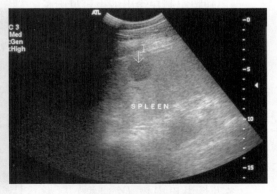

图10-3　通过经皮超声检查患有转移瘤马的脾脏

牙或反复打哈欠。粪便稠度通常正常。

大肠淋巴瘤浸润（或大肠及小肠淋巴瘤浸润）临床症状如上，并伴有慢性腹泻。

诊断

- 血清生化检查常呈现低白蛋白血症（蛋白丢失性肠病），在这样的情况下，可进行口服葡萄糖吸收试验进行诊断（见第二章消化道疾病"肠道吸收障碍检测"）。其检测结果可能会出现血清碱性磷酸酶活性升高（见下文）。
- 若小肠出现淋巴瘤浸润，口服葡萄糖吸收试验通常可显示吸收障碍。
- 腹泻病例中，直肠活检可显示大肠淋巴细胞浸润。
- 腹腔穿刺具有指征性，但很少发现具有诊断性的脱落细胞。
- 腹部超声检查有时可发现小肠或大肠肠壁增厚（＞5mm）。
- 通过剖宫术或腹腔镜检采集十二指肠活体样本，可用于病理组织学诊断。

注释

- 在剖宫术或尸体剖检过程中，肠道弥漫性淋巴细胞浸润通常不明显。往往触摸不到增厚的组织，确诊需要组织病理学诊断。然而，弥漫性与散在性病变能同时出现。

（二）胸部淋巴肉瘤

胸部淋巴肉瘤（纵隔型）以进行性胸腺/纵隔肿瘤及相应的胸腔积液而引起的胸部占位性病变为特点。胸腔入口处可能出现水肿（水肿受重力作用垂向下部），伴有颈静脉扩张、呼吸困难、体重下降。病变可能涉及肺实质。

诊断

- 胸部X线检查可见胸腔渗出液及异常团块。
- 经皮超声检查可见胸腔渗出液及异常胸部团块。有时可见肺结节（图10-4）。此外，超声可用于指导胸腔穿刺/针刺活组织样本采集的合适位点。
- 胸腔穿刺在渗出液中可见大量淋巴母细胞（这一点与腹部穿刺不同，腹部穿刺极少见腹部淋巴瘤细胞）。
- 其他临床病理学可提供的诊断信息不明确（见下文）。

（三）多发性淋巴肉瘤

多发性淋巴肉瘤（全身型）以淋巴结和其他器官的广泛性浸润为特

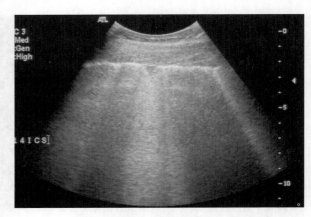

图10-4 胸腔超声检查显示肺脏边缘的结节状浸润

征。呈现表层与内脏淋巴结的全身性淋巴结病（图10-5）。转移性病灶可出现在骨髓、肝脏、脾脏、肠道、肾脏、肺脏，以及其他任何部位，可出现腹部水肿。

在一些患马，全身性淋巴肉瘤可能与白血病有关。但是，与其他动物不同的是，很少在患淋巴肉瘤的马中发现白血病。

诊断

- 肿大的淋巴结活组织样本（见上文）呈现肿瘤性浸润。
- 胸部X线检查可见肿瘤转移（图10-6）。
- 血液学检查可显示白血病几种类型，对此病例，应进行骨髓穿刺/骨髓活体采样。
- 其他临床病理学检查可提供的诊断信息不明确（见下文）。

（四）皮肤淋巴肉瘤

皮肤淋巴肉瘤以出现单个或多个皮下无痛肿块或结节为特征。皮肤肉瘤可出现在身体表面的各位置，其大小不一，大的直径可达10cm。有时淋巴肉瘤可浸润到肌肉组织。最终可致体重下降，但因其不转移到内脏器官，所以患马仍可存活数年。

诊断

- 对皮下团块进行活组织采样，可按上述淋巴结活组织采样方法进行。

（五）淋巴肉瘤的临床病理学

所有消耗性疾病的临床病理学检查都应包括血液学和血清生化检查。血液学检查可提供是否贫血的信息，并可反映炎症的进程。另外，应选择血清生化检测，以显示肝、肾的异常或消化系统疾病。但是，患淋巴肉瘤马的临床病理检测结果通常出现如下所述的不确定性。

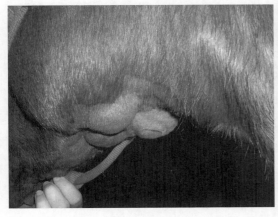

图10-5　一匹患有淋巴瘤（多发性）矮种马肿大的下颌淋巴结

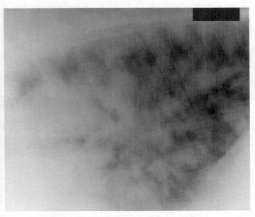

图10-6　一匹患有多发性淋巴肉瘤矮种马的胸部X线检查显示弥漫性结节型

1．血液学

患马的血液学检测结果通常呈现贫血，其可能是因为慢性炎症抑制红细胞生成的结果。淋巴肉瘤患马中诊断有免疫介导的溶血性贫血的情况很罕见（见第八章血液疾病）。

患马的白细胞通常呈现非特异性变化。有可能出现中性粒细胞增多。但是，在患有淋巴肉瘤的马匹中很少出现白血病。出现以异形淋巴细胞和/或不成熟性淋巴细胞为代表的淋巴细胞增多症。在这些病例中，骨髓穿刺/活体采样检测，很可能显示不成熟性淋巴细胞浸润。

2．血浆纤维蛋白原浓度

淋巴肉瘤患马出现高纤维蛋白血症不是恒定的，这可能反映出机体对肿瘤坏死的炎性反应。

3．血清生化

患马常呈现由高球蛋白血症引起的高蛋白血症。但是，肠型淋巴肉瘤患马的血清白蛋白浓度可能因肠道病变引起的蛋白丢失而降低。

高球蛋白血症患马血清蛋白电泳在β-球蛋白和γ-球蛋白处表现为多克隆增加，其反映了机体的非特异性炎症反应。少数病例可见单克隆丙种球蛋白在电泳中呈密集的窄带。该现象提示淋巴增生性或骨髓增生性肿瘤。该情况下，若患马肿瘤进程未知，应尽快确定其肿瘤发展阶段（参见第八章血液疾病，浆细胞骨髓瘤）。

血清碱性磷酸酶通常会升高，这可能反映患马肠道上皮结构的损伤。若淋巴肉瘤患马出现低蛋白血症，则多数表现为肠道疾病，但其不是淋巴肉瘤的特有症状。

拓展阅读

Mair T S, Hillyer M H. 1991. Clinical features of lymphosarcoma in the horse: 77 cases [J]. Equine Vet Educ 4: 108-113.

Myer J, Delay J, Bienzle D. 2006. Clinical, laboratory and histopathologic features of equine lymphoma [J]. Vet Pathol 43: 914-924.

Van den Hoven R, Franken P. 1983. Clinical aspects of lymphosarcoma in the horse: a clinical report of 16 cases [J]. Equine Vet J 15: 49-53.

第十一章

体液、电解质和酸碱平衡

本章旨在介绍成年马多种疾病中体液、电解质和酸碱平衡的诊断评估。

单独考虑体液、电解质和酸碱平衡是有必要的，但临床兽医不能忽略他们的相互作用。这些参数之间存在动态关系，某一项改变将导致其他参数的变化。因此，在纠正治疗期间，需监控由疾病所导致的这些参数的变化；针对某一参数的纠正治疗，必定会对其他参数产生影响。尽管本书未详细描述治疗过程，但在临床症状部分将会解释所需的处理方法。

本章第一部分详述了体液平衡及其评估。然而，除了要确定用于矫正体液平衡的液体的用量外，也需要根据血浆蛋白、血液电解质浓度和酸碱平衡状态，来决定体液所需的成分。在下述的内容中，这些参数将被单独考虑，"影响体液和电解质平衡的常见疾病"的最后部分总结了这些参数应用。

第一节　体液平衡

理解体液平衡的生理和病理生理对于优化病马的护理方案很必要。病情严重的马应被仔细监护，避免其体内含水量过高或过低。图11-1阐释了在细胞内、细胞外以及组成细胞外间隙的血管内、血管外之间水的分布。水摄取不足或过度丢失可导致水平衡的紊乱。马最常见的病因是水摄取不足，包括缺水（如躺卧、跛行、水源冻结、管理不善），饮水困难（如吞咽困难、食管梗阻、口腔病变）或导致食欲不振和不愿饮水的全身性疾病（如神经性疾病、疝痛、胸膜肺炎）。胃肠道疾病（如患结肠炎、肠炎）、出血、过度出汗、唾液分泌

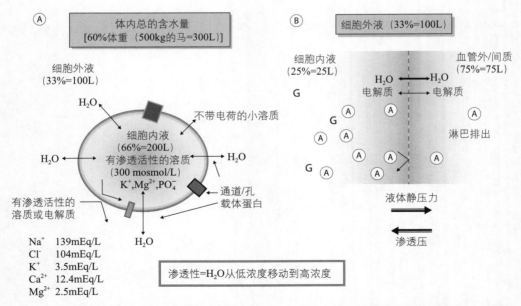

图11-1　（A）细胞内、外之间液体分布示意图；（B）血管内、外之间液体分布示意图。（A，白蛋白；G，球蛋白）

过多（如窒息、吞咽困难）或多尿性肾衰竭常常导致大量水的流失。电解质失衡经常伴随体液平衡的改变。

　　脱水指身体总水量丢失，低血容量症指血管内水容量不足。脱水和低血容量症不独立发生。然而，识别二者其一，对指导输液治疗是非常重要的。在选择输液疗法时有必要将脱水与低血容量症区别开，晶体溶液有助于纠正脱水，因为这些晶体溶液贯穿分布于细胞外（和细胞内）的液体空间；胶体对纠正低血容量症是最有效的，因为它们保留于血管内，增大了血管内容积。

　　休克的定义是，由于氧气供给量与氧气消耗量的不平衡而导致三磷酸腺苷产量不足，若处理不当，将导致细胞死亡。马休克的常见原因包括低血容量症、内毒素血症、大出血、脓毒症和缺氧。内毒素血症是马休克的常见原因并导致全身性炎症反应综合征（SIRS）。若全身性炎症反应综合征处理不当，内毒素血症会诱发高动力型休克再发展成为低动力型休克，最终发展成为多脏器功能障碍综合征（MODS）并导致死亡（表11-1）。

表11-1　根据人医与兽医重症监护资料，马急腹症引起全身症状的一些专业术语

专业术语	释义
内毒素血症	在血液中循环内毒素（革兰氏阴性菌细胞壁上的脂多糖）。内毒素可诱发全身性炎症反应（SIRS）
全身性炎症反应综合征（SIRS）	全身性炎症反应引起两种或两种以上的严重的临床症状：①发热或低温；②心动过速；③呼吸急促或低碳酸血症；④白细胞减少症，白细胞增多症或循环中未成熟中性粒细胞剧增
多脏器功能障碍综合征（MODS）	两个或两个以上重要器官功能异常，如肺、肾、心血管、中央及外周神经系统、凝血系统、胃肠道、肝、肾上腺和骨骼肌等
脓毒症	全身性炎症反应综合征（SIRS）及感染
重度脓毒症	脓毒症及多脏器功能障碍综合征，血流灌注不足或低血压
败血性休克	血容量正常下由脓毒症引起的低血压及血液灌注异常（乳酸酸中毒，少尿症，精神状态改变）
高动力型休克	心动过速，呼吸急促，黏膜充血，毛细血管再灌注过速，与正常相比肠鸣音变弱，肌肉抽搐和迟钝。高动力型休克是以高心输出量和外周血管阻力低为特征
低动力型休克	心动过速，呼吸急促（呼吸快而浅），毛细血管和静脉再灌注时间延长，黏膜发干、发紫或苍白，外周血管脉弱，四肢末端冰冷和低温。低心输出量，外周血管阻力大和全身性低血压为低动力型休克的特征。多脏器功能障碍综合征常伴随低动力型休克的一些症状

（续）

专业术语	释义
弥漫性血管内凝血（DIC）	下列5种症状中有3种异常：①血小板减少；②低纤维蛋白血症；③凝血时间延长试验 [凝血酶原时间（PT），部分促凝血酶原激酶原时间（PTT），活化凝血时间]；④抗凝血酶Ⅲ（ATⅢ）与正常相比活性下降；⑤纤维蛋白（纤维蛋白原）降解产物（FDP）增多

体液平衡评估

细胞外液急速丢失会增加体内渗透压，因此水分会从细胞内转移到细胞外。当体液丢失超过身体水分的5%时，临床上检查出脱水症状。

（一）临床症状

临床症状为体液丢失的程度以及对循环的影响提供了诊断指导。主要特征如下：

- 心率和脉搏加快（心动过速）是循环衰竭（低血容量最常见）或疼痛的指征。病马的病史、体格检查及实验室检查，可以帮助确定心动过速的主要原因。
- 脉压的变化可反映外周循环的完整性。如果脉搏微弱或消失，毛细血管再灌注时间延长，提示病马为低血容量。
- 毛细血管再灌注时间（CRT）的变化反映外周循环的完整性。若再灌注时间超过2s，提示病马血容量低且外周静脉灌注差，循环衰竭。
- 口腔黏膜干燥提示脱水。
- 当静脉扩张时，颈静脉伸展性差，提示静脉压下降和低血容量。
- 皮肤弹性差提示脱水。然而，该试验对于马而言非常主观。通过肩部拉起皮肤的皱褶判断脱水比通过颈部的皮肤判断或许更可靠。
- 四肢发凉和肛温低提示为休克；通常四肢发凉症状比肛温的明显降低发生得早。
- 尿液产生不足伴发肾灌注不足时，应进行密切监测。通过主观评估，成年马正常尿量为15～30mL/（kg·d）。

综合的临床信息虽然不能提供对于脱水量占体重百分比的准确的测量值，但它可以提供轻度、中度或重度脱水的主观评估。急性脱水时，所有症状加重，并在极端情况下可发展成低血容量性休克（表11-2）。

（二）临床病理

除了临床症状，一些简单的血液参数可用于指示脱水的严重程度。然而有设备仪器条件的，在疾病关键时期，最好持续检测这些参数，以跟踪脱水状态变化。

表11-2　可用于评估脱水百分比的病马的临床症状

脱水（%）	心率 （次/min）	CRT （s）	PCV/TPP [%/（g/dL）]	Cr （mg/dL）	其他临床症状
<5%	30～40	<2	WNL	WNL	未检测到
6	41～60	2	40/7	1.5～2	
8	61～80	3	45/7.5	2～3	黏膜可能干燥，眼可能陷入眼眶
10	81～100	4	50/8	3～4	黏膜明显干燥，眼陷入眼眶，有休克的疑似症状（四肢发凉、脉搏快而弱）
12	>100	>4	>50/>8	>4	明显的休克症状，濒死

Cr，血清或血浆肌酐浓度；CRT，毛细血管再灌注时间；PCV，血细胞比容；TPP，血浆总蛋白；WNL，经实验室检测，结果在正常范围内。

资料来源：Adapted from Hardy 2004 and DiBartola S P，2000. Fluid therapy in small animal practice. Saunders, St Louis。

　　血细胞比容（PCV）。加入抗凝剂（EDTA或肝素）的血液样本可用于血细胞比容的检测，但该技术存在潜在的弊端。进行采血时，病马的兴奋引起的脾脏收缩可能导致实验室检查结果出现误差。此外，贫血患马处于脱水状态时，其血细胞比容可能在正常范围内。然而，不管何种情况，都需要进行连续测量以便诊断渐进性脱水。总体而言，血细胞比容超过45%指示细胞外液容积减少。

　　血浆总蛋白（TPP）测定。肝素化的血样适于测定血浆总蛋白，可用蛋白折射仪来测量。然而，伴发的蛋白质丢失可导致测得的血浆总蛋白偏低的假性结果。因此，病马患蛋白丢失性肠炎且脱水时，其血浆总蛋白可能在正常范围内。另外，即使病马未发生脱水，一旦发生慢性感染，血浆纤维蛋白原和球蛋白的浓度会升高，导致血浆总蛋白变高。和血细胞比容测试一样，连续检测可诊断渐进性的脱水。

　　尿素和肌酐浓度。在病马急性脱水时，大多数血清或血浆生化参数，包括尿素和肌酐会升高。然而，尿素和（或）肌酐的增加也反映了与低血容量（即肾灌注不足）相关的肾前性衰竭。若及时进行输液疗法，病情通常可以好转。无论是否有明显脱水，任何有持续性高肌酸酐指标的病马，都必须考虑是否患有肾衰竭并进行尿液分析。

　　乳酸浓度。乳酸是机体无氧酵解的终产物，可作为外周灌流和氧气输送的标记。导致乳酸浓度增加的因素众多；然而，低血容量、低氧血症、低血压或不常见的高代谢状态导致的组织缺氧是高乳酸血症最常见的病因。在病马康复期间，乳酸浓度可用于检测输液量是否足够。正常的乳酸浓度应小于2mmol/L，正在静脉输液的马，起始乳酸浓度应低于1mmol/L。

　　静脉血氧饱和度（S_vO_2）、静脉血氧分压（P_vO_2）。低静脉血氧饱和度或静脉血氧分压表明组织摄取氧量多于正常的供给量，与高乳酸血症伴发，提示有低血容量、低氧血症、低血压或者不常见的高代谢状态导致的缺氧。通过颈静脉采血获得静脉血样本是最方便的方法，但对整个机体来说，混合静脉（肺动脉）或中心静脉（前腔静脉）血更具有代表性。通过由中央静脉导管（见下文）采血可得到中心静脉血液样品。据报道，成年马的正常颈静脉血氧饱和度为65%～75%，静脉血氧分压为（45.6±4.7）mmHg。

尿比重（USG）。肾小管可根据机体对水的需求量进而对尿液浓缩或稀释。马需要丢失全身体液（例如，含水量过高）时，其尿比重会低于1.008，脱水的马尿液浓缩，尿比重高达1.060。尿比重可用于评估和指导输液疗法。例如，在马尿比重为1.003时，输液速度应减慢；马尿比重为1.030时，可以加快输液，但这也取决于其他检测结果，比如血浆总蛋白、肌酐和乳酸浓度和中心静脉压（CVP）。对于任何停止输液治疗后仍持续有等渗尿（USG 1.008～1.012）的马，都应进行尿液分析和泌尿功能的评估。

（三）心血管系统

动脉血压。我们虽无法实际测量血流量，但平均动脉压提供了目前最好的估测方法。表面动脉或横面动脉（成年马或马驹）、大的跖动脉（马驹）直接测量动脉压。测量成年马动脉压，最简单的方法是在尾动脉绑上血压袖套（尾部袖套），使用示波器测量。袖套内部膨胀的长度应是尾部周长的80%，其宽度应是尾部周长的20%～25%。测量应在马安静站立和头部呈自然休息位置下进行；应进行连续3次测量，每一次测量应具有一致性；测得的心率应与体格检查时测得的心率一致。成年马的正常间接血压：收缩压110～130mmHg，舒张压为55～80mmHg，平均动脉压为80～100mmHg。大多数情况下，平均动脉血压应大于60mmHg；该平均动脉血压可通过静脉补充晶体液和胶体液来维持，很少情况需要用到肌动药和升压药。

中心静脉压。中心静脉压是胸内前腔静脉管腔内的压力，测量中心静脉压的方法是，先在颈静脉放置留置针，然后通过留置针递送一个水压计至胸内前腔静脉，即可测得血压。由中心静脉压可估算前负荷和右心室充盈压，为低血容量的病马提供输液指导。据报道，成年马正常的中心静脉压为8～12cm H_2O。在中心静脉压偏低的情况下，应给予晶体液和胶体液，以维持中心静脉压在参考范围内。中心静脉压升高，提示应减少静脉输液的速率，或者在个别病例中提示心脏衰竭。

注释

- 牢记要点：监测体液平衡的关键是使用多种评估方法，并且多时间连续采样，来检测输液的治疗效果。

第二节 血浆蛋白状态

　　白蛋白、球蛋白、纤维蛋白原是主要的血浆蛋白。胶体渗透压（COP）是由血浆蛋白（主要由白蛋白）维持，对维持血容量很必要。成年马正常的胶体渗透压为15～22mmHg。

　　成年马体内的水约占体重的60%，构成细胞内液（ICF）和细胞外液（ECF）。其中细胞内液约占机体水分总量的66%，细胞外液约占33%（图11-1A）。水可自由通过细胞膜，通过渗透作用维持细胞内外的渗透平衡（300mOsmol/L）。细胞膜任一侧的水量减少，会导致渗透力改变，从而影响膜两侧水的分布，直到重新恢复渗透平衡。细胞内液的渗透压主要由钾和磷酸盐维持，然而细胞外液的渗透压主要由钠和氯离子维持。渗透活性溶质不能自由穿过细胞膜，需由特定的通道或孔在膜两侧移动。

　　细胞外液（ECF）的空间被毛细血管壁分成血管内和血管外两部分。血管外液大致占细胞外液的75%，而血管内液约占25%（图11-1B）。水和电解质可自由通过毛细血管壁在血管内和血管外移动。流体静力压趋向于将水从血管内推向血管外，胶体渗透压主要用于维持血管内的水分。白蛋白可维持血管内主要（75%）的胶体渗透压。这里存在一个由血管内到血管外的体液净运动趋势，且体液可经淋巴系统返回血管内。

　　低蛋白血症常与低白蛋白血症相关，提示疾病过程中蛋白质或者白蛋白的减少。马的低蛋白血症常与通过血管壁而丢失的白蛋白相关，这是因为由全身性炎症反应导致血管内皮细胞发生了改变，或因黏膜损伤肠腔和炎症（如小肠结肠炎、右背侧结肠炎、绞窄性肠病变及浸润性肠疾病）导致的血管实质性损伤和/或肠道疾病引起的蛋白丢失性肠病。马大面积烧伤或其他创伤和急性出血，也可引起低蛋白血症或低白蛋白血症。对于危重病马，与发热、外伤、感染和外科手术相关的蛋白质摄入不足和高代谢需求，也应被视为低蛋白血症或低白蛋白血症的病因。因蛋白丢失性肾病、慢性肝纤维化和寄生虫而引起马低蛋白血症并不常见。

　　高蛋白血症常常与低血容量和脱水（详见上文"体液平衡"）相关联。因胃肠道疾病而损失的水进入肠腔或肠壁（如小肠结肠炎）和因疾病或吞咽困难（如肉毒中毒、窒息）所致的水摄入量不足是临床最常见的病因。因高球蛋白血症引起的高蛋白血症可能与慢性感染、免疫介导性疾病或肿瘤有关。高纤维蛋白原血症不易引起高蛋白血症，因为血纤维蛋白原浓度相对低，例如，1 000mg/dL的高纤维蛋白原血症才可使血浆总蛋白增加1g/dL。高纤维蛋白原血症与全身或局部炎症相关，包括感染、意外创伤或手术创伤。

　　低纤维蛋白原血症（绝对或相对的）可由弥漫性血管内凝血或肝脏疾病产生，需进行凝血与肝功能检查（详见第八章血液疾病中的凝血障碍）。

血浆蛋白需要量的评估

临床最常用蛋白折光仪来测量血浆总蛋白含量（TPP，也称总固体量）。白蛋白和球蛋白可在实验室用蛋白电泳法测得，纤维蛋白原可用多种不同的检测方法测得。胶体渗透压（COP）可通过胶体渗透压计直接测得或间接使用各种公式得到，如Landis-Pappenheime公式：

$$COP=2.1TPP+（0.16TPP^2）+（0.000\ 9TTP^3）$$

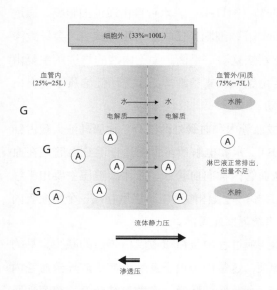

图11-2　血管内白蛋白丢失引起水肿形成

对于危重病马，应采取直接测量法测定其胶体渗透压。血浆总蛋白低于40g/L或白蛋白低于15g/L就可能发生（图11-2）。患低蛋白血症、低白蛋白血症的病马应谨防体液过多。然而，输液疗法应不局限于维持足够的血浆总蛋白和白蛋白浓度。对这些病例，给予血液制品（血浆，全血）或合成胶体（例如，羟乙基淀粉）都是必要的。

应将新鲜冷冻的血浆给予患有持续蛋白丢失，或者因输液疗法导致血浆蛋白被稀释至浓度低于40g/L的马匹。应牢记，除了其胶体性质，血浆还有其他的作用（例如，含凝血因子，抗内毒素抗体）。白蛋白是血浆中的主要胶体。不考虑正在丢失的血浆蛋白，1L血浆可增加0.05～0.1g/dL的血浆总蛋白；因此，一匹500kg的马要增加血浆总蛋白至1g/dL，需要10～20L的血浆。所需要的血浆容量可由以下方法来精确计算得到：马的血浆量约为其体重的5%，其血浆总蛋白的正常范围为60～70g/L。假设健康马的平均血浆总蛋白为65g/L，则与血浆浓度为40g/L的马有25g/L的差额。根据以上假设，一匹500kg的马有25L的血浆量（500中的5%），其损失总蛋白量为25g/L×25=625g。若有合适的供体，有70g/L的血浆总蛋白，那么所需用于替代625g蛋白的血浆量为625/70=8.9L。

鉴于血浆的价格、所需的量以及持续性的、白蛋白丢失，血浆已不是维持胶体渗透压所需的最好的胶体。10mL/（kg·d）的羟乙基淀粉可被用作胶体。使用羟乙基淀粉的主要并发症是血凝病，其发生与凝血因子Ⅷ（von Willebrand's因子）缺乏引起的血管血友病有关；然而，若以10mL/（kg·d）的剂量供应羟乙基淀粉，正常马不易患并发症。患弥漫性血管内凝血的马，羟乙基淀粉对凝血的影响未知，应慎重使用。五聚淀粉（pentastarch）的副作用较少，但比较昂贵。

第三节 电解质平衡

评估电解质平衡时存在的问题是,只有细胞外液的部分血浆电解质浓度可以轻松测得。细胞内液的电解质浓度可被测定,但通常情况下执业兽医师并不具备这样的技术。然而,了解多种电解质的分布和功能,凭借经验便能够解释血液样品结果所反映的电解质的状态。钠、钾、氯化物和碳酸氢盐对体液和酸碱平衡有重要的临床意义。前三者可在血清或血浆中测得,但碳酸氢盐只能从用肝素锂抗凝的血液样品中测得(见后文)。采血后需迅速分离全血样本,因为任何溶血都会改变电解质在血清或血浆的浓度。成年马血液电解质范围已在第一章附录1.1中详述。应牢记以下内容,肾功能正常的病马,只要进行静脉输液维持电解质平衡,在疾病恢复阶段,其肾脏可纠正大多数电解质和酸碱异常现象。

一、钠

钠是细胞外液内主要的阳离子,对于维持细胞内的渗透压和液体容量起重要作用。细胞外液的渗透压可通过以下公式计算:

细胞外液渗透压(mOsmol/kg)=2×(钠离子+钾离子)+葡萄糖/18+尿素/2.8

因为钾和尿素可渗透通过细胞膜,它们是无效的渗透压摩尔。有效细胞外液渗透压(mOsmol/kg)=2×钠离子+葡萄糖/18,因为葡萄糖分子对于渗透压影响不大,有效细胞外液渗透压可用2倍的细胞外液钠浓度来估算。

实验室对于血清或血浆(细胞外液)内钠浓度的测定,不能作为判断血量不足或过量的绝对依据。因为任何时刻钠离子的浓度取决于总体可交换的水、钠和钾储备的波动,它们可在细胞内外转移。这些因素的关系可由以下公式确定:

$$血清或血浆中的钠浓度=\frac{可交换的钠+可交换的钾}{机体水分总量}$$

由此公式可知,血清或血浆中的钠浓度低于正常范围(低钠血症)可能是由于机体总水量过多,钠或钾的丢失,或这些因素的综合作用所引起。然而,血清或血浆中的钠浓度高于正常范围(高钠血症)可能是由于机体总水量的减少,钠或钾过多,或这些因素的综合作用所致。

低钠血症状态(<135mmol/L)通常发生于腹泻病,大量液体和电解质丢失之后,口服水可以弥补部分体液丢失。高钠血症状态(>145mmol/L)是罕见的,但可以按照治疗急性脱水或钠替代物过多的输液疗法来治疗。

钠在维持渗透压上起着重要作用，因此，应缓慢纠正钠失衡，尤其是慢性（>48h）低钠或者高钠血症。在高钠或者低钠血症时（高或低渗透压），脑细胞通过蓄积自发性渗透物质（高钠血症）或者丢失钾离子和有机渗透剂（低钠血症），以维持细胞内液和细胞外液的等渗性。纠正细胞外液的钠或者渗透压时，需要从脑细胞中清除自发性渗透质，或者恢复脑细胞中的钾离子和有机渗透剂，以防止细胞内液和细胞外液渗透压的变化导致脑水肿（过快纠正高钠血症）或渗透性脱髓鞘综合征（过快纠正低钠血症）。对慢性高钠血症病例，建议以低于0.5mEq/（L·h）的速率，纠正血清或者血浆的钠离子浓度；对慢性低钠血症病例，钠离子浓度的增加速率不应超过288mEq/（L·h）或者864mEq（L·h）。对大多数的成年马，可用平衡的聚离子等渗液体来帮助恢复，在恢复时期应对钠离子浓度进行检测。

二、钾

钾是细胞内液的主要阳离子，机体内仅有2%的钾在细胞外液中。因此，用血清或者血浆中钾浓度来估计总钾量的计算方法具有很大的局限性。即使当血钾浓度正常或者升高时，机体储存的总钾量可能已被耗尽。

通常可观察到血清或者血浆中钾离子浓度在酸中毒时升高，而在碱中毒时降低。在酸中毒状态时，细胞倾向于摄取氢，释放钾；在碱中毒时，情况相反。根据血钾浓度和循环状态的临床评估，可以推测酸碱平衡的极端状态。然而，当循环中钾出现净流失时，情况可能更为复杂。

血清或血浆内钾浓度降低且低于正常范围（低钾血症：<3.3mmol/L）通常与腹泻或者摄食减少有关。正常马的肾脏会排出大量的钾，因此当马采食量减少时，钾的不足会很快发生。当摄入足够量的干草时，钾不足的情况较易缓解。显著的低钾血症表明严重的酸碱失衡（碱中毒）。如果血液中钾离子浓度低于3.3mmol/L，或马不采食，则必须考虑补充钾。任何食欲不振的马，都需补充钾。5L装的聚离子等渗液体是常使用的补充液，因为其钠浓度高和钾浓度低。大多数的成年马的肾脏可排泄大量的钠；然而，补充钾是很必要的。通过静脉输液补充氯化钾，以维持血钾浓度在20mEq/L。在恢复阶段，钾的给药速度不应超过0.5mEq/（kg·h），因此，复苏液中通常不含钾。

马的钾浓度极少超过正常范围（高钾血症：>5mmol/L），除非有严重的酸中毒，溶血或少见的肾功能损伤（如肾功能衰竭和膀胱破裂）。血液样品中的假性高钾血症可由创伤性溶血或红细胞源的钾离子溢出引起。因此，采样时，很有必要尽快将红细胞从血清或者血浆中分离出来。如果条件允许，可通过二次采样来确定是否有高钾血症。综上所述，若实验室处理过程被延误，全血则不是理想的样品。

三、氯化物和碳酸氢盐

氯化物和碳酸氢盐是细胞外液主要的阴离子，呈相反的关系。由于氯化物主要是位于细胞外液，氯在血清或血浆浓度的改变往往反映全身状态的变化。氯离子在血清或血浆中浓度降低且低于正常范围（低氯血症：<93mmol/L），常常是由其经胃肠道大量丢失（腹泻或严重阻塞）的结果，或者是肾功能受损，或者通过排汗而大量丢失所致。

碳酸氢盐在机体缓冲系统中起作用，因此其在血浆内的浓度反映了马的酸碱状态。碳酸氢盐的显著减少常伴随中度至重度的酸中毒。代谢性酸中毒时，血浆中碳酸氢盐浓度降低，血清或血浆中氯化物浓度升高。代谢性碱中毒时，情况刚好相反。进一步讨论详见下述的酸碱平衡。

四、钙和镁

钙和镁是非常重要的电解质。低钙血症和低镁血症常见于病危的马，尤其是患胃肠道疾病和内毒素血症的马。尽管钙和镁实际的亏损无法计算，但是对这些病例必须补充钙和镁。应牢记近乎一半的钙是与蛋白结合的，低白蛋白血症会导致总钙浓度的降低。因此，在这些情况下应检测游离钙。在局部缺血-再灌注损伤时，补充钙是有争议的，因为在这些情况下，身体总钙无亏损，且细胞内钙的积累可能会加剧细胞死亡。目前，建议恢复后再补充钙。

第四节 体液和电解质丢失的计算

在许多情况下，临床用聚离子液体如乳酸林格氏溶液来纠正体液丢失，其治疗效果可通过随后的临床症状和临床病理学参数来监测。但是，如下例所示，基于临床检查和简单的临床病理学资料，可粗略计算并揭示体液和电解质的缺失情况。

临床病例

病例为一匹500kg的患有严重腹泻的马。临床检查发现心率加快（60~80次/min），脉搏细弱，毛细血管再灌注时间延长（3~4s），皮肤弹性减弱，以上症状提示为中度脱水（8%~10%）。临床病理学显示血细胞比容超过45%，血浆中钠浓度（130mmol/L）和钾浓度（3.0mmol/L）降低。通过这些评估，病马有明显的脱水且电解质在肠道流失。上文所述，钠缺乏需要矫正，它能首先稳定细胞外液容量。在考虑液体和电解质疗法时，应重点考虑钠和细胞外液容量的失衡。

通过临床症状评估脱水的百分比，所需输液量可进行如下估算得到：

体液亏损近似值（L）=估计的临床脱水百分比（%）×体重（kg）

因此，本病例中所需体液量为：500L的8%～10%=40～50L

用以上数据和已知的临床病理数据可以估计钠和钾的缺失量。为此，我们可提出两种假设：

1）健康马的血浆钠浓度在实验室测得的均值处于正常范围（135～145mmol/L，平均为140mmol/L）。

2）脱水前，马机体水分总量占体重的60%，如300L。

因为血浆中钠浓度有如下关系（详见"电解质平衡"）

$$血清中钠=\frac{可交换的钠+可交换的钾}{机体水分总量}$$

在脱水前，可交换的钠和钾的总量来源于：

$$血浆中钠×机体水分总量=可交换的钠+可交换的钾$$

用已知数字替换可得：

$$140×300=42\,000mmol$$

但是脱水后，可交换的钠和钾的总量减少，因为血浆钠浓度变低（130mmol/L），而且出现40～50L的体液亏损，如下：

$$[130×（300-50）]～[130×（300-40）]=32\,500～33\,800mmol$$

钠+钾的亏损量为：

$$（42\,000-33\,800mmol）～（42\,000-32\,500mmol）=8\,200～9\,500mmol$$

腹泻时，钠和钾丢失中70%为钠，因此：

钠的亏损值=（8\,200×0.7）～（9\,500×0.7）=5\,740～6\,650mmol

相减后：

钾的亏损值=2\,460～2\,850mmol

总之，对病马需求的粗略的评估表明：

- 身体水分总量亏损为40～50L
- 钠的亏损为5\,740～6\,650mmol
- 钾的亏损为2\,460～2\,850mmol

用40～50L的聚离子溶液几乎可以纠正钠亏损。聚离子溶液与血浆在离子组成和浓度上相近，该溶液中钠成分通常为130～140mmol/L。然而，经补液，钾离子浓度依然持续亏损。当马可采食或者经口补充氯化钾，钾离子浓度亏损不是什么大问题，但是，如果未经口服补钾，即使连续多天输液治疗，严重的钾亏损仍会发生。

注释

- 这些计算为确定补液治疗提供了大致指导。补液后，需要以2mL/（kg·h）维持体液速率加上腹泻或胃反流丢失体液（每小时每500kg体重2～4L）的速率进行补液，否则病马难以自我维持。在各种病例中，维持液的输液速率的选择主要基于经验，或持续通过体格检查、实验室和心血管检测来监测体液平衡，最重要的是适当地调整输液速率来维持水合状态和正常的体液平衡。

第五节　酸碱平衡

酸碱平衡紊乱可因酸或碱的产生增加或者排出减少所致。很多机制可引起这些紊乱。机体有机或无机酸和碱的累积，可分别产生代谢性酸中毒和代谢性碱中毒。这些酸碱失衡常伴随着需要输液治疗的条件。纠正性输液通常通过稀释酸碱过量，改善组织灌注和肾功能来纠正酸碱平衡。总之，特别纠正酸碱失衡常是不必要的，有时甚至会产生危害。然而，应监测酸碱失衡时的任何变化，并确定和处理潜在病因。

代谢性酸中毒是马最常见的酸碱紊乱疾病。它的发生通常与阻塞性胃肠疾病和腹泻有关。它极少与肾衰竭有关。酸中毒发生的潜在原因是碱丢失增加和/或外周灌注降低从而导致组织由有氧代谢变为无氧代谢，继而蓄积乳酸。机体的生理反应是呼吸速率（呼出CO_2）增加，可通过临床症状观察。轻度代谢性酸中毒通常很少会导致一些不良影响。

马很少发生代谢性碱中毒，一旦发生，通常与血清或血浆氯离子浓度的消耗有关。在腹泻或小肠阻塞的早期阶段。在低氯血症时，患马可能出现短暂的碱中毒。

血液pH的变化也可跟随呼吸换气变化。换气不足使血液中CO_2分压不断增加，产生呼吸性酸中毒。在马全身麻醉期间发生的呼吸性酸中毒与呼吸中枢抑制和血液中CO_2分压增加有关。若谨慎治疗，预后良好。相反地，过度换气使CO_2分压下降，产生呼吸性碱中毒。与运动、疼痛或低氧血症有关的过度换气可能导致呼吸性碱中毒。

酸碱平衡的评估

尽管动脉血气分析和pH测定是唯一准确衡量体内酸碱状态的方法，但是血浆中碳酸氢盐在大多数的临床条件下也可以作为衡量酸碱平衡的指标。血浆碳酸氢盐浓度的计算方法通常是从血浆中的总CO_2计算出来的，血浆中CO_2的95%是源于碳酸氢盐。然而，延迟测定总CO_2的浓度会导致结果假性偏低。为了避免这种现象，用无氧的肝素钠注射器收集静脉血液样本，并尽快处理样品。不过，这类分析需要手头有精密的仪器，但临床通常不具备这样的条件。在临床中，很少用特定的碳酸氢盐疗法矫正代谢酸中毒，除非血浆碳酸氢盐浓度降至15mmol/L，或者对于那些显著的持续性丢失碳酸氢盐的病例，比如患有长期腹泻的马和幼驹。

需要谨慎使用碳酸氢钠溶液，因为它可能导致持续的代谢性碱中毒，同时伴随呼吸抑制、高钠血症（补充过量）、低钾血症及净高渗压。然而，在血浆碳酸氢盐浓度低于15mmol/L的特殊情况下，由于机体的各项代谢功能不能在pH低于7进行，因此需要补充碳酸氢盐。

在临床上，估算恢复碳酸氢盐亏损所需的碳酸氢盐的量常与细胞外液的亏损量有关。正常血浆碳酸氢盐的浓度下限通常是25mmol/L左右，碱的亏损（例如，碳酸氢盐的亏损）是用25mmol/L减去病马血浆的碳酸氢盐的浓度（mmol/L），然后代入下面的公式计算出所需的碳酸氢盐的量：

碳酸氢盐的需要量=0.3×体重（kg）×碱亏损（mmol/L）

该公式计算细胞外液的碳酸氢盐亏损量，此处假定细胞外液占体重的30%。继续以前面严重腹泻的马为例，其体重500kg。如果发现其血浆碳酸氢盐的浓度非常低，比如12mmol/L，那么其碱亏损为25-12=13mmol/L。代入上述的公式中，它的碳酸氢盐的需求量应是 0.3×500×13=1 950mmol。

因为1g的$NaHCO_3$能产生12mmol HCO_3^-，所以马需要$NaHCO_3$的量是1 950/12=163g，静脉注射5%的碳酸氢钠溶液30～45min即可（大概为3.2L）。治疗期间；应进一步检测血液样本，以监测碳酸氢盐浓度。

第六节　影响体液和电解质平衡的常见疾病

下文会给出需要对体液和电解质失衡进行调查和治疗的成年马的常见疾病。

一、水的摄取减少

任何导致饮水采食减少的疾病，都会有进行性脱水的临床症状。在上述情况下，从细胞外液丢失的钠离子较低，但是如果食物摄取减少的话，钾亏损就会迅速增加。

临床评估：2～3d后，才会出现脱水的症状。

临床病理学：早期阶段的临床病理学变化并不明显，但2～3d后，血细胞比容、血浆总蛋白、血清或血浆的钠离子、钾离子和氯离子都会有适度增加。

治疗要求：起初1～2d内，口服液体就能保证日常的需要。3d后，马会出现更严重的脱水现象，必须先用静脉输液进行治疗，然后口服维持液［50～100mL/（kg·d）］。

二、疝痛

体液、电解液和酸碱紊乱与体液被隔离在肠腔中和/或伴随有绞窄的急性疝痛有关。相关病例包括马的小肠绞窄性病变和大结肠扭转。

临床评估：腹痛的临床症状会伴随有低血容量和休克。

临床病理学：血细胞比容和血浆蛋白总量高则提示血液黏稠、低血容量症和脱水，但是血清或血浆的 Na^+、K^+ 和 Cl^- 会在正常值内。小肠梗阻的马常有低氯血症。这些马的血液乳酸和肌酐浓度通常偏高，提示组织灌注不良。如果可以测得血浆碳酸氢盐，在严重循环障碍（代谢性酸中毒）的情况下，碳酸氢盐的值偏低。

治疗要求：对于马单一性疝痛，简单的腹痛对液体需求较少。为了纠正梗阻，可口服补液、或短期静脉注射维持剂量的聚离子液是必要的。对于危重的疝痛马，静脉注射聚离子补充液（20~60mL/kg）对于马的抢救是很有必要的。在严重的病例中，注射高渗盐水（4mL/kg或每500kg2L）能快速增加血浆的容量；然而，高渗盐水的作用是短暂的，因为这种晶体液会分布在全身的细胞外液中。注入高渗溶液后要随即注射等渗聚离子液，每注射1L高渗溶液需要补充10L等渗溶液。严重疝痛马需要用血浆治疗（对于500kg的马需要2~10L或者更多的血浆），也可以同时使用合成胶体，如羟乙基淀粉。在这些疝痛马的病例中，维持液的输液速率可快，并要根据体格检查、实验室检测及心血管监测情况及时调整输液速率。治疗过程很少用等渗的碳酸氢钠，并且通常马在疝痛的马中禁用，除非并发结肠炎和腹泻。

三、腹泻

体液和电解质丢失的程度以及酸中毒的变化取决于肠道病变的严重程度和持续时间，以及患马在生病期间是否继续饮水。

临床症状：轻度腹泻患马脱水症状较轻，但是严重腹泻会导致毒血症和脱水。

临床病理学：没有全身症状，也能持续饮水的轻度腹泻病例，其临床病理学指标不会发生太大变化。对于重度患者，由于脾脏收缩，血液浓缩和脱水，血细胞比容会很高。并且由于肠道丢失血清或血浆的电解质会很低。马腹泻通常有白蛋白丢失到肠腔内，所以马在脱水后血浆蛋白总量不会显著提高，并且它们在康复后会出现低蛋白血症。病情严重或者病程长的病例，其血浆碳酸氢盐值会较低。

碳酸氢盐治疗要求：对于轻度病例，口服维持液即可，也可先静脉注射聚离子溶液，然后用口服液维持。严重的病例需要静脉注射聚离子溶液来替代和维持体液平衡，且在大多数情况下用血浆和合成胶体（比如羟乙基淀粉）来维持胶体渗透压和血管内容量。对严重的病例，使用高渗盐水（4mL/kg或每500kg 2L）可快速增加血浆的容量；然而对慢性低钠血症的马使用高渗盐溶液时要小心（见上文）。如果可以测得血浆的碳酸氢盐，且补液治疗没有改善酸血症，可以使用等渗的 $NaHCO_3$ 溶液。

四、劳力性脱水

短距离的耐力运动不太可能有脱水的临床症状。长距离的可以产生大量的汗，这时会有脱水的临床病理学证据，Na^+降低，尤其K^+和Cl^-降低明显。

治疗要求：轻度脱水通过口服维持液即可。严重的脱水病例需要静脉注射聚离子补充液。

注释

- 低钙血症有时也与长距离运动有关，并导致神经肌肉兴奋性增加（见"钙代谢紊乱"，第五章"内分泌疾病"）。

拓展阅读

DiBartola S P. 2006. Fluid, electrolyte and acid-base disorders in small animal practice.3rd edn. Saunders Elsevier, St Louis.

Hardy J. 2004. Critical care. In: Reed S M, Bayly W M, Sellon D C (eds) Equine internal medicine, 2nd edn. Saunders, Philadelphia, 273-288.

Lopes M A, White N A, Donaldson L, et al. 2004 Effects of enteral and intravenous fluid therapy, magnesium sulfate, and sodium sulfate on colonic contents and feces in horses. Am J Vet Res 65: 695-704.

Magdesian K G. 2004. Monitoring the critically ill equine patient. Vet Clin North Am Equine Pract 20: 11-39.

Vaala W E, Johnston J K, Marr C M, et al. 1995.Intensive care. In: The equine manual. Saunders, London, 737-755.

第十二章

呼吸系统疾病

第一节　实用技术：上呼吸道检查

马的上、下呼吸道疾病很常见。本章将对兽医专家如何利用现有仪器设备对这些疾病进行诊断做一介绍。

一、内镜检查

利用内窥镜可对呼吸道各部分进行直接可视化的检查。灵活的纤维镜和视频内镜设备已成为呼吸道疾病检查必不可少的一部分。是否有可用的设备对呼吸道特定部位进行检查，决定了该部分呼吸道是否可视。虽然1m或1.2m长的窄小的内镜可对大部分成年马匹的上呼吸道进行检查，但是，却没有足够长的内镜对支气管树进行检查。因此，支气管镜检需要2m或更长的内镜。另外，马驹可能需要使用精细的儿科内镜进行检查。在对不同马匹进行气管镜检之间，要对器械进行充分的消毒，其对防止病原的交叉感染非常重要。

（一）方法

马必须进行保定。通常情况下，鼻捻子保定即可，其可辅助固定马头。有时可能需要进行化学镇静。但是，进行咽喉或上颚弓检查时应避免使用化学镇静。该技术的实施通常需要3个人，一个人牵马和使用鼻捻子保定，另一个人在口鼻处固定内镜，最后一个人控制内镜进行观察。常规检查时，内镜由单侧鼻孔进入并沿着腹侧鼻道进入。

内镜上呼吸道镜检可检查的部位简单分为7个区域：

- 鼻腔
- 鼻咽部
- 咽鼓管憩室（喉囊）
- 颚弓
- 会厌
- 喉
- 气管和支气管

（二）鼻腔

在内镜向鼻咽部推进的过程中，可以对腹侧鼻道及腹鼻甲进行检查（图12-1）。但是，在将器械由内向鼻外缓慢取出时，进行该部分的详细检查，会更容易操作。随着内镜自鼻咽部向鼻孔收回，将窥镜头部向背侧偏离，对筛骨迷路和筛鼻甲进行视诊检查（图12-2）。在该区域内，中鼻道壁有副鼻窦的鼻颌骨开口。虽然该开口不可以直接检查，但是，可在

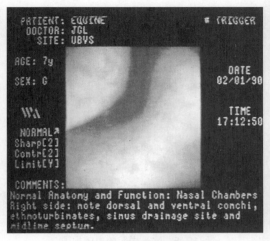

图12-1　腹侧鼻道及鼻憩室的内镜视图

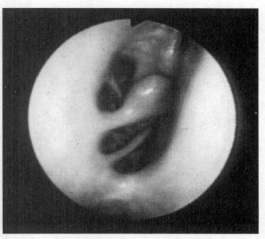

图12-2　筛骨迷路和大筛鼻甲骨的内镜视图

该处观察是否有鼻窦渗出物流入鼻腔。进行性筛骨血肿通常在筛骨迷路区，并在中鼻道呈现灰色/绿色的向嘴侧突出的肿块。

　　也可将内镜通过鼻孔向内，对中鼻道进行检查。相对于腹侧鼻道内镜检来说，这种方法不仅视角窄，而且容易损伤鼻道。鼻甲表面的内镜检应包括：是否有真菌斑、溃疡、肿块等。副鼻窦疾病可能引起鼻甲的扩张/肿胀及鼻腔狭小。该处内镜检也可观察是否出现鼻中隔变形、囊肿、增厚等疾病。

　　（三）鼻咽

　　5岁青年马前鼻咽和咽隐窝壁常出现增生性淋巴结节（图12-3）。该情况为正常现象，但极度增生可导致偶发的呼吸杂音。

　　咽麻痹是马匹患吞咽困难和鼻部饲料反流的主要原因。咽部内镜检查可看到：咽壁下陷、持续性软腭背部异位、鼻咽部存在大量食物碎屑和唾液。

　　（四）喉囊

　　喉囊检查时，内镜可经鼻道腹侧通过鼻咽，从咽鼓管软骨瓣下面向背侧方向进入喉囊（图12-4）。将牵引丝穿过钳道，使其先从软骨瓣下面进入咽鼓管并通过旋转内镜将软骨瓣抬高，然后将内镜送入咽鼓管。内镜

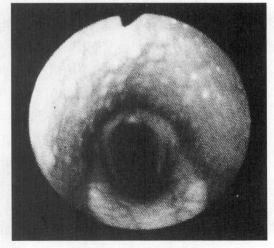

图12-3　青年马鼻咽壁淋巴样滤泡增生的内镜视图

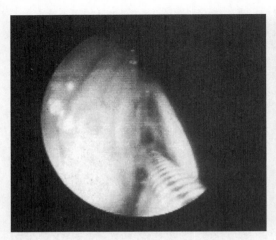

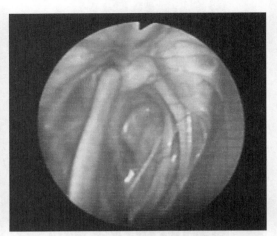

图12-4 喉囊的内镜检查。将引导线自咽鼓管的软骨
　　　瓣下面插入以辅助其后的内镜进入咽鼓管

图12-5　喉囊内腔的内镜视图

旋转的同时，向内推进内镜，有助于其顺利进入咽鼓管。每侧喉囊都由舌骨茎突分为内外两部分。内喉囊（图12-5）比外喉囊大，其沿着咽鼓管壁形成的囊内含有很多重要结构，如颈内动脉、颅颈神经节和迷走神经、舌咽神经、舌下神经、脊副神经和脊髓交感神经。

（五）腭弓

软腭是鼻咽下壁的一个延续的膜结构。因其游离端（后端）位于会厌软骨下面被遮盖（图12-6），除非在吞咽时向背侧移位（图12-7），否则通常见不到。软腭先天性损伤是引起马驹鼻腔奶液回流的主要原因。该先天性损伤可直接通过内镜从口腔鼻咽部检出。

喉上颚异位（软腭背侧位移）包括软腭背侧后端游离边缘向会厌软骨移位。其可导致运动马匹的运动不耐受和偶发呼吸杂音（"咯咯"的水泡音）。该症状在运动中呈间歇性，在马匹休息时无症状。在马专科医院，马软腭的内镜检查可将马匹放在跑步机上，在其高速运动的过程中，进行检查。内镜的插入在一开始可使软腭移位，但是通常情况下马匹经吞咽动作后即可使其归位。马匹运动中出现软腭的频繁移位，或静止状态下出现多次试图吞咽矫正软腭异位而无用的情况，可怀疑软腭异位，但不可确诊。与其相似，鼻孔闭塞时软腭鼓动和移位，并出现复位困难时，也作疑似软腭异位诊断。

咽囊肿最常位于会厌下组织，内镜观察明显可见，但偶尔咽囊肿可被腭后缘掩盖。

（六）会厌

会厌部是一个由喉的基部向口的方向突出的叶片样结构。其边缘呈锯齿状，其背侧面有细的弓形血管分布（图12-6）。会厌软骨塌陷包括会厌下组织松弛、杓状会厌襞覆盖在会

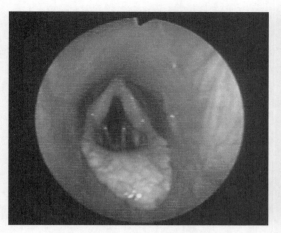

图12-6 软腭的内镜视图。软腭后端位于会厌软骨下并被其遮挡。会厌软骨锯齿形边缘呈锯齿状，其背侧表面可见细血管

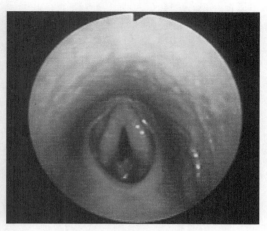

图12-7 软腭背侧移位的内镜视图。因软腭移位至会厌软骨上，所以可见其后侧边缘

厌上。因此，会厌软骨塌陷会遮挡会厌尖端、外侧边缘和背侧面。内镜检查时，可见会咽大致轮廓，但锯齿状边缘及背侧血管被下陷的组织覆盖而不可见。会咽发育不全导致会厌软骨长度、宽度和厚度的下降，可通过内镜检查，但须经放射性检查确诊。同时还可诱发会厌软骨塌陷和喉腭不完全脱位。

（七）喉

喉部内窥的镜检可通过鼻咽部进行。但是，由于内镜放置部位的偏离，常导致声门裂视图，呈现一定程度的不对称。若不确定声门裂是否存在轻度不对称，则应对双侧鼻孔依次进行检查并对比。

多数正常马匹，内镜可通过喉进入气管而不引起严重的咳嗽反射。但是，下呼吸道疾病患马在进行此操作时，咳嗽反射可能非常敏感，并发生阵发性咳嗽。对于这些病例，可使用利多卡因溶液（用导管沿着钳道进入喉部，并将50：50利多卡因溶液喷在喉管表面）进行局部麻醉，这样就能缓解该反应。

（八）气管和支气管

使用足够长（＞1.8m）的内镜，可对气管（图12-8）的完整性进行检查。其可观察到气管管腔狭窄（先天性、医源性或创伤性）。但是，采用X线检查，可能会提供更加有用的信息。内镜检查时，常可在胸腔入口处观察到分泌物蓄积。可以通过抽吸对其进行采样（见上述），并对其性质（黏液、脓性物、血液）进行评价。运动后出现出血性分泌物，提示运动引起的肺出血。异物（如棘刺）可嵌入远端气管/主支气管，其不常引发慢性咳嗽，通常可

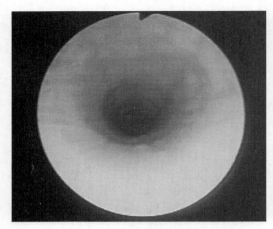
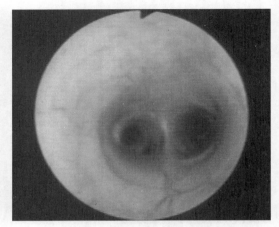

图12-8 气管内镜视图　　　　　　　　　图12-9 隆突和气管叉的内镜视图

经内镜发现并取出异物。

在内镜长度和直径大小适当的情况下，可以对支气管树进行检查。正常气管隆突（图12-9）在左右主支气管结合处呈现锐角。可在慢性下呼吸道疾病中观察到锐角增厚（由于黏膜水肿和炎症）和充血。从一个主支气管溢出的单侧脓性分泌物，表明该侧肺脏出现局部病变（例如，局部肺炎、肺脓肿或异物）。在内镜沿着支气管树下行，会引起马匹咳嗽，这给检查造成困难。在内镜下行过程中不断注入少量利多卡因溶液，降低马匹的咳嗽反应。内镜亦可对支气管壁的厚度、炎性反应程度，以及是否有塌陷进行检查。在马中很难诊断出支气管管腔内的异物。

（九）跑步动态内镜检查

通过让马匹在跑步机上高速运动，同时对上呼吸道进行动态内镜观察，可以发现马匹安静状态下难以发现的上呼吸道动态病因。对赛马进行跑步动态内镜检查时，跑步机必须能够达到14m/s的速度和10°上坡倾斜角度。马在检查前应先熟悉环境且处于合适的状态。搭配上具有录像或电子记录功能的内镜影像系统，可以对间歇性软腭背侧移位、声襞或杓状软骨塌陷、鼻咽塌陷、间歇性会厌软骨塌陷、杓会厌襞轴向偏移和会厌畸形进行检查。

二、副鼻窦检查

（一）叩诊

马有5对副鼻窦，包括额窦、蝶腭窦、筛窦、前上颌窦和上后上颌窦。额窦和上颌窦是副鼻窦疾病发生的最重要的部位。叩诊是检查鼻窦液性或占位性病变或确定窦疼痛区域的一种很有用的方法。用一只手的手指在鼻窦所在区域上端的骨外轻快地敲击（图12-10）。若在叩诊时将马口腔打开，则更容易听到回声变化（例如，将一只手指放在齿间位置）。对两侧的鼻窦实施叩诊，并对两侧回声或疼痛反应进行对比。额窦和上颌窦叩诊的局部解剖结构见图12-11和图12-12。

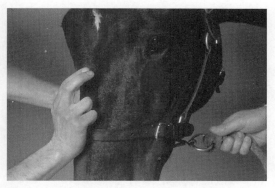

图12-10 副鼻窦叩诊。用一只手的手指在上颌窦上轻叩

（二）内镜检查

副鼻窦通过其鼻上颌窦开口与中鼻道相连。虽然该开口不可见，但是鼻道渗出物可由该开口流出，可通过中鼻道后侧进行内镜观察（见前文"鼻腔"内镜检部分）。该处内镜检查可见因慢性鼻窦炎导致鼻窦腔扩张引起的鼻道变形。

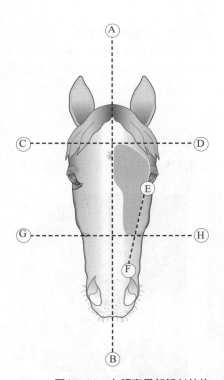

图12-11　左额窦局部解剖结构

左右鼻窦由鼻甲沿头部的中线分开（A-B）。额窦后缘位于颞颌关节前颧骨弓中间线的位置（C-D）。额窦外侧缘位于内眼角到鼻颌切痕的连线位置。（E-F）。额窦前缘位于两侧内眼角与鼻颌切痕连线中点的连线位置（G-H）。

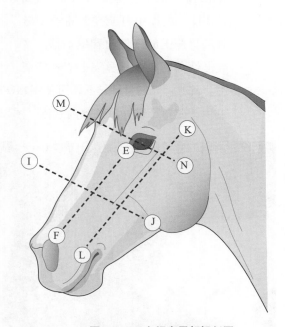

图12-12　上颌窦局部解剖图

上颌窦背侧边缘位于内眼角到鼻颌切痕连线处（E-F）。以面颊唇侧端点向颌窦背侧边缘线做垂直线，即为颌窦前侧边缘（I-J）。颌窦腹侧边缘线沿着面嵴与背侧边缘平行（K-L）。后侧边缘位于内眼角与面嵴尾端连线处（M-N）。

（三）窦穿刺术

窦穿刺术可用于采集鼻窦内液体，并对其进行细胞学检查和细菌培养鉴定。确切的穿刺位置需经临床症状和X线照相确定。但是，鼻窦疾病采用如图12-13所示穿刺位置效果较好。患马可在镇静站立的情况下，按如下方法进行鼻窦穿刺：

- 对穿刺位点周围的皮肤进行剪毛和消毒准备，并进行局部皮下浸润麻醉。做0.5～1.0cm的皮肤切口。然后，切开皮下组织。

- 将2mm的斯氏针装入Jacob氏骨钻，并在预定的骨穿刺位置钻孔（图12-14）。过程中可能需要将提上唇肌从口侧上颌部位向背侧推移。多数慢性鼻窦炎患马鼻窦上的骨骼变得非常薄，无需骨针钻孔即可使用14G或16G针头在该处进行穿刺。

- 可用针或聚乙烯管采集窦内液体（图12-15）。若窦内液体过分黏稠或无法采集，则

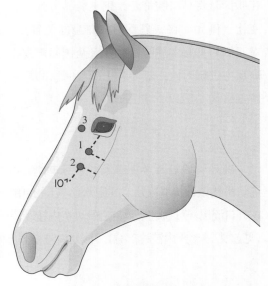

图12-13　常规鼻窦圆锯术

1.后上颌窦：唇侧方向距内眼角2.5～3cm处。2.前上颌窦：背侧方向距面嵴2.5～3cm和后侧方向距眶下孔2.5～3cm处。3.额窦：内眼角与面部背中线的中间位置

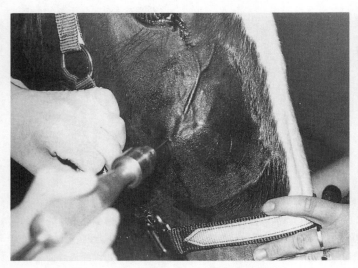

图12-14　鼻窦穿刺术（前上颌窦）

使用Steinmann骨钻在骨上钻一个穿入鼻窦腔的孔。

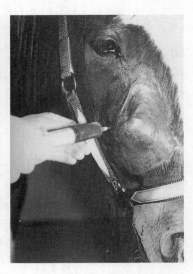

图12-15　穿刺术

针头通过骨穿刺孔插入并将窦内液体吸出。

可用灭菌生理盐水进行灌洗并收集灌洗液。

- 穿刺点无需缝合，创口可经二期愈合。

（四）X线成像技术

在副鼻窦疾病的检查中，X线成像技术发挥着极其重要的作用。对马副鼻窦X线照相，最有利的拍摄位置是：在马站立（通常镇静）状态下，将患侧贴近暗盒，进行侧位X线照相。为方便拍摄，可将暗盒放进一个袋子并悬挂在输液架上。拍摄时，X线呈水平对准面嵴喙突或目的区域（图12-16）。用缰绳或布固定马头部。使用大的暗盒（35cm×43cm），特别是含有稀土强化屏的暗盒，更有助于拍摄。因为副鼻窦病检查不需要高质量X线照片，所以没有必要使用光栅，其使用可增加辐射暴露危险。另外，可采用30°斜位照相，其有助于将患侧与健侧鼻窦错开，且可用于拍摄颊齿根（图12-17）。背腹侧位片的拍摄可将暗盒放置在下颌骨下方并与之平行的位置，X线垂直于板面，对准面颊前端的中线。通过此技术可看到流体管道和软组织结构。在头部运动有问题的情况下，拍斜位片一般需要进行麻醉。

（五）计算机断层扫描/核磁共振成像技术

在马专科医院，对马副鼻窦疾病病因的评估中，越来越多地采用计算机断层扫描（CT）和核磁共振成像（MRI）技术。通常，在应用这两种技术前，患马都需做全身麻醉。在对副鼻窦内是否存在肿块及肿块位置（例如，进行性筛骨血肿、鼻窦囊肿和肿瘤）的诊断中，这两种方法最有效，且有助于制订相应手术计划。

（六）直接鼻窦内镜检查（内视镜）

鼻窦可在马镇静站立情况下，使用可调光纤内镜或固定的关节内镜，通过环型钻孔进行检查。环钻孔的标志性位置如下：

- 额窦：钻孔位于两内眼角连线与两外眼角连线中间部位，距头部中线外侧1.5cm处。

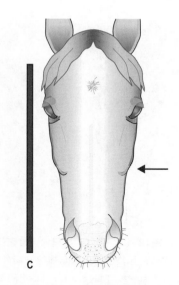

图12-16 副鼻窦和鼻腔的X线外侧位片。将暗盒（C）与头侧面平行放置，X线水平对准面颊唇侧端的中心

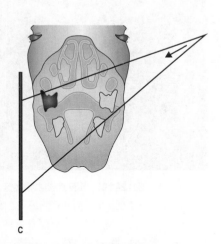

图12-17 上颌骨颊齿根的30°斜位X线检查。将片盒（C）置于患侧，使X线与水平呈30°角，在面嵴唇端高度，由上向对侧下进行侧位拍摄。患侧下颌齿和齿根（阴影处显示）将会在照片清晰显示并区别于其他齿

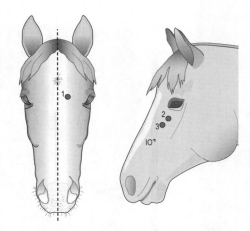

图12-18 建议副鼻窦内镜检查的钻孔位置

1.额窦钻孔位于两内眼角连线与两外眼角连线中间部位，距头部中线外侧1.5cm处；2.后上颌窦钻孔位于距离腹侧眼眶最下端1.5cm处；3. 前上颌窦：面嵴前端背侧 2cm处。只有老龄马（＞10岁）才可做上颌窦内镜检查

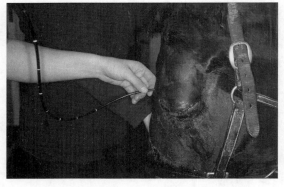

图12-19 鼻窦直接内镜检查

内镜通过一个小的圆锯洞进入额窦。

- 后上颌窦：钻孔位于腹侧眼眶最下端1.5cm处。
- 前上颌窦：面嵴前端背侧2cm处。只有老龄马（＞10岁）才可做上颌内镜检查。

　　鼻窦内镜检查位置见图12-18。操作如下：

- 对鼻窦部皮肤进行无菌处理，并进行皮下局部浸润麻醉。做一个1.5cm的皮肤切口，并切开皮下组织和骨膜。
- 若使用关节内镜和窄小可调的内镜进行检查，可将5mm的Steinmann骨钻装入骨钻卡钳或改良的钻头并进行钻孔。若使用大直径的内镜，则应使用外科环钻（见下述）钻洞。
- 打孔后，将关节内镜/内镜放入窦腔进行检查（图12-19）。

　　对前、后上颌窦内镜的一般检查，通过额窦口进行比较好。通过额窦同样可以检查上鼻甲窦，蝶腭窦可以通过后上颌窦口进行检查。

（七）圆锯术

　　马匹站立情况下，在鼻窦上方钻一个圆形的洞，进行活组织采样和抽吸。圆锯术位置见图12-20。步骤如下：

- 术部皮肤术前消毒，并进行局部浸润麻醉。
- 用环锯环形标记皮肤（图12-21），并用手术刀沿标记切割皮下组织和筋膜（图12-22）。
- 圆锯的套针（trochar point）用于在骨上扎孔，并在圆锯旋转切割骨的时候起到固定作用。将切割的环形骨片去除，暴露窦腔（图12-23）

注释：

- 圆锯洞可迅速经肉芽性愈合和二期愈合。圆锯术后，需每日用稀释的防腐液清洗鼻窦，患马术后仅需稍作调理。

- 若对该圆锯洞进行每日给药或灌洗，则开口处应塞入灭菌纱布卷以减缓愈合（图12-24）。

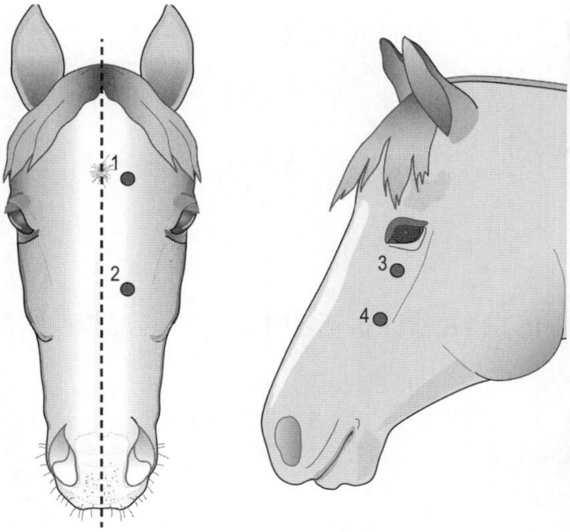

图12-20　鼻窦圆锯术的常规位置

1.额窦（额开口）：两侧眶上突连线上，距中线4cm处；2.额窦（鼻甲开口）：在中线旁5cm，距面嵴前端背侧3～4cm处；3.后侧上颌窦：面嵴背侧2.5～3cm，眼角喙侧2.5～3cm处，使眼眶骨的边缘和面颊之间尽可能形成夹角；4.前侧上颌窦：距面嵴前侧端点后2.5cm和背侧3.5cm处。NB：对于年轻的马，该开口会靠近颊齿（臼齿）且通往鼻窦　的切口会最小化

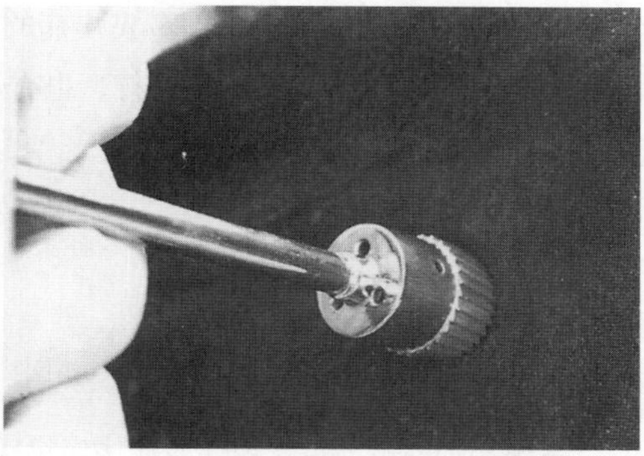

图12-21　圆锯术（后上颌窦）。使用圆锯按压术部皮肤用以标记皮肤切口

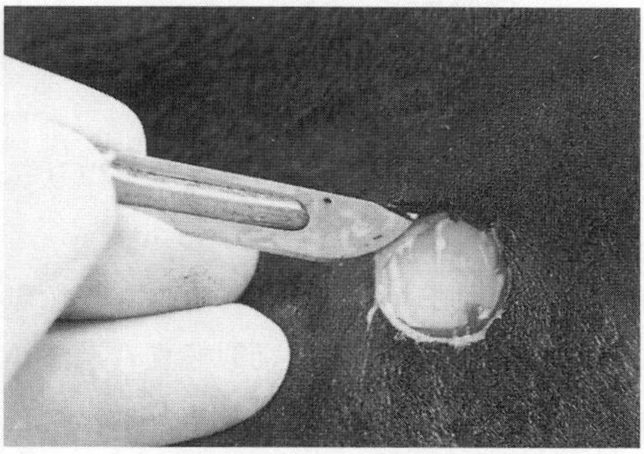

图12-22　圆锯术。用手术刀切开皮肤、皮下组织和筋膜，暴露骨表面

图12-23　圆锯术。用圆锯锯开骨，暴露窦腔

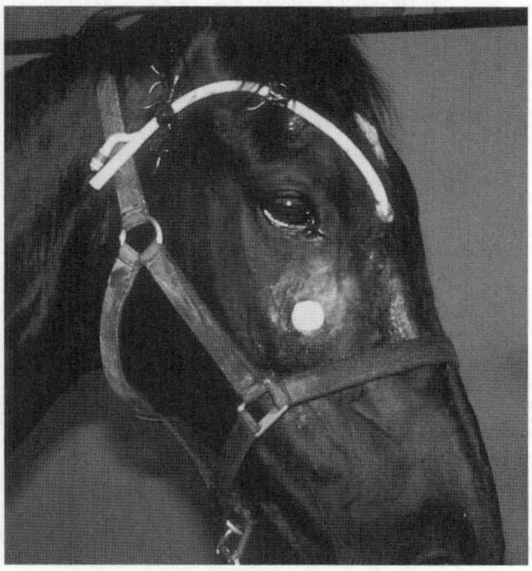

图12-24　前上颌窦圆锯洞内塞入灭菌棉纱布，防止迅速愈合。导管通过另一个圆锯洞插入额窦以便给药/灌洗

（八）核闪烁扫描术

核闪烁扫描术可用于马副鼻窦疾病的评价，有助于牙根周围感染的鉴定。多数检查在注入骨标记^{99m}Tc-MDP 2～4h后进行，也有使用^{99m}Tc标记白细胞的报道。

三、喉囊检查

（一）内镜检查

常规咽部内镜检可发现喉囊疾病症状（见上述"内镜检"）。下述内镜检可提示喉囊疾病：

- 血或脓由一侧或两侧咽鼓管开口处流入咽
- 咽麻痹
- 喉偏瘫
- 咽顶塌陷

注意：因为血或其他分泌物可以从鼻咽部被反吸入咽鼓管，因此内镜检查时，可出现咽鼓管流出分泌物的假象。

喉囊真菌病可通过喉囊内出现真菌斑进行确诊。多数病例，真菌常感染喉囊背内侧壁的内颈动脉。当发现马疑似喉囊真菌感染时，应特别小心，尤其是曾有出血病史的病例。喉囊出现流血/血肿，会妨碍内镜检查，在该情况下，应小心确保在内镜检查的过程中，谨防内镜蹭到动脉血块而引起进一步出血。在进行真菌病的治疗前，应对神经功能失常程度（咽麻痹、喉偏瘫）进行评估。

内镜检仅能对喉囊疾病的病情提供有限的信息，如喉囊积气、积脓和软骨样病变。虽然这些疾病可以通过内镜检查确诊，但其他技术的应用，尤其是X线照相技术，将会对病情诊断提供更有用的信息。喉囊憩室炎是常见的喉囊壁广泛性炎症，其可能与神经性疾病（如咽部麻痹和喉偏瘫）有关。

（二）导管插入术

可在有/无内镜引导的情况下，将导管插入喉囊并采集样本进行细胞学和细菌培养。

若采用非可视化技术插入导管，首先，在鼻导管孔到咽鼓管（与外眼角位置相对应）的距离处的导管壁上做标记。将一条金属线穿入导管内以使导管挺直，并将金属线末端2cm处弯曲呈30°角。将导管沿着鼻道腹侧送入，直至导管标记位置达鼻孔处。将导管弯曲端转向外侧，并在咽鼓管咽部开口下面，继续向前推进。该过程中，可观察马匹是否出现吞咽动作来确定导管是否进入喉囊。进入咽鼓管后，导管向喉囊推进的阻力下降。

（三）X线成像技术

喉囊内气体为X线照相提供天然造影剂，使X线照相成为喉囊疾病临床检查非常有用的技术。与副鼻窦X线照相一样，喉囊照相采用站立侧位（见上述）。可区分喉囊内、外侧。喉囊积脓和出血时可见流体通道，也可鉴别软骨样病变，以及咽喉肿块挤压引起喉囊的轮廓变形。喉囊积气时，可见异常的大量气体填充喉囊。也可以沿马的纵轴位置（首尾位）进行X线照相，以区分左右喉囊。将暗盒置于患侧，并成角0°～15°进行照相。

四、喉检查

（一）触诊

两手食指同时按压在左右颈部胸头肌肌腱上，可触诊肌突处喉的头背侧。在晚期特发性喉偏瘫病例的触诊中，可感觉到因环杓背肌萎缩而导致的左侧肌突向外突出。

（二）杓状软骨压迫试验

两只手的食指和中指同时触诊杓状软骨肌突，可感知杓状软骨内收。喉偏瘫患马在该触诊试验时产生呼吸杂音。该试验在马匹运动后短期内检测效果最佳。此时，左侧喉偏瘫患马在进行该内收试验时，也可出现左侧杓状软骨震颤。

（三）拍击试验

该试验用于对杓状软骨内收功能的评估。该试验可通过触诊杓状软骨肌突或内镜视诊进行观察。首先，助手轻轻拍击马的一侧胸部，可见另一侧肌突反射性运动或跳动，导致外部肌突和声带内收。左侧喉偏瘫患马在进行右侧胸拍击试验时，左侧肌突跳动反应很弱或消失。正常马匹两侧杓状软骨对拍击的反应呈对称状。该试验在马匹安静呼吸状态下呼气时进行检测最佳。

（四）内镜检查

内镜用于喉部镜检及评价杓状软骨运动范围。镜检需在马匹安静和运动后进行。在对轻微喉偏瘫病例的诊断上，让马在跑步机上运动，同时进行内镜检查，非常实用。

通常，内镜沿鼻道腹侧进入并对喉部进行镜检。喉部镜检可用于评估喉是否出现整体结构异常（如杓状软骨炎），或是否需要术前干预（例如，单侧或双侧喉室缺失）。同时，对喉周围结构（会厌、颚弓和咽壁）进行检查。

马匹安静状态下，可用内镜检查声门的对称性以及杓状软骨突和声带的位置。完全喉偏瘫患马的患侧杓状软骨表现为：能稍微活动或完全不能活动，且其向中线移位（连着声带一起）（图12-25和图12-26），喉部在患侧的开口更明显。

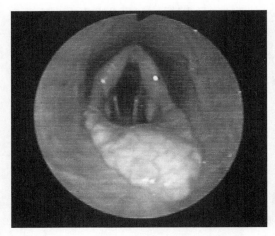 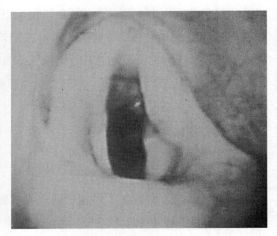

图12-25　正常安静呼吸状态下喉内镜检视图　　图12-26　左侧喉偏瘫的内镜检视图。左侧杓状软骨和声带向中线移位

　　暂时闭合鼻孔或注入呼吸刺激剂（如盐酸多沙普仑），可加强呼吸的深度和杓状肌在呼气时的外展程度。观察杓状软骨在吞咽刺激后（例如，通过内镜将水注入喉部）的外展程度，也有助于临床诊断。若双侧杓状软骨都可最大程度外展，但两者在刺激后呈现非同步外展则仍异常表现。但是，单侧杓状软骨外展不足或过度，以及双相性杓状软骨外展都属于异常状态。

　　注释

* 轻度喉偏瘫患马在安静状态下，杓状软骨外展异常可能很难检测到。这些马匹应在高强度运动后，马上重新进行检查。或者，在专业马医院，通过监控马在跑步机上高速运动的情况下，用喉内镜进行检查。运动中或高强度运动后，健康马喉部对称性扩张，两侧杓状软骨处于最大伸展状态。在喉偏瘫患马，喉部呈现不对称性，患侧杓状软骨不完全伸展。

（五）X线照相技术

　　对咽喉部进行站立侧位X线照相，可对喉和其周围结构情况提供有用的信息。一侧或双侧喉室缺失表明以前曾做过手术（喉室切除术）。在进行喉修复术之前，对喉部进行X线检查，有助于发现喉部软骨骨化现象，而该处软骨骨化可能使手术难以进行。咽喉部X线照相还可对持续性背侧软腭移位、会厌下囊肿、会厌软骨塌陷、慢性杓状软骨炎和第四腮弓缺损进行诊断。另外，该处X线照相还可对会厌大小和构象进行评估。

（六）超声检查

经皮超声可对喉部的舌骨、喉软骨、相关软组织，以及内外肌肉组织进行检查。可使用7.5～10MHz线阵或曲阵探头进行检查。

第二节 实用技术：下呼吸道检查

一、听诊

气管和胸部听诊应在安静的环境下进行。气管呼吸音呈清晰的吸气与呼气相似的声音。上、下呼吸道的呼吸音都可以在气管处听到。若马匹的下呼吸道存在大量分泌物，可在其颈段气管末端听到水泡音。该呼吸音是由于分泌物在此处气管内积聚产生所致。

肺呼吸音可在胸部听诊，其声音随着马匹身体情况和呼吸深度而变化。肥胖马匹的肺呼吸音不易分辨，而瘦马的肺呼吸音则很易辨识。可通过使用呼吸气囊（图12-27）使马匹呼吸音加深加快。将储存袋（如塑料垃圾袋）套在马的口鼻上，呼出气体中积累的二氧化碳可刺激其呼吸深度加强，呼吸加强所需时间的长短因马匹个体反应差异而不同。在对患有复发性呼吸道梗阻（RAO）（过去称为慢性阻塞性肺病，COPD）或肺炎的马匹运用该方法时，会引发阵发性咳嗽，所以应限制使用该方法。另外，该方法应用于患有胸膜疼痛的患马也应谨慎。

正常肺尾侧边界线起始于第18肋骨，并与如下标志点连线形成微弯的曲线（图12-28）。

- 第17肋间隙——位于髋结节边界水平线。

图12-27 呼吸袋的使用。将储存袋套在马的口鼻上，使其在储物袋内呼吸数次，待呼吸深度明显加深为止

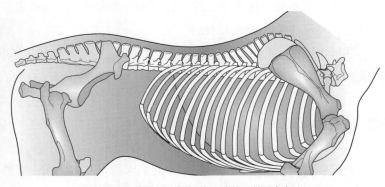

图12-28 肺尾侧边界与肋间隙关系的局部解剖图

- 第13肋间隙——位于胸部中央边界水平线。
- 第11肋间隙——位于肩端边界水平线；然后，边界线弯曲向下至肘关节。

胸部肺呼吸音通常是右侧稍高于左侧，吸气音稍高于呼气音。通常，胸骨嵴区域大气管分支处呼吸音最易听得到，但正常马匹肺外围呼吸音很难听得到。应作左、右侧对比进行听诊。

听诊胸部时通常听到肠音，其类似于异常呼吸音，例如，胸腔摩擦音。真正的呼吸音随每次呼吸运动而出现，而肠音是无规则的。因此，肺听诊的同时观察呼吸节律非常必要。

(一) 正常气流声音的异常

包括以下几种：
- 呼吸音的强度广泛性增加，如，轻度复发性呼吸道阻塞RAO。
- 呼气音比吸气音大，如肺实变或胸腔积液（由于大气道声音传递增强）。
- 局部或单侧呼吸音强度下降或消失，如肺或胸膜脓肿、胸腔积液。
- 呼吸音突然变得刺耳（喘鸣音），如胸腔积液和肺实变。
- 胸部两侧呼吸音消失，如双侧胸腔积液（通常伴有心音区范围比正常大）。
- 背侧胸部听诊呼吸音完全消失（单侧或双侧），如气胸。

(二) 异常杂音

异常杂音是指异常肺呼吸音，包括爆裂音（"湿啰音"）和喘鸣音（"干啰音"）。

细湿啰音称为"捻发音"，主要常发生在吸气末，见于RAO和肺水肿/充血性心力衰竭患马。粗湿啰音则是在吸气和呼气时产生的爆破音，常见于RAO。

喘鸣音由不同音高和音长的音符组成。其常见于呼吸道阻塞性疾病，包括RAO和支气管肺炎，其可在吸气或呼气时出现。

胸膜摩擦音（摩擦音）可见于胸膜炎病例，但是，当该病例出现明显的胸腔积液时，该声音消失。其通常为细湿啰音，干啰音或"咯吱"声，主要出现在吸气末或呼气初。

二、胸腔叩诊

胸部叩诊对胸膜疼痛和胸腔积液的临床检查非常实用。可通过使用叩诊槌和叩诊板进行叩诊，或用手指直接叩诊。当使用手指叩诊时，将一只手的食指和中指当作叩诊板，置于一个肋间隙上，然后用另一只手的食指和中指作为叩诊槌，迅速敲击位于肋间隙上的两指（图12-29）。叩诊区位置与听诊区相似，切记心浊音区（左侧大于右侧）在胸腹侧。叩诊时，沿着肋间，由背侧向腹侧进行，并由前向后逐一叩诊，覆盖两侧整个胸部。正常肺组织叩诊音为共鸣音和空洞音，而实质组织或液体的叩诊音为浊音和实音。

注释

- 叩诊疼痛常见于胸膜炎病例，特别是在出现大量胸腔积液前。

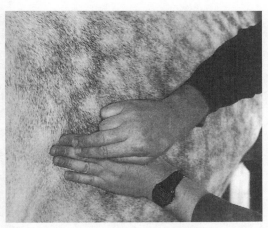

图12-29 一只手的手指迅速敲击置于胸壁上的另一只手的手指做胸部叩诊

三、下呼吸道样本的采集

对气管内液进行抽吸，可采集大的呼吸道（气管和支气管）分泌样本。还可利用纤毛对黏液的清除功能，采集更加远端的呼吸道样本。而支气管肺泡灌洗则可采集更小以及末端呼吸道和肺泡的分泌物。样品采集方法的选择取决于疑似疾病的病程和采样的目的（如细胞学或细菌培养）。有些病例，患马需要同时进行气管抽吸和支气管肺泡灌洗采样。气管抽吸采样最好在马匹运动后30~60min内进行，因为，与马匹安静状态下采样相比，此时采样，样本中含有更多下呼吸道的分泌物。

四、气管液抽吸

（一）经气管抽吸

该技术可无菌采集下呼吸道分泌物，用于细胞学和细菌培养。该方法可避免上呼吸道菌群污染（内镜采样可造成该污染），因此，常推荐用于需微生物培养（如疑似肺炎）的气管液样本的采集。但是，内镜指导下的气管抽吸适用于一些特殊细菌（如肺炎链球菌、马放线菌或分支杆菌）的分离和培养的样本的采集。操作时，马采取站立保定（通常镇静有助于保定）。临床兽医应戴无菌手套，且须在无菌状态下进行操作。对颈中部气管外的皮肤进行剃毛并消毒。气管抽吸可使用各种针/导管组合。可用简便的商业化试剂盒，其通常包括一个里面有针的导管和灌洗/抽吸导管组合。也可使用一个12号针头、一个7.5cm的针外套管及一个5Fr的犬导尿管，组合进行抽吸。然后，进行如下操作：

- 将少量局部麻醉剂（如0.5mL 2%的利多卡因）注入颈部中线处皮肤下，用手术刀片做一个小切口（图12-30）。
- 用一只手固定气管，使针或套管穿过皮肤切口，通过两气管环间插入（直接向下）气管腔（图12-31）。注意：插入时，小心谨防穿过气管软骨环或损伤对侧软骨环，且导管/针成角向下。导管一旦插入气管，随着马的呼吸可听见空气进出导管/针的声音。

- 将针抽出，将冲洗导管插入套管并向下沿着气管进入，直至末端到达胸前口（图12-32、图12-33）。
- 向导管推入20~30mL无菌生理盐水（不含任何抑菌剂）并迅速抽吸。若注入的液体仅有少部分被吸回，可能需要对导尿管的位置进行几次调整，以获得充足量抽吸液。轻轻降低马头的高度或在抽吸时缓慢向外抽取导管可有助于采样。

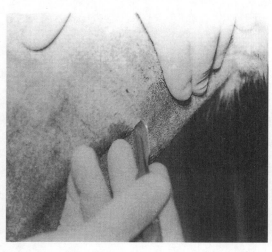

图12-30 经气管抽吸。小剂量局部麻醉后，颈部中线处皮肤处做一个小的切口

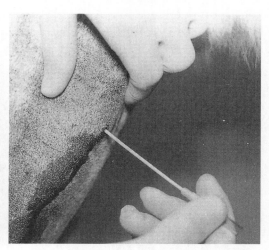

图12-31 经气管抽吸，12号套针通过两气管环间插入气管腔

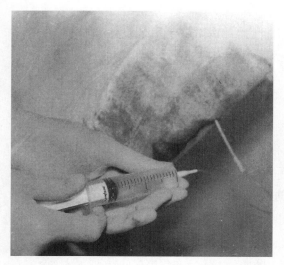

图12-32 经气管抽吸。将无菌犬导尿管插入气管腔内，使用无菌生理盐水进行抽吸灌洗

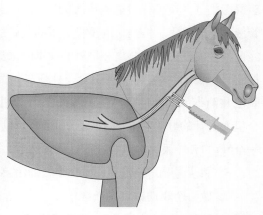

图12-33 经气管抽吸模式图。将导管插入气管腔内，直至胸腔入口

抽吸完成后，先抽出导尿管，然后拔出导管引入器（导引器）。但是，若用针作为导引器，则应将针和导管同时取出，以防由于针的移动损坏导管，致使碎片落入气管腔的情况出现。

（二）经气管抽吸并发症

临床兽医应意识到该技术操作的可能性并发症：

- 慢性感染引起的气管软骨损伤。
- 气管内导管碎片滞留。多数马会在30min内将导管碎片咳出而不产生长期后遗症。
- 插入套管和针错位，引起导管留置于皮下。必须经手术拔出导管。
- 因下呼吸道细菌感染，引发气管插入位置局部感染/蜂窝织炎。该病例进行热敷、手术排脓及适当抗生素治疗是必需的。常规抗生素全身性给药或局部注射可预防该并发症，若抽吸液有异味或呈脓样则须投放抗生素。

（三）经内镜抽吸

通过该方法抽吸的样本，可用于细胞学检查和有限的细菌学培养。其可行性取决于是否有足够长的内镜（通常长2m）可深入远端颈段气管。多数马匹对该操作耐受，且因为其侵入性相对小很多且很少引发并发症，以致该技术很大程度地取代了经气管抽吸技术（除肺炎病例）。内镜对下呼吸道进行视诊的同时可进行定点抽吸。

内镜通常由鼻孔进入并通过气管。当内镜头到达气管远端时，将导管由活检道向外推出至末端。向导管内推入10～15mL灭菌生理盐水，其在胸入口处积聚。将导管头对准该处聚集的液体并将其抽吸，进行采样。注入的液体中仅有小部分可能被抽回。

注释

- 该样本的采集适用于细胞学检查。若进行细菌学检查，对结果的解释应谨慎，因为内镜不可避免地受上呼吸道细菌污染。防护式抽吸导管的使用，可降低该技术在样本采集过程中污染的风险。若样本用于细菌检查，则内镜必须进行完全灭菌（并防止不同马匹间的交叉感染）。内镜的假单胞菌污染比较常见。若患马咳嗽频繁，内镜气管抽吸引发口咽微生物感染的风险就会增加。同样，在对唾液、上呼吸道分泌物进行抽吸时，若过程缓慢，口咽菌群沿内窥镜污染样本的风险就会加大。

五、支气管肺泡灌洗（BAL）

该技术可对肺泡和呼吸道末端进行液体和细胞样本的采集。进行BAL时，患马采取站立保定，并进行镇定。可使用内镜或盲目灌洗的方法进行BAL。

与气管抽吸术相比，BAL液的细胞学检查可以更加准确地反映小呼吸道和肺泡状态。

BAL最适用于弥漫性下呼吸道和肺泡疾病的检查。因盲目灌洗对肺进行灌洗部的位置不确定，所以不适用于马的局部肺病诊疗。内镜对灌洗管的放置位置基本能确定，但其位置的准确性仍很难评价。

（一）内镜灌洗技术

将120cm（或更长）的内镜通过气管隆脊，然后进入主支气管。进一步进入下面的气管树，直至楔入呼吸道（若使用外径大于8～10mm的内镜，通常可达第四到第六级细支气管）。通过活检采样管内的导管进行灌洗。注意：随着内镜插入气管树，马匹可出现严重的咳嗽。在每个内镜经过的气管分支处注入小剂量稀释的利多卡因溶液（0.4%）可缓解多数马匹的咳嗽。

BAL的灌洗液的用量和种类因操作人员而异。多数临床兽医使用预热的灭菌生理盐水，每次使用50mL，共使用300mL灌洗液。灌洗液的回收率也不尽相同，通常为50%～80%。正常BAL样本因肺表面活性剂的存在而呈现泡沫状，表明灌洗液状态良好。送检前，应将多次灌洗收集的样本混匀。

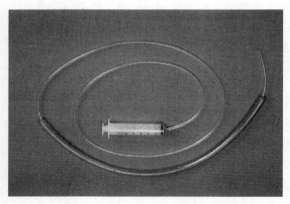

图12-34　BAL导管由一个外径为12mm的胃管和套在其外径为5mm的小管组成。该小管可插入更小的支气管内进行抽吸灌洗

（二）盲灌洗技术

应使用商业化鼻支气管BAL导管（图12-34）进行盲灌洗。该导管通常由一个外径11mm的导管和末端充气套管组成。与内镜引导的导管插入方法一样，在马头部伸展时，将导管通过鼻咽插入气管。若引发咳嗽反射，可注入稀释的利多卡因（与内镜灌洗技术一样）降低咳嗽，并使导管进入支气管树深部（导管通常进入右侧、背尾侧肺）。当导管楔入并不可再向深部推进的时候，向"充气固定球"内推入5～10mL的气体，然后与内镜BAL灌洗术一样进行BAL灌洗（图12-35）。

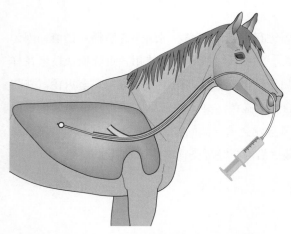

图12-35　使用含末端充气套管的导管进行BAL的操作示意图。该导管通过鼻、喉和气管进入支气管树，当导管楔入细支气管进行灌洗之前需预先向充气套管内推入气体

BAL引发并发症的情况很少。灌洗肺部可见轻微中性粒细胞炎性反应。灌洗操作后24h，偶尔出现轻微发热。

六、胸部 X 线照相

胸部X线照相有助于马驹胸部疾病（尤其是肺炎）以及部分成年马匹的肺病（特别是间质性疾病、肺炎、肺肿瘤等）和胸腔疾病（胸腔积液）的诊断和监测。稀土强化屏和高速X片盒是进行X线照相所必需的。不使用手执片盒进行照相，可将片盒用带子吊在点滴架上拍摄。片盒与患马空气间隔约25cm则无需使用。拍摄时马匹必须保持不动，若必要可注射镇静剂。

马驹可采用侧位、腹背位或背腹位进行拍摄，且一个35cm×43cm的相片拍摄即可覆盖全部胸部。成年马匹则需进行4次边缘重叠的拍摄才可覆盖整个肺部。肺部X线照相的最佳聚焦距离为2m，但若使用低功率的可移动或便携式发射器，聚焦距离可能需下调至1m，确保使用尽可能少的曝光时间以防马匹移动产生照片模糊。

可使用低输出率发射器对背尾侧肺部区域拍摄高质量的X线照片。该照片可对外周肺部组织以及第三级肺部血管进行细致的检查。对肺其他部位的X线照相检查则需要使用专业马医院的高功率发射器（见"拓展阅读"部分）。

七、肺活检

未知病原引起的弥漫性肺病应进行肺活检，例如，播散性肺结节或广泛型间质性肺病。另外，由X线照相、超声检查或内镜发现的孤立性肺部肿物也可进行活检。

实质性肺活检可通过穿刺针经穿刺或通过支气管内镜经活检导管技术采样。两种技术均在马匹站立保定情况下实施。另外，活检样本也可通过胸腔镜采样。

（一）皮穿刺活检技术

实施经皮穿刺活检技术，应采用Tru-Cut活检针。首先确定胸部穿刺部位，再对术部皮肤剃毛、消毒。弥漫性肺病的穿刺部位建议为第7和第8根肋骨间隙（左或右），肘关节水平线上约8cm处。技术操作如下：

- 对术部皮肤、肋间肌和胸膜进行局部浸润麻醉，在皮肤上作5mm穿刺切口。
- 活检器械通过肋间隙刺入，期间应避开沿肋间隙尾侧并行的血管和神经（图12-36）。穿刺通过胸膜时常感觉到"噗"的一声。
- 将针刺入肺组织约2cm并采样。通常采集2～3份活检样本。
- 必须进行皮肤缝合。

注释

- 通常活检技术很少出现术后并发症，但其可引发的并发症包括出血和气胸。有时肺活检采样后可见暂时鼻衄或咳血。

（二）支气管活检技术

与BAL（见上述）的导管插入方法相同，将内镜插入气管直至其驻留在一个支气管。将活检套管导线（开口处于关闭状态）

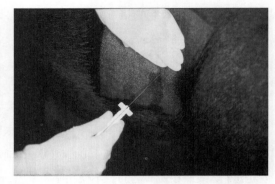

图12-36　使用Tur-Cut活检针进行经皮针吸肺活组织检查

向下推入小气管，直至无法继续推入为止。打开活检套管管口，并将活检管在套管口关闭前尽量向前推出并夹取样本。通常采集4～6个重复样本。也可通过该方法对支气管壁或支气管内肿块进行活组织检查采样。

注释

- 通过经支气管活检途径采集的样本，因存在人工压碎组织的可能性，可能对组织学检查结果解释造成困难。

八、胸部超声检查

超声波是对胸膜疾病进行检查的最佳方法，特别是对胸腔积液的检查。该方法可对胸腔内液体的性质（如漏液或渗出液）以及是否出现粘连提供判定线索。如果肺实变、肺脓肿和肺肿块等损伤出现在胸膜表面也可通过该方法进行检查。超声波不可穿透充满气体的肺（图12-37），所以该方法对呼吸道疾病或距离肺表面较深的灶性肺病的检查几乎无用。另外，肋骨也可通过超声成像检查。

可使用线型、曲线或扇形的探头。表面结构可用高频探头进行检查（7.5～10MHz），深层结构（>15cm）则应使用低频探针。一个5MHz的传感器可为5～10cm深度范围的超声检测提供最佳的图像质量。对马大面积胸腔积液的检测，必须使用2.5～3.5MHz或低频的传感器。扫描部位的被毛应进行修剪、清洁并去除表面的油污。然后放上声耦合凝胶进行超声扫描。对胸内结构进行超声时，

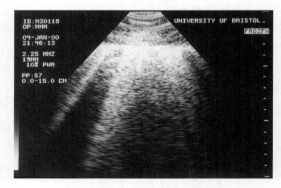

图12-37　正常肺的超声图像

将探头放置在肋骨间隙并系统扫描胸部两侧进行成像（图12-38）。肺的正常解剖范围（在前面章节中关于"听诊"中已讲到）是重要的标示。建议沿肋间从背部到腹部，围绕着胸腔从尾侧到头侧进行超声扫描成像。对一个肋间隙内结构的超声，应分别从横向和纵向进行成像。传感器应缓慢移动，以保证吸气和呼气过程中每一个区域都能检测到。

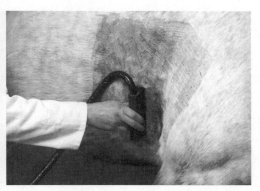

图12-38 用一个5MHz的线型传感器对胸部进行超声波检查

正常充气的肺有一个高反射波表层。由胸膜和充气肺组织形成的回声交界面产生的混合声响，其会掩盖深层结构的可视化。两层胸膜层的表面在肺吸气和呼气是平稳的相对滑动，在两层胸膜位置通常形成一条强回声线。肋骨为边缘光滑、凸起表面，在其下面形成弯曲的阴影。在超声时，接近尾侧的胸腔，隔膜在充气的肺和肝脏之间形成薄而光滑的反射线。

通常可用超声诊断的胸部异常包括：

- 胸腔积液——胸膜壁与肺胸膜间被一种低回声物质（液体）填充，使得肋间肌下和肺表面分开。液体回声反射性的不同取决于它的性质（无回声的液体代表低细胞结构/蛋白质含量的液体；有回声的液体则表示高细胞结构/蛋白质浓度的液体）。站立的患马，胸腔液体因重力集于胸腔腹侧。
- 胸膜炎——粗糙的胸膜表面形成混合回声的狭窄条痕，通常被称为"彗尾"。有时候可在正常胸膜马匹的超声看到彗尾，特别是在呼气末、腹侧超声时。慢性胸膜炎病例，肺胸膜和胸膜壁之间的粘连可能会限制胸膜的正常滑行。
- 纤维样胸腔积液——超声在胸膜腔出现声波反射线，该反射线从胸膜表面伸出到胸膜腔渗出液内，其漂浮或随着胸膜腔积液波动。
- 肺膨胀不全和肺实变——对实变的肺进行超声时，会出现类似于肝脏的（"肝样变"）管状结构，即低回声的分支血管样结构。
- 肺部肿块——若肿块靠近胸膜，则可在超声检查时被检测到，但如果它位于充气的肺部深层，则无法检测到。
- 气胸——无胸膜壁与肺胸膜间滑行形成的超声回声线，出现混响的假象。

九、胸膜腔镜检

胸膜腔的直接内镜检查，有时对诸如胸膜肺炎、胸腔脓肿、心包炎、胸腔肿瘤等病例的评价非常有用。其也有助于肺和胸腔肿块的活组织检查。可能用到刚性内镜（如关节内镜

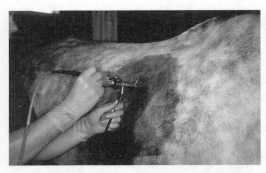

图12-39　使用刚性关节内镜进行胸膜腔镜检。当内镜进入胸腔，将形成单侧性气胸，为胸内结构检查提供空间

或腹腔镜）和柔性内镜。技术操作如下：

必须对马进行镇静。

对第8到第10肋骨间隙的背部肺区的皮肤进行剪毛，并做无菌处理。对胸膜壁层和肌肉进行局部浸润麻醉。

做一个皮肤的切口，围绕着它用荷包缝合的方式穿一圈线。钝性剥离肋间组织（避开肋骨后侧边缘的血管和神经）直至胸膜壁层。一旦进入胸膜腔，就会听到有空气沿切口进入，形成气胸，这为内镜检查提供空间（图12-39）。

插入内镜并对胸膜腔进行检查。可以对胸腔背部和中部进行直接观察。大约2/3的胸腔，包括肺的主要部分、胸腔纵隔膜、胸主动脉、食管、隔膜及心基/心包，均可以直接进行观察。

检查完成后，取出内镜，将荷包缝合线收紧。

向胸腔背侧，沿内镜套管，插入一个有三通管的无菌导管。用一个50mL的注射器通过这个导管，反复将空气抽出胸腔，排除气胸。

注释

· 应在术前进行预防性广谱抗生素给药，术后几天后，也需要进行广谱抗生素治疗。

十、胸腔穿刺术

胸腔穿刺是为了抽吸胸腔液体，用于细胞培养。而重复的穿刺是主要用于治疗胸膜炎，对胸腔积液进行引流。虽然马有纵隔裂孔，但也会被纤维蛋白阻塞，所以穿刺的时候，要在胸腔两侧分别进行穿刺。

胸腔穿刺的时候，马必须保持站立，避免穿刺到心脏。具体的穿刺点，应根据胸腔积液的分布和多少来选择。若有超声引导穿刺，可以找到更加准确的位置，具体操作要点如下：

· 位置选择在右边的第6、第7肋间，而左边选择第8、第9肋间。

· 对穿刺点皮肤进行无菌消毒，注意避开胸壁腹侧的胸外静脉。

· 使用10～20mL，2%利多卡因进行局部麻醉，沿肋间肌皮下注射到胸膜壁层。

· 选择一个14G、13.3cm的聚四氟乙烯针导管和一个钝头套管做引流/采样管。使用B超引导，穿入肋间肌进入胸腔。操作过程中，要避开血管和神经。

- 应该埋一个三通管，防止穿刺没有穿出液体，以防空气渗入胸膜内。
- 如果胸腔有积液，穿刺进入胸腔后，便可以收集到液体样品，作细菌学检查（需氧培养和厌氧培养）和细胞学检查（EDTA）。在正常马匹中胸腔液非常少（不到8mL）。
- 操作完成后，拔出引流管，皮肤不需要缝合。

可能会出现一些并发症，比如气胸、肺裂伤、血胸、心律失常、穿刺到心脏等，如果按照程序正确操作，很少会出现这些情况。

注释

- 如果采集的胸腔内液体较多，可以使用一些管径比较宽的无菌导管

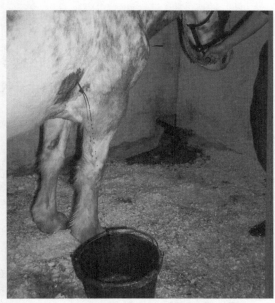

图12-40　胸腔穿刺术。使用金属的母犬导尿管对大容量的胸腔积液进行排放

（如金属的母犬导尿管或者人的胸腔引流管，图12-40）。使用这些较大插管进行的胸腔穿刺术，需要对皮肤创口进行缝合，避免感染。

十一、动脉血采集

成年马，在需要做血气分析时，一般都是采集颈总动脉、面横动脉或者面动脉的血液。

（一）颈动脉采血

- 颈动脉的穿刺位置位于颈下部1/3的位置，如下：
- 颈动脉位于颈静脉沟的深部，触诊为索状结构。
- 对穿刺位置皮肤进行无菌消毒，使用50.8mm×19～21G（51mm×1mm）的针头，因为动脉压力比较大，穿入后就会喷涌而出。可能需要试几次才能采到血。另外，可以使用超声波引导穿刺。
- 使用2mL或者5mL预先已放入少量肝素钠（1 000IU/mL）的注射器，采血。采血后，应将注射器内气泡排尽，将针头盖上针头帽。
- 采样完毕，拔针后，用手压住穿刺部位，防止形成皮下血肿。

（二）面横动脉采血

面横动脉穿过咬肌表面的头侧，位于颧弓腹侧1.5cm处，这个位置比较浅，入针呈小角度，并平行于睑裂轴进针。采血前，局部涂膏状麻醉药进行局部麻醉有助于采血，如恩纳霜。

（三）面动脉采血

麻醉的马，更容易进行面动脉血液的采集。面动脉绕过水平下颌骨腹侧缘，沿咬肌的喙侧缘向上。穿刺区域为外眼角外侧面。先对该区域内的皮肤进行无菌消毒，然后，用一个手指固定血管，再用25.4mm×23G（25mm×0.65mm）的针穿刺采血，其步骤与上述方法相同。

注释

· 动脉血样品分析，最好是采集后马上做，或者可将血存储在冰块6h。

（四）鼻和鼻咽拭子采样

鼻和咽拭子可用于呼吸道病毒和细菌的分离。其临床意义是分离病毒：如马疱疹病毒1型和4型（EHV-1和EHV-4）以及马流感病毒与马病毒性动脉炎。该方法对马腺病毒与马鼻病毒临床意义不大。

病毒的成功分离取决于样品收集的正确时间（适用于早期感染过程中）、使用合适的病毒运送培养基和迅速运送到实验室。大的纱布拭子是最合适的（图12-41），母马的子宫拭子也适用。沿腹侧鼻道的鼻咽部插入拭子（对于500kg的马，拭子插入鼻孔深度约30cm）。拭子应旋转并在撤回前停留在鼻咽部数分钟，撤回后立即用钢丝钳剪掉拭子头，并将其置于含抗生素的病毒运送培养基中。一些呼吸道病毒（如EHV-1）也可在枸橼酸或肝素钠抗凝血液中分离到。样品应置于冰上或低温的运输容器内尽快送到实验室。

鼻和鼻咽拭子用于大量的正常菌群的细菌学检查，是很少有临床意义的。然而，在某些特殊疾病，病原菌培养（如马链球菌亚种）可能还是有用的。鼻洗液可能比鼻拭子更有临床意义。将50mL温生理盐水，通过一个15cm长的无菌软橡胶管注入鼻腔，收集冲洗液，并放入无菌容器内，然后进行离心和培养。

（五）喉囊采样

从喉囊采集的样品，对于细胞学检查和细菌培养很有意义，样品可通过盲导管或柔性内镜获取（见于前述的喉囊检查）。使用20～30mL无菌生理盐水直接抽吸或灌洗，采

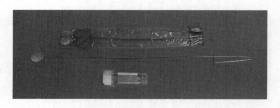

图12-41　纱布鼻咽拭子适用于病毒分离样品的采集

集的液体样本可用于细胞学、细菌学或分子学检测（如PCR）。如果喉囊内出现了软骨样组织，可使用内镜钳将其取出，并用于后续的细菌学培养。

第三节　临床病理学

一、气管抽取物和支气管肺泡灌洗液的细胞学检查

（一）样品的准备

气管抽取物样品可用于细胞学检测，在采集样本后立刻将其涂布于载玻片上，风干固定，然后染色。

BAL样本和含少量细胞的气管抽吸样本置于锥形管内进行离心处理（$350 \times g$，10min），沉淀物即可准备用于涂片。另外，也可用细胞离心法来进行涂片准备。涂片处理应尽可能快，因为细胞在采集数小时后会出现形态变化。一般来说，样品在室温条件下可存放8h，4℃条件下可储存24h。如果无法立即进行涂片处理，可将细胞样品使用等容量的固定剂（如40%～50%乙醇）固定。储存在室温条件下的样本将会出现细菌的快速生长。

适合于细胞学染色的方法包括迪夫快速染色、瑞氏染色、瑞氏姬姆萨染色、梅-格-姬染色和帕帕尼科拉乌氏染色。革兰氏染色可用于鉴别细菌。珀耳斯普鲁士蓝染色可用于识别含铁血黄素。齐-尼二氏染色有助于分支杆菌感染的鉴定。

使用纽鲍尔血球计对气管抽吸样本和BAL样本进行总有核细胞计数。通过柯尔特计数器获得的细胞数是不可信的，样品在分析前必须过滤掉多余的黏液和其他碎片。需要注意的是总有核细胞计数随样品稀释度变化而变化，不可能实现定量计数。

（二）样本的解释

1. 气管抽吸样本

来自正常马匹的气管抽吸样本，主要包括纤毛柱状上皮细胞和肺泡巨噬细胞。巨噬细胞可包括被吞噬的物质，如真菌孢子和退化细胞。作为竞骑运动的纯种马的巨噬细胞内通常能见到含铁血黄素颗粒——这是正常现象，这对运动诱发性肺出血无临床指导意义。在正常马匹的气管抽吸样本中含有大量的中性粒细胞，可占总细胞数的20%～40%。其他可能含有的细胞包括杯状细胞、鳞状上皮细胞、嗜酸性粒细胞（正常不到1%）、淋巴细胞（正常不超过10%）、嗜碱性粒细胞和肥大细胞（正常不超过1%）。

炎性疾病如RAO和支气管肺炎，通常导致气管抽吸样本中含有大量的中性粒细胞（可占细胞总数的95%～98%）和黏液分泌量增加。库施曼螺旋体（小呼吸道中浓缩的黏液栓）也可见于慢性的下呼吸道疾病。

肺丝虫（安氏尾丝虫）感染马匹时，其气管抽吸样本中含有大量的嗜酸性粒细胞，在气管冲洗的过程中亦可发现这些肺丝虫的幼虫。

2．BAL样本

正常马匹的BAL样本主要含有巨噬细胞和淋巴细胞（各占40%～50%）。中性粒细胞通常不超过5%。其他细胞包括肥大细胞（正常情况下少于2%）、上皮细胞和嗜酸性粒细胞（正常情况下少于0.5%）。RAO患马的中性粒细胞呈上升趋势。对肺炎患马肺病变部位取样时，样本出现大量的有毒性变化的中性粒细胞。

二、胸膜液分析

（一）正常胸膜液

正常马匹通过胸腔穿刺术可获取小容量（约8mL）胸膜液。液体清亮、水样、呈淡麦秆色。总有核细胞数通常少于4×10^9个/L，总蛋白少于3g/dL，且比重约为1.015。主要为中性粒细胞（约70%）和少量的大单核细胞（20%），淋巴细胞与嗜酸性粒细胞。

（二）胸腔积液

漏出液、改性漏出液、渗出液或乳糜性积液，均可归类于胸腔积液。

1．漏出液

漏出液有正常的细胞数和蛋白量。漏出液可用于早期肿瘤性疾病、充血性心脏衰竭和低蛋白血症的诊断。

2．改性漏出液

改性漏出液是伴随着一些细胞（间皮细胞、巨噬细胞、中性粒细胞或肿瘤细胞）和/或蛋白质的漏出液。改性漏出液趋于粉红色且稍浑浊。在马匹中改性漏出液的出现通常与肿瘤形成有关。

3．渗出液

渗出液中白细胞数明显升高（超过10×10^9个/L），蛋白质含量增高（超过3.0g/dL）和比重上升（1.018）。渗出液通常黏稠和浑浊，而且往往自发凝结。大多数细胞为中性粒细胞。渗出液可见于胸膜炎（胸膜肺炎）和一些肿瘤性疾病。

4．乳糜性积液

乳糜性积液呈乳白色，当样品与乙醚混合摇匀时，颜色将变清亮。乳糜性积液中有高浓度的甘油三酯和大量的淋巴细胞。

（三）胸膜液的生化评价

使用EDTA处理样本，然后常使用折光仪测量总蛋白浓度。正常胸膜液的总蛋白质浓度低于25g/L。

葡萄糖和乳酸浓度以及pH的测定有助于鉴别脓毒性和非脓毒性积液。应将样品收集到氟化草酸内。胸膜液葡萄糖浓度过低（低于0.4g/L）、乳酸浓度升高（大于血浓度）以及pH降低（低于7.0）提示脓毒症。

三、动脉血气分析

正常氧分压（P_aO_2）和二氧化碳分压（P_aCO_2）分别为85～100mmHg和35～45mmHg。

低氧血症（P_aO_2低于80mmHg），易发生通气和血流灌注失调性疾病，如肺水肿、肺炎和RAO。

伴随高碳酸血症的低氧血症（P_aCO_2高于45mmHg），提示肺换气不足，如伴有呼吸道阻塞的重度RAO。

四、病毒血清学

血清学是病毒感染中最方便的诊断方式，但应被视为鼻咽拭子诊断的补充而不是替代技术。多数情况下需在急性期和恢复期分别采集血清样本（即感染初期和感染后2～3周）。若血清抗体滴度上升4倍可诊断为病毒感染。

（一）窦性抽出物

窦性穿刺液的细胞学分析以及细菌培养，有助于鉴别原发性鼻窦炎和继发于牙科疾病的鼻窦炎。口腔内残留食物可提示牙科疾病。原发性鼻窦炎的细菌培养一般可产生单一细菌，而继发性鼻窦炎的细菌培养常可产生多种细菌。

相对的非细胞鼻窦穿刺液，呈明亮的黄色液体提示窦性囊肿。

（二）血液学

血液学能为呼吸道疾病患马提供非特异性信息。以下内容点可作为一般性指南：
大多数长期患呼吸道疾病的马匹红细胞参数下降。

在细菌性呼吸道疾病如马腺疫（马链球菌），病毒感染或肺炎/胸膜肺炎中白细胞总数通常升高（白细胞增多症），多数由中性粒细胞增多所致。淋巴细胞减少症通常发生在病毒感染急性期，但该现象通常只短暂出现，且不具有特征性。单核细胞增多症通常作为伴有化脓、肉芽肿反应或者组织坏死的慢性炎症疾病的一种特征表现。

血浆纤维蛋白原浓度是细菌炎症的一种敏感指示器。在细菌性呼吸道疾病监控中，血浆纤维蛋白原浓度是一种比白细胞参数更好的预后指标。

（三）微生物培养

微生物培养样本应尽快处理。拭子需放入适当的培养基中且需尽快培养。存活的细菌类型随培养基种类的不同而变化，这可影响最终细菌培养的结果。抽吸液样本若需推迟数小时，才能进行培养，也需将样本置于运输培养基中。

定量培养（为每一细菌种类，确定菌落形成单位数）有助于气管抽吸样本的细菌培养。若怀疑样本中包含专性厌氧菌，应立即进行培养。样本用于病毒分离时，需将其置于病毒运送培养基中，且需在4℃条件下运送（或在−20℃冷冻）。

本章附录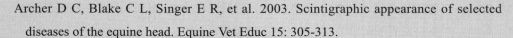

调查鼻分泌物和咳嗽的病因是执业兽医师在鉴别诊断中面临的常见问题。附录12-1为鼻分泌物检查诊断技术，包含本章中所涉及的技术的应用。通过鼻液是单边还是双边流出症状以反映疾病类型和潜在病变。鼻分泌物可区分为不同类型，即黏液性、黏液脓性或脓性，此外还可能包含血液或食物。有时鼻分泌物可能有明显的恶臭。单边流鼻涕通常提示相关鼻道或副鼻窦病变。双边流鼻涕通常提示鼻中隔后部位病变，但喉囊积脓除外，它通常出现的症状主要为单边流鼻涕。附录12-2为持续性咳嗽检查诊断技术。

拓展阅读

Archer D C, Blake C L, Singer E R, et al. 2003. Scintigraphic appearance of selected diseases of the equine head. Equine Vet Educ 15: 305-313.

Chalmers H J, Cheetham J, Yeager A E, Ducharme N G. 2006. Ultrasonography of the equine larynx. Vet Radiol Ultrasound 47: 476-481.

Chan C, Munroe G. 1995. Endoscopic examination of the equine paranasal sinuses. In Pract 17: 419-422.

Greet T R C. 1992. Differential diagnosis of equine nasal discharge. Equine Vet Educ 4: 23-25.

McGorum B. 1994. Differential diagnosis of chronic coughing in the horse. In Pract 16: 55-60.

Mair T S, Gibbs C. 1990. Thoracic radiography in the horse. In Pract 12: 8-10.

Mair T S. 1994. Differential diagnosis and treatment of acute onset coughing in the horse. In Pract 16: 154-162.

Marr C. 1993. Thoracic ultrasonography. Equine Vet Educ 5: 41-46.

附录 12-1　鼻分泌物检查诊断技术的应用

鼻分泌物	可能原因	辅助诊断技术
黏液性/黏液脓性	呼吸道病毒	病毒分离、血清学诊断
	细菌感染	鼻咽拭子
	副鼻窦囊肿	内镜检查、X线照相
黏液脓性/脓性	窦炎	叩诊、内镜检查、穿刺（细菌培养）、X线照相术、直接窦内镜检查
	喉囊蓄脓	内镜检查、X线照相术、导管插入（细菌培养）
	真菌性鼻炎	内镜检查、活检作病理组织学检查/细菌培养
	下呼吸道疾病	听诊、内镜检查、气管抽吸/BAL细胞培养、胸部X线照相术
混有食物的分泌物（吞咽困难）	食管阻塞	内镜检查、X线照相术
	咽麻痹：	
	——喉囊真菌病	内镜检查
	——头颈创伤	神经学检查（第十四章）
	——铅中毒	铅测定（血液、肝脏/肾脏和表层土）
	——肉毒中毒	检查临床症状和饲料（第十四章）
	咽部肿块——脓肿/肿瘤	内镜检查、内镜活检、细菌培养、X线照相术
	咽部异物	内镜检查
	腭缺损	内镜检查、X线照相术
	喉囊臌气	内镜检查、插入、X线照相术
	喉囊积脓	内镜检查、X线照相术、导管插入（细菌培养）
	牧草病	临床症状检查、X线照相检查食管、内镜检查食管（回流性食管炎）、尸检腹腔肠系膜神经节组织病理学检查
分泌物和呼吸困难	咽脓肿	内镜检查、X线照相术、细菌培养
	喉囊臌气	内镜检查、X线照相术
	喉囊积脓	内镜检、导管插入（细菌培养）、X线照相术
	慢性呼吸道阻塞	听诊、气管抽吸/BAL细胞学、胸部X线照相术
	肺脓肿/肺炎/胸膜肺炎	听诊、胸部叩诊、内镜检查、气管抽吸/BAL细胞学和细菌培养、胸部X线照相术、超声波检查（胸腔积液）、胸腔穿刺液细胞学和细菌培养

（续）

鼻分泌物	可能原因	辅助诊断技术
分泌液伴有坏死气味	齿病	口腔检查、X线照相术
	慢性鼻窦炎	叩诊、内镜检查、X线照相术、穿刺术（细菌培养）、直接鼻窦内镜检查
	真菌性鼻炎	内镜检查、活检作组织病理学检查/细菌培养
	喉囊感染	内镜检查、细菌培养
	肿瘤	内镜检查、内镜活检、X线照相术
	坏疽性肺炎	听诊、胸部叩诊、气管抽吸/BAL细胞学和细菌培养、胸部X线照相术、超声波检查（胸腔积液）、胸腔穿刺液的细胞学和细菌培养
	吸入异物	内镜检查
分泌物带血	鼻肿瘤	内镜检查、X线照相术
	喉囊真菌病	内镜检查
	真菌性鼻炎	内镜检查、活检组织病理学/细菌培养
	异物	内镜检查
鼻出血	鼻筛血肿	内镜检查、X线照相术、血液学检查（贫血）
	鼻尖坏死	内镜检查、细菌培养
	运动性肺出血	内镜检查、胸部X线照相术、血液学检查（贫血）
	创伤	X线照相术

附录 12-2　咳嗽检查诊断技术的应用

可能原因	辅助诊断技术
急性咳嗽	
病毒感染	病毒分离、血清学
EHV-1和EHV-4	
马流感	
马病毒性动脉炎	
腺病毒	
鼻病毒	
"马腺疫"（马链球菌）	鼻咽拭子
窒息和其他原因引起的吞咽困难	内镜检查、X线照相术（同见第二章附录2-1）
复发性呼吸道阻塞中的急性小呼吸道阻塞	听诊、气管抽吸/BAL的细胞学、胸部X线照相术
运动性肺出血	内镜检查、胸部X线照相术

可能原因	辅助诊断技术
肺脓肿/肺炎/胸膜肺炎	听诊、胸腔叩诊、气管抽吸/BAL的细胞学和细菌培养、胸部X线照相术、超声波检查（胸腔积液）、胸腔穿刺液的细胞学和细菌培养
吸入异物	内镜检查
气管塌陷	内镜检查
慢性咳嗽/复发性呼吸道阻塞	听诊、气管抽吸/BAL的细胞学、胸部X线照相术
病毒感染后呼吸道疾病	既往病毒性呼吸疾病病史、血清学显示近期感染
肺丝虫	气管抽吸/BAL细胞学（嗜酸性粒细胞增多症）和虫卵检查
肺脓肿/肺炎/胸膜肺炎	听诊、胸部叩诊，气管抽吸/BAL的细胞学和细菌培养、胸部X线照相、超声波检查（胸腔积液）、胸腔穿刺液的细胞学和细菌培养
与"夏季草场相关"的阻塞性肺部疾病	听诊、气管抽吸/BAL的细胞学、胸部X线照相术、环境改变
胸部肿瘤	内镜检查、胸部X线照相术、超声波检查（胸腔积液）、胸腔穿刺液细胞学、胸腔镜检查

第十三章

肌肉骨骼系统疾病

第一节　跛行检查

马的肌肉骨骼系统疾病很常见，通常表现为身体异常或跛行。该类疾病可通过以下步骤诊断：

- 确定要调查的疾病。
- 确定异常部位。
- 描述病理变化特征。

一、病史

除了要了解马匹的品种、年龄、性别等细节情况外，还需要了解马的一些其他关键背景资料，包括：

- 马主的马养了多久，主要用途是什么。
- 最近的饲养管理细节，包括：住处、饮食、修钉蹄铁和运动情况。
- 马主了解的马匹之前的病患情况。

兽医要先让主人用他自己的语言描述马匹就诊的原因，然后再有针对性地进行询问，从而确定主要马匹就诊原因。了解就诊原因后，兽医可以询问更细节的情况，尤其需要了解主人观察到的情况，包括：

- 是否怀疑四肢感染。
- 发病的时间和症状。
- 任何有可能导致该病发生的比赛或事件的详情。
- 发病后症状的进程。
- 患马发病后，是否由任何饲养管理变化或进行过治疗。
- 马主人对患马当前状况的总结。

二、体格检查

即使患马的某个部位已经表现出明显的异常，兽医也应该尽所有可能肌肉骨骼系统进行全面检查。马匹驻立检查分为以下两个阶段。

应从各个角度对患马做全面检查，尤其要注意如下方面：

- 马匹整体状况。
- 躯干、四肢、蹄部的形态构造（见下述）。
- 马的站姿和四肢的负重情况。

- 骨骼和软组织的对称性。
- 局部是否出现肿胀或增厚。
- 是否有任何系统性或全身性疾病的迹象。

马匹形态构造是指身体的外观形态结构。通常，马匹的理想体态为四肢均匀负重，无任何单独的组织结构过度负重。因此，马匹表现为肢体对称、平行，四肢直立，均匀负重。马匹四肢外观形态结构不良，可导致其某肢承受过度的张力或压力。经过一段时间累积作用可导致该部位的损伤或疾病。马匹四肢站立不直，还有可能影响马的行走姿势和步态，甚至会导致一些自我损伤。要判断马匹的形态结构是否出现异常是很困难的，在许多病例中马匹正常的姿势和病态的姿势是很难区分的。

对马匹四肢某一部位做详细评估应按照以下方法：

- 检查有无畸形、局部肿胀、增厚皮肤外伤和肌肉萎缩。
- 触诊任何肿胀或增厚的局部发热和痛感，并确定其确切位置。
- 活动马的四肢关节，评估关节活动范围，例如，活动关节时是否受阻、不稳、引起疼痛或有摩擦音。

上述三项检查应与马的对侧肢检查进行对比，从而检测其可能的明显不对称性。

三、前肢

(一) 蹄部检查

首先，先检查蹄部的大小、形状、对称性和平衡性。

影响蹄部形状的因素很多：蹄自身的形态、修蹄和装钉蹄铁的情况、某些疾病和前肢的跛行。通常，蹄部异常是多种复杂因素共同作用下所表现出来的症状，这些复杂因素的长时间作用会使蹄部变形。

正常情况下，两前蹄应互相对称，单侧肢的内外两侧也应该体现对称性。前蹄的背侧蹄壁与地面所成角度应该在45°~50°，后蹄背侧蹄壁与地面所成角度则略大，为50°~55°。

蹄的平衡是指四肢直立站立时，整个蹄是以合适的形状和姿势均匀地承载来自腿的压力。背侧蹄壁与地面所成角度应与系关节和地面所成角度相同，该关系组成了蹄-系关节轴（图13-1）。有一种常见的很容易诱发跛行的畸形，就是由于蹄头过长兼有蹄踵离地

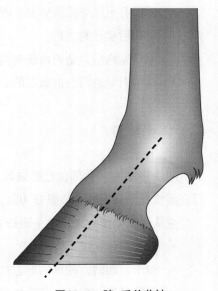

图13-1 蹄-系关节轴

太近造成的蹄-系关节轴后移。从侧面看，背侧蹄壁应与蹄踵平面平行。蹄头不应旋转变型（呈现"外八字"或"内八字"姿势），两蹄后跟应等高。然后应对蹄壁、蹄冠和蹄底进行仔细检查。

蹄壁应该平直、光滑，无外翻现象。若蹄壁出现蹄轮，其可能是由营养变化、过往系统性疾病或蹄叶炎引起的。营养和疾病的影响都会导致马蹄角质层生长出现异常变化，使蹄壁出现与蹄冠平行的蹄轮。而蹄叶炎导致的蹄轮有所不同，这类的蹄轮多集中在蹄壁背侧，偏离蹄踵，反映蹄壁角质层的生长速度不均匀。另外，还需仔细检查蹄壁上是否有裂缝及其位置和深度，以及蹄冠是否存在任何损伤。

对于蹄冠应仔细触诊，尤其是蹄冠的背侧面，观察是否有疼痛或凹缺，这两种现象可分别提示为蹄叶炎引起的炎症和蹄骨下移。对蹄冠的触诊也可发现一些外伤引发的局部的肿胀、疼痛或发热。同时，应触诊蹄冠下蹄外侧软骨的近心端，应注意触诊检查。有时可在蹄冠背侧附近触诊到指间关节（蹄关节）肿大。

在对蹄进行检查时，应对球节处的指动脉脉搏进行触诊，检查其是否增强，若脉搏增强，则提示有炎症或是蹄叶炎。其次，提起马蹄检查蹄底。正常的蹄底是向内凹的，而不是平的。对于前肢，从蹄头到蹄踵的长度应该与蹄底最宽处相等。而后蹄蹄底一般要更长、更尖。蹄底（蹄铁）应仔细留意磨损情况，看其是否不均匀。试着把这些磨损情况与马在运动中四肢的运动和蹄下联系在一起。另外，蹄铁的类型、位置、蹄钉的数目及位置都应该仔细评估。

检查蹄底和蹄叉时，要先把蹄底清洁干净，除去垫料和泥土。为了更准确地检查蹄部，蹄底表面的角质层应先用蹄刀削去。首先，应检查蹄底有无异物嵌入或其他明显外伤。其次，仔细检查蹄底是否有变色区域（通常为红色或紫色），有则提示可能有挫伤，若蹄底出现一些黑点或黑线，则很可能是感染。检查时应着重检查蹄白线、蹄踵和蹄叉，还有蹄叉沟，因为这些地方都很容易被感染。

通常情况下，蹄匣的检查都用到蹄钳，除非蹄底很薄且易压。检查时，要用蹄钳对蹄的各个部位包括蹄叉施加压力。要注意的是，蹄钳施加的压力来自两点。对于钳夹出现疼痛的部位要多检查几次，尽量确定疼痛的准确位置并确保这些钳夹所带来的疼痛来自同一处。对于一些部位的按压，马的反应不典型但有可疑，可以通过按压对侧肢蹄部的相同部位来进行比较。用小锤或蹄钳敲打蹄壁和蹄底，对于判断蹄部疼痛也很有帮助。对于一直都有疼痛的区域则需要用蹄刀进行更深入的检查，看是否有深层次的感染或挫伤。

人为地屈曲和伸展趾节间关节，按压关节内、外侧并转动，观察马是否有疼痛，关节活动是否顺畅、稳固，有无摩擦音。事实上，这些操作在四肢的其他关节的检查上都可以运用，虽然越近心的关节操作起来越不容易。

（二）系部和球节的检查

系部的检查主要在于看趾间关节近心端周围（系关节）有无增厚，同时要留意其掌侧趾浅、趾深屈肌腱和籽骨韧带的情况。

检查和触诊球节部是否有关节液渗出导致的肿胀。这种情况通常都是由于第三掌骨远端掌侧与悬韧带之间有液性肿胀导致。如果渗出很严重，则关节的背面也会出现肿胀。关节的渗出要注意与趾屈肌腱鞘的肿大相区别，后者在趾屈肌腱的周围（尤其是球节的背部）掌侧形成肿胀，如悬韧带分支后。该肿胀有时会被环状韧带压在近籽骨的掌侧面，因此要注意对近籽骨以及附着于其上的悬韧带分支的触诊，观察是否有疼痛和增厚。

（三）掌骨检查

首先要对三块掌骨进行触诊，检查是否有疼痛、局部增温、肿胀。触诊对于青年马尤为重要，因为青年马经常出现掌骨背侧滑膜炎、骨折以及掌骨疣。对于小掌骨的触诊要注意触及掌骨的中轴线、掌面和侧面（摸得越深远越好）。一般来说，在中年马和老年马的掌骨上摸到冷、硬、无痛的掌骨疣是比较常见的，其通常无临床意义。

掌骨掌侧软组织问题也是造成跛行的一个常见病因，需要仔细触诊，触诊应分别在掌骨负重和马蹄非负重这两种情况下进行。触诊时，要对一些独立结构进行检查，包括趾浅屈肌腱、趾深屈肌腱、籽骨斜韧带和悬韧带。

- 趾浅屈肌腱的肿胀通常表现为：原本平直的掌骨掌侧凸出来了，例如，肌腱变得肿起。肿胀严重时，会导致触诊不到趾深屈肌腱。不过，马通常都不会拉伤趾深屈肌腱。
- 抑制韧带受损会在第三掌骨近端和中部背面到趾浅屈肌腱间形成肿胀。这种肿胀通常都不会影响掌侧轮廓。
- 悬韧带的主干和分支可以很容易在第三掌骨远端的中间位置触诊到。然而，悬韧带近端1/3长度都处于两块小掌骨之间，临床上很难触诊到。用拇指触诊悬韧带边缘有助于确定其是否增厚。

趾伸肌腱（包括趾总伸肌和侧趾伸肌）要从腕上肌肉处肌腱起点位置开始触诊，然后沿着掌骨背侧面检查下来。

（四）腕的检查

检查腕（"膝"）的背面是否有渗出造成的黏液性肿胀，渗出通常来自桡腕骨和中间腕骨关节，因为这两个关节活动范围比较大。也可能是伸肌腱（腕桡侧伸肌、腕斜伸肌、趾总伸肌和趾外侧伸肌）腱鞘炎的渗出 。

通过人为屈曲关节，可以触诊腕关节背侧缘，以此检查其是否出现关节囊增厚以及骨变形。有时可在屈曲的桡腕骨关节和中间腕骨关节内触诊到骨碎片。

腕关节掌面的检查应着重于检查腕关节囊有无肿胀，以及副腕骨的稳定性。若发现腕关节囊扩张，应屈曲腕关节，检测桡骨远端掌侧面是否有桡骨软骨瘤。

（五）肘和肩的检查

肩关节和肘关节的渗出或增厚是很难触诊到的，不过局部的肿胀有时还是可以检查出来，特别是外伤或关节感染的时候。

肘突的稳定性要通过人为活动肘关节来检查，尤其是当马出现"肘下垂"的时候更要仔细检查。活动肘关节并用听诊器听诊骨头突出的位置是否有摩擦音，有助于检查马是否前肢近端骨折。

肌肉萎缩导致跛行，通常都明显地表现在一些大的肌肉群上，也就是肩关节和肩胛骨近端周围的肌肉，即使病因是出在蹄部。对于一些特别的肌肉群，如果出现快速、严重的肌肉萎缩，应考虑是否出现某些运动神经元的损伤，如冈上肌和冈下肌的萎缩可致肩胛上神经受损。

四、后肢

对后肢蹄部、球节、跖骨的检查与前肢基本相似。

（一）飞节（跗关节）的检查

以下情况都可导致飞节周围肿胀：

- 虽然有些体积较小的浮肿会出现在跖外侧和内侧面，但是飞节肿胀大多数都出现在跗关节的背内侧面。
- 跗关节鞘扩张使飞节周围、跟腱两侧稍靠前位置出现跖骨肿胀。
- 跖韧带炎症可致跗关节的跖面局部增厚，该增厚以跗关节为中心，半径约10cm。
- 小跗关节的退行性关节疾病（"飞节内肿"）有可能会导致跗关节远端内侧出现增厚，不过这通常很难查出。

检查跟腱是否出现增厚可提示是否有拉伤。跗关节处趾屈肌腱的位置、稳定性也要检查。跗关节的伸展应牵动膝关节的伸展，因为它们的运动是相互关联的。若它们可以单独伸展，而跟腱保持着放松状态，应怀疑第三腓骨肌出现断裂。

（二）膝关节的检查

股膝关节渗出可导致三条远端髌韧带间触诊肿胀，也可触诊到内、外侧副韧带。

若怀疑马髌骨间歇性上移，可以尝试通过让马转身和转很窄的圈从而固定膝关节。或者通过另一种方式让膝关节固定，即向外拉马尾巴使患肢负重，同时向上推患肢的髌骨。

韧带受损有时会导致后膝关节不稳固。内侧副韧带的完整性可以用以下方法检查：用肩顶着膝关节侧面，然后把后肢远端向外展开，同时检查后膝关节内侧面是否异常增宽。

虽然，笔者到目前为止还没有确诊过十字韧带受损导致的后膝关节不稳。不过，确有技术对此进行描述。站在马后面用手臂环抱疑似患肢，在胫骨近端处十指紧扣。兽医的膝盖应紧顶着跟骨跖侧，并将脚趾放在马蹄跖位置。迅速地朝尾侧拉胫骨，然后再放开让其自然回复的同时感觉其松弛度、有无摩擦感。显然，在做该项检查之前，一定要弄清楚马的脾气，考虑进行这种检查是否安全。

（三）骨盆和髋关节检查

在四肢的所有关节中，髋关节所处位置最深，也是最难通过直接的物理方法检查的关节。在一定程度上，对髋关节内各部位的正确排列，是通过检查股骨大转子、髋结节、荐骨结节和坐骨结节是否对称进行观察的。髋关节的问题通常会导致受影响的患肢呈现向外转动的状态。

和前肢一样，后肢肌肉萎缩是后肢跛行的结果，且易在后肢近心端肌肉群出现，尤其是臀部肌肉。无论后肢哪里出现问题，臀部肌肉都会明显萎缩。长时间或严重的跛行还会导致大腿肌肉的萎缩。

骨盆的检查方法包括综合的体格检查和直肠检查，直肠检查可以触诊到骨盆的标志。怀疑马骨盆骨折时，兽医可在马匹慢步行进或左右晃动的情况下进行直肠检查，以助于发现骨的摩擦和骨碎片的移动。直肠检查还可以通过感受附着于椎骨上的肌肉以及尾动脉和髂动脉的脉搏特征，有效判断马腰椎和尾椎是否偏离中轴线。

马髂或髂主动脉血栓引起的主动脉末端阻塞的情况并不常见，可用直肠检查进行诊断。髂动脉的血栓会导致单侧或双侧后肢局部缺血并在运动时表现为跛行。对于一些严重的病例，马会在运动中突然表现剧烈的疼痛，有时甚至卧地不起。受影响的后肢末梢部位触感冰冷，趾动脉脉搏数下降。直肠检查时，可触诊到主动脉脉搏，沿着主动脉向尾侧移动，指尖可在主动脉与髂内动脉和髂外动脉的分支处触及脉管内有硬实、不规则的膨大。血栓有可能影响单侧或双侧后肢（持续性的影响单或双后侧肢），并导致主动脉脉搏减弱以致难以用手触知。采用超声波检查主动脉末端和髂动脉的分支比直肠检查更直观、更有效（见第九章："心血管疾病"中的"外周血管的超声波"）。

值得注意的是，对于运动时出现的急性后肢疼痛应与运动性横纹肌溶解症进行鉴别诊断（见下述的"肌肉疾病"）。

五、背部

马背部很难进行客观的体格检查。其可检查到因肿胀、肌肉萎缩、屈曲变形引起的不对称。触诊有助于判断马背部的疼痛和肌肉痉挛情况。然而，如果马只有一些轻微或中度的反应，兽医就很难辨别是否与疾病有关。下面提供几点背部诊断方法。

（一）病史

慢性的背部疾病，其临床症状各不相同，唯一相同的表现就是运动不良或者不能跳跃。同时，马的日常行为和脾气会出现明显的变化，比如在打理、梳毛或抬起后肢时出现莫名抵触。但是，通常马主人会将马运动表现差劣归咎于背部问题，其实真正的原因往往是一些慢性轻度跛行、马受训情况出现问题或者是骑手与马的关系不佳所造成。因此，检查前要先充分了解马过去的饲养管理情况、马具的使用情况、马的运动性能和马的脾气等。

（二）检查

条件允许的情况下，在马匹四肢直立时，尽量尝试从马上方向下观察马背中线是否呈一直线。若马背中线向一侧弯曲，则提示一侧背部肌肉出现痉挛。在检查骨盆对称性的时候，要从马后方和腰侧方分别观察，同时要检查马背部的肌肉有无萎缩。若发现有不正常的地方，应首先怀疑是荐髂部的损伤。当马的荐髂部肌肉或韧带有损伤时，其会对某些部位的按压感到不适，如按压髋结节、腰椎中线或荐结节。

正常情况下按捏马背部鬐甲棘突位置，会使马脊椎下沉弯曲，按捏荐骨部位时会使马弓背。若按捏时马无上述反应或表现背部僵硬，则反映马背部有疼痛。类似地，如果用钝性物体在马背侧腰椎棘突上施加压力，荐骨尾部和肋腹可以用来刺激脊柱弯曲从而远离刺激物。通过观察马匹是否愿意对刺激进行反应以及其反应的能力，对其进行评价。

正常情况下，用钝性物体对马背最长肌进行重的拍打会使马的胸椎和腰椎向侧面弯曲。如果马表现出愤怒，则提示有肌肉疼痛，但如果两侧背部试验马都表现出很暴躁，则应怀疑马背中部脊椎有疼痛。

如果马匹背部有疼痛，在马走直线和小跑时会表现为后肢活动拘谨，跗关节不肯弯曲，如同拖拽着脚走路。急转弯时，由于脊柱受力弯曲，病马会表现出愤怒、转弯困难、动作笨拙、时走时停。后退行走也会使病马发怒。

（三）X线照相

采用X线照相技术用于马背部疾病诊断时，需要有非常先进的仪器作支撑，而且应用时会产生相当大的辐射。因此，用X线技术对马背部进行疾病诊断，需要有一间配备X线照相仪器设备的房间。

（四）血液学和生物化学

临床病理学检查在马背部疾病的诊断中并不十分有效果，但通过临床病理学检查可以排除其他一些疾病，比如贫血、并发感染和慢性横纹肌溶解症。

六、步态评估

观察

如今已经有一些复杂而又巧妙的新科技帮助我们详细、客观地分析马的步态，这些技术包括：测力板，可测出每只脚的受力大小；摄影录像技术，可记录四肢和躯干的活动情况。但是，这些技术都需要运用到马匹日常的行走中才准确，而且最后对步态评估起决定性作用的还是临床兽医师。临床步态评估的目的是为了确定：

- 是否出现步态异常。
- 异常的步态涉及某一肢还是四肢。
- 任何表现异常的特点。
- 异常的严重程度。

评价马的步态最好让马在水平硬地上行走。最理想的诊断是在一个安全、封闭的场所内进行，没有其他事物分散马的注意力，没有交通危险，同时也不要有其他马匹干扰。马要戴好笼头和嚼子，缰绳留出30～50cm，使马头部可以自由活动。

步态异常最明显是在马慢走或小跑的时候，蹄所放的位置、四肢的行动都会发生变化，例如前方短步是最容易通过慢步走察觉出来。若马负重时感觉疼痛，头部和后躯会异常运动，最容易通过慢跑察觉。观察马行进步态，要注意让马匀速直行，兽医要从马的正前方、正后方、和左右两侧轮流观察。

对于一些直线跑、跛行不明显的马，可以尝试让马绕小圈跑，这样跛行症状会比较明显。如果场地不允许绕圆圈行走，可以尝试让马在转角处急转弯，这样马的跛行症状会更加突出，不过由于转弯时间较短，所以也不容易观察。

马前肢如果因为疼痛而出现跛行，马会把体重分到另一侧前肢和同侧后肢。马抬头时表明患肢在负重，马低头时是健肢在负重。如此反复低头抬头前进，可以很容易确定究竟是哪一侧前肢患病，而且健肢踏地时响声会明显比患肢大，尤其是钉了蹄铁后更明显。

对于后肢跛行，马行进时患侧的臀部和髋结节会比健侧更大幅度地上下摆动，因为马的患侧肢在受力时会把同侧臀部向上抬。

另外，还可观察到如下异常步态：

- 马步伐的前半步和后半步长短不等。前半步是指在对侧肢脚印之前的步伐，而后半步是对侧脚印之后的步伐。如果马在走直线，那么单侧总步伐的长度应该与对侧相对称，所以如果前方短步，必然导致后半步增长，如果前后半步步伐都缩短，通常都是由于两侧骨科疾病造成的紧张步态。
- 马蹄运步的弧度改变。一侧肢抬起较低，通常是为了减轻落地时的冲击力，或是减少患肢前伸的屈曲程度。如果病情严重，马可能会表现为拖着蹄在走。对于一些抬脚高度很夸张的马匹，有可能是由于关节过度屈曲造成的，如"鸡跛（stringholt）"。
- 马蹄运步经过的路径和马蹄着地发生改变。其病因可能与蹄提起弧度改变的原因相同。患肢蹄部在前伸过程中向内外晃动，蹄落地时不对称着地，与地面接触时有可能是蹄趾先着地，也有可能是蹄踵或者蹄侧面先着地。

由于马蹄运步方式各不相同，有些甚至与马的品种和构造有关。有些马运步与正常理想步态出现两侧对称性的偏差，其与跛行没有关系，没有临床诊断意义。比如，有些马后肢前进时就拖着蹄头，但其实这些马并没有后肢机能障碍。

对跛行进行记录时，应该评估一下其严重程度，但这是一种主观的测试评价，许多外界因素的变化都会影响马匹的表现，所以运用时要谨慎。不过对跛行进行评级有助于兽医之间的交流，共享他们所发现的病症，并以此做出重新评价。目前有多种评价体系，比如：0~5分制、1/10~10/10制等。得分越高，跛行越严重。

七、刺激试验

使用刺激试验有3个基本原因：
- 对最初诊断为"健肢"的潜在"患肢"进行跛行诊断。
- 加重轻微跛行以便观察。
- 确定跛行异常部位的辅助手段。

有各种不同的试验方法，最常用的是屈曲试验。屈曲试验是用手固定马的关节让其保持关节的最大屈曲状态约1min，然后松开手让关节伸展开，立即让马进行小跑，观察马的步态与屈曲试验之前的步态有无差异。该方法的应用有下面几点局限性：
- 很难单独屈曲一个关节，尤其是后肢关节，这就使得检测结果缺乏特异性。
- 马匹的表现不一定一致。同一种试验在不同情况下进行，可能产生不同的结果。
- 目前，并没有严格、快速的标准判定马是否出现"阳性"反应。
- 假阳性和假阴性诊断结果均有可能出现。屈曲异常的关节有可能无任何异常步态出现，而屈曲正常的关节也有可能在小跑中表现异常步态，尤其是当关节严重屈曲且时间很长的时候。

为避免如上问题，需要运用标准的技术进行操作，而且对试验结果进行推测时要谨慎。

（一）标准化屈曲试验

- 总是采用相同的关节屈曲时间，目前公认的比较令人满意的屈曲时间为1min。
- 稳固地把关节充分屈曲。要标准化关节的屈曲检测力度是很难的，但至少要保证对同一马匹不同屈曲检测保持力度一致。
- 要告知牵马的人，在关节松开后立即拉着马慢跑，而且跑的时候速度要和之前测试的时候相同。
- 测试时，马至少要跑20～30m，然后掉头跑回来，要让马在观察者面前经过，使观察者全面看到马异常的程度和持续性。
- 在对其他部位进行测试前，要确保前面任何测试的影响已经完全消失。
- 测试时需对对侧肢进行相同的测试，以方便比较两肢的反应。
- 条件允许的情况下，应对"阳性"试验结果进行重复试验，以确保结果一致。

（二）对屈曲试验结果的解释

单纯根据屈曲试验的结果不可能分析出一个让人满意的诊断结果。诊断时还需要根据其他信息进行综合判断。

一般而言，如果马匹试验表现很严重、异常步态持续时间很长、重复试验结果都相同，那么这次的试验结果就是很可靠的。因此，马的反应程度越大，其试验结果在最终诊断所做出的参考分量就越大。值得注意的是，屈曲试验过程中屈曲的是多个关节，所以异常时也只能大概说明有几个部位有可能出现问题，具体是哪个部位，还需要用神经封闭试验进行检查。然而进行封闭试验的前提是保证屈曲试验的结果是可重复、可靠的。

（三）伸展试验

伸展试验与屈曲试验原理相近。最常应用在四肢的远端关节，让马的患肢站在一个木楔子上，另一侧肢提起，使总量压在一肢上，持续1min，然后让马向前小跑。

（四）压力试验

马匹对局部压力的反应也可进行评估。例如，用手指按压疑似骨裂部位进行压力测试；通过让马蹄叉压在蹄铁锤柄上站立对蹄叉进行压力测试。以上其他刺激测试方法与屈曲测试方法具有相同的应用局限性。

第二节　局部麻醉

一、局部镇痛

"神经封闭"需要耗费较长的时间、具有侵袭性，有时甚至会有危险。神经封闭后的结果需要人为主观上去解释。尽管局部镇痛存在这些缺点，但对于大部分马的跛行病例，局部镇痛是唯一有效确定究竟是哪个部位有问题的方法。

多种局部镇痛方法都可以用来确定产生马跛行的疼痛位置。这种技术依赖于将镇痛药准确地注射到可疑部位，根据注射后对马步态的影响得出初步的结论。

如果马最初表现出比较明显、连续的跛行，那么局部镇痛的结果会非常容易解释，而且很可靠。但如果马本来跛行就不明显且不持续，那么局部镇痛后表现出来的现象就很难解释了。要使马跛行表现更明显，可以让马做圆圈运动（如上所述）。对于一些慢性的轻微跛行，可以尝试在检查前几天让马进行训练，使病情适度加重，使跛行更明显，这样局部镇痛时的对比效果会更好。

但对于一些严重的跛行，要考虑到局部镇痛马运动疼痛消失后，可能会使病情加重。比如有一匹马骨头出现裂痕但没有移位，局部镇痛后，马痛觉消失，使得患肢受力增加，迫使骨裂增大，并出现移位，这就会导致病情加重。所以在做局部镇痛时，最好先对马匹进行X线诊断。

局部镇痛可用于：
- 围绕特定神经进行神经周镇痛，使得该神经支配的肢体局部痛觉消失。
- 关节、腱鞘、黏液囊的滑膜腔内镇痛。
- 在疑似浅表病变周围进行局部浸润镇痛。

二、神经周围镇痛

神经周围镇痛多用于四肢末端，即肘关节和膝关节以下，这些部位的神经大多是神经感受器，而支配肌肉的运动神经大多分布在四肢近端部位，所以阻断四肢末端的神经传导，并不会影响机体四肢正常的运动能力。

（一）材料准备

用于局部镇痛的药物有许多种。由于甲哌卡因和普鲁卡因注射后对机体的炎性刺激比利多卡因小，所以经常使用。注射液不能含有肾上腺素、皮质类激素、抗生素等添加物。

有条件的应在每次检查时都用新的无菌药瓶装药，当然也没必要每次注射都更换。但注射针头要严格只用一次，针头的规格、长度要根据注射的部位和深度决定。局部镇痛要在一个干净、安静、光线充足，并且四周相对封闭的地方进行，地上不要铺垫料，以免针头掉落找不回来。

（二）准备工作和马的保定

对于注射前是否要对术部进行剃毛，意见不一。毫无疑问，剃毛后有利于更准确进针，但是如果不剃毛，注射前对术部进行擦洗和消毒液消毒，仔细涂擦酒精，马的感染发病率会明显减少。

若注射部位被毛浓密、杂乱，则剃毛是必需的，只有剃了毛才能用手准确地感受到进针的具体位置。对后肢进行封闭时，应该用绷带把马尾缠起来，让助手将马尾拉向一侧，避免马尾毛干扰操作。

保定的程度要根据马的脾性决定，对于不配合的马，用笼头、嚼子再牵上缰绳就可以很好地保定马。对于非常不配合的马，可以尝试使用短效的镇静剂，如赛拉嗪、罗米非定。但使用镇静剂有可能会使之后的封闭结果受到干扰，所以尽可能不要用镇静药物保定马匹。

（三）入针位置

如果能将镇痛药准确地注射在目标神经周围，镇痛药的用量很小。越接近神经干，神经分布越密集，而且所处部位也很深，这就使得要将药物准确注射到目标神经周围非常困难，因此对于四肢近端的局部镇痛，由于镇痛部位深，针头要求较长，需要注射更大的镇痛剂量。另外，针头长对马的刺激也比较大，因此建议先用毫针对皮下进行局部麻醉，然后再进行神经阻断。

首先，先不连针筒，单独使用无菌针头进针，进针时要迅速，针进去后再调整方向和深度，当马停止挣扎反抗时，就可以连接上针筒开始注射了。要注意，针筒连接注射器不能太松以免药液漏出，但又不能太紧，当马挣扎时可以立即拔出针筒而不必拔出针头。如果进针时遇到很大的阻力，则提示针插入了致密结缔组织中，这时需要重新调整方向。

注射时，可以让患肢承重，也可以让助手将患肢拿起使关节弯曲。整个操作并没有具体的操作流程，主要根据个人习惯。作者认为，将注射部关节弯曲（尤其是远端关节）有助于对神经走向的把握，例如，掌面指神经和远端籽骨神经的走向在关节弯曲时是可以触诊到的。让患肢承重时进行注射的好处是可以使局部的软组织绷紧，不同组织间界限较明显，作者本人倾向于球节周围的注射都采用承重注射。如果注射的一侧肢承重，那么另一侧肢就可以提起来用作保定。这种保定的缺点是，有些马在进针时会突然回缩、屈腿，如果另一肢也提起的话，马就会摔倒，摔伤腕骨。解决该问题的方法是进针时对侧肢不提起，等到进针位置固定不再调整后，在注射时将对侧肢提起保定。

神经的走向基本与动、静脉的走向相同，称为神经血管束。如果针头刚进针就不小心刺破血管，应轻轻地退回针头，重新进针。进针后注意回抽，确保针头不在血管内。

四肢远端的封闭通常5～10min就会起效，随着神经干越往上越密集，在四肢近端处的封闭需要至少20min才起效。通过判断皮肤表面神经的痛觉反应是否消失，可以帮助确定药物是否起效。最有效的方法就是用圆珠笔刺激马的皮肤，要注意在用圆珠笔刺激马的皮肤是与对侧肢皮肤进行对比试验，保证该位置神经以前没有被封闭过。有些马对疼痛的耐受力很强，这就需要兽医用相当大的力气去刺激。相反，有些马很敏感，笔还没碰到皮肤就已经闪躲回缩了。这种情况要给马带上眼罩，使其不能视物，这样可以稳定马的情绪，方便兽医操作。

对于神经周围封闭，要有顺序地先从四肢远端向近端进行。如果在之前的体检中就发现有可疑患病的关节，就先对该关节进行关节内封闭，这比在关节近端处进行局部神经封闭更直接有效。如果马该处关节正常，那么关节内封闭不会干扰之后进行的远端部位的封闭。

三、前肢神经封闭的部位

（一）指掌侧神经封闭（图13-2）

对于绝大多数的马，指掌侧神经血管束是很容易在马系部的掌外、内侧面触诊到的。神经位于神经血管束掌侧的最外面。

注射的部位在掌侧面皮下的趾屈肌腱的边缘（外侧软骨的边缘）。用25.4mm×23G（25mm×0.65mm）规格的针头注射1～2mL的局部麻醉药。通常掌内和掌外侧神经会一起封闭，当然也可以根据需要单独封闭，如怀疑同一神经上还有其他导致跛行的病变时。

通常认为，掌趾侧神经封闭时只麻醉蹄掌侧部位。但是，尽管浅表皮肤痛觉消失只局限于蹄踵，可是蹄背面深度

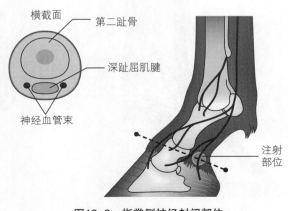

横截面　　第二趾骨

深趾屈肌腱

神经血管束

注射部位

图13-2　指掌侧神经封闭部位

神经感受器由于神经在蹄匣内向前行，也会受麻醉作用而敏感性下降。因此，一些趾间关节的疼痛，甚至蹄叶炎和其他蹄底疼痛性疾病，在经过指掌侧神经封闭后，跛行都有明显改善。

（二）籽骨背侧神经封闭（图13-3）

通常，该神经血管束很容易触摸到，就在近籽骨的背外侧面。注射位置易找，是最简单易行的局部神经封闭。

注射的部位在皮下籽骨神经血管束的掌面，近籽骨的背外侧面。用25.4mm×23G（25mm×0.65mm）规格的注射器，分别在两侧注射2mL局麻药。

系部掌侧和其远端背侧面皮肤的痛觉会消失，从蹄到近端趾间关节的深层感觉也会消失，球节掌面的局部神经也有可能变得不敏感。

（三）掌神经和掌心神经的封闭（四点封闭）

为了麻醉球关节及其远端，需要将掌内、外侧神经和掌心内、外侧神经一起封闭。

1. 掌神经（图13-4）

掌神经血管束沿着掌骨的背外侧和背内侧延伸至趾深屈肌腱。因此注射部位在皮下趾深屈肌背侧，距离球节近端8cm处，用25.4mm×23G（25mm×0.65mm）的注射针头在两侧分别注射3mL局麻药。为了更好地达到注射效果，必须了解两种解剖结构。

- 趾屈肌腱鞘。在掌骨远端1/4处包被着趾屈肌腱。
- 有一条交感神经的分支从掌内侧远端出发，在趾屈肌腱的掌面分布，最后与掌外侧神经连接。这条交感神经的分支通常都可以在掌面的第三、四掌骨部的趾浅屈肌腱位置触诊到。

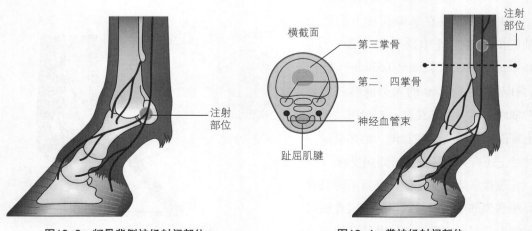

图13-3 籽骨背侧神经封闭部位　　　　图13-4 掌神经封闭部位

结合上述的解剖结构，进针时要将针头插入至趾屈肌鞘的上方，但要低于交感神经分支。

注意：后肢的交感神经分支的位置在后肢的远端，比前肢更难触诊。并且交感神经的分支与趾屈肌鞘之间的空间很小，所以进针时针头插入到交感神经分支上方即可。

掌神经的封闭只需要扎一次针，因为针头从掌外侧进针后，注射麻药后直接将针头插入掌内侧，在趾深屈肌腱上方再次进行注射，这样就实现了只留一个针孔完成两处位置的注射。

2. 掌骨神经（图13-5）

掌骨内侧神经和掌骨外侧神经都来自掌外侧神经的腕骨远端部位，沿第二、四掌骨轴侧

下行，这两条神经会在第四掌骨远端的底部融合，感知球关节的背侧面。

注射部位在皮下第四掌骨远端底部两侧，各2mL。采用25.4mm×23G（25mm×0.65mm）规格的针头进行注射。

注意：后肢情况就比较复杂。因为跖骨内、外背侧神经（起始于腓深神经）参与支配了球节的背面。对于是否有必要封闭这两处神经以达到麻醉球节神经的目的，大家意见不一。同样的，跖骨背侧神经的封闭只需一次进针即可，在跖底神经处注射后，将针头向背侧部皮肤1～2cm处注射2mL局麻药。

（四）腕下神经封闭

腕下神经封闭包括将掌内、外侧神经和腕骨下的掌骨内、外侧神经进行麻醉。这会使得掌骨掌面的结构、球节以及蹄趾都被麻醉。

1. 掌内侧神经（图13-6）

注射部位在腕骨远端腕骨筋膜下的趾深屈肌腱的背内侧边缘。用25.4mm×20G（25mm×0.9mm）规格的针头，在皮下约1cm处注射6～8mL的局麻药。

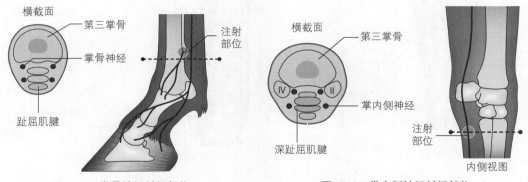

图13-5　掌骨神经封闭部位　　　　　图13-6　掌内侧神经封闭部位

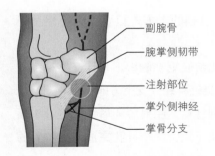

图13-7 掌外侧神经和掌侧掌骨神经封
闭部位

2．掌外侧神经和掌侧掌骨神经（图13-7）

掌外侧神经在掌骨的近端分出一条很长的分支，使其分为掌骨内侧神经和掌骨外侧神经。因此只要从这一分支的近端进行封闭，掌骨神经就会被同时封闭。这样就可以减少注射次数。

注射部位在腕骨下掌侧的边缘与第四掌骨近端之间，腕骨下韧带末梢的位置，深入到腕屈肌支带。用25.4mm×20G（25mm×0.9mm）规格的注射针头刺入皮下1～2cm后注射10mL局麻药。

（五）正中神经与尺神经封闭

正中神经与尺神经封闭后，会麻醉腕关节及其远端部位。与后肢胫骨与腓骨封闭一样，正中神经和尺神经的封闭并不会导致封闭处远端皮肤痛觉完全消失，仅麻醉部分特定部位（见下述）。因此在某些特殊情况建议使用该神经封闭，用以证明某部位皮肤的麻醉已开始作用。

1．正中神经（图13-8）

注射部位在桡骨的尾内侧、胸浅肌的远心端。正中神经位于正中动脉和正中静脉的前方。用50.8mm×19G（51mm×1.0mm）规格的针头在皮下3～4cm处注射15mL局麻药。注意：其麻醉部位只作用于系部内侧。

2．尺神经（图13-9）

注射部位在前臂掌面的沟槽处，尺骨外侧与尺侧腕屈肌之间，距离副腕骨10cm处，用25.4mm×20G（25mm×0.90mm）规格的针头，扎入皮下深度1～2cm，注射10mL局麻药。注意：麻醉范围仅限于近端掌骨的背外侧。

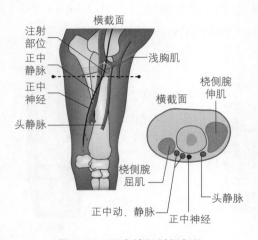

图13-8　正中神经封闭部位

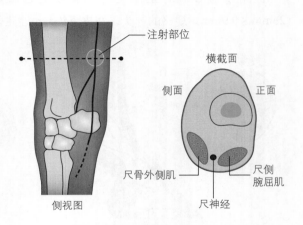

图13-9　尺神经封闭部位

四、后肢神经封闭的部位

后肢远端神经封闭的方法与前肢相同。如果有马患有慢性后肢跛行，由于后肢的慢性跛行并不如前肢常见，大多数兽医师会直接进行远籽骨封闭，或者直接用四点法、六点法封闭球节。如果封闭后跛行有改善，则应对该部位的结构进行仔细检查，或使用滑膜内封闭作进一步诊断。对后肢进行操作时要提防马后踢，以免受伤。

（一）跖神经和跖骨神经封闭（四点法）

与前肢的四点封闭法相同。

（二）胫神经和腓神经封闭

封闭胫、腓骨神经能使从飞节到其远端结构的深层感觉消失。和正中神经、尺神经封闭效果一样，封闭的范围仅限于特定的部位，而且有时麻醉效果比较反复。

1. 胫神经（图13-10）

注射部位在趾深屈肌腱之后、跟腱之前，与后肢内侧筋膜下方的跟骨结节距离约10cm。用25.4mm×20G（25mm×0.90mm）规格的针头扎入皮下1cm处，注射15～20mL局麻药。跗关节处皮肤的感觉通常会消失。

2. 腓神经（图13-11）

注射部位在小腿外侧的指总伸肌和指外侧伸肌之间、踝骨外侧10cm处。腓神经有浅和深两个分支。用50.8mm×19G（51mm×1.0mm）规格的针头取15mL局麻药，入针至皮下2～3cm在深分支的周围注射10mL，将针头拔出，在浅分支周围注射5mL麻醉药。注射后，跗关节远端外侧的皮肤感觉会消失。

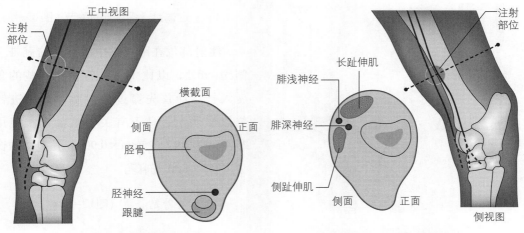

图13-10　胫神经封闭部位　　　　　　图13-11　腓神经封闭部位

五、滑膜内镇痛

上面谈到的关于神经周围镇痛的操作关键在滑膜内镇痛中同样适用。但是，额外几点需要注意。因注射操作疏忽而致滑膜内感染的后果很严重，所以任何操作都要注意尽量减少感染发生的危险。因此，在入针前，应对入针部位进行剃毛，并用防腐剂仔细清洗消毒。术者要戴灭菌手套，局麻药瓶要一次性使用。

需判断针是否已经进入滑液囊腔，最有效的方法就是观察针头座内是否有关节液涌入，不过，因为如下原因，有时看不到关节液涌出：

- 一些小的关节囊和黏液囊内仅有少量黏液（如舟状软骨的黏液囊和跗骨间关节囊）。
- 黏液囊绒毛堵在针头，阻碍液体流入。

通过旋转针头或轻微地调整一下针头，有助于关节液渗出，以确定针头插入位置是否准确。当关节囊内注射少量局部麻药时，也可抽出黄色的液体。在向一些小的关节腔内注射麻药时，当推入压力撤掉后，局部麻药（有时被滑液稀释为淡黄色）会自发反流入注射器内，这表明针插入了一个封闭的腔内。一些情况下，入针的方向和深度表明针已经插入关节（如跗跖关节）。还有其他一些方法，不过效果一般，例如，通过注射针触诊关节软骨表面从而感受针的部位，还有就是通过感受注射药液时的阻力来判断针头是否插入关节。

注射后麻药是否起效很难判断，所以应确保药液注射的最初部位准确无误。麻醉起效的时间差异很大，小的关节5min起效（如远端的趾间关节），有的大关节起效时间要等1h（如膝关节）。

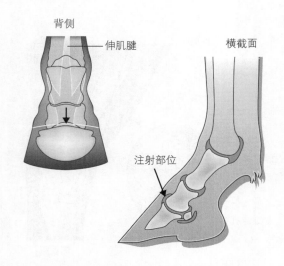

背侧
伸肌腱
横截面
注射部位

图13-12　蹄关节内麻醉的入针方向和部位

六、前肢滑膜内镇痛

（一）远端趾（蹄）节间关节（图13-12）

注射部位在蹄背部中线距离蹄冠带上侧约1cm处，以比垂直入针稍陡一些的角度入针。针首先穿过伸肌腱，如果进针位置准确，会马上有关节液流出。使用25.4mm×20G（25mm×0.90mm）规格的针头注射5~8mL局麻药。

（二）舟骨黏液囊（图13-13）

注射部位于掌侧系关节中线球之间。建

议先用细针在进针部位皮下注入少量气体形成小气泡作为标记，再用大针头进行麻药注射。用88.9mm×19G（90mm×1.0mm）规格的一次性脊柱针，目的是方便穿透趾垫到达舟骨屈肌皮层。如果进针的位置在蹄冠带的上方，通常麻醉的目的部位是蹄壁背侧面蹄趾和蹄冠的中间部位。

入针的确切角度依据马蹄的形态结构而变化。借助X线的指引有助确定进针角度。在专业的检测中心，进针可以在荧光透视的监控下进行。操作过程中，在进针前应先在打算进针的位置贴上金属标记胶带，然后拍一张平片。这有助于根据马蹄受力表面的情况，对必要的进针角度进行评估。

进针后，关节液通常不会马上回流进针头里。但是，当注入2mL麻醉药并撤掉对针筒的推力时，麻药和关节液会自发反流入针管。通过注入局麻药和少量水溶性、非离子性的有机碘造影剂（如碘苯六醇）的混合物进行外内侧X线照相是可行的。若注射部位正确，即可看到造影剂在舟骨黏液囊内形成的边界。

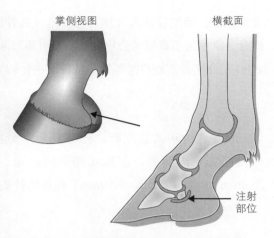

图13-13　舟骨黏液囊麻醉的入针方向和部位

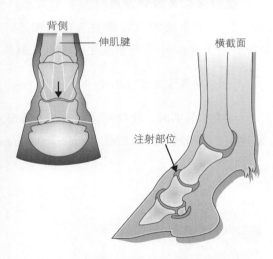

图13-14　系关节麻醉的入针方向和部位

（三）近侧趾节间关节（系关节）（图13-14）

注射部位在蹄冠线上3cm处背侧中线的皮肤上，进针时角度要比直角陡一点。入针触感坚硬，提示为关节背侧边缘，有助于指引进一步入针。进针后先穿过伸肌腱直到骨头。此时只要进针位置准确，关节液就会流出。采用25.4mm×20G（25mm×0.90mm）规格的针头注射5mL局麻药。

（四）掌指关节（球关节）（图13-15）

在做球关节麻醉时，先将马腿提起，让

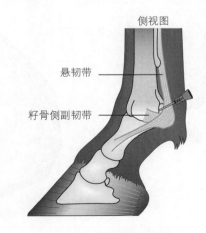

图13-15　球关节麻醉部位

关节屈曲。后把针插入外侧籽骨和第三掌骨因屈曲关节所形成的空隙内。在球关节发生疾病时，掌侧关节囊经常会出现肿胀。可用25.4mm×20G（25mm×0.90mm）规格的针头注射10mL局麻药。有些兽医师偏好从背面进针的方式，这也是可行的。

（五）趾腱鞘

当腱鞘内滑液膨胀时，兽医经常会实施趾腱鞘镇痛。对鞘膜进行注射可以通过掌外侧面和掌内侧面，在环状韧带的远端，或者通过一些明显膨胀的部位进针。采用25.4mm×20G（25mm×0.90mm）规格的针头注射10mL局麻药。

（六）腕中关节（图13-16）

注射部位在腕骨屈曲时的关节背面，腕桡侧伸肌腱的外侧，近端和远端的腕骨之间。腕中关节通常与腕掌关节密切相连，所以麻醉时可一起进行。采用25.4mm×20G（25mm×0.90mm）规格针头注射10mL局麻药。

（七）前臂腕关节（图13-17）

腕关节屈曲时，注射部位在关节的背面、腕桡侧伸肌腱的外侧、在桡骨远端与腕骨近端之间。采用25.4mm×20G（25mm×0.90mm）规格的针头注射10mL局麻药。

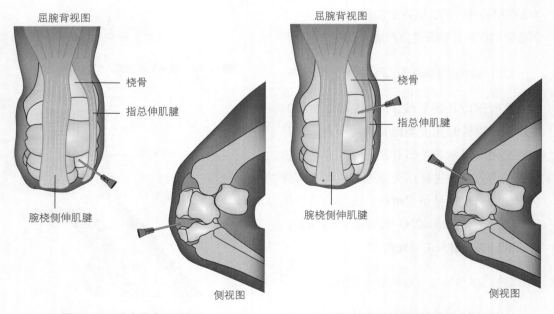

图13-16　腕中关节麻醉部位　　　　图13-17　前臂腕关节麻醉部位

（八）肘关节（图13-18）

注射部位在外侧副韧带的前端或后端，进针前先仔细触摸确定关节的位置。采用50.8mm×19G（51mm×1.0mm）规格的针头注射15mL局麻药。

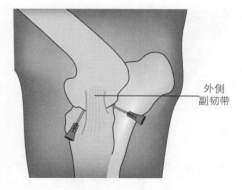

图13-18　肘关节麻醉部位

（九）肩关节（图13-19）

注射部位水平位于肱骨外侧结节的前后突，与马的长轴呈45°角。采用88.9mm×19G（90mm×1.0mm）规格的脊髓穿刺针注射20mL局麻药。

七、后肢滑膜内镇痛

（一）跗跖关节（图13-20）

注射部位在第四跖骨头的上方到第四跗骨之间，进针角度为朝远端45°略向轴的方

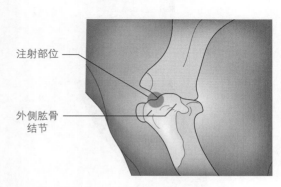

图13-19　肩关节麻醉进针方向和位置

向，采用25.4mm×20G（25mm×0.90mm）规格的针头注射5～8mL局麻醉药。

（二）远端跗间关节（图13-21）

进针部位在距离第二跗骨、第三跗骨和远端跗骨连接处的背侧约1cm的位置。采用25.4mm×20G（25mm×0.90mm）规格的针头注射5～8mL局麻药。远端跗间关节的麻醉注射操作难度要比跗跖骨关节注射大。在很多病例，这种局部麻醉的扩散作用，可同时麻醉跗间关节和跗跖关节。

（三）跗小腿关节（图13-22）

注射部位在关节囊背内侧，可从隐静脉的外侧或内侧进针。采用25.4mm×20G（25mm×0.90mm）规格的针头注射15mL局麻药。

（四）股膝关节（图13-23）

注射部位在膝中韧带的内侧或外侧，进针朝内向躯干方向。至少有65%的马股膝关节和

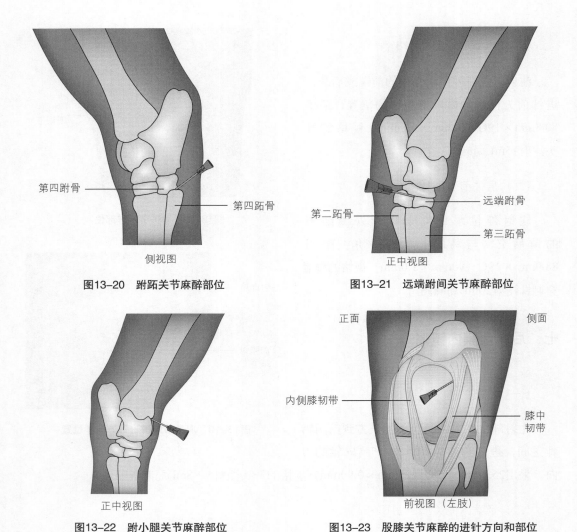

图13-20　跗跖关节麻醉部位

图13-21　远端跗间关节麻醉部位

图13-22　跗小腿关节麻醉部位

图13-23　股膝关节麻醉的进针方向和部位

股胫关节是相连的。采用50.8mm×18G（51mm×1.2mm）规格的针头注射20mL局麻药。

另一可行的进针部位在股膝关节的外侧凹陷处，外侧膝韧带的尾侧，离胫骨外髁近心端约5cm处。

（五）内侧股胫关节（图13-24）

注射部位在内侧膝韧带和内侧副韧带之间，胫骨平台上缘的位置。采用50.8mm×18G（51mm×1.2mm）规格的针头注射20mL局麻药。

（六）外侧股胫关节（图13-25）

注射部位在趾长伸肌腱起始部位和股胫外侧副韧带之间，胫骨的近心侧的位置。采用

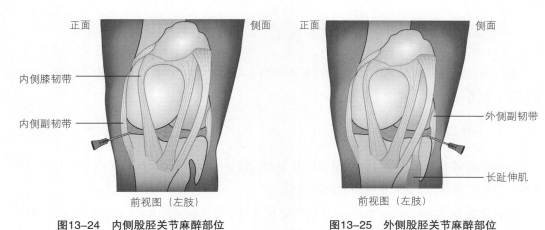

内侧膝韧带

内侧副韧带

外侧副韧带

长趾伸肌

前视图（左肢）　　　　　　　　　前视图（左肢）

图13-24　内侧股胫关节麻醉部位　　　图13-25　外侧股胫关节麻醉部位

50.8mm×18G（51mm×1.2mm）规格针头注射20mL局麻药。

第三节　影像诊断技术

在体格检查和必要的局部镇痛发现明显异常部位之后，常采用影像诊断技术进行诊断。X线摄像技术、超声波检查术和核闪烁扫描术在临床上都很常用，如今，核磁共振技术的使用也逐渐增多。

一、X线摄像技术

（一）X线摄像仪

现代便携式X线机可以为临床病例提供重要的诊断影像，其对于马四肢的绝大部分都能够有效摄像，尤其是在配合使用稀土增感屏使用时，也可对四肢近端部位进行摄像。

如果X线机能够产生比较高的管电流（如60mA），曝光时间就能缩短，从而减少马匹在摄影过程中活动导致摄像不清的情况。X线机的操作要简单、噪声小，管头要有足够的移动范围，从地面到脊柱、到头部都要能够达到。为了让X线准确对准目标部位，一块X线隔板是非常必要的。

（二）增感屏幕和胶片

稀土增感屏比传统的钨酸钙屏更敏感，需要的曝光时间短，可扩大低功率的X线机的性能。对四肢远端的拍摄，应使用高分辨率的稀土增感屏，以拍摄具体的细微结构。配有单一感光乳剂胶片的单屏片盒，摄影出来后的细节结构效果更好，但是需要的曝光时间也比较长。

（三）数字成像

数字成像系统不需要胶片及处理设备和耗材。与胶片相比，数码图像易于操作、保存和传递，而且图片细节可进一步改善。

（四）辅助设备

滤线栅能够有效减少射线的放射，尤其是对比较厚的四肢近端组织进行X线检查时（如肩部、脊柱、骨盆），能大量减少射线的放射。

片盒固定器（cassette holder）是在胶片曝光过程中用来固定片盒的。但对于腕部、跗关节和其他一些四肢远端结构，片盒是一定要用手亲自固定的。对蹄部进行X线检查时，片盒可以放在木盒内，但前提是木盒要能承受马的体重。有些部位摄像需要蹄部提起（如蹄的侧位拍摄），这时就需要用到垫高物。对肩部、脊柱和头部的拍摄，片盒可放在袋子内挂在吊瓶架上。

拍摄好的胶片要记录好日期、马主、患马身份、拍摄患肢、投射方向和拍摄内/外位。

（五）位置、中心和瞄准

拍摄的部位要尽可能贴近片盒，拍摄面要尽量与片盒面平行，这样图像才不会被放大或扭曲。需要将光束以目标部位为中心对准，比如，检查关节就把光束以关节为中心进行拍摄。光线要刚好覆盖检查部位，不能超出片盒范围，否则成像就不完整。按照上述操作既能有效提高X线使用的安全性，又能提高拍摄质量，减少不必要的X线放射。

（六）曝光因素

根据对特定X线机和胶片/屏固定组合的了解和经验，制作一份曝光程度的图/对数图，作为参考，对临床上持续获得高质量的X线片非常有用。尽可能多地将影响X线拍摄质量的各种因素标准化，包括胶片、屏、机头胶片距离、相关显影方法和材料。这样在进行X线拍摄时，唯一需要考虑的就只有马匹体型大小这一个变量了。

（七）X线检查前的准备工作

对马匹的保定程度要根据马匹的脾气和X线拍摄要求所需，对于大多数马来说，徒手抓住笼头、加上嚼子保定就已经足够了。对于反抗剧烈的马，可以采用镇静药物保定，用地托咪定或与布托啡诺联合使用可以有效使马镇静。保定一定要确实，以保证能安全、快速地拍摄到高质量的X线片。尤其是要保证马在拍摄过程中不要活动，否则会影响拍摄质量，而且还可增加操作人员和马对X线的暴露。

被毛上的泥尘，尤其是马蹄上的尘土，会在X线片上留下阴影，对拍摄结果造成干扰。因此，在拍摄X线前，要先对拍摄部位进行刷洗。蹄铁要先拆除，彻底冲洗蹄底，刮去蹄底表面的角质层，在蹄叉沟槽里填满与软组织密度相同的物质（如软皂、橡皮泥等）。

（八）操作人员

所有参与拍摄X线的人员都要穿防护服，其他不参与的人员要离场。经常参与拍摄的人员要带监控卡。所有参与拍摄的人员都应清楚自己负责的工作和整个拍摄的步骤，以及如何保证拍摄安全、快速地进行并得到理想效果。

（九）X线投射

马的骨密度大、骨头厚，这使得覆盖在骨头上的一些细微的病变很难被发现。当进行"地平线"切入点拍摄时，可检查到许多存在于骨骼边缘的异常。

X线照相技术是将马匹三维立体的形态以二维照片的形式显示出来。因此，要把所有病变完全检查出来，至少要从两个角度进行拍摄。这也反映了对马四肢疾病进行X线诊断时，多重投射的必要性。一般来讲，对一个部位的拍摄包括正位和侧位，对于远端关节的拍摄，还需拍摄两个45°角的斜位。

在对马肢蹄任何区域进行拍摄时，投射的次数并没有限制。对X线投射方法的选择并没有严格的规定，如：对某些部位的拍摄应采用某些常规投射方法；而在某些特殊情况下，对某些部位采取特殊拍摄方法。在某种程度上，这些拍摄方法只是操作者的个人习惯。在对每一个病例进行X线拍摄时，兽医要在以下两种情况中尽量平衡：尽量减少拍摄次数和尽可能地对可拍的投射角度进行拍摄。拍摄次数少可能会导致没有充分显示损伤部位情况或缺少某些部位的照片，而对每个部位都进行拍摄又浪费时间和金钱且增加辐射的暴露。下面的拍摄部位列表不是包罗万象，而是为了给大家提供一个指导，包括常规拍摄部位以及常用的其他特殊的拍摄部位。

在例行常规角度拍摄X线片后，再进行额外角度拍摄并不少见。稍微改变一下曝光参数或者斜位拍摄角度，以试图更清晰地显示X线片中已见到的/疑似的损伤。因此，从某种程度上讲，每一次的X线检查都是独一无二的，都是根据马匹具体情况而量身定做的，不一定拘泥于可实施的常规拍摄部位列表中。

（十）X线照相术语

为避免表达不准确而干扰拍摄，人们发明了一套描述X线照相操作的术语。背面和掌面（前肢）或跖面（后肢），这些是分别用来描述四肢的前面和后面的术语，适用范围包括腕骨和跗关节以下的部位。腕关节和跗关节以上的身体部位，用头侧和尾侧代替前面和后面。结合外侧、内侧、近端、远端，我们可以完整地概述出要进行的X线照相所通过的马匹的方位。下面的术语用于对四肢不同部位进行照相时的描述。

1．蹄部

侧位（LM）

60°近背－远掌斜位（D60Pr-PaDiO）（图13-26）。

a．聚焦蹄冠带上缘，平行入射，拍摄舟骨

b．聚集蹄冠带下缘，平行入射，拍摄远趾节骨

近掌－远掌斜位（PaPr-PaDiO）（屈肌视图）

可能其他视图还有：

背掌位（DPa）

D60Pr–PaDiO 或 DPa的斜位变化

2．系骨

侧位（LM）

背掌位（DPa）

外背－内掌斜位（DL-PaMO）（图13-27）

外掌－内背斜位（PaL-DMO）（图13-27）

掌骨/跖骨－趾骨（球关节）

侧位（LM）

背掌位（DPa）

外背－内掌斜位（DL-PaMO）

外掌－内背斜位（PaL-DMO）

可能其他视图：

关节屈曲的侧位

掌骨髁突不同"地平线（skyline）"视图

3．掌骨/跖骨

侧位（LM）

背掌侧位（DPa）

外背－内掌斜位（DL-PaMO）

外掌－内背斜位（PaL-DMO）

4．腕骨

侧位（LM）

背掌侧位（DPa）

外背－内掌斜位（DL-PaMO）

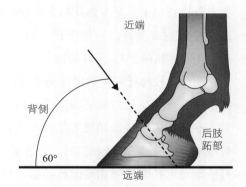

图13-26　60°角近背－远掌斜位投射（D60Pr—PaDiO）。舟骨与末端趾骨聚焦视图

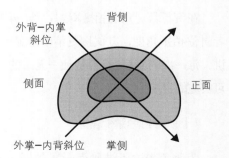

图13-27　系部的投射。背部-内掌-内背斜位（DL-PaMO）和外掌-内背斜位（PaL–DMO）

外掌-内背斜位（PaL-DMO）

关节屈曲的侧位（屈曲的LM）

背近端-背远端斜位（"地平线"位）（DPr-DDiO）（图13-28）

5．肘部

关节屈曲的侧位（弯曲时ML）

头尾位（CrCa）

6．肩部

关节伸展的侧位（ML）

内头-外尾斜位（CrM-CaLO）

7．飞节

侧位（LM）

背趾位（DPI）

外背-内趾斜位（PIL-DMO）

外趾-内背斜位（PIL-DMO）

其他可能的视图角度：

关节屈曲的近趾-远趾斜位（PIPr-PIDiO）

8．膝关节

侧位（LM）

尾头位（CaCr）

其他可能的视图角度：

变化的尾头位

近头-远尾斜位（CrPr-CrDiO）

9．臀部

腹背位

站立马匹盆骨的近远侧斜位视图

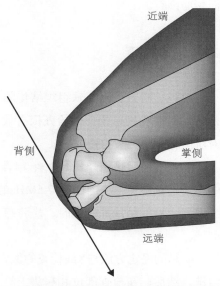

图13-28　腕骨的背近端-背远端斜位（DPr-DDiO）（"地平线"位）投射

（十一）X线片的解读

随着人们对马跛行的早期临床症状和情况了解得越来越透彻，人们发现一些临床表现很严重的或一些长期的跛行病例，X线片显示出来的病理变化并不明显，甚至没有变化（比如远趾间关节的病变就很难发现）。相反，一些在X线片下很明显的异常变化，马匹的临床表现并不明显，例如，蹄外侧软骨的高度骨化在临床上就没有明显症状。要做到对X线片的正确解读，需要有较好的X线解剖学知识，了解不同年龄、不同品种的马的X线图像差异，对于特定的异常现象需要知道可能相关的疾病或损伤。

良好的条件和X线设备有助于线片的解读。对X线片中过度曝光部分的评估需要读片灯和高亮光源。如果有一本健康动物的X线片解剖图谱，配合骨骼标本，能有效辅助解决X线片解读过程中的不确定性。单侧肢的病例可通过拍摄对侧肢相同部位的X线片进行对比，从而帮助诊断。

二、超声检查

超声诊断方法对于软组织结构的检查很有效，也应用于马肌肉骨骼系统的检查，尤其是对屈肌腱和韧带损伤的检查很有效。同时，超声检查也用在其他结构的检查上，例如，对肌肉和一些关节的检查。

临床上经常采用超声对掌骨/跗骨的掌跖侧肌腱和韧带进行检查。他们都是相对比较浅的组织，因此需要用到至少7.5MHz的高频探头。小的线阵探头在纵向观察上要比扇形探头要好。检查趾浅屈肌腱时，应将探头与马匹皮肤隔开，以便将其放在传感器发射的焦点区域。

病马的保定方法与X线检查的保定方法相同。准备工作包括检查部位皮肤的剃毛和彻底清洗。然后，在检查部位和探头上涂上声音耦合凝胶，使超声波能顺利穿过皮肤和探头之间的间隙。

对掌骨的掌面或跖骨的跖面进行超声检查时，其横断面和纵切面都要进行扫描。对于一些独立的结构要先找出来，如趾浅屈肌腱、趾深屈肌腱、趾深屈肌腱上端（下咬合韧带）和悬韧带（图13-29）。

每个结构都要观察它们的大小、形状、位置、回声强度和边缘轮廓。手握探头按压在皮肤上，稍微调整探头角度和压力能显著改变图像效果。所以，在检查中要多变换不同的角度和力度，依次得到各个结构的最佳成像，因为，单一的角度并不能看到所有结构的最佳成像。条件允许的情况下，打印有用的超声检查图像，或以数码照片的形式永久保存在档案里。保存时要记录好马和马主的身份、日期、扫描的四肢与水平。

如发现任何异常都应重复观察，以确认异常的真实性。有些看似异常的地方在探头变换角度后就消失了，这通常是一些假象，并非真病变。同样，与对侧肢相同部位进行对比也有助于对病例超声影像的解读。

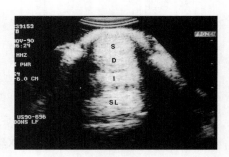

图13-29　健康马匹趾浅（S）和趾深（D）屈肌腱的超声图像

该超声图像见于第三管骨近端。另外，图中可见下咬合韧带（I）和悬韧带（SL）。

三、核闪烁法

这项技术的原理是利用一些放射性原子能，特异性结合于机体的某个系统或病变部位，在特定时间，用检测仪器检测出放射性同位素的分布情况，从而为诊断提供指导依据。

在骨骼系统的检查中，最常用的同位素是锝99m。它的半衰期为6h，会放出140keV的γ射线，它通常与亚甲基二磷酸盐连接，形成锝-99m亚甲基二磷酸盐（Tc99m-MDP）。Tc99m-MDP被骨矿物晶格吸收，吸收的浓度依赖于特定部位骨的转化率。无论是生理性的还是病理性原因，骨骼中骨转化比例高的部位，都会出现同位素聚集增多的现象，从而导致该部位γ射线比其他区域强。

放射性药物通常都从静脉注射，然后3h后再扫描观察。早期扫描有助于观察同位素在血管和软组织的分布。如果前期检查已经初步确定了病变位置，那么早期扫描就更加有意义。Tc99m-MDP通过尿道排泄，这对于成像效果和放射线的安全都很重要。膀胱中及排出的尿液中会含有很高浓度的同位素。

核闪烁法在检查相对急性的骨骼损伤时可能最有效，这种骨损伤的早期通过其他方法都很难确定，如应激性骨折。一些慢性的疾病如关节退化症和肌腱末端病（肌肉和韧带附着处病理学），也有可能在注入同位素后显示同位素分布的差异，但这些差异比较细微，很难判断解读。

四、核磁共振（MRI）

在过去十年里，核磁共振越来越多地被用于马的四肢远端的成像检测。目前，无论是在需要全身麻醉才能进行的高位检查，还是只要马站立就可以完成的低位检查，MRI都得到了广泛应用。对于四肢疾病，MRI主要用于腕骨和跗关节以下部位的检查。MRI可对目标部位进行多横断面成像，并将其重组形成三维图像。按顺序使用不同的无线电频脉冲和T1或T2比重，能够突出不同组织或局部病理变化。MRI可检测出的病变包括骨骼水肿、坏死、炎症、骨小梁微损伤和纤维变性，以及肌腱、韧带损伤和软骨损伤。在研究马蹄内部变化方面，MRI比其他方法更有效，因为其能排除因蹄匣原因而难于（如超声）检测的弊端。蹄的骨和软组织病变，包括趾深屈肌腱、孤韧带和关节软骨，以前一直没有很好的方法检查，现在MRI都可以很好地展示出来。不过MRI仍然受到如下限制：身体高位检查需要全身麻醉、四肢下位的检查受马活动影响，以致成像模糊、安装昂贵、结果获得和解读时间较长。未来十年MRI技术的发展是要增加其在跛行诊断中的进一步应用。

五、关节内窥镜诊断

关节内窥镜可以直接检查关节和腱鞘的滑膜腔。因此，这种方法能够有效评估软骨表面、关节膜和关节腔内韧带的情况，这也是其他检查方法所不能做到的。

该方法的缺点和局限性，首先是必须要全身麻醉而导致的风险和较大开支。其次，虽然采用该方法可检测的区域范围持续扩大，但其评价意义仍有限，因为毕竟任何内窥镜检查都不可能对关节无任何损伤。

尽管有这些缺点，该方法仍然是一种有效的辅助诊断方法。尤其通过关节内镇痛可发现关节疼痛部位，而使用其他方法检查却未找到原因的情况下，使用内窥镜进行镜检特别实用（如腕或股胫关节韧带损伤）。

第四节 蹄 叶 炎

在本章的前面提到过蹄叶炎，但仍需另立一节对其进行描述。急性蹄叶炎需要立即诊断，并进行及时治疗；否则，与蹄壁分开的蹄叶会诱发蹄内的蹄骨移位。患垂体瘤［垂体中间部机能障碍（马库兴氏病）］的马匹中，患蹄叶炎的比例非常大。

一、急性蹄叶炎的症状

该病的临床症状随损伤程度而变化，损伤严重程度可从轻度复发性至重度进行性呈现不同等级。在严重的病例中，蹄骨甚至与蹄壁分离。可通过如下临床症状对急性蹄叶炎进行总体诊断：

- 马匹不愿走动，或持久卧地不起。
- 通过站立姿势可发现马试图用蹄踵承重以抵消蹄骨前方大部分蹄叶与体壁分离而引起的疼痛。该站立姿势马重心向后腿移，站姿严重向后靠。若马前蹄患蹄叶炎，身体的负重会移至后肢，形成典型的"向后倾斜"的站姿；若四蹄都患病，马身体重心移到背中部区域，表现为背部拱起的站姿。
- 行进过程中，马的步幅会缩短，马蹄划过的弧度也会减小。马蹄落地时，表现为典型的总是蹄踵先着地的现象。
- 在患肢球节后部的近侧，籽骨处可触诊到脉搏增强（图13-30）。
- 疾病早期，蹄冠和蹄的上部触感温度升高，不过该症状并不可靠。
- 急性发病时，24～48h内，在马蹄内的蹄骨可发生移位，以致出现更明显的症状：
- 如果蹄冠背侧面的形状从正常的凸起变成了凹槽，很可能是蹄骨拖拽着肉冠移位了。这种蹄骨远端移位通常称为蹄叶炎。如果蹄冠线在背侧连带蹄踵和蹄中部上部位都出现凹陷，那么就有可能是蹄叶层间连接处与蹄壁分离了，并伴随蹄骨整体移位。

- 大量的蹄叶渗出物上行，从蹄冠前沿漏出。
- 蹄叉前端蹄底的质地变软，意味着马的重力作用在移位的蹄骨上，蹄骨对蹄底软组织造成冲击，导致软组织坏死。严重的病例会出现蹄底直接被穿破，可见外露的蹄骨。

这些变化的发展速度和严重程度，在不同病例上是非常不同的。有些急性蹄叶炎患马，在24h内就可出现蹄骨移位。因此，应将急性蹄叶炎作为急症病例对待。慢性蹄叶炎进程缓慢很多，恶化需要数周或数月。对于疼痛将超过48h的急性病例，应拍侧位X线片，对蹄骨的移动进行评估。

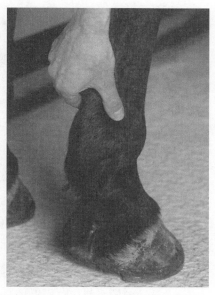

图13-30　将拇指放于球节的近侧籽骨上进行趾动脉脉搏的触诊

二、蹄叶炎的 X 线检查

一张有诊断意义的X线片，可反映蹄骨与蹄壁和蹄底之间的关系，从而判断蹄骨是否偏离正常位置。蹄部侧位视图，需要标出蹄壁、蹄叉对蹄骨底以及地面的相对位置。

获得如上效果，需要用一块木块把马蹄垫高约离地8cm，蹄的踩踏面放上钢丝，以作为地面参考。

对蹄底和蹄叉进行轻度修整，除去多余或突出的角质层。然后用已知长度的不易弯曲的钢丝标识出背侧蹄壁的轮廓。把铁丝固定在蹄壁背侧角质层由硬变软的位置（图13-31）。因钢丝长度已知，可以用来计量X线片中组织的长度，X线片中的图像也不至于被放大而失真。依此方法，蹄骨移位的距离就可以测出来并与之后的X线片进行比较。

蹄叉顶点相对蹄骨底的位置可以通过下面这个方法判定：在蹄叉顶部后方插入一根剪短的大头针，置

图13-31　采用X线对蹄叶炎进行评估前，将标志性金属丝放置于背侧蹄壁上

于蹄叉顶点后约2cm；在X线片中，用记号笔沿着蹄底画线，该线与大头针的针头沿线交叉点即是蹄叉顶点的位置；从而确定患马蹄部蹄叉顶点相对蹄骨底的位置。该位置对于是否对患马安装"心形"蹄铁进行治疗具有特别的参考价值。

X线照相时，马腿要负重站立，这通常需要把马对侧腿抬起才能实现。光束要平行木块的顶部垂直于腿进行照相。

注释

- 健康蹄的指骨是呈一直线的，钢丝标识的蹄前壁与蹄骨前面是平行的。通常，铁丝的顶端就在伸肌突的蹄骨最顶端的上方（图13-32）。

- 蹄骨移位可导致钢丝上端与蹄骨最顶端的距离（蹄骨移位距离）增加，蹄骨的前部与标识的钢丝也不再平行（图13-33）。若蹄骨与第一、第二趾骨不呈一线，很可能是因为趾深屈肌腱的拉力作用，该现象通常称为蹄骨转位。有些极其严重的病例，整块蹄骨严重移位，铁片顶端到蹄骨前面顶端的垂直距离大大增加，蹄骨头接近蹄底，有些直接压在内侧蹄底角质层上，甚至可在蹄底看见凸起。

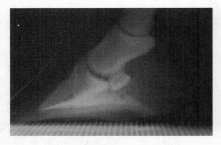

图13-32　X线照片显示标志性金属丝与
健康蹄骨的关系

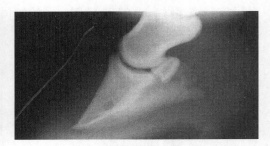

图13-33　X线检查显示蹄骨移位

标志性金属线与蹄骨前壁不平行。而且，蹄骨伸肌突位于金属丝顶端的下方。

三、慢性蹄叶炎的症状

有些蹄部的典型病变与马的慢性蹄叶炎有关：

- 蹄踵、蹄头和蹄侧壁生长比例失调。这是因为在急性蹄叶炎阶段，蹄壁背侧的血液供应受到移位的蹄骨的压迫，以致该区域蹄壁的生长速度与蹄踵部蹄壁相比，较缓慢。

- 蹄壁生长异常，蹄轮发生改变，与健康蹄壁的蹄轮不同，患马的蹄轮由两侧蹄踵部蹄壁发出，并于蹄头部蹄壁汇合。

- 观察蹄底，由于蹄头处蹄叶与蹄壁分离，导致蹄白线变宽。蹄头部蹄壁自蹄冠处开始异常生长，以致慢性蹄叶炎患马蹄前壁呈现"卷曲"状外观。

- 慢性蹄骨移位导致正常的内凹形态消失，呈现平的甚至凸起的形态。

- X线检查呈现各种差异，见上述"蹄叶炎的X线检查"。

第五节　肌　病

马最常见的肌病是运动性横纹肌溶解症，又名"氮尿症"（azoturia）、"马厩病"（set fast）、"强拘综合征"（tying up）、"周一病"（Monday morning disease）。横纹肌溶解症是一种综合征，有遗传倾向，也可能是后天获得性的，如运动过度。一些潜在的肌病与横纹肌溶解症也有关联，包括复发性横纹肌溶解症、多糖贮积性肌病和特发性慢性横纹肌溶解症。

其他的肌病和相关的一些疾病包括：梭菌性肌炎、麻醉后肌病、非典型肌红蛋白尿症、周期性高钾血症导致的麻痹瘫痪、肌肉营养不良、糖原分支酶不足、肌强直性营养不良、线粒体性肌病、恶性高热和免疫介导性肌炎等。

一、急性运动性横纹肌溶解症

本病病史通常是马匹在运动量下降后突然运动或在碳水化合物饲料并未减少的同时进行运动。多在训练中突然发病，影响马的正常步态。症状为后肢僵硬、马表情痛苦、步态蹒跚，严重时表现虚脱。临床检查表现为臀部和腰肌坚硬和疼痛。

诊断

- 通过临床症状加之原先的运动状况，很容易确诊。应与蹄叶炎、疝痛、破伤风、脊柱和骨盆骨裂、髂动脉血栓等进行鉴别诊断。
- 马心跳加快、流汗、精神沉郁。
- 血清中肌酸激酶和天冬氨酸氨基转移酶浓度升高，导致肌肉细胞退化。
- 严重患马由于释放呼吸性色素肌红蛋白（肌红蛋白尿）而使尿液呈红色至暗棕色。

注释

- 马的康复情况可通过监测血清肌酶进行有效判断。当马不再表现出临床症状时，可以进行少量、连续而规律的运动。注意将马匹的营养控制在较低水平。
- 导致尿液变色的原因有血尿和血红蛋白尿。血尿的尿样经过静置或离心后，可检查出红细胞。但是，血红蛋白尿和肌红蛋白尿的尿样经过静置或离心后，未能检出红细胞。这是因为溶血导致血红蛋白尿。若将血液样本沉淀几分钟，则血浆呈现红色（血红蛋白血症）。相反，患有横纹肌溶解症的马匹，即使有肌红蛋白尿，血液样本静置后也不会出现血浆变红。
- 肌红蛋白尿表明体循环中的肌红蛋白水平过高，这对肾脏有潜在的损害。若患马持续出现肌红蛋白尿，则应检查血清尿素和肌酐浓度，并将尿液细胞学检查作为肾衰竭指标，不失为明智的做法。

二、复发性运动性横纹肌溶解症

复发性运动性横纹肌溶解症是指一种由纯种马异常的钙调节引起的疾病。不应该认为所有的纯种马都常出现该病，但其临床症状和诊断与急性运动性横纹肌溶解症很相似。在马匹运动前和运动后（20min的适度运动）6h对血浆中CK和AST进行检测具有指示作用。若运动后CK值比运动前增长两倍或更多则提示为该病。

三、多糖贮积性肌病

多糖贮积性肌病是一种最初发生在夸特马和相关品种马匹的遗传性运动性横纹肌溶解症。后来，各种其他品种的马匹也发现该病，他们包括挽马、矮脚马和温血马，但没有关于纯种马发病的相关报道。该病的临床症状包括：肌肉疼痛、僵硬、运动不耐受以及运动后不愿活动等。较为少见的症状包括：步态异常、虚弱、背部疼痛和肌肉萎缩。血浆CK和AST活性可能出现少量或者显著升高，采用运动试验对其进行检测可能较适用。明尼苏达大学采用聚合酶链反应（PCR）对大量患马的毛发根部或EDTA抗凝血进行DNA检测发现，该病主要是由遗传性糖原合成酶（GYS1）突变所致。但有证据表明突变型GYS也在正常马匹内存在，因此肌肉活组织检查是必需的。

肌肉活组织检查对于所有形式的肌肉疾病和运动性横纹肌溶解症或多糖贮积性肌病都是适用的。半膜肌首选手术切口进行活检，而臀中肌首选穿刺活检。但是，处理肌肉组织病理切片是很专业的技术，因此，活检最好由从事这方面的专家进行（见"拓展阅读"）。

四、梭菌性肌炎（恶性水肿）

这是一种肌肉发生急性、严重性、坏死性炎症的疾病。该病可在局部肌内注射后几小时内发生。注射药物或皮肤被厌氧细菌（通常是梭状芽孢杆菌）污染是该病的可能性病因。症状包括肌肉疼痛、肿胀、触诊有气体捻发音，或者在超声图像上形成阴影。可能有明显依赖性水肿和全身性休克症状。该病的诊断基于病史和临床症状。患部肌肉抽吸样本进行革兰氏染色，可发现产芽孢且厌氧的革兰氏染色阳性杆菌。

五、麻醉性肌病

该病是一种少见的全身麻醉并发症。麻醉期间，马的体重依赖于身体下部肌肉组织的支撑，使该部分肌肉组织因血液灌注减少而致肌炎。术后局部肌肉肿胀、疼痛，常引起患肢的残疾。全身麻醉后卧地不起以及血清肌酶浓度升高等临床症状具有诊断意义。

六、非典型肌红蛋白尿症

非典型肌病是一种侵害放牧马和马驹的急性、后天性、严重疾病（通常是致命的）。人们认为它是由环境中的毒素所引起。大多数情况下，在秋天或初冬，马群中会有几匹马发病。临床症状包括肌无力、长卧不起、肌红蛋白尿、心动过速，有时伴有心律失常。即使进行强化治疗，大约90%的患马仍会在48h内死亡。

诊断

血清肌酶浓度明显升高通常会出现高甘油三酯血症。

肌肉活检（见"进一步阅读"）可见广泛肌坏死和肌质油脂积聚，并伴有高比例的1型纤维很容易调查到变色尿液（血尿和血红蛋白尿）的发生原因（见上述"急性运动性横纹肌溶解症"）。

七、高钾血症周期性麻痹

高钾血症周期性麻痹与α亚单位骨骼肌钠离子通道的显性遗传突变有关。该病见于某些夸特马和一些其他品种的马，这些马的谱系与患蹄叶炎的种马有关。临床症状包括短暂性肌强直，伴发肌肉震颤和肌无力，有时出现喉麻痹以致呼吸困难。患马可能伏卧不起。通常，发作期间，出现血清高钾。在发作期间或间歇期，肌电图（EMG）呈现假性肌强直电位。患马往往肌肉组织发达、过度肥大。在美国可用基因测试对DNA进行检测。

八、肌肉不良（白肌病）

肌肉营养不良是反刍动物、马和猪发生的一种非炎性、退行性骨骼和心肌疾病。此病在全世界缺硒的地区都是很常见的，可能同时患有维生素E缺乏。硒是抗氧化酶谷胱甘肽过氧化物酶的一个重要的辅助因子，其与维生素E一起发挥生物抗氧化剂活性。

硒缺乏常见于年轻或快速增长的动物。有时发生急性心脏病，并迅速发展为心血管性虚脱，或以深度肌无力为特点的隐性、亚急性骨骼肌疾病。

诊断

年轻马匹的如下临床症状具有诊断意义：吮吸无力、虚弱、站立困难、易摔倒。急性病例，通常出现心动过速和呼吸增强的症状，马驹可能死于心脏和循环衰竭。

血清肌酶浓度升高反映病变在骨骼肌和心肌上。

肌肉活检（见拓展阅读）

尸体检查时，肌肉呈现广泛的苍白或白色条纹状。

通常，全血（肝素化）谷胱甘肽过氧化物酶活性下降。

九、糖原分支酶不足

这是一种致命的多系统常染色体隐性疾病，常侵害夸特马胎儿和新生幼驹，导致流产和胎儿早产死亡。症状包括长卧不起、虚弱、抽搐、弯曲畸形和心脏衰竭。白细胞减少并伴有肝脏和肌肉酶浓度升高可作为诊断本病依据。肌肉活检呈现异常的支链淀粉蓄积。可通过对GBE1基因突变的DNA检测进行确诊。

十、肌强直性营养不良

这是一种生于各品种马匹的与肌肉异常挛缩有关的罕见病症。常见于青年马，它们通常拥有发达的肌肉系统，可能出现肌肉组织弯曲挛缩。通常，患马出现肌肉酶活性中等程度的升高，表现为各种内分泌异常。该病可通过肌肉活组织检查和肌电图确诊。

十一、线粒体性肌病

这种罕见的状况见于一匹运动表现不佳的阿拉伯马，在轻微运动后，其血清乳酸浓度显著升高。该病的诊断呈高度专业化，涉及肌肉线粒体酶活性的测定。

十二、恶性高热

恶性高热是该病的临床症状，其可能由卤化吸入麻醉剂、去极化骨骼肌松弛药所引起，应激或运动有时也会引起该病。该病的总体症状是体温迅速升高（通常＞43℃）、大汗淋漓、心动过速、呼吸急促、心律失常、横纹肌溶解和肌肉僵硬、肌红蛋白尿，病死率高。有报道表明，患病夸特马存在兰尼碱受体（RYR1）骨骼肌钙离子释放通道变异。该病的诊断依据临床症状和DNA的PCR检测。

十三、免疫介导性肌炎

这种相对罕见的疾病通常发生在夸特马。其表现为背部和臀部对称性肌肉组织萎缩，血清CK和AST浓度明显升高。许多患马有马链球菌感染病史。该病通过肌肉活检确诊。

第六节　临床病理学

一、血液学

在肌肉骨骼疾病的诊断中，血液学的应用很有限，其主要用于非特异性炎症的诊断。在炎性疾病中，白细胞总数可能上升。血浆纤维蛋白原或血清淀粉样A蛋白浓度增加提示炎症或感染。

二、血清肌酶

马匹骨骼受伤后，其骨骼和心肌细胞可释放酶到血液循环中。可对血清肌酶的浓度进行检测，一般来说，损伤的严重程度与血中肌酶密切相关。

最常监测的两种血清肌酶是AST和CK。AST存在于所有细胞的线粒体和细胞液中，尤其在肝脏、心脏和骨骼肌细胞中富集。

因此，血清肌酶浓度的增加可能由多种形式的软组织损伤引起。但是，其肝、心脏或骨骼肌发生损伤时，增加明显。相反，CK主要存在于心脏和骨骼肌，其可视为肌肉特异性酶。

健康马匹过度运动后，这两种酶在循环中的浓度都发生生理性增加。AST浓度峰值出现在运动后24～48h，并在10～21d内恢复到正常范围。CK浓度在4～6h后达到峰值，并在3～4d内恢复正常范围。这些生理变化可达其正常浓度值上限的4倍，但是，在肌病情况下，其浓度可增加十至数千倍。这些酶的持续性高浓度提示肌病，酶浓度会一直保持在高水平，直至损伤得到修复。

对复发性运动性横纹肌溶解病例，应在运动前、后分别测血清肌酶的浓度。患马的运动应该模拟其目前健康状况情况下每日正常的高强度劳作进行。健康马匹的样本应在运动前以及运动后6h和24h采集，随后将其生理值的变化与前面所述进行比较。血清肌酶浓度大幅度增高，且在运动后数天一直持续不下，则与横纹肌溶解症状一致。

三、硒与维生素 E

硒是一种非常重要的矿物质元素，其新陈代谢与维生素E紧密联系在一起。维生素E的功能是防止机体内的硒被氧化。尽管硒的缺乏会引起多种动物的肌病，但是，并无确切证明硒的缺乏会引起马出现该病，除了单一病例报道马的硒缺乏引起营养不良性肌肉萎缩外。

血液和肝中的生育酚浓度能为机体维生素E状态提供重要信息，但是其浓度很难检测也不常进行。若马体内硒的含量较低，则认为其缺乏维生素E。

在红细胞生成过程中，硒会进入红细胞内谷胱甘肽过氧化物酶中。已经证明，在马的血液和组织内，硒的含量与谷胱甘肽过氧化物酶的活性呈正相关。因此，谷胱甘肽过氧化物酶是日粮中的硒和/或服硒反应的一种灵敏的指示剂。然而，服硒引发谷胱甘肽过氧化物酶活性升高的反应需要5～6周的时间才能检测出来。对机体内谷胱甘肽过氧化物酶的评价，需要采集肝素抗凝血液进行送检。

马驹谷胱甘肽过氧化物酶的活性可反映母马怀孕期间对硒的吸收量。

四、血清学

（一）布鲁氏菌病

布鲁氏菌病在马中很罕见，最常见的病原是已经被成功根除的牛流产布鲁氏菌。

随着牛布鲁氏菌病在英国被成功根除，很多科学家都将目光转移到马布鲁氏菌病的根除。

马布鲁氏菌病的临床表现也有了显著的变化。其表现为化脓性棘上黏液囊炎（马的甲瘘）和枕叶黏液囊炎（马的头顶疮），以及关节和腱鞘症。该病的全身症状表现类似于人的布鲁氏菌病，其典型症状为体温波动（波状热）、全身性强直和嗜睡。

目前，识别诊断马布鲁氏菌病很难。但是，对与滑膜炎症有关的转移性跛行以及全身性强直的病例，进行布鲁氏菌的检查是很有必要的。在蜱流行区内，有上述临床症状的马匹应做莱姆病的血清学调查（见下文）。

诊断

对循环血中抗体的血清学确诊，仍需通过商业化兽医实验室或官方实验室，定期安排进行检测。血清凝集试验（SAT）阳性具有一定的临床意义，但仍需更加精确的抗体检测系统进行检测才能确诊，如补体结合试验（CFT）和库姆斯试验。

值得注意的是，马匹即使不表现相关临床症状也有可能出现SAT滴度呈阳性。如下情况可确诊马匹的布鲁氏菌抗体阳性：高SAT滴度且CFT和库姆斯检测结果阳性，或者3～4周后SAT滴度仍上升。

（二）莱姆病（莱姆疏螺旋体病）

莱姆病是由伯氏疏螺旋体引起的蜱媒传染病。人们对人和犬莱姆病的特点已很清楚，但该病在马的重要性仍不清楚。在英国，对马莱姆病的血清学调查表明，马匹伯氏疏螺旋体的无症状感染可能非常普遍，尤其在有蜱流行地区。但是很少发现马匹有相关的临床症状。

在美国，有报道表明马伯氏疏螺旋体感染与各种临床症状相关，如关节炎、肌炎、体重减轻和发热。在英国，对很多发热和/或蜱叮咬有关的无痛跛行病马的血清学调查表明，这些马存在莱姆病抗体阳性。但是，由于很多临床健康的马匹也呈现该病抗体阳性，所以很难证实患马为伯氏疏螺旋体感染。

在临床实践中，几乎无法在疑似病例中证明该病原体的存在。通常，该病的病原体培养非常困难，尽管PCR可检测伯氏疏螺旋体DNA的存在。因此，诊断仍依赖准确性并不高的血清学检测。商业性实验室提供酶联免疫吸附试验（ELISA）。

注释

- 伯氏疏螺旋体滴度上升并不表明马匹感染该病。
- 其他疾病抗体的交叉反应会干扰检测的特异性。

五、滑液样本

对于采集单一关节内滑液样本的关节穿刺术的操作步骤，在前面"滑膜内镇痛"中已做过介绍。与滑膜内镇痛相同，在进行关节穿刺取样操作时，应注意马匹的适当保定和注射部位的谨慎消毒。滑液样本一般通过消毒针头和注射器进行抽取。

（一）大体外观

滑液一般呈黄色、黏着、透明状。若滑液呈现变色（如带有血液）、不透明或浑浊、黏度降低或者呈凝固状，则提示异常。新创或感染会明显影响滑液的大体外观。其他关节疾病不会对滑液的大体外观产生明显的影响，如骨关节炎。

（二）实验室检测

1．细胞学检查

白细胞总数和白细胞分类计数非常实用；尤其是对脓毒性关节炎和腱鞘炎的诊断。

正常值：0.2×10^9 个/L；中性粒细胞、淋巴细胞和单核细胞 <10%。

创伤：$(0.5 \sim 10) \times 10^9$ 个/L；中性粒细胞比例上升。

退行性关节疾病：$(0.5 \sim 1) \times 10^9$ 个/L。

感染：$>10 \times 10^9$ 个/L；中性粒细胞 >90%。

2．总蛋白检测

正常值：$10 \sim 20g/L$

炎症：20～40g/L

感染：＞40g/L

3．病原体培养和革兰氏染色

样本应放在一个密闭的、无菌容器中送检，以利于厌氧微生物的存活。另一种更好的方法是将样本接种在一种商业化的可支持需氧和厌氧微生物的培养基中。样本的采集和接种必须在无菌条件下进行，以防止样本污染。

大约50%的脓毒性滑膜炎病例，在滑液中找不到任何一种微生物，主要是因为细菌附着于滑液囊壁上或患马采样前使用过抗生素治疗。采用优质肉汤培养基，同时送检需氧和厌氧培养的样本、采集滑液囊活组织进行细菌培养，这样可以获得高的细菌培养率。

4．软骨退化的标志

滑液分析最主要的缺点是无法诊断软骨损伤。对过滤后的滑液进行分析，存在软骨碎片则视为骨关节炎的标志。但是，这项技术已被证实一致性较差。更有前景的骨关节炎的生物化学标志正在调查研究中，如蛋白多糖和骨胶原蛋白的降解。

拓展阅读

Butler J A，Colles C M，Dyson S, et al. 2008. Clinical radiology of the horse, 3rd edn. Wiley- Blackwell, Oxford.

Ledwith A, McGowan C M. 2004. Muscle biopsy: a routine diagnostic procedure. Equine Vet Educ 16(2): 62-67.

McIIwraith C W, Trotter G W (eds). 1996. Joint disease in the horse. Saunders, Philadelphia.

Piercy R J, Rivero J L. 2004. Muscle disorders of equine athletes. In: Hinchcliffe K W, Kaneps A J, Geor R J (eds) Equine sports medicine and surgery. Saunders, Edinburgh, 77-110.

Reef V B. 1998. Equine diagnostic ultrasound. Saunders, Philadelphia.

Ross M, Dyson S (eds). 2003. Diagnosis and management of lameness in the horse. Saunders, Philadelphia.

Stashak T S (ed). 2001. Adams' lameness in horses, 5th edn. Lippincott Williams & Wilkins, Philadelphia.

第十四章

神经系统疾病

第一节　神经系统检查

神经系统检查的目的是确定神经系统是否存在疾病。如果存在，那么就需要经过系统全面的临床检查找到受损部位。通过对主人的询问，了解马的临床病史以及疾病发生时的状态。注意区分原发性神经系统疾病和继发性神经系统疾病（如肝性脑病引发的肝衰竭）。多数情况下，检查采取从头到尾的顺序。

一、头和脑神经

在马匹休息或接受检查时仔细观察其行为。需特别注意马匹的异常行为，尤其是不断重复的动作。精神状态包括马匹的兴奋和急躁的特征，但它也可能因全身性因素改变，如疲惫、疼痛和虚脱等。异常的行为或精神状态，如头部疼痛、转向或无目的的转圈运动，通常和脑部机能障碍有关。

脑神经检查能够评估脑干和传入、传出神经的反射通路，以及涉及的外周脑神经的反应情况。根据脑神经解剖学特征给这些神经分别进行编号，这样就可以系统科学地来对脑神经进行评价。详情见表14-1。

（一）第一对脑神经：嗅神经

嗅神经通常和嗅觉有关，临床上很少检测到其有缺陷。马对熟悉的味道会表现出积极的反应，例如，主人的手，或是盛有食物的手。而对不熟悉的味道则表现出一种消极的反应，例如，将马眼睛遮住后进行的拭抹酒精评估法。

（二）第二对脑神经：视神经

视神经承担图像的传入。可将马置于普通的环境中来评估它的视神经功能，或者是鼓励马匹进行跨越障碍（放置在室内的稻草）训练。单侧的损伤可以通过遮住其中一只眼睛来进行评估。另外还可以通过制造一种带有威胁的恐吓反应来进行评估，但是不能接触马匹。且这项检查对新生幼驹无用。操作时要注意避免产生气流，否则容易被视觉受损的马感受到而影响评估结果。正常的恐吓反应包括突然闭合马的眼睑和偶尔移动马的头部，观察头部其他器官的功能，包括身体同侧的眼球、视网膜、视神经和视交叉，以及对侧的主要光纤束、外侧膝状体核、视辐射和大脑枕叶皮质。矫正方法涉及小脑。传出通道是同侧面神经的分支，瞳孔光反射可通过一束亮光进入每只眼睛后进行评估，最好是在黑暗的环境中进行检查。正常的反应是瞳孔同侧和对侧反射性收缩，但是对侧的反射性收缩更难评估。更详细的信息，包括全眼科检查将在第十五章眼部疾病中描述。

（三）第三对脑神经：动眼神经

动眼神经主要支配瞳孔括约肌和眼外侧肌（不包括背斜肌和眼外直肌）的运动。该神经受损，通常不会影响视力，但会产生瞳孔散大。另外，当将光线直接对准受影响的眼睛一侧时，瞳孔光反射会消失。同时，将光线对准对侧眼睛时，对侧瞳孔光反射也会消失。第三对脑神经的损伤会导致腹外侧区斜视。然而，当检查一匹正常马的头部时，轻度的腹外侧区斜视也可视为正常。

表14-1　脑神经功能和临床检测一览表

脑神经	名称	功能	临床检测	正常反应	异常反应
第一对	嗅神经	嗅觉	刺激	马嗅闻	无反应
第二对	视神经	视觉	恐吓反应	眼睑闭合	眼睑不闭合
			瞳孔对光反射	瞳孔收缩	瞳孔不收缩
			障碍训练	马绕开障碍物	马没有绕开障碍物
第三对	动眼神经	瞳孔收缩	瞳孔对光反射	瞳孔收缩	受影响的眼没有反应，正常眼瞳孔收缩
		眼外肌	眼位观察和头部移动	正常眼的位置	腹外斜视散瞳
第四对	滑车神经	背斜肌	观察眼位	正常眼的位置	背内侧斜视
第五对	三叉神经	头部感觉	刺激头部皮肤	行为回避反应	无反应
			眼睑反射	眨眼	不眨眼
		咀嚼肌运动	下颌颜色和观察肌肉的匀称性	张口困难	下颌松弛和肌肉萎缩
第六对	外展神经	外直肌	观察眼位	正常眼的位置	内斜视
第七对	面神经	支配面部肌肉，支配泪腺和某些唾液腺	观察面部对称性	耳朵和嘴唇运动	耳朵下垂，口偏移，不眨眼
			角膜反射	眨眼	无反应
			眼睑反射	眨眼	无反应
第八对	前庭耳蜗神经	听觉	击掌	行为反应	无反应
		前庭系统	观察眼位和移动头部	正常眼的位置	特发性或位置性眼球震颤，头部倾斜
			遮住眼睛	正常步态	前庭症状加剧
第九对	舌咽神经	咽的感觉或运动	呕吐或吞咽反射	吞咽	没有吞咽动作

（续）

脑神经	名称	功能	临床检测	正常反应	异常反应
第十对	迷走神经	咽和喉的感觉或运动	呕吐或吞咽反射	吞咽	没有吞咽动作
			喉内镜	环杓关节外展	杓肌麻痹
第十一对	脊副神经	某一颈部肌肉的运动	颈部肌肉触诊	正常	肌肉萎缩
第十二对	舌下神经	支配舌的运动	舌头收缩	收缩和对称	麻痹或单侧萎缩

（四）第四对脑神经：滑车神经

滑车神经支配背斜肌，滑车神经很少受损，但是受损后可能会导致斜视。

（五）第五对脑神经：三叉神经

三叉神经通过它的三支神经（下颌支、上颌支和眼支）支配头部大部分的感觉。另外，下颌支为咀嚼肌提供动力。单侧运动功能异常可视为单侧咬肌和颞肌的消溶。如果双侧神经损伤，除明显的肌肉萎缩外，还可能出现下巴下垂和吞咽困难。感觉功能的评估可通过抓捏三叉神经支配头部的三个区域来进行。轻微的刺激可以通过面神经介导的传递而产生耳朵、眼睑和唇的局部抽搐。更多持续的刺激通常会引起行为（后退）反应。另外，眼睑反射可以评估眼部分支的神经功能。眼睑部轻微的指压通常会通过面神经调节而引起睑裂的闭合。

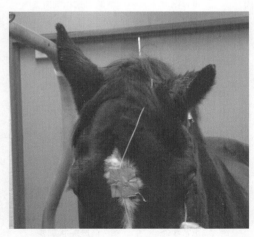

图14-1 患有颞舌骨病马匹，表现为面神经损伤，引起单侧耳朵下垂、眼睑麻痹、流泪减少等症状

（六）第六对脑神经：外展神经

外展神经支配横直肌和眼球缩肌。外展神经的机能障碍可能会导致内斜视连同眼球收缩无力。这可以通过用手指持续按压角膜，然后感受收缩反应来进行评估。

（七）第七对脑神经：面神经

面神经为面部肌肉提供动力，并支配泪腺和唾液腺。面神经控制眼睑、耳朵、唇和鼻孔的运动。可以通过恐吓反应和眼睑反射的测试来评估面神经。面瘫的症状是受损一侧耳朵和嘴唇下垂，并伴有上睑下垂（图14-1）鼻孔和嘴偏离正常位置朝向脸部正常一侧。同时伴随眼泪减少，这可能会导致溃疡的形成。如果仅有嘴唇和鼻孔缺陷，而无耳朵和上眼睑下垂，很有可能仅是颊神经和外围神经末梢的损伤（如创伤）。

（八）第八对脑神经：前庭耳蜗神经

前庭耳蜗神经包括前庭（平衡）神经和耳蜗（听觉）神经。听觉功能的消失，除非是双侧听力的完全消失，否则是很难评估的。前庭疾病可能表现为平衡的失常、头部倾斜和眼球震颤。正常的前庭眼球震颤检查时，可以将头部从一侧移向另一侧。特发性的眼球震颤（水平、旋转和垂直）都是异常的。总体来说，前庭外周神经（或者内耳）功能的紊乱会导致头部倾斜，在急性病例中，眼球震颤的过程可以很快地从发病侧向健康侧蔓延。常见的是共济失调。遮住患马眼睛来移除补偿性视觉输入，可能会加重患马前庭疾病的症状，采用这种方法进行检查时要注意可能会导致马匹摔倒。中央前庭神经疾病会导致各种形式的眼球震颤或者是改变震颤的形式，眼球震颤可能和共济失调和体弱有关（由于脑干上部运动神经元通路的损伤）。区分头倾斜和头旋转也很重要。头倾斜，旋转围绕轴平面，患病侧的耳朵和眼睛比健侧低；而头旋转会导致头部和颈部偏离马的长轴。

（九）第九对脑神经：舌咽神经／第十对脑神经：迷走神经／第十一对脑神经：脊副神经

这些神经共同为咽喉部功能提供感觉和动力。它们功能的紊乱会导致咽喉部麻痹。可以通过观察和聆听马匹正常的呼吸和吞咽来评估咽喉部的功能，也可以通过内镜来检查咽喉部。咽部的麻痹通常会导致马匹的吞咽困难（食物从鼻孔内流出；见下文），喉部麻痹会导致马匹吸气性呼吸困难。在上述两种病例中，双侧性疾病都伴随严重的临床症状。

（十）第十二对脑神经：舌下神经

舌下神经支配舌的运动。对舌头的评估可以通过其运动、颜色及萎缩症状来进行。

二、颈部、躯干和四肢

马匹全身肌肉和骨的对称性也需要进行评估。可以通过提供食物引诱马匹低头和转向来测试颈部的灵活性。在马匹站立进食时，可以用物体刺激背部皮肤来测试背部的灵活性。局部脊髓损伤（腹侧灰质）引起的神经萎缩或脊神经受损，可导致局部或非对称性的肌肉萎缩。颈部和胸部有明确界限的出汗是非常有用的指标，它可以提示调控汗腺的交感神经的受损（见下文霍纳综合征），某一部位皮肤感觉的丧失可以定位皮肤病变。一般来说，肢体的皮肤感觉神经支配是很难评估的。但在感觉神经比较强的胸部和后肢，可以通过提举对侧的肢体来进行观察。对前肢运动神经的观察可以让马进行横向跳跃。皮肤干（膜）的反射在描述胸椎疾病方面非常有用。可以使用止血钳来刺激胸腰段皮片的感受器，刺激底侧位置从而诱发侧面皮肤的抽搐。如果存在异常，很容易就能观察到它们反应的不对称。全身反应的消失可能暗示皮肤感觉功能的消失，这是脊椎节段C8-T1的损伤导致的。尾部和会阴部应该检查尾部的紧张性和会阴反射。对会阴反射的检查可用针刺会阴部皮肤，然后观察正常的反射和括约肌收缩以及尾巴的紧张程度。尾部功能丧失和会阴部感觉的消失，提示马尾部神经的损伤。直肠检查常用来评估粪便滞留或者膀胱扩张，也可以用来检查骨盆部和骶骨损伤情况。

步态评估

步态评估是日常神经学检查的重要部分。通过仔细的跛行检查将简单的跛行与神经系统疾病引起的跛行区分开来，如果有必要，在跛行检查时，可以应用少量镇静或镇痛药物。更重要的是，肌肉骨骼疾病和神经系统疾病常同时发生在马匹身上，这使得临床诊断常常变得很困难。在马匹运步、小跑、转圈和后退时观察其步态。共济失调（步态不稳，身体晃动）和轻瘫（摇摇晃晃和拖曳而行）的症状是很容易辨认的。区分疾病史是对称性的还是非对称性的是非常有用的，同时可给疾病划分等级（一至五级）。一级表示未经过训练的人无法察觉，五级则很明显。轻微神经系统障碍（一级）只有通过特殊的检查才能发现，如上下坡，头颈上扬行走，遮住眼睛行走。另外，可以通过在马匹静立或行走时牵拉（通过抓住尾巴）或使马匹失去平衡来判断其是否存在身体虚弱。

第二节　具体疾病

一、脑和脑神经

（一）头部创伤

如果头部创伤肉眼可见，直接指出创伤的性质和程度即可。在大多数病例中，头部的创伤仅仅是怀疑，也许是因为局部皮肤擦伤或出血（如鼻衄或者外耳出血）。受伤部位和程度不同，症状也不一样，最常见的精神沉郁和痴呆症状与大脑损伤有关。特定的损伤常引起特定的症状：例如，突然向后翻转和敲打头部会造成视神经损伤，进而造成视觉障碍（通常是永久性的）。另外，前庭和面部神经症状通常是由基蝶骨骨折和脑干损伤所引起。头部侧位X线检查和喉部的内镜检查是常用的临床诊断方法。损伤发生几个小时后神经系统发生恶化、水肿和/或局部血肿。脑脊液分析有助于确诊脑部创伤，但应该避免从枕大池穿刺，因为颅内压升高可能会导致大脑脱垂入枕骨大孔区。更先进的影像学技术，如核磁共振（MRI）和计算机断层扫描技术（CT），有助于确定受伤部位和制订手术方案。

（二）占位性病变

占位性病变造成的临床症状与邻近结构的损伤有关。占位性病变最常见的原因是由于骨骼结构限制了一种病变的局部扩张，它常发生于颅穹窿内。对于马来说，最常见的病因是发生创伤、脓肿（通常包括马链球菌亚种等）、胆固醇肉芽肿和肿瘤后紧接着形成的血肿。尽管病变具有隐匿性，但临床症状通常是急性发作，症状或重或轻。全面的神经学检查通常能定位病变的确切部位，脑脊液分析对诊断也是有帮助的。如果条件允许的话，尽量用核磁共振和计算机断层扫描技术。在大多数的病例中，只有死后尸检才能最后做出诊断。

（三）脑膜炎

细菌性脑膜炎在成年马中是很少见的。但如果创伤（如颅骨骨折）发生在脑部以上时，细菌很容易感染大脑。或者细菌通过颞舌骨内颞骨岩部骨折进入大脑。脑膜炎在青年马，特别是在新生幼驹中很常见，常由脓毒症引发。其他原因（病毒和真菌）引起的脑膜炎并不常见。脑膜炎主要临床症状包括精神抑郁和共济失调。有些病例会出现肌肉僵硬，特别是头部和颈部，感觉过敏，肌肉震颤和抽搐的症状，但对发热的症状存在争议。血液学检查可发现中性粒细胞增多，通常脑脊液中中性粒细胞明显上升。后者可能是由于液体浑浊使蛋白浓度升高，而血糖浓度下降。

（四）病毒性脑炎

病毒性脑炎的病原包括狂犬病病毒、博尔纳病毒和虫媒病毒。虫媒病毒包括披膜病毒科[东方/西方/委内瑞拉马脑炎病毒（EE，WEE，VEE）]和黄病毒科 [日本脑炎病毒和西尼罗病毒（WNV）]。

狂犬病在世界范围内都有分布，但是在一些地区，如英国、澳大利亚和新西兰，却从没有发生过狂犬病。犬、狐狸、蝙蝠、浣熊、臭鼬都是狂犬病病毒的携带者，并能通过叮咬传播狂犬病。临床症状可从伤口轻微震颤和嗜睡到严重的共济失调、有攻击行为（如狂怒）、抽搐、疝痛和跛行。狂犬病属于一种不明致病原因的中枢神经系统（CNS）疾病。因此，应由专业人员接诊可能患有狂犬病病毒的马匹（戴手套）。狂犬病5~10d内便可引起死亡，但是尚无可靠的狂犬病检测方法。感染马的脑脊液可能会正常，但也可能会出现蛋白质增多和淋巴细胞的多形性细胞数增多的现象。狂犬病毒的金标准诊断方法是在马匹死后通过免疫荧光抗体检测和海马的组织病理学检查。

披膜病毒科（EEE，WEE，VEE）主要分布在北美、中美和南美洲的一些国家。鸟类是最主要的携带者，一些啮齿类动物还是VEE的补充携带者。蚊科昆虫可以将病毒传染给马科动物和人类，因此这种疾病主要发生在夏季温带地区。一些感染马匹临床症状不明显。感染马匹最初表现为发热，随后出现各种形式的神经症状，包括反应迟钝、共济失调、皮质盲、强迫性行走和头压。临床症状不能作为诊断结论，应与细菌性、病毒性和虫媒性脑炎作鉴别诊断。脑脊髓液检查可发现中性粒细胞增多（特别是在EEE中）和蛋白质浓度升高。另外可进行血清或脑脊液中的抗原−抗体特异性检测（IgM和IgG），或对尸体的脑组织进行免疫荧光抗体检测。

西尼罗病毒是存在于非洲、中东的地方性病毒，自1999年以来，北美也发现了该病毒。曾经有报道法国和意大利也有该病发生，该病对英国这样的非疫区也构成威胁，在北美地区的流行尤为突出。西尼罗病毒可在鸟类体内复制，并通过蚊虫传播。该病具有季节性，蚊虫比较活跃的炎热季节多发。人类和马属动物是病毒的偶见宿主。人类和马属动物感染后呈亚临床症状，但是在一些动物表现为发热、共济失调、精神沉郁和无任何神经症状的疝痛症状。其他还可能会有渐进性的急性神经症状。西尼罗病毒性脑脊髓炎的主要症状是肌肉震颤和精神或行为的改变。感染马可表现为步态缓慢、不自然、局部麻痹和共济失调，如果症状是非对称性的，可能会与跛行混淆。感染西尼罗病毒的马，血液学检查可见淋巴细胞减少。脑脊液检查可见单核细胞增多，并伴随蛋白质浓度升高和轻微黄色液体。其他特异性的症状可以用于排除其他病毒性脑炎，包括马原虫性脑脊髓炎（见下文）、马疱疹病毒1型、肉毒梭菌中毒和寄生虫性脑脊髓炎。在美国有报道可以采用酶联免疫吸附试验（ELISA）检测IgM。感染的马可持续6周对IgM有着稳定的反应。ELISA敏感性为81%，特异性为100%，并且不受马免疫状态的影响。只有抗体中和滴度（蚀斑减少中和试验）出现4倍改变时才能确诊为西尼罗病毒，尽管这个结果可能受免疫接种的影响。

（五）嗜睡症/猝倒

此综合征的特点是突发的睡眠（嗜睡）和崩溃（猝倒），以及几乎所有的横纹肌张力的受损。两种综合征都是公认的。前者在新生马驹多发（特别是设得兰矮种马和萨福克马不明原因的家族遗传征），后者作为一种获得性疾病影响成年马。不太严重的症状，特别是获得性疾病的轻微的症状，包括突然低头、膝关节的屈曲和蹒跚。两种疾病有时候都是被突如其来的环境（梳理、喂食、修蹄、从马厩牵出）刺激所产生。临床诊断基于对疾病发作的描述或观察。临床检查和神经学检查可排除其他任何的神经功能障碍。区别猝倒症和偶发性的崩溃（如昏厥）是很重要的。临床上提倡用水杨酸钠作为刺激进行药理学试验，但可靠性存疑。试验在10min内缓慢静脉滴注0.06～0.08mg/kg水杨酸钠来诱发马的疾病发作。马匹注射胆碱类药物后可能会引发疝痛、腹泻、支气管痉挛和心动过缓，所以注射后要仔细护理。一些成年马的嗜睡病可归因于慢性疼痛引起的失眠。

（六）弥漫性脑病

马出现严重的肝脏疾病或肝衰竭时会出现肝性脑病。可能是突然发作（如急性肝坏死）或者长期摄入含吡咯里兹啶生物碱的植物引起的慢性肝脏疾病。肝性脑病的症状包括迟钝、打哈欠、失明、共济失调、漫无目的地转圈、双侧性喉麻痹、头常顶墙等障碍物。病程最后出现狂躁和抽搐。尽管肝性脑病的病理生理学机制尚不清楚，但胃肠的代谢物，例如氨，作为一种假性神经递质，增加γ-氨基丁酸（和其他化学物质）在脑内的活动。临床诊断是基于排除其他脑病的基础上，依据肝病的临床病理学和超声检查，并测定血氨浓度（见第四章，肝病）来进行诊断。

非肝高氨血症综合征：已报道，在马中伴有肠道疾病（疝痛和腹泻）的高氨血症引起的临床症状和肝性脑病有相似的临床症状。已报道特发性高氨血症在摩根马的断奶马驹中时有发生。高氨血症在做过肝内门体分流术的小马驹中很少见，是因为这些马驹通常血清胆酸的浓度升高而肝酶正常。

霉玉米中毒（脑白质软化症）主要发生在美国的东部和中西部。尽管这种疾病在英国少见，但在全球的其他地方均有发生。临床常见脑症状包括抑郁和突发性失明，在出现这些症状时可排除其他脑性疾病，包括病毒性脑炎、脑膜炎、脑脓肿、肝性脑病和创伤。这种疾病是由呋莫霉毒素所引起，呋莫霉毒素在玉米中呈红褐色。

（七）抽搐

抽搐是大脑皮层神经元过度活动的一种突发性疾病。临床症状的变化表现为从轻度的意识消失和面肌震颤（往往从嘴和嘴唇开始）到强制性痉挛和意识的消失。发病前，马匹往往表现焦躁不安和意识不集中的前驱阶段。发病后的症状包括精神抑郁和短暂的失明。可能会导致抽搐的疾病包括发育性疾病（如脑积水）、代谢病（如低血糖）、肿瘤、中毒、传染性疾病（如脑膜炎）、医源性问题（如颈内动脉注射）和突发性疾病。家族性疾病（有良好的预后）在青年阿拉伯马中多见。其他原因，如心源性昏厥和嗜睡病，也应考虑在内。诊断应做详细的病史调查，排除其他因素，可经MRI或者CT和CSF诊断，有条件的可以做脑电图检查。

（八）霍纳综合征

霍纳综合征是颈部交感神经功能障碍的聚集。神经通路起源于丘脑下部，沿颈部脊髓到达颅胸段脊柱节段，通过颅胸星状神经节与椎旁的交感神经结合。交感神经干延伸到颈部的颅颈上神经节，颅颈上神经节是位于内侧的尾背表面喉音袋。霍纳综合征的典型症状包括上睑下垂三联征（最明显的就是通过检查睫毛与角膜的角度），瞳孔缩小（通常比较轻微）和第三眼睑突出相关联的眼球内陷。由于交感神经切除术引起的出汗及鼻和结膜黏膜出血也常出现。交感神经的支持系统可能会受到损害，这与喉囊病或者交感神经干（血管周围静脉注射）的损伤或者胸廓入口的创伤有关。

头部和颈部以下C2处的出汗通常是与喉囊病和神经节前（头部和颈部）的损伤或损伤影响了神经干有关，但是神经节后损伤导致的出汗，只能影响到C1节段。颈脊髓损伤或占位性脑干病变可以引起交感神经损伤并伴有霍纳综合征以及受损部位的出汗。其他神经症状，如共济失调，也是很明显的。臂丛神经损伤和颅胸椎病变（脓肿和肿瘤）也可以引起神经节前的霍纳综合征，并伴随整个颈部的出汗。马青草搐搦引起的片状出汗和双侧性霍纳综合征相似。

（九）头部晃动

头部晃动是用来描述头部和颈部过度运动和痉挛性运动的术语。尽管这样的运动偶尔发生是正常的，但连续性、重复性运动则是不正常的。休息或运动时症状很明显，病情严重时可能会导致马匹不能骑乘。症状包括垂直点头，头部水平晃动，头部旋转和在地上、前肢或骑手腿上摩擦鼻孔。常见用鼻吸气和鼻黏液增多。症状是可变的，但在大多数情况下，随着训练的进一步增加，病情会加重。症状可能是季节性的，夏季症状比较明显，而冬季则有所缓解或者随气候条件的不同，病情严重的情况也不同。根据临床症状可做出诊断，应将自然性的头部疼痛排除，例如，鼻窦炎、牙齿疾病、颞下颌关节病、耳朵或眼睛的炎症或损伤。本病具体病因尚不清楚，但有资料表明各种原因的刺激、摇头、血管运动性鼻炎或应激性鼻炎引起的三叉神经痛可能是主要病因。因此，更详尽的诊断检查包括眶下/三叉神经或上颌神经阻断检查，应用鼻网或面具或应用有色隐形眼镜和各种药剂如赛庚啶和卡马西平来进行诊断，但结果仍不一致。在大多数病例中，病因仍不很明确。

（十）吞咽困难

吞咽困难是一种常见的临床症状，通常与采食、咀嚼和吞咽机能紊乱有关。吞咽困难的临床症状包括吞咽无力或不愿采食、采食时疼痛、将咀嚼的食物吐出、流涎、唾液从鼻中反流、咳嗽等。另外有许多潜在的原因，但大部分都不是神经性因素，这包括舌上有异物、口腔溃疡、食管阻塞、食管狭窄、牙齿疾病和腭裂。神经性疾病可能会导致吞咽困难，包括马青草搐搦、脑神经损伤（第九、十对）并伴发喉囊积脓/霉菌病、囊后脓肿的形成、多发性神经炎、肉毒梭菌中毒、破伤风和铅中毒。新生幼驹的严重大脑性疾病（如脑膜炎、病毒性脑炎、肝性脑病等）和缺氧性脑病也可能会引起吞咽困难。检查应包括临床检查和神经学检查、口腔检查、血液学和生化检查、舌和喉的X线检查、上呼吸道和喉内镜检查（见附录2-1）。

（十一）前庭综合征

前庭综合征（头部倾斜，共济失调，有或无眼球震颤）发生在外周及前庭中枢（见上文），尽管经过几周的中枢性调节，症状会有所改善。创伤、马驹细菌性内耳炎、中耳炎（菌血症后）、成年马的多发性神经炎等或者颞舌骨的骨关节病（THO）常引发外周性疾病，THO的前庭疾病通常呈急性发作，伴有岩颞骨和胫骨舌骨连接处关节僵直导致的岩颞骨骨折，面神经通常也会受到影响。THO疾病的诊断可以通过喉内镜（查看舌近端骨扩大）、X线检查和CT检查。脑脊液涂片对于排除脑膜炎来说也很重要。中枢性前庭疾病可能是由于蝶骨骨折、马原虫性脑脊髓炎，马病毒性脑炎或者占位性病变导致脑干受损所引起。其他症状包括脑神经症状、虚弱与精神沉郁（网状结构牵连）。脑干听觉诱发反应可以有效鉴别中枢及外周性疾病。

二、脊髓

（一）颈椎畸形或狭窄

颈椎畸形或狭窄是马摇摆综合征的原因，并与颈脊髓慢性压迫有关。任何年龄、品种、快速生长的纯种马（6个月至2岁）都表现为动态压缩型（1型），这常与四肢骨架病变的骨软骨病相关。静态模型（2型）通常会导致老年马的颈区尾部关节炎的加剧，常见的临床症状为可变对称性共济失调和虚弱，通常后肢症状较前肢严重。颈部疼痛呈不定性，创伤后先表现异常。诊断要根据临床症状并区别于其他的脊髓疾病造成的共济失调。精准的颈外侧X线检查可以辅助诊断。脊髓造影可帮助确定脊髓受压的部位（尤其在决定手术的情况下），但是易产生假阳性和假阴性结果。关于影像学的细节和测量有相关报道，不在本书介绍的范围内。

（二）马原虫性脑脊髓炎

马原虫性脑脊髓炎在北美是常见的马神经系统传染病，在欧洲进口马中也曾有过。大多数病例都是肉孢子虫造成的，少数为犬新孢子虫感染造成，该两种寄生虫都是原生性寄生虫。生活周期很复杂，初期寄主是负鼠，中间宿主包括臭鼬、浣熊和家猫。马是异常中间宿主，许多美国正常马的血清学检查存在较大的差异，都预示着先前有过感染。犬新孢子虫血清阳性率较低，剖检可见局部炎性浸润，中枢神经系统中有肉孢子虫包囊。临床上常见的症状包括局部不对称的肌肉萎缩、脑神经麻痹、共济失调，这些症状在初始阶段有时可能是急性发作，也可能呈隐性。

此病的死前检查诊断仍然比较困难，只能暂下结论。全面的临床和神经检查可以确认神经性疾病，也可帮助排除其他肌肉骨骼性疾病。如果病变定位于颈部，可进行颈部椎管造影。从腰荐部收集的脑脊液中细胞和蛋白浓度，通常是正常的。免疫诊断如免疫印迹法、荧光免疫和ELISA，都可以检测出抗寄生虫的抗体。血清抗体的存在不一定表示有指示性的疾病，但若为阴性则可以排除疾病。脑脊液中抗体的存在，提示这种疾病存在，但也不能最后确定，因为医源性血液污染也可以导致假阳性结果。

(三) EHV-1脑脊髓病

有些EHV-1会造成神经性疾病。症状因严重程度不同而异，可能包括共济失调和轻瘫，往往从后肢开始，很快发生躺卧需实施安乐死。尾部常有粪便尿液、便秘、膀胱扩张、尿失禁。短期的发热往往发生于神经症状前。本病可呈暴发性，特别是在育种场。常并发呼吸性疾病，发热和流产有可能同时存在。诊断要基于临床症状，还需排除其他疾病比如骶骨损伤，多发性神经炎颈椎畸形等。病马的EHV-1抗体滴度上升，从呼吸道分泌物、脑脊液或肝素化血液样本中分离到病毒。样品可进行实时定量PCR检测，CFS可能呈现黄色和蛋白浓度升高，但是细胞计数往往正常（见下文）。直肠检查结合核闪烁法或X线检查可鉴别骶骨损伤病例。

(四) 多发性神经炎

多发性神经炎（以前称其为"马尾神经炎"）是由于进行性免疫介导性淋巴细胞浸润和马尾荐尾及腰神经根的脱髓鞘作用所引起，临床上并不常见。临床症状包括粪尿潴留和失禁、摩擦尾根、疝痛，尾巴、肛门括约肌和阴茎呈松弛性麻痹。会阴部周围常伴有感觉丧失（图14-2）。个别脑神经也发生感觉过敏（特别是第5对、第7对和第8对脑神经）可能同时存在，诊断可基于临床症状。许多受到感染的马匹体内抗P2髓磷脂蛋白的抗体水平都有所上升。ELISA可以检测抗体，但是还没有可用的商业化产品。

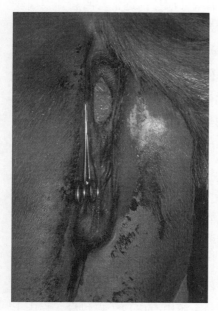

图14-2 马的会阴部，多发性神经炎导致会阴部痛觉缺失（镊子处），肛门括约肌松弛，粪便潴留

(五) 马退行性脑脊髓病 (EDM)

EDM在美国青年马（6个月至2岁）中是很罕见的一种病，在欧洲也偶见报道。该病呈压迫性、对称性和退行性，常与四肢轻瘫、共济失调与痉挛相关。通

常后肢比前肢更加严重，无肌肉萎缩。病因依旧不清，但是家族遗传因素和血清维生素E（a-生育酚）浓度低下已被认为是其相关的病因。病因调查中若发现马匹很少采食牧场新鲜牧草、牧草质量差、血浆维生素E浓度低下都可提供有力证据。颈椎X线检查可以提示有颈椎畸形。尸检报告中的组织病理学诊断显示脊髓和脑干白质神经元变性。

（六）黑麦草蹒跚病

黑麦草蹒跚病在北美（特别是西北太平洋地区）、澳大利亚、新西兰和欧洲都有过报道。这种疾病通常发生在放牧的马匹，马匹采食了内生真菌产生神经毒素震颤原的黑麦草。炎热、天气干燥、应激、过度放牧都是流行病学危险因素。肌肉震颤，尤其是头部和颈部，往往发展为强直、共济失调、伸展过度、角弓反张和抽搐，大多数马匹会发生中毒，停止放牧后1周内可恢复。诊断可基于临床症状和排除其他疾病，可对黑麦草进行内生真菌的分析。

三、全身性神经疾病

（一）马运动神经元疾病（EMND）

EMND是一种全球公认的成年马后天性神经组织变性疾病。食欲正常或增加，但体重下降严重和普遍虚弱。通常可见肌肉震颤和肌束颤动，被感染的马匹几乎无法固定自己的后膝关节及交互支撑体重。姿势异常（如行走缓慢的大象）、低头，过度躺卧、大量出汗，许多感染的马尾部翘起，但不会出现共济失调，运动时比静止站立时症状缓和。有些马眼科检查可观察到眼底绒毛层和非绒毛层之间脂褐素由暗褐色至黄色的变化。有些血清肌酶活性呈轻度至中等度升高，血浆维生素E浓度通常很低，可以通过口服葡萄糖和木糖来纠正。肌电图呈纤维性颤动和阳性震动波。马运动神经元疾病发生时主要影响1型纤维，该纤维在背内侧肌含量最高，因此可以通过背内侧肌活检来进行诊断。也可以对新鲜的和10%的福尔马林液浸泡的组织进行病理组织学检查，阳性结果表明纤维的变化和去神经性肌肉萎缩一致。

（二）肉毒中毒

肉毒中毒是由肉毒梭菌产生的外毒素引起的渐进性肌肉麻痹，它能阻止乙酰胆碱在肌肉神经结合处的释放。与其他物种相比，马更加敏感。在马驹可见一种"毒素传染"，与食入产毒素的肠肉毒梭菌的孢子有关，成年马也可从土壤中或者动物饲料或者青贮干草中食入孢子而感染。对于大捆的青贮干草，如果它呈碱性、发霉或者有氨气味，则有可能被污染。伤口型的肉毒中毒很罕见，有可能是伤口受到污染。病情的严重程度依毒素量而异，通常病马表现渐进性的肌肉无力，但是心电图正常，也无中枢神经系统症状。舌与咽麻痹常导致吞咽困难和松弛的舌头常从口中伸出。在一些症状较轻的病例中，将舌从口中拉出后不能立即回缩，舌面色泽较差。同时可见瞳孔散大、上睑下垂、肌肉震颤、尾巴和肛门松弛，病情严重的马会出现肌肉麻痹而卧地不起，甚至会因呼吸肌麻痹而死亡。诊断要依据病史和临床症状，排除其他疾病，如高钾血症周期性麻痹（赛马）、电解质异常和青草病（在感染区）。对血清、肠内容物或者可疑饲料可进行毒素检测，但通常因毒素不稳定和浓度很低而难以检测成功。

（三）破伤风

破伤风与较深的刺穿伤有关，被破伤风杆菌的孢子侵蚀后在厌氧环境下大量繁殖，导致局部组织坏死和污染。梭状杆菌孢子存在于粪便和土壤中，植物性细菌产生的强毒力外毒素可以随血液传播进入中枢神经系统。毒素可以阻止神经递质的释放，导致外周运动神经活动加强和肌肉痉挛。早期症状表现为吞咽困难、咀嚼肌痉挛、第三眼睑脱垂。患马步态僵硬，也可见头部和颈部僵硬伸展（图14-3）。脸部由于眼睑退缩、鼻孔开张、耳朵树立表现出焦虑的表情、角弓反张，严重情况下四肢伸肌痉挛明显，导致卧地不起，常可见心动过速。诊断可依据临床症状也可由伤口推断，但是初始病因难以确定。毒素和微生物在实验室都难以检测到。

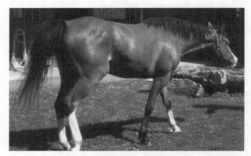

图14-3 一匹矮马呈破伤风的典型外观，四肢僵硬，尾巴举起，头部和颈部僵硬伸展

（四）马青草病

马青草病在苏格兰南部很常见，该病在英国其他地区、北欧、南美、福克兰群岛和智利并不常见。典型症状表现为自主神经功能障碍，是一种未知病因多发性神经性疾病，可以影响外周神经和中枢神经系统（包括肠道）。临床上该病可呈急性、亚急性和慢性型。临床症状包括吞咽困难、广泛性肠梗阻、疝痛、出汗、流涎、上睑下垂、鼻腔干燥、肌肉震颤和可变性心动过速（见第二章：消化道疾病，急腹症临床评价）。

四、局部性神经疾病

（一）肩胛上神经损伤

这种神经损伤通常在受过伤的肩部，由于被门的一侧或通道碰撞引起。由于去神经的冈上肌使肩部旁侧缺乏支撑，当肩部负重时可引起肌外侧半脱位。几周后，冈上肌神经性萎缩，冈下肌突出导致肩胛骨突出，形成"肌肉萎缩"。

（二）桡神经损伤

该类神经损伤可能伴随着肱骨骨折，臂神经丛撕脱型损伤最突出的标志是长时间侧卧或者全身感觉消失。肘下垂是其特征。四肢常轻度弯曲，腕关节和球关节呈半弯曲（图14-4）。未见骨损伤，手动牵引马腕部，通常不会引起疼痛，马匹也可部分负重。

（三）腓神经损伤

此种神经损伤可能发生在坐骨神经损伤中或者一侧受压导致的损伤。在长期躺卧的病例中也可见腓神经损伤。飞节不能屈曲，趾部不能伸展致使马的蹄部与球节背面往往需承受负重，当马试图走动时就会在地面上拖着球节行走。

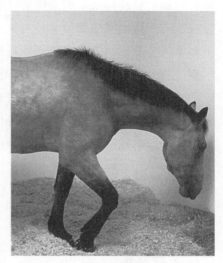

图14-4 马桡神经功能障碍后肘部下垂，侧卧后伴随长时间的全身感觉消失

（四）跛行

世界各地都有本病的散发性发生，通常会危及马的一侧后肢或呈急性发作（典型症状为两侧后肢发病）。前者可能是飞节损伤，后者可能是与食入某些植物有关（澳大利亚的一种豆科植物，flatweed）。神经元的损伤通常与正常的感觉反射通路有关。通常，急性发作的马运动时一侧或两侧后肢过度屈曲，马匹休息时则回归正常。病情严重程度不同取决于受损时间的长短。一些严重病例，马运动时后肢会触碰到腹侧壁。诊断应建立在对典型临床症状的判断上，应与其他肌肉骨骼性疾病进行鉴别，如髌骨上移和纤维性肌病。

（五）颤抖

普遍认为是由于反射张力亢进影响后肢屈肌，与跛行相似，但病因尚不清楚。本病的特点为后肢不随意屈曲和尾伸展。四肢屈曲、肌肉震颤。临床上当马后退时症状会加重，也可见于单侧或双侧后肢。役用马更容易出现这一渐进性病程。

第三节 实用技术

一、脑脊液采集

脑脊液可以在寰枕和腰荐部的间隙进行采集，但有些因素会影响到临床医生的选择。例如，腰荐部采集的液体可以提供更多关于疾病的信息，而尾侧枕骨大孔由于尾脑脊液流动的原因提供的信息相对较少。成年马匹寰枕液的采集一般要全身麻醉，临床兽医如果认为颅内压升高，则不能通过寰枕部采集，而脑脊液压力突然下降时，可能会对小脑产生致命的损伤（如创伤，导致占位性病变）。因此利用特殊设备快速做出临床病理学分析是很有必要的，因为随着时间的延长，细胞形态会迅速恶化，如果样品不能及时分析，可以将样品分装，加入等体积的50%的乙醇。中枢神经系统的灰质或者白质的损伤（不影响蛛网膜下腔）不会导致蛋白泄露或者细胞脱落到脑脊液中。占位性病变如肿瘤、脓肿和血肿可能只产生少量出血。非特异性异常细胞，一些中毒性、代谢性神经性疾病均可应用CSF分析。然而一些传染病和脊髓损伤往往与蛋白质浓度的增加和细胞成分有关。

二、寰枕穿刺

成年马行全身麻醉或镇静，侧卧。填料应确保颈椎的长轴和头与地面平行。寰枕穿刺时背侧皮肤要剃毛，佩戴无菌手术手套，头部呈90°弯曲，沿着颅骨与前臂之间的假想线，用76mm×1.2mm脊椎穿刺针或38mm×0.9mm一次性针头垂直于长轴平行于地面插入颈椎。可用记号笔或白色带在外围无菌带做出标记（图14-5）。小心地将针插入，逐步趋向马下唇的深度，450kg的马插入3～5cm，马驹插入1.5～2.5cm。每隔几毫米检查是否进入蛛网膜下腔。如果没有，可在进入几毫米后更换针芯，转动针头，当进入蛛网膜下腔后，移除内针后脑脊液会快速从针孔中涌出（图14-6）。如果脑脊液从针孔中喷出，表明压力大，应立即拔掉针头，再用无菌针头替换，液体可收集在有EDTA的容器中，以供细胞学、分离培养、敏感性和生化鉴定用。

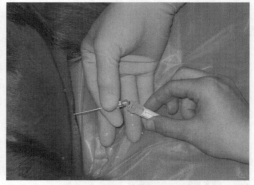

图14-5 寰枕穿刺采集脑脊液部位，胶带连接寰枕翼及头骨边缘与枕外隆突形成矩形区域

图14-6 寰枕部穿刺收集脑脊液，颈部呈90°弯曲，穿刺针垂直于身体纵轴朝马下唇方向进针

三、腰荐穿刺

通常情况下收集腰荐液时，马匹站立保定，也可采取横卧保定，可以使用适量的α_2受体激动剂和布托啡诺。马匹站立时，找到进针点。从尾边界的臀部的髋骨结节到颅骨画线，在中线部有明显的凹处（图14-7）。马站立时该点常常靠近或者就是在臀部的最高点，20cm×20cm范围的皮肤剃毛、消毒，行局部麻醉，术者戴一次性灭菌手套。成年马用150mm×1.2mm的脊髓穿刺针，矮马用10cm穿刺针就足够了。临床兽医进针时应站在马的一侧，用手腕的力量稳定地将穿刺针准确刺入，如遇马匹乱动，用手固定住马的背部防止针来回晃动。助手站在马后方，观察进针方向确保针与马背垂直（图14-8），通常真皮下阻力较小。针通常需要刺入12～13cm，在这个深度，腰椎椎弓间韧带会有较弱的阻力，同时硬膜和蛛网膜的渗透会造成轻微的局部反应（如运动或者尾颤动）。偶尔可见马匹猛烈的运动。如果穿刺到骨头，在向头部或者尾部倾斜前将针及时拔出。偶尔骨盆不平衡的马也要有一定的倾斜度，一旦硬膜被穿透，内针就可拔出。在无外力抽吸的作用下脑脊液几乎不流动，可用5mL注射器抽取（图14-9）。如果没有脑脊液流出，就轻轻将针旋转90°，按压双侧颈静脉也可能会增加流动（奎肯斯提特现象）。有时候需要做几次尝试。腰荐采样时，医源性血液污染是常见的，偶尔硬膜穿刺后有全血出现。缓慢、平稳地抽取脑脊液能减少医源性污染，样品可分装在2mL的试管里，以便做细胞研究，对样品的处理参考AO穿刺，见上文。

四、脑脊液分析

正常的脑脊液是无色透明的，离心后红细胞

图14-7　经站立马腰荐隙采集脑脊液的针头插入部位。荐结节（箭头）中线点的确定

图14-8　在腰荐隙采集脑脊液，尾侧观察插入的针呈垂直方向

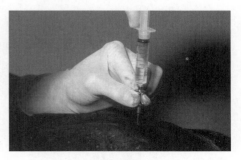

图14-9　腰荐部采集脑脊液，用注射器连着针头缓慢抽取

裂解会变黄。病理条件下，血管炎、外伤或高胆红素血症会导致蛋白质浓度升高（如EHV-1脑脊髓炎）。新生马驹脑脊液轻度变黄是正常的。创伤或医源性出血时可见游离红细胞，前者更容易在噬红细胞现象中观察到。用细胞离心后沉淀物区分不同的白细胞的数量，正常的脑脊液不含有血液，白细胞数也很低（<5个/μL，小淋巴细胞和偶发单核细胞）。

其他白细胞的出现均为不正常，蛋白质浓度一般低于0.8g/L，蛋白质浓度升高是一种非特异性变化，可见于血脑屏障渗透性升高的任何情况下。通常细菌性疾病中性粒细胞增多，而病毒性疾病可导致单核细胞或中性粒细胞增多。

拓展阅读

DeLahunta A, Glass E. 2008. Veterinary neuroanatomy and clinical neurology, 2nd edn. Saunders, Philadelphia.

Furr M, Reed S. 2008. Equine neurology. Blackwell, Ames, IA.

Gavin P R, Saude R D, Barbee D D, et al. 1987. Radiographic and myelographic examination of the cervical vertebral column in 306 ataxic horses. Vet Radiol 28: 53-59.

Ledwith A, McGowan C M. 2004. Muscle biopsy: a routine diagnostic procedure. Equine Vet Educ, 16(2): 62-67.

Mayhew J. 2008. Large animal neurology, 2nd edn. Wiley-Blackwell, Oxford.

Moore B R, Reed S M, Biller D S, et al. 1994. Assessment of vertebral canal diameter and bony malformations of the cervical part of the spine in horses with cervical stenotic myelopathy. Am J Vet Res, 55(1): 5-13.

Piercy R J, Rivero J L. 2004. Muscle disorders of equine athletes. In: Hinchcliffe K W, Kaneps A J, Geor R J (eds) Equine sports medicine and surgery. Saunders, Edinburgh.

Schwarz B, Piercy R J. 2006. Cerebrospinal fluid collection and its analysis in equine neurological disease. Equine Vet Educ, 18(5): 243-248.

Van Biervliet J, Scrivani P V, Diver T J, et al. 2004. Evaluation of decision criteria for detection of spinal cord compression based on cervical myelography in horses: 38 cases (1981-2001). Equine Vet J, 36(1): 14-20.

第十五章

眼 病

第一节　检查技术

一、眼检查程序

本章对眼的临床检查技术和常规检查顺序做了描述。对所有眼病诊断的关键是准确、有序地进行眼检查的记录。最简单的方法就是使用标准的带有图和注释的眼检查顺序表。首先，使用电光源（如笔灯和透照灯）对眼及其附属器官（如眼球、眼睑、第三眼睑、泪器、眼眶和眼眶周围区域）进行检查。然后，检查晶状体、玻璃体和视网膜。眼检查过程中，光源和放大器都是必备的。对晶状体、玻璃体和视网膜进行检查，还需使用间接和直接检眼镜。非专业人员也可以使用这些技术和相关仪器。

二、保定和局部麻醉

眼及其附件的检查可能需要使用鼻捻子保定和/或镇静下进行，可通过表面或局部浸润麻醉加强保定效果。

（一）镇静

通过静脉缓慢注射10~30μg/kg盐酸地托咪定（Domosedan，英国史克必成公司）对野性的患马进行镇静。也可用0.5~1mg/kg甲苯噻唑（隆朋，德国拜耳公司）和40~100μg/kg罗米非定（Sedivet，德国勃林格殷格翰公司）进行静脉注射。若出现疼痛反应，应同时静脉缓慢注射镇痛剂布托啡诺（Torbugesic，C-Vet），剂量25~50μg/kg。但是，使用布托啡诺，患马可能出现头震颤，导致对眼的检查及细胞学样本的采集不能顺利进行。

（二）表面麻醉

若眼出现疼痛，可用表面麻醉，使角膜及其周围表面脱敏。可采用眼表面麻醉剂，例如，用1mL注射器进行麻醉（图15-1），麻药可用0.5%的丙美卡因、1%的盐酸丁卡因或丁卡因。

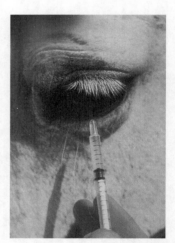

图15-1　用1mL注射器向眼做表面麻醉。该方法同样可用来注射其他液态药物。大部分马都能接受该方法，但也有少部分患马会强烈反抗

（三）局部神经传导阻滞

1. 耳睑神经传导阻滞

当马匹出现明显的眼睑痉挛（可能保定或眼疼痛产生）时，会给眼检查带来困难。因此，应对该运动神经进行传导麻醉。该神经麻醉也常用于深度角膜溃疡或眼球全层穿透创的病例，以防眼内容物流出。该麻醉可抑制上眼睑活动（运动不能），但下眼睑仍可动。因角膜及结膜的感觉由三叉神经传导。所以，涉及角膜的创伤性手术，除进行耳睑神经传导阻滞外，还需进行局部麻醉。

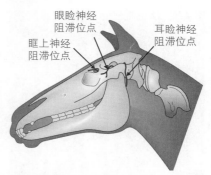

图15-2　耳睑神经、眼睑神经、眶上神经阻滞的位点

耳睑神经是面神经的一个分支，可经不同位置麻醉（图15-2）。该神经出自腮腺深处并向背侧延伸，控制耳肌。耳睑神经的眼睑分支经过鳞状颧骨突上面，并蜿蜒向前，然后一直沿着颧骨弓背中线，在皮下组织内，向上眼睑延伸。少数马匹需在眼部处理前，进行眼睑神经麻醉。

使用25mm×0.7mm的针头，抽取1%盐酸利多卡因、2%盐酸普鲁卡因或2%盐酸马比佛卡因（卡波卡因）（上述任选一种每次5～7mL，最多10mL），经如下途径的任何一点注射入皮肤深层：

通过耳软骨基部和下颌骨尾侧垂直支最高点向下约2.5cm处，进行局部浸润麻醉，以达到耳睑神经麻醉的效果（图15-3）。若患马眼特别疼痛或极其易怒，该位置是一个比较简单和安全的局部麻醉注射位点。但是其可能产生轻微面瘫。向颧骨弓的最高点倾斜向上入针。完全麻醉时，可见轻度上眼睑下垂、眼睑不能活动和下眼睑外翻。少数个体出现同侧耳朵暂时下垂。

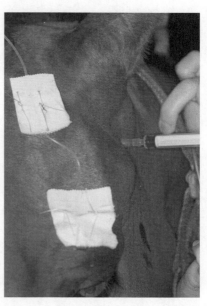

图15-3　在耳基部进行眼睑神经阻滞的位点

对眼睑神经进行传导阻滞。通过触摸眼睑神经分支，大概在眼、耳中间位置，直接向颧骨弓最高点内侧微偏嘴的方向入针，注入相同剂量的麻醉剂进行神经传导麻醉（图15-4）。因眼睑神经以腹内侧方向经过颧骨弓，所以可在该处触摸到。马匹在5～10min即可

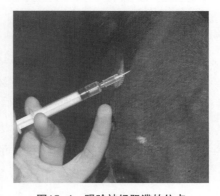

图15-4　眼睑神经阻滞的位点

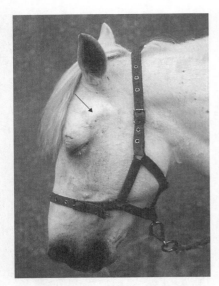

图15-5 上眼皮轻微下垂且下眼皮翻转表示眼睑神经阻滞成功。箭头处表示注射位点

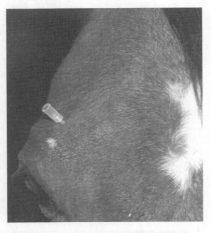

图15-6 眶上神经阻滞的注射位点

出现眼睑下垂以及眼睑反射大幅度减弱或消失的麻醉效果（图15-5）。

2. 眶上神经传导阻滞

眶上神经或额神经是三叉神经的分支，鼻和上眼睑中2/3的感觉受该神经的支配。在眼睑手术（包括活体采样）中，眶上神经传导阻滞很有用。但是，该神经的传导阻滞，对角膜和结膜的麻醉不起作用。

可使用3~5mL的1%的利多卡因或2%的马比弗卡因，对眶上神经进行传导阻滞。注射时，使用25mm×0.7mm针头，在眶上孔进针约1cm（图15-6）。在额骨下和眼眶背侧，可用手触摸到眶上孔。注射5~10min内，可出现麻醉效果，表现为上眼睑失去感觉。该传导阻滞也可产生轻度面神经眼睑分支的运动麻痹。应尽量注意避开眶上孔处的小血管。

三、光亮的检查

（一）马的视力评估

对马视觉能力病例的处理存在的主要问题是诊断。马视力检查必须具有一定经验。眼科检查可发现眼部病变，但其在马视觉检查中的作用并不明显。目前，还没有一种真正意义上的对于马视觉、视力分级或视觉障碍进行检查的特殊方法，除非马完全失明。

通过马在不熟悉的环境中的处理能力，对马的视力进行检查。可用眼罩或布披在单侧笼头下遮眼，使马匹分别在左右眼遮挡的情况下通过一个简单的障碍。该试验应分别在光亮和昏暗的环境下进行。虽然该过程可检测马匹是否失明，但是由于马可使用非视觉"线索"对周围环境进行感知，导致该方法在评估任何视觉障碍的真实程度上极其不可靠。

瞳孔光反射（PLR，直接和间接瞳孔光反射）试验可对视网膜、视神经、动眼神经和虹膜括约肌进行评价。正常瞳孔对光的反应是缓慢和不完全，除非刺激光源特别亮。通常强光刺激一只眼会使两只瞳孔都缩小。在对严重角膜或晶状体混浊的马眼视网膜功能检测中，瞳孔光反射非常有用，但因其是一种皮层下反射而不能成为真正意义的视力测试（见下述）。

采用恐吓试验，对马匹的视力进行检查。向马眼做快速恐吓动作，使马闭眼和/或头部躲闪。应注意，不应引起空气向眼的流动，因为空气流动会被马的其他感觉器官感知，从而产生躲闪或闭眼的动作。恐吓反应阳性，表明外周和中枢视觉通路都正常。所以，这种方法可在某种程度上进行视力检查，但充其量也只能是对视力的粗测。恐吓反应阴性，可能提示视网膜疾病。

兽医在对存在轻微眼病问题的患马进行眼功能性评价时，应十分谨慎。因为视觉功能程度与眼病理解剖程度间的关联度很难确定。某些马匹虽视觉功能良好，却存在眼问题；而另外一些马匹虽存在轻微眼损伤，却有严重的视力问题。

（二）眼在光亮下的一般检查

1．眼及其附属器官的视诊

对眼及其附属器官（眼球、眼睑、泪腺、眼眶及眼眶周围区域）应进行视诊并做对称性比较。应对异常的头部骨骼或软组织的升高、下陷或偏离进行评估。特别应检查两边眶上窝的深度是否正常，是否对称（图15-7）。该区域的肿大可能提示眼球后或眼眶占位性病变。对眼或鼻排泄物性质和排泄量进行检查，包括检查眼泪的增加或减少（与炎症有关），检查从阻塞的泪道排泄系统溢出的眼泪（泪溢）。脓性排泄物可能与感染有关。

检查上眼睑相对结膜的角度。正常情况下，上眼睑对结膜角度为90°［图15-8（彩图14）］。角度偏小，可提示因眼疼痛引起的眼球内陷症（眼球向眼眶内部移位）。矮马出现眼球内陷可能是正常现象。角度偏大可提示眼球突出症（眼异常突出）。

2．泪器检查

观察上下泪点和鼻泪管的鼻腔开口（见下述"鼻泪管检查"）是否正常。视诊眼表面泪膜的光泽度。若有任何异常，则应进行希尔莫氏泪液试验（见下述）。

3．眼睑检查

检查上下眼睑边缘及内外表面。应注意眼睫毛是否位于眼睑上。眼睫毛无色的马匹，应仔细检查，因其易患鳞状上皮细胞癌。检查第三眼睑：拇指向背外侧通过上眼睑按压眼球，可使第三眼睑突出，进行第三眼睑外表面检查。第三眼睑内表面的检查：局麻后，用无损伤组织镊将其外翻，进行检查。若发现肿瘤（如鳞状上皮细胞癌）或异物，应进行该检查。

图15-7　对眼及其附属器官的检测应侧重于左右面部的对称性，包括眶上窝的明显凹陷（箭头处），以及任何异常眼或鼻分泌物

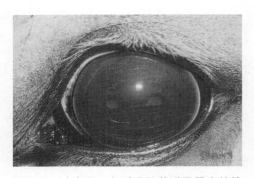

图15-8 （彩图14）对眼及其附属器官的检查应注意在此显示的外部细节，比如睫毛与上眼睑的角度，上部和下部眶沟（此沟将眼睑分为眼眶软骨和眼窝两部分），第三眼睑和肉冠的位置，以及眼皮和结膜处可看到的色素数量。异色边缘应分界清晰；注意该图中马的色素轮廓。角膜应是透明的，因此可以很清晰地看到虹膜边缘。此匹马的梳状韧带进入角膜后弹力层以及角膜的灰线在外侧十分明显，内侧较不明显。瞳孔应是几乎对称的水平椭圆，且虹膜颗粒通常在瞳孔上缘处很明显，在下缘处较不明显。为了观察除了瞳孔外其他眼内部的细节，检查应在黑暗中进行。

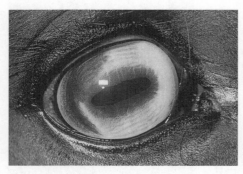

图15-9 （彩图15）该马表现出一种正常的虹膜颜色差异，称为虹膜异色症，表现为虹膜不同区域有不同的颜色，反映出虹膜色素沉着的程度。一旦确定有色素问题，异色的虹膜可能由于发育未完全而可能看到内部的晶状体核赤道和小带。

4. 眼表面的检查

角膜和结膜在眼表面形成一层连续的上皮组织。其开始于眼睑边缘，向眼睑内面延伸至结膜穹窿并经过角膜缘覆盖整个角膜。眼和第三眼睑处的结膜穹窿应有泪膜光泽，因该处是鳞状上皮癌的发生部位，必须特别仔细检查，尤其对无色素的马匹。角膜缘或"眼白"（球结膜及其下的虹膜外层和虹膜）与角膜连接处呈现清晰而窄的色素环。角膜应透明且有光泽，其下虹膜细致的结构清晰可见。角膜形态为水平拉长的椭圆形，内角膜比外角膜稍宽。多数马匹在内侧角膜缘（鼻侧角膜缘）和外侧角膜缘（颞侧角膜缘）呈现明显的灰色线，该线是梳状韧带通过角膜后弹力层末端插入角膜而产生（图15-8）。

5. 眼前房和虹膜

眼前房和虹膜可用笔灯检查，但在暗室内检查更容易。瞳孔应呈大致对称的水平椭圆形，在瞳孔背侧边缘通常可见黑色素团块（虹膜粒或黑体，图15-8）。虹膜色素变化比较常见［图15-9（彩图15）］。

（三）眼在黑暗中的检查

在避免干扰反射的情况下，对以上一般检查发现的眼异常特殊的病例，进行细致的检查。逐一进行眼、附属器及其前后段的检查。该项检查需笔灯或透照器、放大镜、+5.5 到 +30屈光度的聚光透镜以及直接检眼镜等器械。

（四）笔灯检查

1. 眼及其附属器

可使用笔灯对眼及其附属器进行检查，若有必要可进行放大。可检查角膜混浊和损伤，如异物、摩擦、撕裂、溃疡或刺创。可将耳镜去掉反射镜，做低功率放大镜的电光源使用（图15-10）。

2．眼前段

利用同一设备对眼前段（角膜和眼球内至晶状体部分）进行检查。用笔灯通过不同角度对眼前房、虹膜、晶状体和房水进行检查。应检查眼前房和虹膜是否有异物、囊肿、肿瘤、葡萄膜炎或葡萄膜炎并发症（如虹膜粘连）。葡萄膜炎并发症可引起瞳孔形状和大小异常。

3．瞳孔光反射

对瞳孔光反射及瞳孔形状、大小进行检查。正常马瞳孔光反射有点缓慢和不完全，尤其是与猫和犬比较，除非光线极其强烈。出现瞳孔光反射并不等同于视力正常，而瞳孔光反射缺失也不表示马失明。瞳孔光反射减弱或消失通常表明眼的问题或皮层下机能障碍。在更靠近中枢神经的中枢神经系统疾病，患马即使失明，仍存在瞳孔反射。瞳孔固定和放大与视网膜和眼神经疾病、视觉皮层损伤以及青光眼有关。

4．晶状体、玻璃体和视网膜

应对晶状体、玻璃体和视网膜进行全面检查。瞳孔光反射检查后，必须使用散瞳剂对晶状体、玻璃体和视网膜系统进行检查。不应使用阿托品对马进行散瞳，因为其对普通马匹眼睛局部效应时间过长（约14d）。最好使用1%的托品酰胺进行局麻，可在20～30min内使瞳孔扩散，散瞳效果持续8～12h。

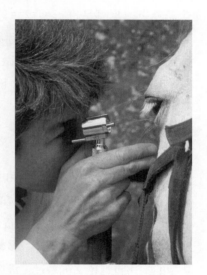

图15-10　用去除反射镜的耳镜作光照和放大（主要在黑暗处进行）

笔灯或透光器可用于晶状体前后表面的检查。可见角膜光源成像和清晰度降低的晶状体前囊膜和后囊膜光源成像。他们称为普桑二氏像，该像与光源变化相关（视差）的相对运动是确定眼前段不透明度的一种简单方法。在白内障形成过程中，晶状体成像中的一个或两个可能会消失，其取决于白内障的位置和大小。

（五）眼前段的裂隙灯活组织显微镜检查

使用手动或透照器式裂隙灯显微镜（图15-11），利用高倍镜，可对马眼前段角膜、前房和晶体作详细的检查。该检查方法对确诊很有用，但其多数在眼专科中心使用。裂隙灯显微镜检查由可产生弥散光线（或一束0.8～1.0mm的窄光）的光源和一个可随光源自由移动的双目显微镜

图15-11　用裂隙灯生物显微镜（黑暗中操作）对角膜和眼前段作检查

组成。

　　弥散光线最初用于肉眼病变的检查，包括角膜、前房、虹膜、晶状体或玻璃体前部。光束变窄进入一个裂隙，且倾斜射入，间接引导使角膜、间质和内皮部分得到放大并进行检查。眼前房包括清澈的房水。临床上房水闪烁（房水混浊）提示前房蛋白水平升高。前房出现白细胞称为前房积脓，而出现红细胞则称为前房积血。前房闪烁、积脓和积血提示葡萄膜炎。

　　应对晶状体位置和有无混浊及白内障进行检查。有很多种晶状体混浊是正常的变化，例如，明显的晶状体缝浑浊、玻璃体血管附着点浑浊、折射的同心环光学不连续、晶状体细小的"粉尘样"混浊、晶状体内含有少量"液泡"。

　　晶状体混浊称为白内障，表现为不同程度的失明。马的白内障可为先天性，或继发于葡萄膜炎，也可呈进行性或非进行性。有些马的白内障可能是遗传的。正常马7～8岁开始，随着年龄增长，晶状体核逐渐呈现云雾样（核硬化），但是这不是真正的白内障。晶状体囊和晶状体缝也可能变得轻微不透明，这是正常老龄化的特点。但是，玻璃体不应出现明显的混浊。玻璃体"悬浮物"随年龄增长而出现，也可能是由马复发性葡萄膜炎引起，通常是自然发生的。

（六）直接和间接检眼镜检眼法

　　眼后段由玻璃体、视网膜和视神经组成，其可通过间接检眼镜及随后的直接检眼镜进行检查。这两种方法是一种系统的眼检查方法而非各自独立的。

　　因正常马匹眼底状态变化很大，所以需要对正常马眼底进行大量实践，才可以对马眼底检查结果进行正确的解释。多数眼底病理损伤位于视神经头（视神经乳头）附近和下方，典型的损伤包括色素沉着过度或脱色。

图15-12　带有笔灯和聚光镜片的单目间接检眼镜。聚光镜片距离患马眼2～8cm。检查者与患马的距离为50～75cm（在黑暗中操作）。

1.　间接检眼镜检眼法

　　间接检眼镜检眼法是进行眼底筛查的一种有用的技术。其可通过简单地使用强光笔灯或透照灯及聚焦透镜进行操作。设备通过产生低放大系数、逆转、倒置的虚拟影像，提供一个大的观察视角。在散瞳、强光源和暗室情况下，进行详细的眼底功能检查是必不可少的。强透镜（high plus：30D）产生小而明亮的影像，而弱透镜（lower plus：5.5D）产生大而不太明亮的影像。

　　在进行单目间接检眼镜检查时，检查者单手握住聚焦透镜距离马眼2～8cm，另一只手持光源置于检查者鼻梁高度处（图15-12）。使检查者眼、光源、透镜和患马瞳孔位于同一个轴线上。透镜平面必须与马虹膜和瞳孔平行。使光直接进入马眼，观察毯反射。将透镜来回移动直至呈现边缘锐利、清晰的影像。检查者和患马间距50～75cm。

双目间接检眼镜由一个完整的光源和棱镜系统组成，为检查者提供独立的图像（图15-13）。双目间接检眼镜安装在头盔或眼镜架上。作用原理与单目间接检眼镜一样，但是，该仪器与单目检眼镜相比的优点是：成像更有立体感并提供更强的光源。另外，该设备还可使检查者空出一只手做其他事情。

2. 直接检眼镜

标准的直接检眼镜产生一个垂直的图像，这种图像比间接检眼镜放大的倍数更大。当其使用时距患马眼很近。但沿着一束光直接观察眼底必然限制可见视野。直接检眼镜可对马眼底提供最大的放大效果（横向放大率7.9×，轴向放大率8.4×）。直接检眼镜检查技术包括远式和近式直接检眼镜检查法。

远式直接检眼镜检查技术用于照膜底的检查，检查者立于距患马25～40cm处，将检眼镜屈光度设定为0D（无放大效果）并在瞳孔中找到毯反射（图15-14）。该方法有助于评估马眼底是否有任何混浊现象。在眼细致评估前，该方法常用于迅速筛查。若眼内容物（角膜、房水、晶状体和玻璃体）出现任何混浊，将在眼底反射呈现黑色。也可通过此方法对瞳孔大小进行比较评估。

近式直接检眼镜检查技术可通过使用直接或Panoptic检眼镜进行检查。Panoptic检眼镜的放大率位于直接和间接检眼镜之间。虽然，直接检眼镜可用于眼及其附属器的检查，但是，其常用于眼底和视神经乳头的检查。使用近式检眼镜对眼进行检查时，检查者持检眼镜，使其光圈同时靠近检查者和患马的眼（图15-15）。镜头范围大概为：+30D（放大镜）到-30D

图15-13 由商业仪器和聚光镜片组成的双目间接检眼镜（在黑暗中操作）

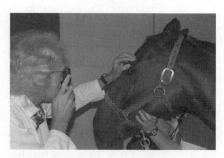

图15-14 远式直接检眼镜（在黑暗中操作）

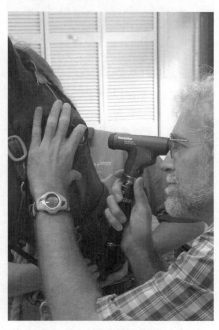

图15-15 Panoptic检眼镜将直接和间接技术相结合，并提供立体的影像，但与直接检眼镜相比放大倍数较小

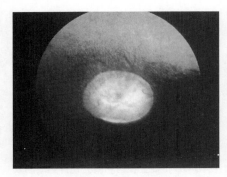

图15-16 （彩图16）虹膜色素很深的马正常眼底影像

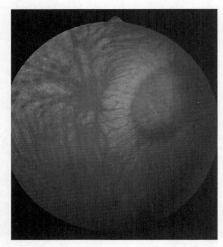

图15-17 （彩图17）马正常眼底，有一个苍白色（近白色的）的虹膜（瓷眼或斜视眼）

（缩小镜）。检查者将放大镜的强度由高到低缓慢下调，使观察焦距缓慢向后延伸，逐渐对眼睑、角膜、房水、虹膜和玻璃体进行观察，直至聚焦到眼底。若需对眼的细节结构进行检查，则必须在散瞳的情况下，在黑暗中进行。

设置屈光度为+20D至+15D（绿色数字表示为"+"），对眼及其附属器进行检查。虹膜可通过设定屈光度为+15D到+12D，进行检查。对晶状体检查的屈光度设定取决于检查位置是前房还是后房，屈光度范围为：+12D至+8D。检查房水和晶状体时还须调节中级设置。使用近式检眼镜对眼底进行检查时，通常将检眼镜置于距离患马眼2cm处，必须设置屈光度为+2D至-2D（通常是0）（红色数字表示"-"）。检查者将执检眼镜的手轻轻置于患马头部，这样检查比较容易且安全。因为，采取这种姿势时，当患马突然活动时，不至于伤到患马或检查者的眼睛。

眼底的检查需按一定的逻辑方式进行：毯底（若出现）、非毯底、视神经盘和可见血管，全部需要检查，而且需要对双眼眼底进行对比 [图15-16（彩图16）、图15-17（彩图17）]。当检查眼底时，需注意是否存在马复发性葡萄膜炎的任何症状，如乳头周围的色素退化。同时应注意观察非毯区域视神经盘的腹侧，因为该区域是局部视网膜疤痕形成部位。视网膜脱落可能是先天性、创伤性或马复发葡萄膜炎所引起，需要认真对待，因为其与完全或部分视力丧失有关。

视神经盘（视神经头或乳头）定位于眼底非毯区。应注意乳头周围完整的视网膜血管，这些血管从视神经盘呈放射状分出；但在6点钟的位置缺乏这些血管（这是正常的，标志着胎儿时期的裂隙位置）。脉络膜血管可以在视神经盘的背侧观察到，因为该处是乳头上部无色素区。分布于整个绿色的毯底部的分散的黑点（温斯洛之星）代表了脉络膜毛细血管层血管。

在该近白色的眼底部并没有毯部，仅有少量色素，因此，与乳白色的巩膜相比，视网膜和脉络膜血管可以很清晰地观察到。脉络膜血管的融合形成了一个旋涡静脉，在该马匹特别明显。

第二节　辅助技术

一、拭子、刮片、涂片及活组织检查

眼睑边缘、结膜（图15-18）及角膜的拭子、刮片和涂片是非常有用的检查样本。精确的角膜病变采样需要表面麻醉，建议同时进行结膜和眼睑边缘采样。

对角膜溃疡病例，在用棉拭采集样本进行微生物培养时，需在眼表面使用任何一种表面防腐剂之前采集样本。将棉拭子轻轻接触角膜，对着角膜溃疡表面轻轻旋转，进行采样。

图15-18　结膜菌群培养。拭子放置在结膜囊下方，且用力贴着眼睑结膜处旋转

细菌和真菌可能不会在角膜溃疡表面。可采集角膜刮片进行细胞学样本检测，对细菌和深度真菌菌丝成分进行检查。在表面麻醉状态下，手握无菌手术刀片末端，刮取角膜溃疡边缘和底部，获得角膜刮片。因为表面拭子样本不含有任何细胞，所以在采集之前除去角膜表面碎片非常有助于刮片细胞样本的采集。对眼睑和结膜样本进行细胞学检查，也可作病例诊断使用。

印压涂片可对眼或眼附属器损伤的性质进行鉴定，如鳞状细胞癌。将一干净的载玻片轻轻地、稳固地按压在眼异常区域，经空气干燥后甲醇固定，至少准备两张涂片，送至可靠的病理组织学专家处，进行染色和读片。

经充分的表面麻醉后，对眼睑和角膜活组织样本进行采集。活组织样本采集前，应实施多种局部麻醉。可使用细针穿刺的方法或手术切开的方法（部分或全部），进行活组织样本的采集。手术切割方法采样时，用细齿镊夹住病变组织边缘正常组织，用细尖头剪子或手术刀片切取适当大小的样本。样本采集时，应防止组织的破碎和扭曲。将组织样本浸入固定液前，将其放在一个非常薄的卡片盒内并保持正确的方向，这非常重要。常规光镜镜检和免疫组织化学样本的固定，可采用中性缓冲液甲醛，而电镜镜检样本的固定，采用2.5%的0.1mol/L的戊二醛二价砷酸盐缓冲液。在样本采集前，需要咨询实验室以确定选择何种固定液。

二、眼表面染色

（一）荧光素染色

荧光素是一种在碱性环境下变成绿色的橙色染料。其暴露于亲水性基质环境下可被迅速吸收，所以，该荧光素主要用于检查角膜溃疡[图15-19（彩图18）]。其对脂含量高的角膜上皮层或无细胞的角膜后基底层不着色。

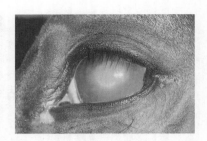

图15-19 （彩图18）用荧光素对该马角膜上的大范围溃疡进行染色

荧光素染色方法也是检查鼻泪管通畅性（见下述）和评价泪膜稳定性的一种方法（泪管系统通畅性检查）。另外，尤其在出现如下情况时，强烈推荐进行荧光素染色检查房水渗漏情况：角膜破裂、虹膜损伤、溃疡穿孔引起的房水渗漏、角膜修复术缝合的微渗漏等。

荧光素浸染试纸条或单剂量瓶装荧光素，可用于马眼的荧光染色检查。通常，最简单的方法是将试纸条或荧光染液放入下/上结膜穹窿处，使荧光染料随眨眼扩散。有时，为了防止假阳性染色，同时为适当染色提供充足的液体，必须向眼外灌注灭菌生理盐水或水。在蓝光下更易检出细微着色。每次临床眼检都应使用未稀释的荧光染料对眼作常规染色以检查角膜溃疡，以防一些可经荧光染色检出的微小角膜溃疡被漏检。

（二）玫瑰红染色

玫瑰红染色法用于评价角膜上泪膜黏膜层的完整性和稳定性。玫瑰红是一种可以通过破坏或不稳定的泪膜黏膜层对损伤或失活的上皮、黏膜和基质进行染色的红色染料。玫瑰红染色法着色可提示马非愈合性溃疡、干性角膜结膜炎、疱疹和/或角膜真菌病。因此，应在荧光染色后进行玫瑰红染色，以确定泪膜的完整性。

三、希尔莫氏泪液试验

因为越来越多的马在初夏时节出现角膜上泪膜功能失调，所以，目前泪液试验已是马常规眼检查的一部分。Ⅰ类希尔莫氏泪液试验是用于检测泪膜功能失调的最常用方法。该方法是检查泪液生成反应的试验，适用于对角膜溃疡和角膜干燥的检查。试验必须在眼灌注任何药物之前进行。该试验可使用商业化试纸条进行检测，试纸条长可达至60mm，距尖端约5mm处有一个凹痕。该试验操作简单，将试纸条在凹痕处对折，将凹槽端暂时插入下眼睑边缘（图15-20）。1min后，取出试纸条，并测量湿润的长度。正常马匹可浸湿的试纸条长度的正常范围在每分钟14～34mm。当该值低于5mm时，表明泪液产生不足，临床表现为干性角膜结膜炎。

图15-20 用Ⅰ类希尔莫氏泪液试验检测神志清醒、未镇静的马（镇静或麻醉将减少泪液生成）

四、鼻泪管的检查

马的上、下泪小点和鼻泪管开口都可见，因此，可通过鼻泪管系统的近端（泪点）和/或远端（鼻泪管开口）对其进行检查。

（一）肉眼检查

鼻泪管的一般检查包括：肉眼检查鼻泪管开口（图15-21）和泪小点。上、下泪小点位于距相应眼睑游离缘约2mm处，呈小裂隙样开口，他们距离内眼角大约8mm。对泪小点和鼻泪管开口是否存在以及其位置和大小进行观察。

（二）鼻泪管插管术

在局部表面麻醉下，对上泪小点进行灌注，采集盥洗液，进行细菌培养和药敏试验（图15-22）。找到上泪点，向上拉紧上眼睑使其固定，使导管垂直插入。将银套管或塑料套管/导管经泪点进入泪小管。可能需要额外镇静以配合局麻。或者，可以将插管经鼻泪管开口插入，用灭菌水逆行冲洗，采集样本（图15-23）。同样，结膜穹窿和鼻泪管开口都需在插入导管前几分钟进行局部麻醉，患马可能需要配合镇静剂或用鼻捻子进行保定。

（三）鼻泪管荧光素检查法

在无需对盥洗液进行细菌培养的情况下，可以将荧光素滴入下结膜穹窿，进行鼻泪管通透性检查。灌注后1～5min，可在同侧鼻孔见到荧光素［图15-24（彩图19）］，两侧鼻泪管都应进行荧光素检查。

图15-21 对左侧鼻泪管进行肉眼检查，其位于鼻孔基部内侧，邻近皮肤黏膜连接处

图15-22 在对上凹陷滴几滴局麻药后，将一鼻泪管插管插进上泪小点以及细管（右眼）。插管用银制造，该金属质地相对较软且延展性好，损伤泪管的概率较小

图15-23 在向上或下泪小点滴几滴局部麻醉药并在鼻泪管开口处局麻（通常用凝胶或喷雾）后，沿鼻泪管口处向鼻泪管插入一导管

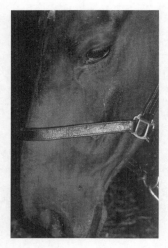

图15-24 （彩图19）荧光素注
入结膜囊后1～5min，
于同侧鼻孔处流出

（四）泪道造影术

泪道造影术（鼻泪管的对比X线检查）是对先天性/获得性鼻泪管开放异常的程度进行评价的检查技术。因为该技术可确定手术矫正是否必要，所以必须在全身麻醉的情况下进行。进行泪道造影时，通常将导管经上泪点插入并注入约5mL的碘造影剂。侧斜位进行X线检查（图15-25）。

五、眼压测量

眼压测量是指对眼内压进行测量，它是识别马青光眼的一种方法。眼压的测量，最可靠的就是使用电子压平眼压计（图15-26）。眼压计有多种型号，使用Tono-Pen型（Reichert, Depew, NY）和TonoVet型（Jorgensen Labs, Loveland, CO）眼压计对马眼内压进行测量时，测量值在7～37mm Hg范围内，平均值为（23.3±6.9）mm Hg。

青光眼是老龄马、阿帕卢萨马、温血马及葡萄球膜炎患马的潜伏性疾病，压平眼压计对该病的确诊和治疗都很关键。

耳睑神经传导阻滞失败，可使眼内压检测值比实际值略高。但是，对易怒的马匹进行眼内压检测时，需使用该麻醉方法。必须镇静，才能进行眼内压测定的马匹，其眼内压的测量值可能非常低。曾有研究表明：甲苯噻嗪可使眼内压降低23%～27%。在马头低于心脏进行眼内压测量时，获得的眼内压值比马头部高于心脏时的测量值低32%。

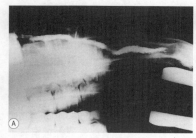

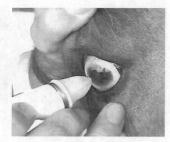

图15-25 Ⓐ用碘酊造影剂的泪道造影术，以确定鼻泪管缺失的临床检查结果。造影剂在术前勾勒出先天性鼻泪管通道系统闭锁 Ⓑ术后对比X线片显示通道系统已开放

图15-26 眼压测量法用于神志清醒的马（镇静，麻醉和头部摆位可能会影响内眼压）。建议操作前使用局部麻醉滴剂，并使用眼睑神经阻滞

六、影像学诊断

（一）X线检查

X线检查对局部骨折和骨破坏的相关疾病的诊断极其有用。对光片处理和患马位置细节的关注，以及精通正常马眼眶局部解剖，这些都是对眼眶疾病患马进行X线检查必须掌握的。可通过便携式影像设备和稀土屏获得优质的照片。

应采取侧位、腹背位、斜位和背腹位进行X线检查，以鉴定眼和眼眶外异物、肿瘤、骨折、软组织/骨损伤程度。斜位X线照相用于确定软组织水肿区域的轮廓，同时对对侧（正常侧）进行斜位观察，作为对照。对鼻腔、副鼻窦、齿根和颅盖的检查应特别注意。背腹位观察可对鼻腔或骨性鼻泪管组织的损伤进行检查。当检查单侧病变时，病变部位应靠向胶片盒。可在甲苯噻唑镇静下对马眼眶进行侧位、背腹侧位和斜位观察。腹背位眼眶观察需要对马进行全身麻醉。

软组织密度增加和溶解性骨变化与肿瘤形成和慢性炎症疾病有关。眼眶蜂窝织炎和肿瘤可产生软组织钙化。眼眶抽吸和活组织样本采集应在X线检查后进行，以免造成人为变化影响X线成像。

高分辨率的计算机断层扫描（CT）和核磁共振（MRI）极大地增强了放射成像技术对人和小动物的检查。然而，CT和MRI技术通常因马体格较大的原因，限制了其在患马检测中的应用，但这些方法很容易应用于马驹的检测。

（二）眼超声检查

眼经超声检查是一种非侵入性诊断过程。该方法可对各种眼球和眼眶异常进行定性和定量的检查和评估。变频7.5～10MHz可用于对虹膜脓肿、虹膜肿瘤、白内障、玻璃体混浊、视网膜脱落、晶状体脱位、眼内炎、晶状体破裂、先天性青光眼和眼球后肿块进行鉴定。高分辨率超声（变频20MHz）曾用于角膜摘除术前，对角膜肿瘤和炎性病变程度的评价。超声可用于：鉴别眼眶固体软组织块与眼眶脓肿物、测定各种眼球或眼眶成分的大小、确定眼眶周围异物的位置。因为图像分辨率与频率直接相关，10MHz变频器可为鉴定300～400μm的结构提供上佳的图像。实时B超发射聚焦的超声波，能产生一种眼眶组织的二维截面，使用变频为7.5～10MHz的超声探头，即可获得最佳分辨率。

技术操作

建议超声前对马进行镇静，但一般情况下无需夹持眼睑。将超声变频器经甲基纤维素偶联剂与眼睑接触，对眼球和前眼眶进行检查（图15-27），或可将

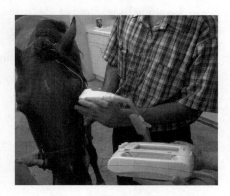

图15-27 马的眼超声检查很容易操作

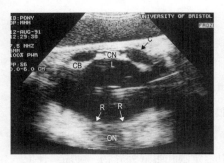

图15-28 正常马的眼部超声检查。除了显示出正常眼内眼球的细节特征，该技术对确诊眼球后组织是否正常也很有应用价值

C.角膜 CB.腱状体 CN.黑体 L.晶状体 ON.视神经 R.视网膜

变频器轻轻与角膜接触（滴入表面麻醉剂麻醉后），对后眼眶进行检查。在对眼眶检查时，调整超声波角度，使其透过眼球和骨质眼眶壁，进入眼眶。该过程中，声束穿过晶状体，这可使声束变窄并使回声增强。与正常眼眶成分的超声检查回声相比，大多数眼眶损伤的回声表现为较低的反射率和较小的声音消减。大多数情况下异物回声强。对侧眼球和眼眶可作为"正常参照"，用于比较。

角膜回声均匀（不透明/白色）。前房回声均匀（黑色）。虹膜小叶（iris leaflets）回声呈现为与其后的腱状体回声相连的线性带状回声。虹膜粒超声的形态和结构是多变的，长轴回声图像上通常可见其突出至前房。在虹膜/腱状体和眼后壁之间唯一可以回音的眼结构是前后晶状体囊。视网膜、脉络膜、巩膜形成一个整体的回音带，构成眼球的后侧面。眼球后组织（肌肉、脂肪、神经组织和脉管系统）回声反射性质多变（图15-28）。

拓展阅读

Barnett K C, Crispin S M, Lavach J D, et al. 2004. Equine ophthalmology: an atlas and text, 2nd edn. Saunders, Edinburgh.

Brooks D E. 2002. Ophthalmology for the equine practitioner. Teton NewMedia, Jackson, WY.

Brooks D E. 2005. Current Techniques in Equine Practice, 4(1).

Brooks D E. 2004. Inflammatory stromal keratopathies: medical management of stromal keratomalacia, stromal abscesses, eosinophilic keratitis, and band keratopathy in the horse. Vet Clin North Am Equine Pract 20: 345-360.

Gilger B C (ed). 2005. Equine ophthalmology. Saunders, Philadelphia.

第十六章

脂 肪 病

马脂肪病在马病诊疗中非常少见，它们包括高脂血症、脂肪瘤和脂肪组织炎/脂肪坏死。相对来说，在这些疾病中最常见的是高脂血症。高脂血症是一种脂肪代谢紊乱的疾病，矮种马、微小型马和驴是脂肪病的易感群。脂肪瘤在老龄马的下腹部相对常见，但是他们并不总是会引起各种不适。全身性脂肪组织炎和脂肪坏死的记录很少，在马驹中几乎未见报道。全身性或皮下脂肪组织炎在成年马中仅有个别报道。

第一节　高脂血症

高脂血症是一种脂肪代谢疾病，其特征为血液循环中脂质过高。这导致了一些组织的脂肪浸润（主要是肝脏和肾脏），血液循环衰竭和广泛性的血管血栓。高脂血症若不及时诊断主要病因，及时治疗，将会致命。

高脂血症是易感动物受到一些应激反应或营养缺乏而引起的继发性疾病。最易感的群体是处于妊娠后期和哺乳早期的矮种马（特别是设得兰矮种马）和驴。在未妊娠动物中较为少见，但是在这类动物中肥胖的矮种马、微小型马和驴最为危险。很多因素会引起应激，最典型的例子包括气候极度变化、低水平的畜牧业和间发性疾病——特别是胃肠道疾病。

形成这种代谢疾病的关键是胰岛素活性的抑制。胰岛素通常会促进脂肪的堆积，但是会受到自身活性引起的体内存储脂肪的动员的干扰。矮种马和驴，特别是肥胖的矮种马和驴，有一种固有的生理上对胰岛素的不敏感性。另外，与妊娠和哺乳相关的激素的变化和与疾病或其他应激反应相关的血液循环中肾上腺皮质激素水平的升高，也会对抗胰岛素的敏感性，因此使得在这些动物中固有的对胰岛素的不敏感性进一步恶化。总之，矮种马、微小型马和驴从代谢上更倾向于脂肪动员，在妊娠、肥胖、疾病、应激反应或减少饲料摄取的情况下都会加剧发生高脂血症。

诊断

临床症状无特异性。渐进性高脂血症伴随着嗜睡、抑郁、不爱动、吞咽困难和循环充血。腹部水肿是很常见的，但不能以此作为示病症状。随着脂肪浸润和随之而来的肝脏衰竭会引发肝性脑病，如严重的抑郁、失明、异常运动、虚弱和共济失调。妊娠后期的矮种马若表现出食欲不振或抑郁，应立即检查是否有高脂血症的特征。若想有治愈的机会，尽早诊断是关键。

在其他的一些病例中，高脂血症的临床症状可能会被一些其他的原发性疾病的更明显的临床症状所掩盖，这些原发性疾病同样会引发食欲不振或应激反应。任何与采食量减少相关的疾病过程，都有患高脂血症这种继发性并发症的潜在性。同样应引起注意的是一些有突然改变日粮的健康但是超重的矮种马、微小型马和驴，它们是高脂血症发病的主要潜在群体。

在健康状态下，血清中甘油三酯的浓度一般小于1mmol/L，在高脂血症的状态下血清中甘油三酯的浓度高于5mmol/L，在严重的情况下甚至会高于75mmol/L。一旦在高脂血症的状态下血清中甘油三酯的浓度高于5mmol/L，血清或血浆就可呈现肉眼可见的不透明状态。通过在临床检查中把血液样品加入抗凝血剂中，高脂血症很容易确诊。在透明的试管中光线从血液的表层反射回来，呈现出一种特有的钢青色的光泽。当试管静置几分钟让红细胞沉淀下来，现象就更明显了，血浆呈现出一种混浊的乳样外观。

尸检可见组织中广泛性脂肪变化。这些也可能是一些易转变为高血脂状症的原发性疾病的证据。

注释

- 在马中高脂血症不一定伴随着血液中胆固醇浓度的突然升高，以此来判断马属动物患高脂血症并不可行。
- 在一些处于疾病后期的病例中有肝脏和肾脏衰竭的异常生化指标。这些生化指标包括血清中肝酶、胆汁酸的升高，从而发展成氮血症。然而脂血症的血清和血浆并不适合做生化检测，因而这些生化变化过程就会被遗漏。另一方面，脂血症还可假性增加总蛋白（折射计读数）、血红蛋白和平均血红蛋白。这些变化干扰了其他生化评估。然而，临床病理实验室应该可以解释这些受到样品中过多脂肪影响而产生的结果。
- 对于一些易感动物，如妊娠的设得兰矮种母马，在妊娠后期可以监测它们血液中甘油三酯的水平，以确保摄取了足够的能量以及一些应激源如寄生虫感染得到了检查控制。
- 健康的哺乳期的马驹血液中的甘油三酯会升高。这是由于饲喂后正常的乳糜微粒所引起。
- 高脂血症在马中非常少见。一般是其他疾病过程的继发性症状，最常见的是肾病。

注意：矮种马的短期禁食（如运输过程）可能会引起生理性的脂血症，这种情况是可逆的，不会有临床上的后遗症。这种生理状态有时被归咎于高脂血症。

第二节 脂肪瘤

脂肪瘤是肠系膜脂肪细胞的良性肿瘤，在老龄马和矮马中相对常见。这些长在长形蒂上的脂肪瘤有缠绕在小肠上的可能，导致急性的、通常绞窄性的阻塞从而引起肠疝痛。更为少见的是小结肠的阻塞。在老龄马中脂肪瘤是引起绞窄性阻塞最常见的原因之一。矮马又是这种疾病特别的易感群。

诊断

临床表现为急性肠疝痛，通常发生于老龄马或矮马中（9岁以上），建议检查小肠阻塞。

需要进行剖宫手术才能确诊。在发病的几小时内，直检可能发现肿胀的小肠袢。但是散在的脂肪瘤是根本不可能被触摸到的。有时多个肠袢一起下坠，形成了一个大的可触摸到的硬结状的大块组织。

第三节　脂肪组织炎和脂肪坏死

脂肪组织炎和脂肪坏死作为两种严重的炎症性疾病同时出现，但是在成年马中非常少见。这种疾病的特点是在脂肪组织中出现广泛性损伤，通过皮肤下坚硬的斑块状肿块的外观就可以辨认。由于逐渐变硬的脂肪损伤影响了一些重要的功能，如心脏的搏动，一般情况下这种疾病必定是致命的。脂膜炎是一种不常见的脂肪组织炎，仅分布于皮下组织，在成年马中有过相关描述。

诊断

不同大小的、连贯的、一定数量的皮下组织的肿块分布于体表。这些坚硬的斑块状的大团块不会移动，其中心较软，呈液化状。临床检查和血检都表明其为消耗性、炎症性疾病。只需对皮下组织的固体硬块的活检，便很容易诊断。从皮肤切口下取出的小型楔形物为脂肪坏死的病灶，可表明有矿化作用的存在。但是光靠活检不足以表明体内脂肪损伤的程度。尸检显示广泛性的机体脂肪的变色，所产生的斑驳的硬块以及液化的病灶区。

注释

- 在其他动物中，全身性脂肪组织炎和脂肪坏死都与维生素E缺乏有关，这也是诊断标准的一部分。在马中，维生素E测定通常是正常的，疾病的病因、发病机理和治疗方法仍不确定。

拓展阅读

Edwards G B, Proudman C J. 1994. An analysis of 75 cases of intestinal obstruction caused by pedunculated lipomas. Equine Vet J 26:18-21.

Taylor F G R, Mair T S, Brown P J. 1988. Generalised steatitis in an adult pony mare. Vet Rec 122: 349-351.

Watson T. 1994. Hyperlipaemia in ponies. In Pract 16: 267-272.

第十七章

皮 肤 病

第一节　皮肤病的评估

皮肤损伤在马匹中很常见，但是，很少病例仅仅通过外观的视诊即可进行诊断。尽管引起皮肤病的病因有很多且种类各异。但是，大部分病例的皮肤外观表现相似。通过全面的临床检查和对病史的详细评估，有助于缩小鉴别诊断范围并可简化诊断技术的选择。本章第一节将通过对皮肤病的评估，对如何选择皮肤病的诊断思路进行介绍。第二节将对各诊断技术的细节进行阐述。

一、病史

病史询问过程中，必须对以下有助于皮肤病诊断的问题进行调查：

- 对其他马有影响吗？如果有，它们之间的联系是：直接接触、鞍具、梳理用具还是饲料？检查训练者/骑手时有无皮肤损伤也是必要的。
- 皮肤病是否带有季节性？
- 有瘙痒吗？以前总是瘙痒吗？
- 皮肤病最初在身体何处出现？已经扩散到其他部位了吗？
- 最初看起来是怎样的（最开始的损伤）？皮肤病的外观有变化吗？
- 近期有否局部或全身用药？
- 如果已经治疗过，有好转的反应吗？好转后是否有复发？或是仅有部分疗效，还是皮肤病更严重了？

看看马匹周围环境，是否存在潜在刺激物或者过敏源，同时结合马匹受损伤的部位进行判定。例如，

- 垫料——可接触马的四肢下部和腹部皮肤。
- 屋顶/阁楼的灰尘——可掉落到马匹头部、脖颈和背部皮肤。
- 饲料接触位置——可接触到面部和脖颈部位皮肤，也可接触到笼咀部和四肢。
- 披毯和/或毛毯——这些将会保护皮肤不受损伤，但也可能使这些部位皮肤均受损。
- 另外，也应注意周围环境中是否有其他动物或者鸟类的存在。

二、临床检查

包括全身性检查，不只是对皮肤进行检查。因为一些皮肤病是和全身性疾病联系在一起的，损伤的主要特征和分布则是其次的。对损伤的细节进行记录，并在马匹模拟图上画出损伤的分布情况，这样做对诊断非常有用。

损伤的特点。要对损伤部位的大小、形态和呈现的特征进行描述，以便于进行鉴别诊断。可以对损伤的突出特征进行如下描述：

- 瘙痒。
- 毛发生长状态的改变：脱毛症/多毛症。
- 结痂和鳞屑。
- 结节、丘疹、荨麻疹。
- 色素沉着变化。
- 糜烂和溃疡。

注释：需注意这些突出的特征之间并无彼此排斥性；例如，瘙痒症常继发于脱毛和结痂。因此，通常不可能仅仅依据皮肤损伤的单一突出特征对其进行确诊。但是，分析每一个突出特征的潜在因素有助于缩小鉴别诊断范围。如何进行鉴别和恰当的应用诊断技术和方法将在以下阐述。原发性皮肤损伤的发病机理是值得探讨的。

三、瘙痒症

很明显，瘙痒通常和体外寄生虫的感染、传染病或者皮肤过敏有关。也可能是由于接触刺激物、荨麻疹、早期皮肤光敏反应和落叶性天疱疮结痂期而引起瘙痒。

- 选择合适的试验对瘙痒进行检查。
- 准备皮肤刮片和醋酸纤维胶带，用于排除寄生虫感染的可能性。
- 试验性的采用驱虫剂治疗，用于排除寄生虫感染的可能性。
- 采用皮肤细胞学方法对传染病进行鉴定。
- 若病史和皮肤的现状都显示与过敏性皮肤病有关，则表明需要进行皮内试验和/或限制采食。
- 通常皮肤活组织检查对马皮肤瘙痒的诊断没有太大的帮助，因为很多疾病都可以见到相类似的反应模式。

（一）体外寄生虫

虱子在晚冬/早春出现，引起皮肤病，该病与厩内马匹饲养过密有关。光线好的情况下，肉眼（或借助放大镜）可在鬃毛和尾根部看到虱子。咬虱（毛虱属）是浅黄褐色的，可能分布在背外侧的躯干区域。吸血虱（血虱属）因摄入血液呈现较暗的蓝黑色。其卵（幼虱）常见附着于毛发上。

在引起瘙痒的体外寄生虫中，蛰蝇可能是最常见的。它们在夏季给人带来烦恼，引起局部皮肤的丘疹和破溃。个别对叮咬有超敏反应（过敏症）的马匹叮咬损伤会加重。马蝇

（虻科）叮咬很痛，可引起大面积丘疹和局部结痂溃疡。厩蝇吸食血液和组织液，造成严重的咬伤，引起多种丘疹，并可沿着脖颈、躯干和四肢发展成皮肤结痂。蚋（蚋属）叮咬毛发稀疏的皮肤区域，如腋下、腹中线和腹股沟，产生丘疹反应。角蝇与腹中线皮炎有关，以多处点状脱毛、炎症、腹底鳞屑为特点。

通过白天在马厩的一个密闭箱收集飞蝇以区分以上情况是比较困难的。早期（最先的）损伤的活组织检查将显示节肢动物咬伤的大量的组织变化特征，但这无法区分两者。在理论上，过敏试验应该能鉴定特殊的过敏症（见下文）。

库蠓属和以"库蚊叮咬综合征"著称的普遍皮肤高度过敏发展有关联。该类寄生虫偏爱的地方是马的鬃毛、臀部和尾根部。马匹摩擦受损区域，致使脱毛症，是由苔藓样硬化、色素过度沉着、表皮脱落和结硬皮慢慢演变而成。建议通过病史和临床外观做出假定诊断。若能找到过敏源，库蠓超敏反应则能够通过皮内试验确认。

蜜蜂和黄蜂也许会蜂拥而至造成多样的丘疹和斑块，其比瘙痒更为痛苦。

马匹不常见蜱螨类感染，但在瘙痒的鉴别诊断中应考虑到此类寄生虫。

足螨病是由非掘洞的马足螨所引起（图17-1）。这种疾病并不常见，通常见于冬季。损伤通常只限于四肢下部并诱发踩踏足底的瘙痒。这也许更常见于"距毛多的"挽马。螨虫通常是可通过刮取表面皮屑鉴定。

目前痒螨病不发生在英国马群中。痒螨偶尔可以在耳道被发现，但缺乏相关的病变而被排除于瘙痒症外。

疥螨病（马疥螨）在英国马群中是非常罕见的。损伤与头部、脖颈、耳部、近尾部的瘙痒、脱毛症、苔藓样硬化和结硬皮有关联。

秋螨（秋恙螨和其他种类恙螨）都是夏末秋初条件性病原体。它们通过接触干草和野草来附着于马，所以，马匹头和四肢最易受到感染。饱血的呈红色/橙色的螨通过肉眼借助放大镜可见。它们没有皮肤损伤的标志，但经常会剧烈瘙痒。

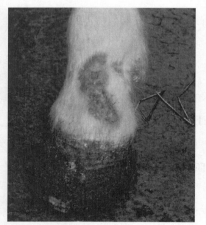

图17-1 足螨病（由P J Forsythe提供）

（二）体内寄生虫

马尖尾线虫是一种不常见的内脏寄生虫。成年雌性虫通过在会阴部产卵造成肛周强烈的刺激。大量的虫卵可在肛门括约肌处观察到。少部分需要使用醋酸纤维磁带黏合剂抽样技术在显微镜下才能被发现（见下文）。

（三）接触性刺激性皮炎和接触性过敏症

大部分接触性皮炎是由持续接触含有化学物质的药物、某些植物、体液（如尿液），而刺激损伤皮肤所致。

这些分布与接触刺激物的部位有关，尤其是头部、四肢末端、腹部表面和马具相关部位。损伤进展从红斑到结硬皮瘙痒、苔藓样硬化至局部脱毛症。在一些病例中初次接触的反应是荨麻疹。四肢下端的接触性皮炎可发展为马踵炎或"泥热"综合征（见下文）。

通常接触性皮炎具有免疫学基础。在这种条件下，致敏性因子充当半抗原，与皮肤蛋白形成过敏源。这种反应可产生一种刺激物，并可在马匹环境中存在多年。一旦发生过敏反应，接触到的刺激物就会在1~3d内产生瘙痒性皮炎。产生的损伤和那些由刺激物引起的接触性皮炎观察到的现象很相似（见上文）。诊断可通过保持马匹在一个无过敏源的区域（见下文刺激物和过敏源的消除试验）下进行。受感染区域的活组织检查也许会有助于诊断，但精确的病史和潜在过敏源的消除是最有用的。

（四）特应性皮炎和食物过敏

过敏性皮肤炎经典地引用遗传倾向来发展环境性过敏源的免疫球蛋白E介导性高过敏症反应。该病在马中无明显特征，虽然一部分马匹呈季节性或非季节性瘙痒症和对环境性过敏源呈阳性反应都能够通过皮内试验被证实。排除瘙痒症的其他原因是诊断的重要环节。大多数马匹会有瘙痒症，它会危及肋、腹、面部、四肢、脖颈和尾根部。有些马匹还会出现再发性荨麻疹（见下文）。并发或复发性呼吸道阻塞偶然可见。饲料过敏源应该是通过不含致过敏性日粮来排除。皮内试验对制订过敏源的特殊免疫疗法是有用的。

四、毛发生长状态的改变

（一）脱毛症

脱毛症为原发性或继发性损伤。本部分我们将讨论原发性脱毛症。脱毛症常继发于瘙痒性皮肤病。

选择适当的试验对脱毛症进行检测
- 皮肤表面细胞学。
- 皮肤刮片。
- 拔毛和皮肤真菌培养。
- 在一些病例中抗生素治疗试验是有帮助的。
- 如果这是一匹无瘙痒症的马，而且以上检测都为阴性，则表明需要皮肤活体检查。

细菌性毛囊炎在马匹是相当普遍的，并且导致局部或者多个病灶的脱毛症，这会不定地引起瘙痒症。本病有许多潜在的病因，包括过敏性皮肤病以及马鞍和掌钉过紧等。它也是"马踵炎"综合征的组成之一。

马毛囊虫症是非常罕见的，并且通常与慢性糖皮质激素治疗有关。马身上寄生的宿主有两种螨虫，分别是马蠕螨（*Demodex equi*）和caballi蠕螨（*D.caballi*），它们被认为是正常皮肤菌群的一部分。临床表现为脱毛和脱落鳞屑。偶尔，丘疹或结节可能发展为疖病。螨虫病的存在可以通过深层皮肤刮片和拔毛发检查来证实。

皮肤真菌病或"癣"通常是由马毛癣菌和须发毛癣菌所致，偶尔也会由马小孢霉菌引起。大部分病例都是因为秋冬季舍内过于拥挤而发病。病变表现为局部脱毛、脱落鳞屑和结痂，但很少出现瘙痒。病变最常出现在马鞍摩擦部位。虽然直接镜检可以进行诊断，但真菌培养是较为可靠的诊断方法（见下文）。马真菌病的伍氏灯检查很少呈阳性。

脱毛的其他原因。较少见的原因包括斑秃、线形脱毛和肉瘤样病等。偶有鬃毛和尾巴也会受到影响，如硒中毒。而斑状脱毛可能与无汗症有关。如果常见的原因可以排除，那么皮肤活检通常有助于确定病因。

（二）多毛症

过多的、蓬乱卷曲的被毛是马肾上腺皮质机能亢［垂体中间部功能障碍（PPID），通常被称为马库兴氏病］的临床症状之一。疾病诊断可通过一个能证明功能性垂体瘤存在的动态内分泌检测来确定（见第五章：内分泌疾病）。多毛症也可能由慢性糖皮质激素治疗所致。

注意：全身感染与肾上腺皮质机能亢进的免疫抑制作用有关，比如皮炎。

五、结痂与脱屑

脱屑是指角质层的过度积累，不以正常的方式剥离。这些头皮屑，临床上认为是与角质细胞簇（角化的角质形成细胞），鳞屑相关。

结壳（结痂）由角质细胞、纤维蛋白和血细胞组成。这些结痂下面往往潜藏有糜烂或溃疡。结痂及脱屑是很常见的皮肤损伤，它们可以随着任何表皮屏障的干扰而出现。适当的结痂及脱屑检测有：

- 皮肤刮片。
- 皮肤表面细胞学检查。
- 皮肤真菌培养。
- 皮肤活检。

细菌性毛囊炎和表浅脓皮病相应表现为脱毛和脓疱，但结痂和脱屑是这些感染常见的继发性损伤。嗜皮菌病是秋冬季潮湿天气细菌性毛囊炎的常见形式。这是由刚果嗜皮菌引起的广泛渗出性感染。通常在后躯有对称分布的病变，被称为"雨斑病"。在泥泞条件下同样的病变可发生于下肢（"泥热"），并且可能会影响下腹部。

在外观上，渗出液垫着毛发，给人一种结痂上长着一簇"画笔"的感觉。去除直径较大的结痂后，其下被脓性物所包被（图17-2）。诊断是通过从结痂上刮下的病原体进行印压涂片或者培养来确定（图17-3）。注意：葡萄球菌可能引起旧病灶的过度生长。

马拉色菌是通过侵蚀擦烂的皮肤而腐生的酵母菌。受感染的区域常表现为油腻、鳞屑以及不定的瘙痒。已发现它们是"马踵炎综合征"的一个组成部分。鉴定方法是皮肤表面细胞学检查（图17-4）。

马踵炎反应（系骨皮炎）。所谓的马踵炎或泥热是指难治的、痛苦的、渗出性皮炎蔓延到系骨背侧的一种综合征（图17-5）。表现为：有油腻的脂溢性物质渗出，与毛发纠缠在一起，极易导致继发性感染。这是前面已描述的一些主要炎症的常见结果。马匹下肢的毛发特别容易发生此类症状。其中潜在的起始诱发因子有：

- 嗜皮菌病。
- 足螨病。
- 细菌性毛囊炎。
- 皮肤真菌病。
- 接触性皮炎（如草、垫草）。
- 光敏性。
- 马拉色菌性皮炎。
- 白细胞破碎性血管炎。

马踵炎是上述许多因素的并发症，因此，皮肤表面细胞学、皮肤碎屑和皮肤癣菌培养是探讨慢性病变所需的最基本的检测方法。

全身性皮脂溢以干的脱屑（头皮屑）或者大而油腻的片状物的产生为特征，偶尔发生于马。该病可能导致身体有腐臭气味、红斑和皮肤的增厚。本病的病因很复杂，但在没有皮肤损伤的情况下，应首先怀疑和调查消化和内分泌功能紊乱等疾病。

管部角化病是病因尚未明确的一种罕见的皮肤病，感染两后肢管部的背侧面。外在表现为无瘙

图17-2　刚果嗜皮菌感染的典型结痂

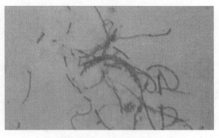

图17-3　显微照片显示嗜皮菌涂片中球菌的特征性丝状形

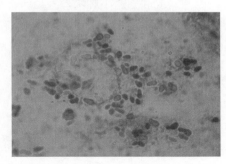

图17-4　用Diff-Quick染色醋酸纸带制品中的马拉色菌（由P J Forsythe提供）

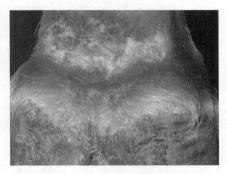

图17-5　"泥热"、马踵炎或系骨皮炎的典型损伤

图17-6　典型的落叶状天疱疮的多灶性结痂

痒，无脱屑、缠结的毛发以及结痂斑块。诊断主要依据临床表现。线性角化病是皮肤角化过度引起的肩部或胸部外侧垂直延伸的一条明显的线纹。在诊断过程中，应排除细菌和真菌感染，皮肤活检是有效的诊断方法。

天疱疮是一种不太常见的自身免疫性疾病，其中自身抗体都是针对角化细胞间的黏附蛋白。原发病灶为脓疱，但这些脓疱非常浅薄，容易破裂，从而造成多灶性结痂（图17-6）。这些脓疱通常发生在面部和四肢，但往往会蔓延至全身。可能会出现腹部及四肢浮肿、嗜睡、食欲不振、发热等症状。此病诊断需要多次活检，还应包括完整的脓疱和新鲜痂皮。

六、结节、丘疹、荨麻疹

结节病表现为局限性组织块呈不同大小的硬结节。它们的病因起源可归类为炎症（感染或无菌）或肿瘤。小肿块，直径通常小于1cm，称为丘疹。它们是早期（主要）的病变，与细菌性毛囊炎相关，并且在许多情况下，蚊虫叮咬也会导致丘疹。荨麻疹肿胀在马皮肤上很常见，表现为许多大小不一的突出的斑块，压之会凹陷。结节性皮肤病适合的检测有：

- 细针抽取细胞学检查。
- 皮肤活检组织病理学检查。
- 皮肤活检培养。

（一）传染性结节

马病毒性乳头状瘤病是一种常见的上皮增生，常见于1岁或2岁马。它们分布在笼咀和头部，有时蔓延至更远部位。有蒂及疣状突起，并且直径可达2cm。发病年龄和外观都是其诊断特征。这些突起会在4～5个月内自然消失，因此没有必要进行活检。

马线虫病是由胃线虫（*Habronema* spp.）的幼虫在皮内迁移引起组织反应从而形成肉芽肿结节。幼虫潜藏在潮湿的地方，或伤口上，或马厩，或者寄生在中间宿主身上，比如家蝇。病变发生在内侧眼角、包皮处以及伤口处。该病在英国很罕见，诊断方法是通过活检，经切片检查发现由嗜酸性粒细胞包围的寄生虫。

其他传染性结节。有脓液流出的离散结节，与葡萄状菌病（葡萄球菌）、脓肿（多菌），偶尔还与真菌感染有关。抽取物和组织样品应用于组织培养和用特殊染色作组织病理学检查，以鉴别更多罕见的微生物。

（二）非传染性结节

结节性组织坏死（又名：胶原坏死、嗜酸性肉芽肿、溶胶原肉芽肿）是马匹最常见的结节性皮肤病。损伤表现为单个或多个结节，直径1～2cm，过肩和背部，但有时超出这些部位。根本病因尚不明。诊断是通过活检，显示变质胶原灶被嗜酸性肉芽肿所包围。

耳部斑块（耳角化过度）是一小块褐色突起的、由增生上皮细胞组成的乳头状瘤部位。通常出现在马耳中，并且马无任何不适或刺激。这些斑块在病毒病原学上呈良性。对此病通常不需要特异诊断方法。

荨麻疹反应在马中很常见，其病变的起源通常是多因素的。它们可以通过环境或食物过敏源、药物、压力或体力活动被触发。在某些情况下，刺激原无法找到。皮肤瘙痒可能是一个特征。活检除了排除其他皮肤病症外通常均无帮助，诊断在很大程度上依赖相关的病史。继发性血清渗出物和结痂可能进一步发展，导致脱发。偶尔，荨麻疹型病变是出血性紫癜的一种特征，出血性紫癜是一种免疫介导性血管炎，通常是继发于先前的全身性感染，特别是链球菌感染。在这种情况下，其他临床特征如黏膜瘀点即成为血管炎的指征。

结节性脂膜炎是皮下脂肪（脂肪组织炎）的一种罕见的多灶性炎性疾病状况。结节体积较大，直径有几厘米，并且最终在其中心形成囊肿。在此阶段，它们可能溃烂，排出油状物质。囊性中心的针吸活组织检查可见有包含炎症细胞的带血液体。这种液体培养后表现为阴性。诊断主要通过实性结节的活检（见第十六章：脂肪病）。

淀粉样变性是一种罕见的疾病，大量质硬的淀粉样物质通常沉积在马的头部、颈部和肩膀的皮肤上。诊断主要通过活检。

牛皮蝇。牛通常是牛皮蝇幼虫的宿主，自牛皮蝇被根除后，此病在英国马群中再也没发生过。该病表现为可变直径的半球形肿胀，通常发生在背部。在病灶中心可能有一个呼吸孔。诊断根据损伤处的外观进行确定，应小心切除皮蝇蛆，随后热敷。严禁活检，因为这很可能导致严重的局部反应。

皮样囊肿是在背中线出现结节，每一个结节都是由纤维壁以及内层的复层上皮组成，并含有毛囊、汗腺和皮脂腺。

（三）肿瘤性结节

马肉样瘤。这是一种最常见的马肿瘤。存在于眼部、副生殖器，以及四肢。其临床表现是多变的：疣（疣样）肿瘤、纤维母细胞瘤、混合性疣状瘤和成纤维瘤，以及由脱发、脱屑和结痂形成的扁平（隐匿性）肿瘤。诊断是通过活组织检查，但是提交整个切除的病变部位进行检查更为可取。隐匿性及疣状肿瘤，如果处于静态，最好在不对其进行处理的情况下进行活检，否则进一步的操作可能刺激肿瘤引起其他病变。

黑色素瘤在老年灰马中很常见。色素性病变发生在尾巴下、肛门周围、耳和眼周围。诊断通常是基于单独的外观检查。

鳞状细胞癌。这是一种相对比较常见的肿瘤，通常位于低色素区以及受到慢性紫外线刺激的毛发稀疏的区域。对于温带地区的马匹，肿瘤会发生在阴茎及包皮处。皮肤损伤表现为有模糊边界的未愈合的溃疡斑或菜花样肿块。诊断是通过活检。

皮肤肥大细胞瘤。这些肿瘤较少见，可能是增生性过程而并非肿瘤生长过程。该肿瘤存在于头部和四肢，病变部位无毛，色素沉着，偶尔情况下还会溃烂。诊断是通过细针穿刺或切块活检。

皮肤淋巴肉瘤。虽然淋巴肉瘤是马最常见的体内肿瘤，但存在于体表的却很罕见。症状表现为体表有多个结节，并且直径较大。诊断是通过活检。

七、色素沉着变化

白斑病主要表现为皮肤病灶区色素的大量丢失。在大多数情况下，它是由于接触反应、局部创伤、手术或冷冻治疗导致黑素细胞破坏所致。若毛发受到损伤，便被称为白毛。相关的病史常是病因学的一个重要指征。

黑皮病是指皮肤的色素沉着。它可能发生在以前发炎部位，常见于慢性炎症性疾病。若毛发有斑点状较黑的部位，称为黑毛。

通常色素变化部位的活检为临床确诊依据（黑色素细胞丢失），但此信息对了解本病的发病机制无用。有对潜在的脱色疾病及其特征的了解可为该病的诊断提供线索。

盘尾丝虫病（马颈盘尾线虫）是马体内普遍存在的一种丝虫内寄生虫病。成虫寄生在韧带项筋膜，产生微丝蚴，并迁移到真皮上部的结缔组织。许多马匹被感染，但几乎不出现临床症状，此病在英国鲜有报道。

在该病的一些临床病例中，可见脱毛、色素脱失、红斑和脱屑，尤其是在腹侧中线区域。面部、颈部和近端前肢也有病变。瘙痒由轻微到严重不等。从切碎的活检材料中提取大量微丝蚴可提供诊断依据，但必须记住有些健康马的皮肤中也会有微丝蚴。一种更实际的诊断是通过伊维菌素治疗的反应，伊维菌素可在3周内治好炎症。但成虫不受此药影响，因此重复驱虫及治疗微丝蚴也是必不可少的。

遗传性皮肤病。一些遗传性皮肤病都与缺乏色素的疾病有关，如白化病、瓦-克二氏综合征、致死性白马驹综合征和致死性薰衣草马驹综合征等。诊断通常是基于特异品种或其他异常症状的存在。阿拉伯褪色综合征（白癜风）是一种皮肤色素的后天性褪色，特别是在特有的阿拉伯马匹的头部。

八、糜烂和溃疡

糜烂指的是基底膜上的部分表皮损伤，而溃疡是基底膜完整性遭到了破坏引起的全部基底膜的损伤。它们是继发性病变，大部分与皮肤瘙痒症有关。原发性糜烂或溃疡性疾病通常有多个离散的形状和边缘。

糜烂和溃疡部位容易受到感染，皮肤表面细胞学检查在所有病例中都会有所显示。在进一步的诊断检测，比如皮肤活检之前，都要防止产生继发感染。这类疾病中有一些与全身症状有关联，从而使血液学、生物化学及尿液分析可以出现另一些指征。

皮肤血管炎的特征在于紫癜和水肿，其可以导致皮肤局部缺血损伤并发展为糜烂和溃疡。血管炎有多种的原因，其中最常见的是出血性紫癜。这通常与链球菌感染有关。当然，还可以有其他原因，比如细菌、病毒和治疗剂。紫癜可用一种名为玻片压诊法（图17-7）的技术与局部炎症加以鉴别。

白细胞破碎性血管炎（光敏性血管炎）。这是一种比较常见的无色素四肢炎症性病变，通常发生在系骨，且一般在夏季发生（图17-8）。这表明，紫外线辐射在发病机理中具有一定作用，但这种疾病并不是真正的光过敏。它在光敏化合物不存在时也发生，并且与肝脏疾病无关。急性病变是很痛苦的，常伴有红斑、渗出和结痂。很多慢性病例都有一种粗糙的"瘤状物"出现。诊断应包括排除原发性和继发性感光过敏（见上文），并对活检样本确定其特异性病理组织学变化。

感光过敏最初表现为红斑和水肿。逐渐产生浆液性分泌物，并且在皮肤下形成溃疡。白色、无色素或肉色部位，比如马额上的白斑、笼咀和蹄冠部位，都会受到感染。病变严重但范围较小。该病多见于夏季初期，红斑与瘙痒有关。晒斑具有相似的外观，但并非是感光过敏。

原发性感光过敏发生在强烈紫外线照射下以及放牧在含有光动力植物（如圣约翰草，多年生黑麦草）的地区。感染常呈群发性。继发性感光过敏与肝功能衰竭引起的叶赤素分泌

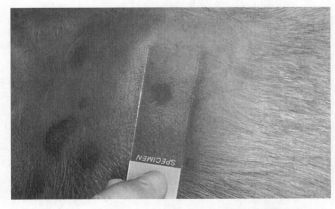

图17-7　玻片压诊法：轻压红斑并确定出现血管外渗

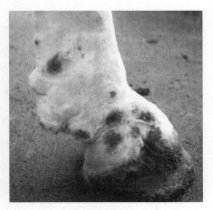

图17-8　白细胞破碎性血管炎：底层血管损伤导致的典型圆形溃疡

减少有关。叶赤素为叶绿素细菌活动的产物。这种物质为光动力物，能在皮肤的敏感部位引发红斑反应。面部感光过敏最明显的病变称之为蓝鼻子病，其中受影响的部位显示一种不太明显的蓝色色调。在所有怀疑感光过敏的病例，都应做血清肝酶检查，以作为与肝脏相关疾病的证据（见第四章）。另外，辅助诊断方法是将马匹转移到无阳光的阴凉处进行检查，或者检查牧场上的植物种类。

多形性红斑。这是一种由药物、传染物、肿瘤或饲料引起的免疫介导的皮肤反应模式。在某些病例，潜在的病因是无法确定的。该病的临床表现为对称的出疹特征，早期为丘疹、斑块、水疱或大疱，随后发展为糜烂和溃疡。通常发生于毛发下的皮肤，更严重的情况下，黏膜，尤其是口腔黏膜，都会发生红斑。皮肤活检后可见特征性的界面性皮炎。

上皮形成不全是皮肤某一部位的先天性缺失，通常发生在四肢远端。

交界性表皮松解大疱。这是一种遗传性大疱病，最初受感染的是比利时轭马。这种马在基因编码层黏连蛋白−5中有一个突变，这是表皮基底膜一个重要的结构。马驹在刚出生最初几天的蹄冠、口腔黏膜、受压部位发生溃疡。目前尚无有效的治疗方法。

遗传马局部皮肤薄弱症。该病常危及夸特马，被认为是一种常染色体隐性遗传模式。感染的成年马匹有皮下积液和血肿，皮肤溃疡和松散，背部和鬐甲部皮肤易隆起。已鉴别出与编码基因突变有关的亲环蛋白 B。根据病史和临床表现可确诊。该病也可包括组织病理学检查。该病在美国常采用基因测试。

第二节　实用技术

一、皮肤刮片术

皮肤刮片术主要用于确认马足螨属的螨虫感染。如果该部位是毛发，应轻轻刮除。

手执手术刀垂直于皮肤，轻压，迅速来回刮擦（图17-9）。在感染部位覆盖大面积的多种碎屑应该刮擦。对于严重的螨虫感染深刮尤为重要。在刮之前滴入一滴矿物油可以为螨虫的检查提供更好的样本。将刮出物放置于载玻片上，盖上盖玻片，将之送至相关实验室检查。

标本可在低倍镜下观察。螨虫及其卵通常可在×100或×400光镜下鉴定。

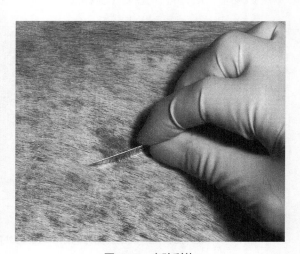

图17-9　皮肤刮片

二、皮肤表面细胞学

可通过各种不同的方法采集样本，其中，最常用的是马皮肤拭子或醋酸胶磁带样本。从结痂下直接印压涂片可以用于诊断嗜皮菌病、脓皮病或落叶状天疱疮。所有病例的载玻片都应标上检验者姓名和采样部位，特别是一些不能立即检查的样品或从同一马匹中多次取样时。玻片用改良瑞氏染色液（迪夫快速染色液）染色时，对于一些大的脂质含量的样品，建议在浸泡酒精固定液前，先进行加热固定。其他情况风干即可。

细菌学拭子主要用于皮肤感染部位的检查，适度地按压采集的渗出物样本，然后将其放入镜检玻片上，按上述方法风干和染色。将醋酸胶带切成3～5cm长，对患部皮肤的中心部位适度施压。使组织和细胞直接从皮肤表面粘下来。样本采集后，将胶带的两端轻轻压在镜检载玻片上，使样本集中在载玻片中心部位，并使胶带与载玻片间形成一个松的环。这样就能使样品更容易染色。当处理这些样品时胶带能被直接染色。不能将胶带浸入酒精固定剂，因为这将失去胶带的黏性和相关的诊断样品。胶带染色后，平贴在载玻片上，有黏性的一面朝下。带有胶带的样品可在显微镜下观察。通过油镜可以直接在高倍镜下观察样品并进行评估。

在嗜皮菌病的疑似病例中，如果结痂除去后，其下面有脓，可作印压涂片。然后加热固定后染色，显微镜下可见球菌呈丝状排列［图17-3（彩图20）］。刚果嗜皮菌用Diff-Quik染色液很容易染色。

醋酸胶带也可用于诊断马尖尾线虫等感染。将一片醋酸胶带按压在肛门和肛周部位，然后将带有黏性的胶带粘到由矿物油包被的载玻片上。在显微镜下尖尾线虫卵像带有帽子（卵盖）的卵圆形的卵位于一侧边缘。

醋酸胶带的制备也可用于诊断表皮螨，如足螨属，但是皮肤刮片术更为常见。

三、拔毛

这指的是拔毛和在显微镜下检查的技术。它主要是用于鉴别皮肤真菌感染的关节孢子和菌丝。毛发是从病变的边缘拔出，然后封固于含有矿物油的载玻片上。受感染的毛发由于正常生长中断，使球端出现"茸毛状"外观。在高倍镜下可观察到真菌成分。这种技术在实践中不能用于明确排除皮肤真菌病。

四、真菌培养

皮肤真菌培养对于局部或全身脱毛的马匹非常有用。病变部位应以70%异丙醇轻轻擦拭，尽可能去除较多的细菌和腐生的污染物，并让其干燥。破碎的毛发、皮屑和轻微的脓

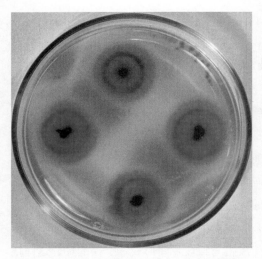

图17-10　沙布罗培养基中典型的皮肤真菌菌落

疱病变应从病灶的边缘用无菌钳采样，随后放入无菌的容器送到实验室。

现在，采样人员可使用皮肤真菌培养盒，内含倒好培养基的培养皿。培养基为琥珀色沙布罗葡萄糖琼脂，其含有pH指示剂和抑制污染物生长的抗生素/抗真菌剂。用无菌镊子将样品按压到培养基上。根据室温，在2～10d后长出菌落。但在判定为阴性前，还应培养21d。

皮肤真菌菌落通常为白色、粉末状生长物（图17-10，彩图22）。这种生长物产生碱性代谢物，使培养基变成红色。必须每日（必要的话，从2～12d）检查平皿，以确定白色菌落的生长和颜色的变化。污染的菌落通常为棕色、灰色或绿色，一般最初不会改变培养基的颜色。最终，它们也会产生一种碱性的颜色变化。鉴于此，在12d后出现与非白色菌落有关的红色菌落可视为污染的生长物。对于一些可疑病例，应将样品送到诊断实验室作特殊鉴定。

以前推荐的在室温下培养，能使一些病例出现假阴性结果，而现在认为，通常危及马的一些皮肤真菌感染可能比以前确定的更难以培养生长。因此，实验室的培养皿可作为一种有用的筛选工具，但如果病变持续存在，建议将样品送至专门从事真菌学的实验室。

注释
- 确保从皮肤真菌感染范围较大的病变边缘采集样品非常重要。
- 对于一些难处理的病例，采用活组织切片进行过碘酸希夫染色法可确诊皮肤真菌。

五、玻片压诊法

这种技术可用于鉴别局部出血或血管外渗与炎症。可将载玻片轻压病变部位。如果局部炎症存在，其下面红斑会变得苍白，而如果其血管完整性受到破坏，其红斑或紫癜仍保持不变。

六、皮肤活检

皮肤组织病理学的解释需要相当的经验，建议在皮肤病理学工作者进行检查之前，不要轻易进行活组织检查。简明病史、病变分布和特征、取样的部位和潜在的鉴别诊断都应伴随活检样本送至检测室。上述这些信息可使病理学工作者做出更好的解释，并考虑使用特殊染色剂等。

在进行适当的治疗后未见好转，或持续存在溃疡，或怀疑肿瘤时，就应进行活检。如果肿瘤为肉样瘤，建议将整个切除部位样品作组织病理学检查（见上述"肿瘤性结节"）。

选择的病变部位应为原发性的，慢性病变诊断效果不佳。如可能的话，多次活检所取得样品的诊断率较高。溃疡病变的活检应围绕正常的和溃疡组织的溃疡边缘进行，以便能检查到病变与正常皮肤交界处的变化。活检时，应尽量避开浅表神经、血管、关节囊或骨突。

（一）现场准备

可用70%的异丙醇浸湿活检部位，但不能用防腐剂擦洗。因为这可能会除掉决定最终确诊的结痂与上皮组织。

多数活检均可在局部麻醉下进行，如果需要的话，也可用镇静药。对于穿刺活检，可用一个25G针插入皮肤上病变边缘的下方，直到针的斜面是埋在患处下方的皮下组织。然后注入肾上腺素-利多卡因（0.5～1.0mL）。对于较大的切块或椭圆形活检，可在围绕采样边缘的皮下组织进行环状封闭。可避免局部麻醉对真皮或表皮的浸润，因为这将导致组织的人为变化，影响到样本的真实。在浸润麻醉5min后，才可进行活检。

（二）切块活检

如果采样病变部位是一个单一的结节，采用此切块活检既消除了病变，又提供了组织病理学诊断。这对确诊可疑性疣状肉样瘤特别有用。

（三）钻取活检

一次性钻取活检钻孔器6～8mm（Stiefel实验室，英国），对于大多数皮肤活检很有用，通常使用2～3次活检，其钻孔器边缘即变钝。将钻孔器放置病变部位，在轻压下顺时针方向旋转，直至叶片进入皮下组织。这与轻微但可明显减轻抗压有关。取出钻孔器后，样品应与相邻的真皮分离，并保持结缔组织与皮下组织松散地连在一起。用蚊式鼠齿镊提起皮下部分，使切面隆起，再用锋利的剪子剪掉游离部分（图17-11）。在此操作过程中应小心使用镊子，以免挤压样品。采集的样品应立即放入10%缓冲福尔马林液中，并送检实验室。用2-0尼龙线作一个简单结节缝合活检部位，但也可以不进行缝合。

图17-11　钻取活组织检查样本

（四）椭圆形活检

椭圆形活检主要用于水疱、大疱或脓疱病变，该活检可以涵盖整个病变或溃疡性病变。其中活检的主要部位应包括异常组织、病变的边缘和边缘附近的正常组织。溃疡病变的边缘是组织病理学诊断最有价值的部位。

该部位采用环状封闭麻醉。用手术刀将全层皮肤切开，随后用小弯剪子（德国产锋利组织剪）将皮肤剪成椭圆形，伤口用2-0尼龙线作间断缝合。椭圆形活检样品用真皮侧固定，并在浸入10%福尔马林之前，将样品轻轻压到一纸片或木片上（如一块压舌板），否则固定时容易卷曲。

（五）盘尾丝虫病的活检

盘尾丝虫病是一种罕见的临床疾病。该病的活检可显示寄生虫病灶四周存在明显的炎症反应。将活检样品分割为二，一半用福尔马林固定作组织病理学检查，另一半放入沾有盐水的纱布作活体寄生虫检查。在实验室检查时，将样品放置载玻片上，滴上几滴盐水，用手术刀将样品切碎，然后在室温下放置30min后镜检。先在低倍镜下沿组织碎片边缘观察寻找"挥鞭"运动迹象，随后在高倍镜下识别微丝蚴。然而，最简单的诊断方法是有争议的伊维菌素反应法（见上述"色素沉着变化"）。

七、确定过敏反应试验

（一）皮内试验

当瘙痒的其他原因都已明确排除后，且畜主准备采用过敏源特异性免疫疗法来控制特应性皮炎引起的瘙痒，则应采用皮内试验。本试验仅对于识别环境过敏源引起的超敏反应是可靠的，但不适用于食品过敏源。

皮内试验可受各种药物如皮质类固醇、抗组胺剂和一些镇静剂影响，在进行试验前应核实休药期。该试验虽然不是一种难度较大的技术，但仍应考虑内皮试验盒的维持费，这是为何通常需在一些专业中心进行检查的原因。

常用于兽医皮内试验的过敏源应根据进行试验的局部位置进行选择。通常使用阳性对照与阴性对照。常用磷酸组胺1：100 000和0.9%缓冲氯化钠溶液。皮内试验通常在颈部外侧进行。通常需用的镇静剂为α_2激动剂。应用40号刀片轻刮试验的部位，但不应擦洗。试验部位用不易擦掉的记号笔标出，至少相距3cm。按常规，向皮内注射，每份溶液0.05mL。在注射前应从注射器内排出气泡。阳性反应以局部水肿和红斑为特征。这些都可在注射后

20～30min读取，并在4～6h和24h后评估其后期反应。目前尚无标准方法评估皮内试验。许多临床兽医都以0～4等级记录反应，0为阴性对照，4为阳性对照。反应记录为2＋或更大数字表明显著（图17-12）。

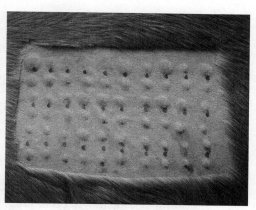

图17-12　皮内试验呈现的阳性反应（由P J Forsythe提供）

（二）血清变态反应试验

可通过特异性过敏源酶联免疫吸附试验（ELISA），检测马特异性过敏源血清免疫球蛋白（抗体）。本试验可用于鉴定血清IgE抗体对环境或昆虫过敏源。全球许多实验室都可提供这种试验。由于马血清中IgE检测的特有困难，建议该试验目前还不能作为马过敏源超敏反应的可靠指标。

（三）刺激物和过敏源的消除试验

环境性刺激物是接触性皮炎的常见原因，有时会出现荨麻疹病变。较实用的诊断方法是改变马的饲养管理或消除环境中刺激物。应考虑到能接触到马皮肤的各种因素，如马具（包括马具清洁工/治疗）、局部外用药物、垫料、木屑的处理、饲料、其他牲畜及其寄生虫（如禽蚤）。

接触性皮炎较少见，实际上是过敏性的，其对食物、药物或吸入性过敏源的过敏反应，偶尔与荨麻疹的发生有关。如果怀疑过敏反应，而且发生在舍内，则牧场管理可很快解决问题。马应拴在空旷的马厩内，舍内地面铺无垫料的橡胶垫。之后，凡进入马厩环境中的一切事物，都应考虑是接触性皮炎的潜在刺激物/过敏源。关于饲料过敏反应，其诊断过程还应扩展到排除日粮。如果疾病发生在放牧时，应将马匹赶回马厩或转移到另一牧场。如果疾病发生在舍内，应将以前饲喂的日粮调整为青干草。许多商品饲料都有相同的组成配方，从一种品牌换成另一种品牌，也不太可能有多大差异。因此，建议停止使用精料，购买不是以前饲喂的散装饲料。因为饲料产品能在体内持续很长时间，饲喂试验至少要消化4周，还可能需更长时间。如果疾病得到控制，以前使用过的部分日粮仍可每隔一周重新饲喂。

关于空气传播的过敏源，其来源应考虑到使用不同的垫料，预先包装的无孢子半干青贮饲料产品和动物的毛皮垢屑（如栖息的鸟类）。

注释

· 刺激物或过敏源接触的诊断可能是一个收效不大而费时的过程。因此，临床兽医在着手进行刺激物和/或过敏源的消除研究前，应考虑并检查所有其他潜在病因。

拓展阅读

Pascoe R R, Knottenbelt D C. 1999. Manual of equine dermatology. W B Saunders, London.

Scott D W, Miller W H. 2003. Equine dermatology. W B Saunders, St Louis, MO.

White S D. 2003. Skin diseases. In: Robinson N E (ed) Current therapy in equine medicine, 5th edn. W B Saunders, St Louis, MO, 174-220.

第十八章

死后剖检

由于时间、设备和临床经验的欠缺，在临床现场进行系统的死后剖检是非常困难的。同时尸体的处理也会带来相当大的问题。

如果剖检结果可能影响到同舍马匹，或者需要考虑到保险赔偿和法律问题的时候，建议将尸体送至参考实验室进行处理。在这种情况下，畜主和相关部门需要考虑以下内容：

- 尸体应尽快送检，马匹死亡后脏器很快会发生自溶；
- 应给病理剖检人员提供关于马匹的饲养管理情况、临床病史、死亡时间和境况等具体内容；
- 检查费用将会很昂贵；
- 可能不会得到发病或死亡的具体原因。

多数情况下，这种死后剖检常会在有执照的屠夫（马匹屠夫）和猎人犬舍中完成。本章将会系统介绍现场环境下死后剖检的操作技术，该操作技术也适合于个体剖检。

第一节　基本要求

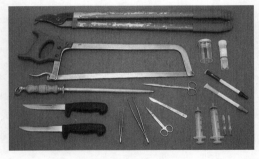

图18-1　死后剖检所用的基本工具

用于检查的地面区域应当可以进行完全清洗，具备适当的排水系统，同时具备充足的光源和冲洗设施。保护措施需要工作裤、橡胶靴、橡皮围裙和手套。

必要的设备投入是不受限制的，一般包括手据、肋骨剪、成套的刀具并配备一个磨刀棒、剪刀、镊子、解剖刀、装有固定液的组织容器，以及各种用于采集液体样品和采集其微生物检测样品所用的灭菌器材（注射器、针头、棉拭子以及运送培养基）（图18-1）。同时准备10%福尔马林缓冲液以及合适的样品瓶，用于样品的组织学检查。

第二节　基本信息

在死后剖检前需要仔细考虑马匹的饲养管理、临床病史，以及死亡环境等信息。如果被检马匹具有保险协议，应通知保险公司，因为此时需要公司的代理人来检查现场。

在剖检的整个过程，需要有手写记录或打印记录，典型的病变损伤应照相记录。根据组织发生病理变化的位置、颜色、大小、形状、质地以及切面形态，进行病变组织的详细记录。

下文提到的各种检查技术可以进行适当调整，但主要原则是进行系统的检查，保证不

漏检任何组织，而不是仅看到片面的损伤，进而被误导。

剖检的马匹最好是侧卧式，应用下述方法进行检查时，应从马匹的左侧开始，向右侧翻滚进行检查。

第三节 外部检查

在检查时，那些可以用于马匹体征的明显标记应进行记录。尤其是，当马匹本身含有保险契约或起诉可能的时候，这种记录尤为重要。如果可能的话，对典型的特征进行照片记录十分必要。

外部检查一般包括皮肤检查，观察是否出现擦伤，这种变化可以提示挣扎、创伤以及烧伤的存在（电击）。还要观察黏膜、巩膜、蹄和蹄冠是否出现异常。

第四节 尸体解剖

从下颌联合到耻骨前腱区域，沿腹中线进行皮肤切口。解剖聚体上半部分覆盖的皮肤，使之游离，并尽快将其翻向后侧（图18-2）。对于公马，皮肤开口应带上阴茎及包皮，使其翻向后侧。对于母马，乳房组织应挖除，并和皮肤组织一起切除。

通过切断前腿中层肌肉的附着物，将其游离，直到剪断肩胛骨下的组织，并将其向背侧牵引。后腿进行同样的处理，不同的是，需要切开髋关节腔，同时切断股骨前端的圆韧带（图18-3）。

沿肋弓围绕侧腹进行切割，然后沿腹侧方向，向后折叠腹壁。此时应小心不要切割到腹腔内器官（图18-4）。

在胸骨附近将膈肌刺穿，此时会听见肺脏萎缩而出现的呼气的声音，提示胸腔内的负压仍然完好无损。沿其背侧继续剪切，直至膈肌从肋弓上完全脱落。

 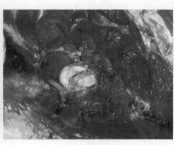 

图18-2 从躯体上半部分剥离皮肤　图18-3 切断股骨前端的圆韧带，　　图18-4 腹壁的折转
　　　　　　　　　　　　　　　　　　　以保证后腿向后扭转

使用大剪刀，在肋骨的背侧将其剪断，并将腹侧附着的组织和胸壁全部切除（图18-5）。

图18-5　打开胸腔

一、腹腔内脏的切除与检查

首先进行腹腔组织的原位检查，观察是否存在异常。对于肠道组织，应该主要检查其相互之间的解剖学位置是否正常。注意观察腹水的体积、颜色以及清澈程度，有条件的话，可以取样用于细胞学（EDTA）、生物化学（真空管）以及培养（灭菌容器）等诊断。

然后将盆腔内结肠取出，放置于腹侧位置（图18-6）。脾脏切割游离，沿左侧肾脏摘除。剥离肾周脂肪组织，使肾脏暴露，剪断肾盂附近的动脉，然后连同输尿管一同摘除肾脏。

肾上腺紧贴肾脏，并与其脉管、脂肪及肾动脉断端的主动脉的筋膜相附着。在肾上腺和主动脉之间就是腹腔系膜神经节，这个位置对于诊断"青草病"具有重要的病理组织学意义。成年马匹的该器官呈梭形，大概有一支铅笔的宽度，4~5cm的长度，同时在它的末端具有纤维神经附着。然而，由于其质地柔软、颜色苍白，因此很难和周围的脂肪组织区分开来。因此，肾上腺连同其周围的部分主动脉、腔静脉及附着的脂肪组织应一同切除并进行福尔马林固定。固定24h后，神经鞘囊变得硬实而且容易区分，此时覆盖其上面的肾上腺已经脱漏下来（图18-7）。它的横断面具备神经组织典型的奶油白色外观。其他交感神经节也可以为青草病提供诊断依据，但没有一个可以提供如此大量的可以获取的组织。

小结肠摘除位置距离骨盆越远越好。在肠道的另一个末端，将小肠从其肠系膜上分离。将胃切除和小肠一同取出。然后分离盲肠和结肠，将其一起取出（图18-8）。根据不同用途，可以用线绳对不同部分的肠道进行结扎，将它们取出后更益于进一步的检查。

图18-6　肠的切除，首先取出结肠
　　　　　骨盆曲

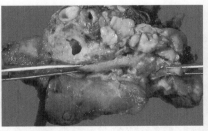

图18-7　从肾上腺（图片底部）和主动
　　　　　脉（隐藏在下面）之间的脂肪
　　　　　组织中分离腹腔系膜神经节。
　　　　　底部左侧可见肾动脉

图18-8　大、小肠的摘除

对侧的肾脏可以按照同样的方法摘除。如果需要的话，可以再次尝试将另一侧的腹腔系膜神经节分离。然后在盆骨缘分离膀胱，并原位将其剖开。对于母马，通过向前牵拉子宫和卵巢，将其摘除，并在子宫颈的后侧将其切断。如果需要的话，可以切除盆腔内脏器，但是需要应用手锯将骨盆的骨骼锯断，或是应用矫形骨凿将其切开。

同时可以通过切断肝脏隔膜角上的附着，将其进行分离。

图18-9　通过下颌间歇切断舌周围组织使其游离

二、口腔、颈部和胸部脏器的切除与检查

胸腔的检查内容包括体积、颜色及胸腔内液体的颜色。游离切割舌周围的附着组织后，将舌、咽、喉（包括其周围的胸腺）、气管、肺、心脏和食管，作为一个整体一同摘除（图18-9）。整个过程从颌下部开始，首先应用手锯沿切齿区切开下颌切迹。敲开下颌切迹后，沿舌部两侧，平行于每侧的下颌边缘，将舌部的附属物切开。

图18-10　从颈部分离气管和食管

同时，沿茎突舌骨部位切割，一直到两侧软骨附属物，游离舌根部。然后将整个舌部沿下颌骨中部的空隙拉出，沿茎突舌骨部位进一步分离，直至使咽喉、气管及食管全部游离。

将气管和食管从颈部分开，一直到胸腔入口（图18-10）。然后将心包从胸骨附属物部位游离开来，并沿背侧纵隔纵向将其切开。这样可以保证当主动脉和食管从隔膜位置切断后，胸腔内器官可以一次性全部切除（图18-11）。

图18-11　切除胸腔内器官

检查胸膜壁层可用于提示炎症和粘连。检查主动脉时，可以用剪刀沿其纵向，从胸腔末端将其切开，并将其分支同时切开。如果按照上述过程进行检查，可以保证在剖检过程中整个动脉系统都是完整的。

然后对每个器官的外观进行评价分析，并分别记录。

三、器官摘除后的检查

（一）腹腔内器官的检查

沿胃大弯将胃切开，并用剪刀沿小肠纵向将其剖开

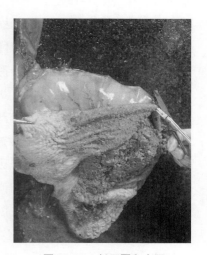

图18-12　剖开胃和小肠

（图18-12）。胃肠道内容物的量和物质需要进行记录，同时在用水漂洗后，需要仔细检查黏膜组织。采用同样方法对大肠进行检查，并详细记录结肠和肠系膜淋巴结的大小和颜色。

切开肝、脾、肾及肾上腺，并检查其切面形状、内容物及颜色是否存在异常。沿肾脏纵向，从其外表面切至肾盂部位，剥离表面被膜，检查肾脏皮质表面是否存在异常（图18-13）。

图18-13　剥离肾脏被膜

（二）口腔、颈部及胸腔内容物的检查

舌部需要进行切割检查，同时沿纵向将食管切开进行检查，并将其余气管剥离。切开甲状腺，进行鉴定及检查。颈部甲状旁腺的检查比较困难，因为其体积较小、分布位置不固定，并与颈部淋巴结外观相似。体积较大的末端甲状旁腺位于气管的腹外侧区，接近第一肋骨水平线。

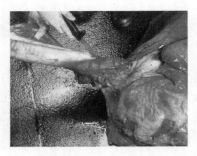

图18-14　切开气管

对咽部、会厌软骨、喉及咽后淋巴结进行检查，并将气管沿其纵向切开，直至支气管树位置（图18-14）。为了后期检查方便，首先将心脏从心包取出，并切断其周围血管组织。如果出现心包液增多或其他病理变化，需及时记录。接着对肺脏进行触诊，检查器官质地均匀程度，然后在不同位置进行切割检查其内部病变情况以及是否有异常渗出液存在（图18-15）。

图18-15　切开肺脏，观察其大体变化并分析液体内容物

对于猝死病例，需要侧重检查其心脏及其相关的血管。理想状态下，剖检心脏的时候应保证在心脏解剖结构破坏前，能够对心脏各部分进行完全的检查。这就需要采取以下步骤：

心脏左侧　分离主动脉和肺动脉重叠的部分，打开后，可以对主动脉瓣进行彻底的检查。然后沿瓣膜到左心室壁，打开一个向下的切口，暴露动脉前庭。这可以保证对下面的二尖瓣和附着的腱索进行有限的观察。接着，沿着肺静脉进行进一步的剪切，打开左心房，以暴露完整静脉瓣的背面。然后沿瓣膜到里面的左心室壁，继续下划，直到心尖部位。在这两个切口之后，紧接着在心室壁上进行第三

图18-16　剖开左心室进行大体变化的检查，主动脉瓣（A）和二尖瓣（M）清晰可见

个切口，这样可以保证左心室完全地暴露开来（图18-16）。

心脏右侧　通过对右心房前后动脉腔进行交叉切口，进而将右心房剖开。然后自上而下地对三尖瓣进行彻底的检查。切开肺动脉，向下暴露肺动脉瓣。然后剖开一个沿着动脉瓣向下的切口，切开右心室壁，一直到心脏的顶端。这样可以提供一个有限的视野，从下面观察三尖瓣。最后的切口是沿着三尖瓣，切开右心室的前端，然后在心脏顶端的肺动脉汇合。此时，右心室腔全部暴露（图18-17）。

图18-17　剖开右心室进行大体变化的检查，肺动脉瓣（P）和三尖瓣（T）清晰可见

四、送检样品

在该阶段，合适的样品可以考虑进行组织病理学、微生物培养、血清学、生物化学及毒理学诊断。主要器官的组织样品及所有病变样品应采集并放于10%福尔马林缓冲液中作组织病理学检查。固定液与组织的体积的比例应至少在10∶1，以保证充分的渗透。用于血清学和血液生化检查的样品，如果剖检前样品不能用的话，最好采用右心室的回心血。对于可疑中毒病例，应将肝脏、肾脏、脂肪、胃肠道内容物、尿液及心脏血液尽快冷冻（详见第十九章"猝死和意外死亡"中"致死性中毒原因的调查"）。理想的情况应是保存充分的病料以用于重复性试验，如果需要的话还可以进行交叉试验。

五、运动系统的检查

如果临床病史有提示的话，应对关节进行检查。在打开关节前，应抽出关节滑膜液用于细胞学、生物化学检测或微生物培养。正常滑膜液量较少，呈淡黄色、略微黏稠。

对于蹄叶炎病例，需要将蹄部蹄冠以上部位切下来，并对切割部分进行纵切，以进行检查（图18-18）。

如果需要的话，可切割部分骨骼肌，送检用于组织病理学检查。

六、头部与脑的检查

将头部从寰枕关节部的颈部切除（图18-19）。通过颅

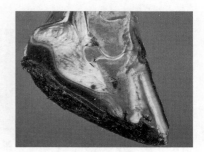

图18-18　患有蹄叶炎蹄部的纵向切开。可以观察到蹄骨移位以及蹄壁及其背部边缘的渗出物沉积

骨顶部的皮肤向后剥离，并切开覆盖的颞肌，进入脑部。摆动式圆锯是打开颅骨的理想工具，手锯也可以使用。头部的解剖过程一定要轻微，最好能够钳住。沿着额骨上的某一点到尾部的颧弓在头部进行切口。然后沿枕髁中部，以直角形状打开另外两个切口（图18-20）。当分离脑膜下附件的时候，应从尾部方向小心翼翼地将骨板撬开（图18-21）。

在切除头部时，一只手支撑头部，同时一名助手使头部向后倾斜，并将颅神经、硬脑膜和血管附着物全部切断。脑部一旦被摘除，就可以从上面看见垂体（图18-22），并可用镊子将其提起，切除其游离的小窝。对于疑似垂体瘤病例（垂体中间部机能障碍；详见第五章"内分泌疾病"），应重点检查视交叉部位，腺体本身也需要观察是否存在皮质肥大的现象。

必要时可将全脑浸泡于10%福尔马林固定液中，而且需要1周的时间才能够完成完全的渗透固定。

切除眼球时，需要剪切掉眼眶周围的皮肤，同时按照眼球摘除术的方法步骤，应用弯剪刀剪断眼眶组织。

下颌骨和上颌骨的分离可以沿直线方向剪断从面颊到颞下颌关节的软组织。用力固定住下颌骨，拉起上颌骨，使关节脱臼。这样，头部就可以横向锯开，并暴露出鼻腔通道和副鼻窦部位。

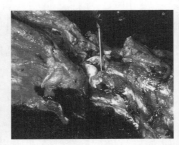

图18-20　切断寰枕关节后，分离头部

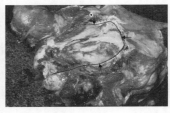

图18-19　将颅板掀开，分离脑膜连接组织

图18-21　切断头盖骨，锯开骨板前，头部的背侧视图

图18-22　脑垂体原位背侧视图（箭头所示）

七、脊髓与外周神经的检查

切除完整的脊髓是一项困难而又耗时（需数小时）的工作。实践证明该器官保存的是否完整，主要取决于实际工作环境。将一小段脊髓从切断的脊柱中取出的方法同样可行，而且省时。如果需要的话，死后的X线检查也可以用于某段脊髓节的定位。

脊柱与四肢、肋骨及其表面的肌肉覆盖物是彼此分离的。然后通过锯断脊柱，将脊髓横切为不同的节段。切割位点的选择一定要回避疑似病变区域。同时切割点要选择在脊柱的拱起处，以及疑似出现病变的椎骨附近，这些切割点还要避开椎骨间关节。

当打算取出小段脊髓的时候，可用钳子夹住其硬脑膜，然后用剪刀剪断该段脊髓周围的神经根（图18-23）。对于目标神经索，可以将其切成1cm长的片段浸泡在固定液中。对于相关的脊椎，可以将其再次进行纵切，以检查其脊椎管及椎间关节（图18-24）。

图18-23 从切断的部分脊柱中分离脊髓

图18-24 脊椎片段的纵切面，可见脊椎管和椎间关节

拓展阅读

Buergelt C D, Young A. 1992. Necropsy procedures in practice. I: The initial examination. Equine Vet Educ 4: 167-171.

Buergelt C D, Young A. 1992. Necropsy procedures in practice. II:Special Procedures. Equine Vet Educ 6: 273-276

第十九章
猝死和意外死亡

马匹的猝死常是一件不可预知的事件。当发现马匹意外死亡时，同样是不可预知的，不同的是，这种情况可能是突发性的，也可能不是。了解这种区别是非常重要的，因为其涉及的原因经常是不同的。猝死经常与过劳有关，而当马匹意外死亡时，相应的马匹可能经历了数小时的病程。然而，无论哪种情况，调查方式是一样的。

在了解详细病史的同时，还要对马匹周围环境进行细致的检查。这些检查都是非常重要的，因为仅会有很少的临床症状提示死亡的原因。此时详尽的说明记录同样是重要的，如果打算用于起诉和保险理赔，影像记录同样必要。

第一节　病　　史

不但需要之前的兽医病历，而且需要马匹的饲养管理细则。需要注意关于饲养和运动训练的任何变化，以及其他马匹当前的健康情况。临床兽医应该意识到，有时管理人员为了避免担责，可能会隐瞒一些重要信息。

同样应该注意到近期的药物使用可能带来的副作用，以及是否存在过量使用。任何药物都具备潜在的副作用。短时间的血管注射常会带来全身过敏的致命反应（过敏反应）。青霉素制剂是不允许静脉注射的。当进行颈静脉注射时，应注意到颈静脉注射可能带来的意外危险。

某些药物过量使用时，马匹可以出现明显的过敏反应，如华法令和保泰松。因此应该检查近期这些药物的治疗史。华法令仅偶尔用于艏病的治疗。治疗时，如果监控不慎，血液的凝固时间会明显延长，以至于微小的创伤就会导致致命的出血。在使用保泰松时，如果延长治疗限制时间，可以导致消化道溃疡以及蛋白丢失性肠炎。而且经常会伴随精神沉郁、食欲减退、体重下降、腹部水肿以及轻度疝痛的症状。然而，有些病例可以引发顽固性疝痛，同时严重的大肠黏膜下层水肿可以引发休克。

在进行病史及环境检查的同时，还应考虑潜在的中毒病原。

第二节　环境的检查

如果条件允许的话，环境的检查最好在马匹死亡处进行。因为这些地方可以发现马匹死亡前挣扎和侧翻的痕迹，同时可以见到出血的迹象。如果在风暴过后发现马匹死在树下，可能提示雷击的原因。如果死在电线附近，则提示可能为电击的原因。如果发现有挣扎的迹象，则说明为拖延的死亡，如胃肠道剧烈疼痛；相反，如果是电击死亡，多为没有挣扎的突然死亡。

畜主常常认为中毒是突然和意外死亡的原因，但事实上，中毒是一种极其少见的原因。尽管如此,还是应考虑到马匹饲料是否遭受到工业或是农业化学物的污染。

潜在的毒物源

(一) 饲料

1. 有毒植物

有很多天然的植物具有潜在毒性,马匹几乎不会采食这些植物,除非马匹非常饥饿,或者草场经过整理、修建,并经过除草剂的处理。在这些情况下,马匹可能会采食那些枯萎的植物。因此,应对牧区内树篱、沟渠灌木、树及杂草等视为怀疑对象,并采集相应的样品,冷冻保存,用于鉴定分析。

对于马匹,植物中毒多见于慢性中毒,这些植物的有毒成分都存在于翻晒的干草中(如千里光草、马尾草、欧洲蕨、圣约翰草等)。因此,采食这些植物后经常出现慢性中毒的症状,而不会出现猝死或意外死亡。然而有些植物可以引起迅速死亡,如龙葵、蓝绿藻(微囊藻类)、蓖麻子(蓖麻)、夹竹桃、铁杉木和日本紫衫。

2. 掺药饲料

马匹对离子载体毒性特别敏感。离子载体抗生素(如莫能菌素和沙利菌素)作为家畜饲料成分之一,具有促进生长和抗球虫的作用。如果意外地或故意地给马饲喂含此抗生素的饲料,可以普遍引发肌病,包括伴随节律异常及心力衰竭症状的心肌变性。其临床过程多呈慢性,但在24h内中毒,可以引起猝死。越来越多的关于马匹饲料的报道显示,在饲料加工厂可能存在这种由于工作疏忽而引起的污染。

3. 牧草中毒

马匹对于肉毒梭菌中毒极其敏感,这种肉毒梭菌中毒最常见的来源是大捆的青贮饲料。采食这种预成性的毒素可以导致全身松弛性麻痹,其严重程度与毒素摄入量呈正比。典型症状是,当将马匹的舌头从齿间隙拉出时,马匹不能将其缩回。尽管临床过程可能持续几天,但马匹可由于呼吸衰竭而死亡。因此对贮存的大捆青贮应加以高度重视。

(二) 工业和农用化学品污染物

1. 工业排放物

对于大部分地区,工厂排放物是受法律控制的,但是还是应对附近的工厂给以重视。诸如铅矿、冶金这样的陈旧的工业生产处理可能在土壤表层遗留大量的有危险性的残渣。马匹铅中毒的过程大多呈慢性。然而,有记载称,慢性铅中毒可以引发咽喉麻痹,进而导致窒息的出现。同时经询问证实,该地点确实为马铅中毒的污染源。

2．农业化学物

除草剂、杀菌剂、杀虫剂及化肥可能附着在牧草上或通过污染水源被马匹采食，也可能通过气溶胶形式被马匹吸入。因此，应该对牧区内的化学物质进行检查，并对那些来自地面雨水冲刷物污染的水源给予高度重视。

第三节　尸体剖检

当对病史及环境的检查结束后，就应考虑尸体剖检。如果其他马匹同时处于危险，或是涉及保险和/或将来诉讼法律的事宜，最合适的选择是将尸体送至专业的诊断中心。然而，此时应考虑可能的剖检费用，同时还要考虑到这样一个现实，对于成年马匹猝死及意外死亡病例调查表明，即便经过仔细的、系统的尸体剖检，30%以上的死亡病例是无法解释的。

如果打算进行尸体剖检，但不在专业的诊断中心进行，下面将要提到的关于猝死和意外死亡的潜在原因可能会对尸体剖检有所帮助。然而，不能根据下述的内容对死亡原因作出预判，临床兽医要坚决抵制投机取巧的诊断方式。一定要根据"第十八章 死后剖检"内容，对所有病例进行系统的检查。

一、猝死原因

在过度运动的过程中，如赛马时，肺脏、胸腔、腹腔及脑部的出血是引起猝死的原因。即便如此，在很多过度运动过程中死亡病例的原因都是解释不清的。在这种情况下，应采用毒理学检查手段对赛马的死亡原因进行检查，此时需要再次重申专业机构和经验的重要性。医源性原因同样可以引起死亡，如药物治疗时产生的过敏反应。除了以上原因外，雷击、电击及中毒也是可能引起猝死的主要原因。

检查这些猝死原因的时候，需要根据下述内容进行系统检查。

（一）心血管系统

1．严重的内出血

心血管损伤是引起马匹猝死的最常见原因，在马匹运动过程中经常会出现大血管的破裂。胸膜腔的血管只是偶尔的发生破裂，最常出现的损伤部位是肺脏血管，其破裂可以导致严重鼻出血。少数情况下，升高的动脉内压可使主动脉破裂，其在心包腔引发的出血可以对心脏造成极大的挤压作用（心包填塞）。主动脉破裂引发的出血可以流进胸腔中，也可以沿着动脉流进腹腔。老龄种马偶尔在性交期间因主动脉破裂而死亡。另外，骨折、临近主要血管的破裂、寄生虫性肠系膜动脉瘤的破裂也是引发出血的原因。偶尔出现的致死性腹腔出血可能是由于血管瘤自发性或损伤性的出血所造成,如肾上腺嗜铬细胞瘤、肾癌等。

2.二尖瓣腱索的撕裂

这种病变伴随的典型剖检变化是广泛性的肺水肿。对于心脏的剖检需要非常精细的解剖过程,否则很容易忽略掉重要的病理变化(详见第十八章"死后剖检")。

3.致死性节律异常

该症状在死后剖检过程中是无法查出的,它经常作为一种推测的结论。尽管剖检过程中无法检查出来,但其却是马匹在剧烈运动中出现猝死的主要原因。心肌的组织病理学可确定心脏节律异常。

(二)呼吸系统

1.运动导致的肺脏出血

在剖检时可在肺泡腔、气管、肺间质、胸膜下组织内见到明显的充血、出血变化,但其病原还是难以确定。通常认为该病多为慢性肺脏疾病导致。

2.气胸

该病出现的概率非常少,通常是由于创伤或贯穿性损伤所致。由于膈肌剖开后,正常的肺脏很快萎陷,因此这些损伤性变化在剖检过程中很容易遗漏掉。

(三)中枢神经系统

创伤。如果临床上出现冲撞坚固物体、后向站立、脚踢马驹头部等症状,提示可能出现中枢神经系统的损伤和颅内出血,此时可能伴随颅骨的损伤。

(四)药物不良反应

马匹的药物不良反应经常表现为肺水肿和支气管痉挛,进而引起急性呼吸窘迫。大体剖检变化不会十分明显,但是可在呼吸道内见到大量的泡沫以及急性肺水肿的典型变化。

当将注射到颈静脉的药物误注射到颈动脉时,可能会引发突发性症状以及猝死。这种情况常被误诊为过敏反应。此时在动脉注射部位可以很快地形成血肿,血肿常在颈部下方形成,因为此处的颈动脉位于浅表,同时事故也常发生在该部位。

(五)中毒

详见下文"致死性中毒原因的调查"。

二、意外死亡原因

当发现马匹意外死亡时，可能已经死亡很久了。此时尸体剖检可以起到一定作用，但也难保推测结果一定如此。意外死亡的原因可能与猝死的原因类似，但也存在其他可能。例如，胃肠道的损伤就是一种引发意外死亡的常见原因。需要再次强调，所谓意外死亡是，畜主对马匹之前的健康评价是正确的，但在死亡之前没有发现曾经发病的迹象。

（一）胃肠道

1．肠破裂

肠破裂和极急性腹膜炎可严重危及腹部，并经常伴随连续性疝痛。偶尔在产驹时可能出现盲肠破裂。同样需要注意的是，剖检过程中可以人为地造成肠道破裂。而破裂边缘的出血以及纤维素的渗出可以提示为死前破裂。

2．后段肠扭转及绞窄

这些症状可以引起严重的毒血症，并引起快速的死亡。

3．后段肠臌气

肠臌气可能与上述提到的肠扭转和肠绞窄有关，也可能无关。但是，严重的臌气可以引起呼吸困难及循环衰竭。

4．急性肠炎伴发内毒素性休克

极少情况下，由于强毒力沙门菌和梭形芽孢杆菌引起的急性结肠炎可引起迅速死亡。此时可在大肠壁上出现水肿和瘀血点。因此，应该及时采集新鲜的结肠、盲肠组织及其内容物，并送检进行培养以及毒物分析。

（二）心血管系统

1．缓慢出血

该症状出现的可能是由于破裂或创伤导致中型血管的损伤。例如，高龄母马分娩时，可能出现子宫中动脉的破裂。

2．颈内动脉破裂

此时死亡马匹可能发现在血泊之中，血液源自鼻腔，这种损伤与喉囊性真菌病有关。

3．毒液

蜜蜂和黄蜂的叮咬可以造成局部反应，但是反复叮咬可能造成全身性反应，并最终引起衰竭和死亡。斑蝥叮咬后，由于斑蝥毒素的毒性作用可以刺激消化道，严重时可以引发休克。蛇咬伤后可以引起很多组织出现反应。马匹放牧时其头部最可能遭蛇咬伤，呼吸困难是其主要反应。

其他毒物详见以下内容。

第四节　致死性中毒原因的调查

对于疑似中毒病例的尸体剖检结果经常是非特异性的，要重点根据病史和环境检查结果，选取组织进行病理学和/或毒物分析。如果可能的话，在剖检前最好能够得到兽医毒理学家的指导。如果打算进行法律诉讼，临床兽医要根据经验，将尸体送至专业诊断实验室进行检查。

应将用于毒性分析的样品进行长时间保存，并保证其可用于后期的进一步调查。用于毒性分析的样品应包括：肝、肾、脂肪（每种组织不少于200g）；胃肠道内容物（400g）；尿液（100mL）以及心脏血分离出的血清（20mL）。应考虑毒物、饲料、毒饵、土壤或作物拌种、水和植物的可疑来源。所用的玻璃器皿与塑料盛器必须盖严拧紧。每种样品需要标明畜主与马匹身份、日期以及组织或样品保存的种类。然后将样品冻存，如果最终需要送交专业实验室的话，应做到全力保证样品运输快速，并一直处于冷冻环境。

实验室中，对于组织的特异性毒物分析需高度专业化。对于毒物的全面筛查分析是不切实际的，如果需要追踪结果的话，不计成本和随机调查的方式是不可取的。最实用的方法是与兽医毒理学家讨论病史、环境及剖检结果，以此为根据，决定出最具有检测价值的对象去进一步分析。在送检样品前，针对病例，与毒理学家最应该讨论的事情有：

* 详细汇报病史、环境及尸体剖检结果；
* 决定出最有检测意义的毒物进行下一步分析；
* 检查所需的组织或样品的数量、包装及寄送方式；
* 要时刻提醒实验室注意法律诉讼，因为那时，样品处理和结果记录需要按照正规的审查程序进行。

样品组织中潜在毒物的分离只能证明其存在，而不能证明其是引发中毒的原因，除非定量检查证明其达到了中毒剂量。例如，牧场中的马匹组织中可检测到铅，但是不一定其在组织中达到了中毒剂量。因此，对实验室检测结果的解释，必须根据相关参考实验室完整的指导去进行分析。

一、饲料

（一）有毒植物

尸体剖检结果无特异性，因此需对胃内容物进行检查，查看其近期采食情况。然而，当植物到达马胃时，已经是一种粉碎状态，难于辨认。因此，内容物样本需要妥善保存，以便进一步检查使用。

紫杉毒性非常强，以至于动物食用死亡时，在嘴里还可以发现其树叶。100～200g紫杉叶即可使马致死。

（二）掺假饲料

由于采食含有离子载体的饲料而导致的猝死，一般多会出现非特异性症状（心脏衰竭），与慢性疾病过程不同，如肌病时可出现可辨认的症状。因此，如果对此怀疑的话，可以收集一些肠道内容物或饲料样本作进一步检查。

（三）牧草中毒

肉毒中毒后的剖检结果一般无特异性，诊断需要依据对血清、饲料、肝脏和粪便中的毒素进行鉴定。这种毒素极不稳定，应尽快收集样本、冻存，并送检。因此，阴性结果不能证明马匹不是由于肉毒中毒而出现的死亡。事实证明，大捆青贮的二次发酵时的氨味和/或碱性pH，可以为肉毒梭菌的生长提供适宜环境。

二、工业及农业化学品污染物

铅

铅中毒引起死亡的剖检结果可能无特异性变化。如果气管中存在食物碎片或是吸入性肺炎，可以证明死前存在吞咽困难。在存在铅污染的地区，需送检肝脏和肾脏样品，浓度高于15×10^{-6}时，具有诊断意义。

农业化学品

如果病史和环境检查结果提示了某种农业化学品中毒，最好联系一家当地具有医疗基础的毒物检测中心。这样就可以进一步对尸体剖检进行确认，并有助于兽医毒理学家确定检测范围。

拓展阅读

Brown C M, Mullaney T P. 1991. Sudden and unexpected death in adult horses and ponies. In Pract 13: 121-125.

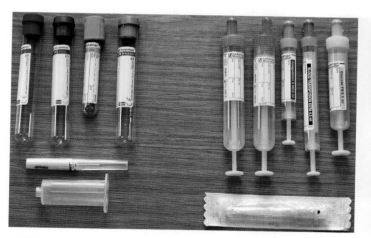

彩图1 （图1-1）适合采集马特异性血样本的不同采血管（表1-1）

（左）Becton Dickinson公司的真空管

（右）Sarstedt公司的Monovette管

彩图2 （图2-23）腹腔穿刺液收集到含有EDTA的试管中用于细胞学分析

彩图3 （图2-24）一例腹膜炎患马的腹腔液中含有很厚的细胞沉积层

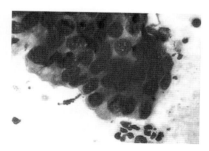

彩图4 （图7-29）细胞学检查子宫内膜上皮细胞和多形核细胞

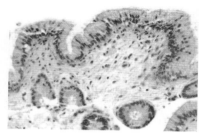

彩图5 （图7-30）子宫内膜活检显示致密层弥漫性炎症

彩图6　（图8-2）血红蛋白尿

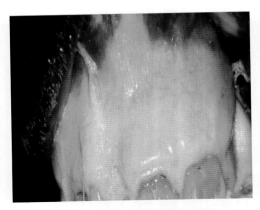

彩图7　（图8-3）口腔黏膜出现黄疸

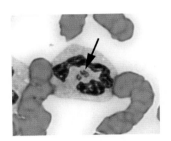

彩图8　（图8-4）在外周血液中性粒细胞中的马埃利希体桑葚体（箭头）

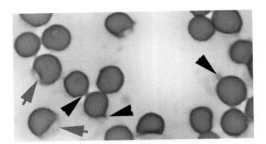

彩图9　（图8-5）在马红枫叶中毒时，海因茨小体出现在红细胞表面（黑色箭头），外周血液红细胞一边出现苍白区域（红色箭头）

彩图10　（图8-6）红枫叶

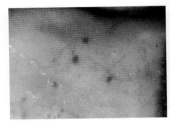

彩图11　（图8-12）口腔瘀点

彩图12　（图8-13）巩膜瘀斑性出血

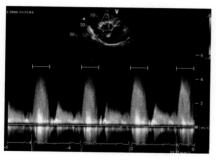

彩图13 （图9-8）图9-5中马的室间隔缺损异常流动的连续波多普勒研究。在这项研究中，将传感器从图9-5中的位置旋转，为调准异常血流缺陷提供最佳位置。在心缩期，高速度的血流（4m/s）通过从左到右心室的缺损部位

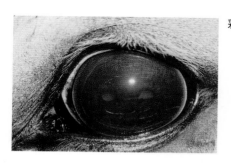

彩图14 （图15-8）对眼及其附属器官的检查应注意在此显示的外部细节，比如睫毛与上眼睑的角度，上部和下部眶沟（此沟将眼睑分为眼眶软骨和眼窝两部分），第三眼睑和肉冠的位置，以及眼皮和结膜处可看到的色素数量。异色边缘应分界清晰；注意该图中马的色素轮廓。角膜应是透明的，因此可以很清晰地看到虹膜边缘。此匹马的梳状韧带进入角膜后弹力层以及角膜的灰线在外侧十分明显，内侧较不明显。瞳孔应是几乎对称的水平椭圆，且虹膜颗粒通常在瞳孔上缘处很明显，在下缘处较不明显。为了观察除了瞳孔外其他眼内部的细节，检查应在黑暗中进行。

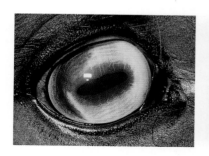

彩图15 （图15-9）该马表现出一种正常的虹膜颜色差异，称为虹膜异色症，表现为虹膜不同区域有不同的颜色，反映出虹膜色素沉着的程度。一旦确定有色素问题，异色的虹膜可能由于发育未完全而可能看到内部的晶状体核赤道和小带。

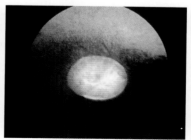

彩图16 （图15-16）正常马的眼底虹膜有严重的色素沉着。视乳突（视神经乳头）位于非绒毡层底。注意从视乳突呈放射状发出的细视乳头周围视网膜血管，这些血管大多不在"六点钟"（标志原胎裂部位的正常变化）的位置。由于乳头上色素减退，使背侧视乳突中的脉络膜血管明显可见。离散的黑点（"温斯娄点"）分布贯穿于代表脉络膜血管端头的绿色绒毡层眼底

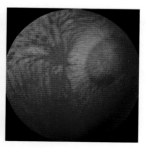

彩图17 （图15-17）马正常眼底有苍白色（白化体）的虹膜（瓷眼或斜视眼）。在这种白化体下的眼底无照毯，色素极少，因此视网膜和脉络膜血管在奶白色巩膜上清晰可见。脉络膜血管的汇合处形成涡静脉，这在该马匹中非常明显

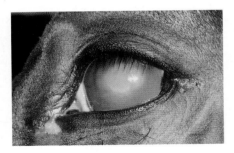

彩图18 （图15-19）应用荧光素对该马
角膜中出现的大范围溃疡进行
染色

彩图19 （图15-24）荧光素应用于
结膜囊1～5min后在同侧
鼻孔流出

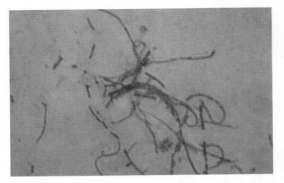

彩图20 （图17-3）显微照相显示嗜皮菌涂片中球
菌的特征性丝状形

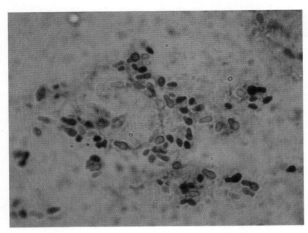

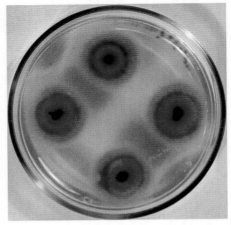

彩图21 （图17-4）用Diff-Quik染色醋酸纸带制品中的马拉
色霉菌（×100）（由P J Forsythe提供）

彩图22 （图17-10）在沙布罗培养基上典型的
皮肤真菌菌落